Hubert Markl

Natur als Kulturaufgabe

Hubert Markl

Natur als Kulturaufgabe

Über die Beziehung des Menschen
zur lebendigen Natur

Deutsche Verlags-Anstalt
Stuttgart

CIP-Kurztitelaufnahme der Deutschen Bibliothek

Markl, Hubert:
Natur als Kulturaufgabe: über die Beziehung
des Menschen zur lebendigen Natur/
Hubert Markl. –
Stuttgart: Deutsche Verlags-Anstalt, 1986.
ISBN 3-421-02742-0

Lektorat: Margot Adrion
Typographische Gestaltung: Marion Winter
Gesamtherstellung: Friedrich Pustet, Regensburg
Printed in Germany

Inhalt

Vorwort

Der Mensch ist auf dreifache Weise in die Natur eingebettet, die ihn umgibt:

– Er entstammt ihr, er ist ihr Produkt oder, weniger prosaisch gesagt, ihre Schöpfung.
– Er ist auf sie angewiesen, da sie ihn nährt und erhält; er ist somit ihr Kostgänger und Ausbeuter.
– Und er hat sie sich so sehr untertan gemacht und dadurch verändert, daß sie zunehmend von ihm abhängig wird; immer mehr wird sie sein Werk, allerdings nur allzuoft das Zerstörungswerk seiner Herrschaft.

Da der Mensch also nicht nur das Produkt der Natur ist, sondern auch ihr Nutzer und ihr Beherrscher, wird sie ihm unausweichlich immer mehr zum Auftrag, für dessen Erfüllung er Verantwortung trägt, und da alles Wirken des Menschen Ausdruck seiner Kulturfähigkeit ist – die sein eigentliches Wesen ausmacht –, wird ihm die Natur zur dreifachen Kulturaufgabe:

1. Nur indem der Mensch das Wirken der Natur durch und durch versteht, indem er es also erforscht, wird ihm auch seine eigene Herkunft verständlich. Wer das eigene Wesen, seine Anlagen, seine Möglichkeiten wie seine Beschränktheiten erkennen will, muß auch Ursprung und Herkunft dieser Eigenschaften begreifen. Deshalb ist das Erforschen der Natur ein unverzichtbarer – wenn auch keineswegs der einzige – Weg zur menschlichen Selbsterkenntnis. Zumindest erschließt es dem Menschen die Einsicht in das biologische Substrat,

aus dem heraus er sich entwickelt hat. Dies gibt ihm zugleich einen Hinweis darauf, worin er mit anderen Lebewesen übereinstimmt, worin er also ihr Schicksal teilt, wie darauf, was sein einzigartiges Anderssein im Vergleich zu allen anderen Lebewesen ausmacht. Da sich keine menschliche Kultur denken läßt, die darauf verzichten könnte, sich ein Bild des menschlichen Wesens zu machen – wie es ist und wie es sein sollte –, ist dieses Eindringen der Naturerforschung in unsere biologische Vergangenheit und in die Bedingungen der Entwicklung des Menschen ganz sicher ein unabweisbarer Kulturauftrag.

2. Das gilt jedoch in dem zweiten angesprochenen Sinn dieser Begriffe um nichts weniger. Wir sind zwar aus der Natur hervorgegangen, aber sie hat uns keineswegs ganz entlassen. Mag dies dem stadthäusigen Industriezivilisationsmenschen auch allzu lange wenig bewußt geblieben sein: Die zunehmende Bedrohung der natürlichen Lebensgrundlagen des Menschen durch die Folgen – vor allem die Abfallprodukte – seines Wirtschaftens haben in den letzten Jahren auch dem Letzten deutlich werden lassen, daß die Luft, die wir atmen, nicht einfach da ist, sondern tagtäglich von lebendigen Pflanzen geliefert werden muß, daß schon gar nicht der Supermarkt, auch nicht der Bäcker oder Metzger und selbst der Bauer nicht Brot und Fleisch erzeugen, sondern daß dies einzig und allein die lebendige Natur vermag, durch Mit-Glieder eines Ganzen, dem auch unsere Spezies nur als ein Glied unter anderen angehört, auf deren funktionsfähige Verkettung wir daher unausweichlich angewiesen bleiben. Daß dies im historischen Sinne unsere allererste Kulturaufgabe ist, macht uns allein schon der Wortstamm deutlich, von dem alle Kultur herkommt: *colere*, das Land bebauen und pflegen, damit die Natur für uns Frucht bringen kann. Wie immer menschliche Kultur beschaffen sein mag, sie wird stets dazu gezwungen sein, ja sie wird sogar eben nur dadurch zur Kultur, daß sie eingreift in die Natur, indem sie Natur nutzbringend verändert, indem sie ausnutzt. Das bedeutet ganz konkret: Kultur ist, indem sie einiges wachsen läßt und anderes daran hindert und indem sie selbst das, was sie wachsen läßt, nur gedeihen läßt, um es zu zerstören. Dieser Kulturauftrag, den auch der Christengott dem Menschen unmißverständlich erteilt hat, enthält jedoch zwei einander ergänzende, aber

auch in Widerspruch zueinander geratende Aspekte. Sich die Erde untertan machen, lautet der klare Auftrag, ohne dessen Befolgung unsere Art nicht existieren könnte. Natur verändern, und dies heißt immer auch, sie in gewissem Umfang zerstören, ist also unser Kulturauftrag. Aber dieser Auftrag gewinnt nur Sinn, wenn er zugleich so verstanden und ausgeführt wird, daß dieser Veränderung und Zerstörung aus ihm selbst heraus zwingende Schranken gesetzt werden. Denn alle Überwindung der Natur durch Kultur erhält ihren Sinn und ihre Rechtfertigung einzig und allein daraus, daß nur dies die Kultur, daß nur dies den Menschen selbst als Kulturwesen fortbestehen läßt. Der Kulturauftrag der Naturunterwerfung ist also aus sich heraus zugleich der Kulturauftrag zur Pflege der so unterworfenen Natur, genauer: zur Erhaltung ihrer Fähigkeit, Menschenkultur zu tragen und zu ertragen. Deshalb heißt, sich die Erde untertan machen, sie in Obhut nehmen.

3. Damit ergibt sich zugleich die dritte Bedeutung, in der uns die Natur zunehmend zur Kulturaufgabe werden muß. Über Jahrtausende, ja Jahrmillionen hin konnte das menschliche Einwirken auf die Natur allenfalls geringe Veränderungen bewirken. Schlug es auch Wunden, so blieben diese doch begrenzt und meist schnell heilbar. Der Mensch konnte zwar einzelne Spezies gefährden, ja sogar ausrotten, einzelne Lebensräume und Lebensgemeinschaften verändern, aber doch kaum vernichten: Das *Ganze* blieb ungefährdet, auch wenn *Teile* litten. Erstmals in der gesamten Geschichte der Natur und des Menschen ist dies nun anders geworden, wird dies jedenfalls in nächster Zukunft anders werden.
Der ungeheure Machtzuwachs des Menschen gegenüber der Natur, der in nichts deutlicheren Ausdruck findet als in der gewaltig angeschwollenen Bevölkerungszahl, die selbst wieder nur Folge der gesteigerten Beherrschung der Natur durch den Menschen ist, verleiht einer einzigen, unserer Spezies, soweit wir dies wissen können, erstmals im Laufe der fast vier Milliarden Jahre umfassenden Geschichte des Lebens die Fähigkeit, die ganze lebendige Natur auf dieser Erde so nachhaltig zu verändern und zu *stören*, daß ihre Zerstörung – und damit auch die des Menschen – zur realen Möglichkeit wird. Der

Erhaltungsauftrag, als welcher der Kulturauftrag gegenüber der Natur soeben *auch* formuliert wurde, nimmt damit eine ganz neue, zusätzliche Bedeutung an.

Bis vor wenigen Generationen, ja bis in unsere Lebenszeit hinein, konnte man in der Tat ziemlich sicher davon ausgehen, daß die Natur – das heißt jener Teil der belebten Sphäre unserer Erde, den der Mensch nicht oder nur in geringem Umfang bewirtschaftete – recht gut für sich selbst, also auch für ihre Selbsterhaltung und Erneuerung sorgen konnte. Mit atemraubender Schnelligkeit schwindet nun jedoch dieser Naturanteil der Biosphäre dahin und wird durch Lebensgemeinschaften ersetzt, die ihre Existenz und Zusammensetzung in immer stärkerem Maße dem verdanken, was der Mensch will, was er zuläßt und was er nicht will, was er zerstört – aber vieles zerstört er sogar, ganz ohne es zu wollen!

Damit ist die Natur nicht mehr etwas, das außerhalb des Raumes menschlichen Handelns bleibend existiert: Natur wird immer mehr selbst zum abhängigen Ergebnis menschlichen Planens und Wirkens, zwar sicher nicht seine Schöpfung, aber so, wie sie nun ist, doch immer mehr sein Werk. Sie wird in zunehmendem Maße sogar nur dadurch fortexistieren können, weil der Mensch es so wünscht (wenn er dies hoffentlich tut), und sogar nur so, wie er dies wünscht, wobei es aber keineswegs ausgemacht ist, daß er in jedem Fall die Fähigkeit besitzt, seine Wünsche auch zu verwirklichen. Nur allzuhäufig droht ihm künftig auch gegen seinen Willen hinzusterben, was er nur allzugern erhalten möchte.

So wird die Natur uns Menschen als Wesen *aus* der Natur, als Wesen *in* der Natur und als Wesen *wider* die Natur in dreifacher Weise zum Kulturauftrag. Von allen drei Aspekten des Begriffs handeln die Beiträge dieses Buches. Sie sind – zu verschiedenen Zeiten und aus verschiedenen Anlässen verfaßt – nicht geschrieben worden, um das Thema systematisch oder gar erschöpfend abzuhandeln. Sie nähern sich ihm vielmehr auf teils unabhängigen, teils auch einander berührenden und überschneidenden Wegen von verschiedenen Seiten, um es aus verschiedener Richtung auszuleuchten. Sie versuchen, der Vielfalt der Perspektiven, unter denen der Gegenstand in seinen Zusammenhängen wie in seinen Widersprüchen erscheint, gerecht zu werden, und

haben doch alle ein gemeinsames Ziel: unseren Platz in der Natur und die Verantwortung für unsere Lebensführung, die sich daraus ergibt, besser begreiflich zu machen.
Das einigende Band für die biologische Sichtweise, aus der heraus diese Fragen von einem Biologen ganz selbstverständlich angegangen werden, ist die Tatsache der *Evolution* alles Lebendigen, der Kontinuität in der Zeit und des verwandtschaftlichen Zusammenhangs aller Lebewesen untereinander – uns eingeschlossen –, die sie zur Folge hat. Gleichzeitig versuchen diese Betrachtungen aber deutlich zu machen – und zwar gerade auch aus biologischer Sicht –, daß und wie der Mensch in einzigartiger Weise alles rein Biologische transzendiert, da er auf Grund seiner geistigen Fähigkeiten seine Kultur und durch sie wieder seine geistigen Fähigkeiten entwickelt hat, die ihn zugleich zum Abkömmling und zum Abtrünnigen der Naturgeschichte macht. Diese Einzigartigkeit des Menschen – geprägt von seinem abstrakten Denk- und begrifflichen Sprachvermögen – hat ihm einen Sieg ohnegleichen über alle anderen Lebewesen ermöglicht und erlegt zugleich ihm allein die volle Verantwortung für all sein Tun und Lassen auf, die ihn nicht weniger einzigartig macht und genauso einzigartig belastet wie seine Intelligenz und seine Freiheit der Willensentscheidung. Einzigartig die Möglichkeiten, einzigartig die Pflicht, sie verantwortlich zu nutzen, einzigartig die Gefährdung durch falsches, verantwortungsloses Handeln, einzigartig die Gefahr, im Endsieg über die Natur die dreifache Kulturaufgabe zu verfehlen, die die Natur uns Menschen stellt. Es wäre nicht der erste Endsieg, an dem der Sieger scheitert, der seinen eigenen Untergang bringt.
Bei der Überarbeitung der in diesem Buch zusammengefaßten verschiedenen Beiträge wurde mit Absicht nicht versucht, alle Überschneidungen zu vermeiden oder auszumerzen, die sich aus der Unabhängigkeit ihrer Entstehung notwendigerweise ergeben. Jedes Kapitel soll für sich selbst stehen können und zusammenhängend argumentiert und gestaltet sein. Im ganzen betrachtet wird hoffentlich gerade durch die gelegentlichen Überschneidungen dafür gesorgt, daß aus den Mosaiksteinen der Einzelüberlegungen ein vollständiges Bild wird, das Bild des Menschen in der Natur.
Ich bin Herrn Dr. Hans Rössner sehr zu Dank verpflichtet, daß er das

langwierige Zuschleifen und Zusammenfügen dieser Mosaiksteine mit soviel Geduld und hilfreichen Anregungen verfolgt und begleitet hat. Er ist allerdings nicht der einzige, dem der Autor für Geduld und Hilfe zu danken hat. Die anderen brauchen nicht genannt zu werden, um zu wissen, wie sehr ich ihnen dafür verbunden bin.

Konstanz, Bonn
Im Frühjahr 1986

Hubert Markl

Teil I

Vom Wirken der Natur

Kapitel 1

Evolution und Freiheit: Das schöpferische Leben

Einleitung

Wollten wir nach einem einzigen Begriff suchen, in dem menschliches Wesen am ursprünglichsten und unverwechselbar zum Ausdruck kommt, so müßte es wohl das Wort *Warum* sein. Warum: das ist eine besonders reichhaltige Form der Frage. In ihr stecken, in eins gefaßt, die weitergehenden Fragen: Woher? Wodurch? Wozu?

Wir teilen viele Begierden mit unseren Verwandten, den Tieren. Auch für die Neugierde ist dies nicht anders. Aber von der Neugier darauf, *was da ist*, in der uns wenig von vielen Tieren unterscheidet, zur *Wißbegier* danach, *warum es da ist* und *weshalb es so ist und nicht anders*, ist es ein himmelweiter Schritt, zu dem zwar viele kleine Schritte im Laufe der Entwicklung des Menschen geführt haben mögen, in denen sich jedoch die Quantität des Abstands in die Qualität der anderen Wesensart gewendet hat. Denn so neugierig andere Lebewesen sich verhalten mögen, wissensdurstig und verständnishungrig ist allein der Mensch. Schon die Auswahl dieser ja durchaus animalisch klingenden Bestimmungsbegriffe macht es deutlich, daß dies ein Drang ist, den Angehörige unserer Spezies wie ein vitales Grundbedürfnis in sich spüren.

In kaum einem anderen Antrieb also verwirklicht sich menschliches Wesen unmittelbarer, aber in kaum einem Anspruch kommt es auch maßloser zum Ausdruck: Der Mensch will nicht nur *etwas*, sondern *alles* wissen, nicht Kunde nur, sondern Erkenntnis, selbst wenn Verstoßung aus dem Garten Eden, Mühsal, Tod die Strafe dafür sind, dieser Versuchung nicht widerstehen zu können, wie es in Genesis 2,17 bis 3,24 heißt, wo wir Menschendasein und Erkenntnisstreben in so dramatisch engen mythologischen Bezug gesetzt finden, denn »der Baum (der Erkenntnis) war köstlich zum Speisen und Wollust den Augen, und berückend war der Baum zum Erkunden«.

Goethe mag uns gut beraten, wenn er empfiehlt, daß es das »schönste Glück des denkenden Menschen« sei, »das Erforschliche erforscht zu haben und das Unerforschliche ruhig zu verehren«. Aber die Wißbegier wird dadurch nicht gestillt: Das Unerforschliche erforschbar zu machen, danach steht Menschensinn viel mehr, daran will mancher eher scheitern als davon lassen.

Wie immer die menschliche Natur entstanden ist – davon wird noch zu reden sein –, daß sie so *ist*, wer könnte es bezweifeln? Gewiß ist solche Wißbegier nicht in jedem Menschen und zu jeder Zeit gleich stark. Die Evolutionstheorie hat uns jedoch verstehen gelehrt, daß das Wesen einer Spezies nicht nur im All-Gemeinen, das in jedem ihrer Mitglieder zum Ausdruck kommt, verkörpert ist, sondern sich gerade in der Vielfalt und Verschiedenheit der Individuen entfaltet: In seinen Extremen ist der Mensch nicht weniger als im Durchschnitt!

Die Erforschung der Natur hat in den letzten fünf Jahrhunderten gewaltige Erkenntnisfortschritte gemacht. Wenn der positivistische Fortschrittsbegriff überhaupt auf einem Gebiet ohne Ausnahme und Widerspruch Geltung beanspruchen kann, dann in dem Fortschritt unseres Wissens über die Natur seit Aristoteles, Galilei, Kepler, Newton oder Darwin.

Die Bestandsaufnahme der Phänomene der uns gemeinsam zugänglichen Wirklichkeit ist weit vorangebracht. Deren Fülle und Verschiedenartigkeit ordnen sich nach durchschaubaren Prinzipien. Indem wir die Einzelfälle als Ausdruck übergeordneter Gesetzmäßigkeiten erfassen, aus deren Gültigkeit unter benennbaren Bedingungen sie retrospektiv herleitbar und prospektiv vorhersagbar werden, werden sie uns erklärbar und verständlich. Gasgesetze, Periodensystem, Pauli-Prinzip, Schrödinger-Gleichung, Quantentheorie, Mendelsche Regeln, Wirbeltier-Bauplan: Jedes erkannte Muster, jede fundierte Regel, jede bestätigte Theorie setzt Einfachheit und Ordnung an die Stelle verwirrender Vielfalt der Erscheinungen. »Theoria«: das heißt Ein-

sicht. Und alle diese einzelnen Muster, Regeln, Gleichungen, Theorien und Gesetze erweisen sich zunehmend deutlicher in gestaffelter – und zugegebenermaßen oftmals mehr erahnter und erwarteter als erwiesener – Ordnung als partikuläre Folgerungen aus noch allgemeineren, übergeordneten Prinzipien.
Freilich macht uns dies schnell bewußt: Auch wenn einmal die letzten, die umfassendsten, die Grundprinzipien, aus denen sich die ganze reale Welt herleiten ließe, erkannt sein mögen, hat doch der Drang, »warum?« zu fragen, damit noch kein Ende. Läßt ihre Geltung sich nicht noch einmal auf Tieferes, noch Elementareres rückführen? Aber heißt dies dann nicht, *ad infinitum* Grund für Grund zu suchen, den letzten Grund des allerletzten Grundes, die Ur-Ur-Sache von dem allen? Kein Zweifel: die Rückführung wird an einem Punkte enden, wo wir, was ist, als nicht mehr weiter einsichtig zu machendes Datum oder als Faktum hinnehmen müssen – je nachdem, was uns mehr einleuchtet. Die Gier, noch mehr zu fragen, wird auch dort kein Ende finden, doch Wissenschaft wird sie nicht mehr mit neuen Antworten stillen können.

Entstehungsfragen

Je erfolgreicher also die Naturwissenschaften in atemraubendem Tempo die ganze Realwelt durchdringen, um so deutlicher wird uns bewußt, an welchen ersten, an welchen *Königsfragen* sich unser Erkennen und Erklären bewähren müssen oder die Grenzen finden. Als wissenschaftliche Fragen sind es immer Entstehungsfragen, Fragen nach Sein und Werden. Auch wo sie sich mitunter als Fragen nach Sinn und Zweck verkleiden – nach dem Ziel, dem die ganze Natur bis hin zum kleinsten Lebewesen dient –, sind alle Antworten, die Naturwissenschaft darauf wird geben können, stets wieder nur Begründungen dafür, durch welche Bedingungen das, was existiert, gegenüber dem Nichtexistenten den Vorzug der Entstehung und Erhaltung erfahren hat, nicht mehr. Die Wissenschaft sucht Antwort auf die *ersten* Fragen der Gründe des Entstehens, nicht auf die *letzten* Fragen über Sinn und Ziel und Zweck; sie fragt nach Sein und nicht nach Sollen. Sie schließt also den Kreis der Fragen auch in dieser Hinsicht nicht. In ihr erfährt der Mensch nicht alles, sie läßt Notwendigkeit zu begründen und Möglichkeit zu handeln weithin offen.

Solche ersten Fragen nach dem Sein und Werden drängen sich uns in vierfacher Weise auf:

Allem voran steht die Frage danach, wie die uns gemeinsam erfahrbare Wirklichkeit so wurde, wie sie jetzt erscheint. Es wäre wissenschaftlich unsinnig, danach zu fragen, was vor ihr war oder was außer ihr ist, denn alles in dem Horizont von Raum und Zeit, der uns erforschbar ist, ist ja gerade deshalb schon Bestandteil dieser Wirklichkeit. Imaginärwelten jenseits dieses naturwissenschaftlich Erforschbaren sind daher wissenschaftlicher Erkenntnis nicht etwa nur unzugänglich, sondern schon in ganz elementar-logischem Sinn für sie nicht existent. Dies einzusehen, entzieht fruchtlosen Debatten über das Verhältnis naturwissenschaftlicher Erkenntnis zu metaphysischen »Wirklichkeiten« jeden Boden und macht sie ähnlich »sinnvoll« wie die Frage, ob blau schwerer ist als süß.

Wie ist die Welt entstanden? Das fragt also, wenn überhaupt mit Verstand gefragt sein soll, gerade *nicht* nach einer ihr außerweltlich vorgeschalteten Ursache, sondern es fragt danach, *als welche Welt*, in welcher Form und Verfassung und aus welchem »Zeug« (um »Stoff« oder »Materie« zu vermeiden) sie entstanden ist. Was ist die Grundstruktur, was sind die Grundbedingungen ihrer Existenz? Können wir diese Fragen beantworten – und die Kosmophysik hat sich an Antworten im üblich gewordenen Zeitmaßstab der ersten Ereignisse bereits auf Bruchteile von Millisekunden herangearbeitet –, so setzt diese alles vereinigende Theorie des Entstehens der physischen Welt, wenn unsere gut begründete Erwartung, daß es eine einzige, gleichgesetzliche Wirklichkeit ist, die wir erfahren, zugleich den Rahmen für alles, was von Anbeginn an in ihr werden konnte, den *Rahmen* wohlgemerkt, für das, *was sein kann*, nicht notwendigerweise den *Zwang, was sein muß*. Den Rahmen also auch für die Beantwortung der zweiten »Königsfrage«: *Wie entstand das Leben*? Oder genauer, da »das Leben« ein allzu abstrakt verschwimmender Begriff ist: Wie sind konkrete Lebewesen in die Welt gekommen, Organismen, wie sie uns hier begegnen oder wie wir sie aus den Spuren kennen, die sie hinterlassen haben?

Wiederum muß man sich sogleich besinnen, ob dies denn überhaupt eine legitime wissenschaftliche Fragestellung ist. Als solche kann sie ja nur bedeuten: Ist es uns möglich, die Bedingungen und Gesetzmäßigkeiten eines unbelebten Weltzustands anzugehen, die zugleich notwendig und hinreichend sind, um die Entstehung lebender Systeme – mit den sie kennzeichnenden Fähigkeiten zu Selbsterhaltung, Selbstvermehrung und Anpassung – in schwächster Form ausgedrückt: zuzulassen, oder, als stärkerer wissenschaftlicher Anspruch formuliert: zwangsläufig zu machen? In beiden Formen wären dies rein naturwissenschaftliche Erklärungen der Lebensentstehung, und so gestellt enthält daher die Frage nichts, was die Grenzen sinnvoller wissenschaftlicher Befassung verletzt. Doch Vorsicht: *The proof of the pudding is in the eating*! Ob eine sinnvoll erscheinende Frage eine schlüssige Antwort findet, muß erweisen, ob es sich hier wirklich um ein rein naturwissenschaftliches, also realweltliches Problem handelt. Solange dieser Beweis aussteht – und er steht noch aus –, muß es als offen gelten, ob die Lebensentstehung rein naturwissenschaftlich erklärbar ist. Das bedeutet allerdings ganz und gar nicht, daß dies etwa nach unserem Wissensstand allzu zweifelhaft erschiene. Im Gegenteil: Alles, was uns vor allem die Erforschung der chemischen Prozesse des Lebens in den letzten Jahrzehnten gelehrt hat, spricht dafür, daß die vollständige Aufklärung der notwendigen und hinreichenden Bedingungen der Lebensentstehung – und zwar nicht nur als mögliches Zufallsereignis, das die Naturgesetze zulassen, sondern als unvermeidliche Folge der Zustandsgegebenheiten auf der Erde vor annähernd vier Milliarden Jahren – in absehbarer Zeit möglich erscheint.

Wenn dies gelungen sein wird, so ist dies der Schlußstein einer naturwissenschaftlichen Theorie der lebendigen Welt und der Entstehung aller ihrer Erscheinungsformen, die wir zu Recht als *»darwinische Theorie des Lebens«* bezeichnen dürfen. War es doch Charles Darwin, der die entscheidenden ersten Schritte getan, den Weg gebahnt und die Richtung dazu gewiesen hat, Entstehung und Entwicklung des Lebens zu erklären. Er hat diese Theorie zwar gewiß nicht vollständig oder gar fehlerfrei erarbeitet, obschon wir heute sicher sind, daß er wesentliche Fundamente legte, und es sich oft genug herausstellt, daß er in der Regel zutreffendere Einsichten hatte als die meisten seiner Kritiker. Sein bedeutendster Beitrag zum Erkenntnisfortschritt bestand jedoch darin, darauf hinzuweisen, daß die Frage nach der Entwicklung von Lebewesen überhaupt ein naturwissenschaftlich sinnvolles, mit Aussicht auf Erfolg zu bearbeitendes Problem ist, und Methoden dafür aufzuzeigen, wie es sich erforschen läßt. Dies macht seine Leistung unvergänglich: vordem als unerforschlich Geltendes erforschbar gemacht und es nicht nur ruhig verehrt zu haben!

Geist und Bewußtsein

Wenn es eine solche darwinische Theorie des Lebens einmal in umfassender und abschließender Form geben wird, so wird sie sich zwangsläufig auch der dritten »Königsfrage« stellen müssen: *Wie entstand die Fähigkeit zu bewußten geistigen Leistungen?*
Mit Absicht soll wieder nicht nach der Entstehung von »Geist« und »Bewußtsein« gefragt werden, so wenig wie vorher nach der Entstehung »des Lebens«. Diese verdinglichten Abstraktionen zwingen unserem Nachdenken über das, worum es hier gehen soll, nämlich allzuleicht einen Gang der Betrachtung auf, der uns zugleich Fesseln anlegt und das Nachdenken in Sackgassen drängen kann.
Worum geht es? Was wir Geist und Bewußtsein nennen, sind zuallererst einmal Dimensionen der Selbsterfahrung. Was aber dabei Geist und Bewußtsein wirklich wesenhaft sind, können wir sogar für uns selber nur schwer so ausdrücken, daß wir nicht nur überzeugt sind, die Phänomene richtig charakterisiert, sondern damit auch die Erfahrung anderer so erfaßt zu haben, daß sie uns zustimmen können. Hingegen fällt es uns erheblich leichter, aus der Selbstbeobachtung Beispiele für das vorzuweisen, was wir unzweifelhaft bewußte, im Gegensatz zu unbewußten Leistungen nennen und worin sich eine geistige Fähigkeit (wie das Kopfrechnen) von einer rein körperlichen Funktion (wie die Harnbildung) unterscheidet. Daß es da auch in der Selbsterfahrung Phänomene gibt, bei denen wir uns in der Zuordnung nicht so sicher sind – Wie bewußt bin ich im Tagtraum oder bei der Bedienung meines Kraftfahrzeugs? Wieviel Geistiges, wieviel Körperliches ist im auswendigen Klavierspiel oder in der Blindschriftroutine an der Schreibma-

schine? –, das soll uns hier nicht bekümmern. Wer gewillt ist, ernsthaft über die Entstehung neuer Lebensäußerungen nachzudenken, wird sich am wenigsten daran stören dürfen, wird sogar geradezu erwartungsvoll danach suchen müssen, daß die sauberen gedanklichen Kategorien in der Realität bis zur Untrennbarkeit verschwimmen, so wie es den, der die Evolution der Wirbeltiere verstehen will, nicht stört, sondern in der Fruchtbarkeit seines Bemühens bestätigt, daß es bei immer genauerem Studium fossiler Formen immer unmöglicher wird, die Trennlinie zwischen Lurchen und Kriechtieren oder zwischen Kriechtieren und Säugern anders als mit definitorischem *fiat!* zu ziehen.

Viel wichtiger ist es, daß es eben viele, uns selbst sehr eindeutig bewußte, geistige Leistungen gibt, bei denen wir uns ohne große Mühe mit Mitmenschen halbwegs offenen Sinnes darüber verständigen können, daß es sich hier um etwas anderes handelt als bei den Phänomenen, die wir als unbewußte oder rein körperliche Lebenserscheinungen klassifizieren. Wenn dem so ist, so ist es nicht nur zulässig, sondern erscheint erfolgversprechend, uns mit naturwissenschaftlichen Methoden um ein Verständnis der Entstehungsbedingungen solcher Leistungen zu bemühen, während man durchaus der Ansicht sein kann, daß es der Naturwissenschaft grundsätzlich verwehrt bleibt, vollauf zu erklären, was »Geist« oder »Bewußtsein« wirklich sind, weil sie weder den einen noch das andere so dingfest zu machen vermag, damit ihre theoretischen und empirischen Forschungswerkzeuge überhaupt greifen können.

Das ganze Gebiet, in dem sich eine naturwissenschaftliche Erforschung der Entstehungsbedingungen bewußter geistiger Leistungen bewegen muß, ist allerdings noch über das schon Ausgeführte hinaus besonders dicht mit erkenntnistheoretischen Fallen bestückt.

Da lauert zum Beispiel gleich am Zutritt die »Realitätsfalle«: Bewußtes Denken, Fühlen oder Wollen ist doch genaugenommen jedem von uns nur aus ureigenster, subjektiver Erfahrung zugänglich. Subjektive Phänomene gehören aber doch wohl geradezu per definitorischem Ausschluß nicht zur »objektiven Realität«, mit der sich Naturwissenschaft befaßt, die etwas auf methodische Stubenreinheit hält.

Hiergegen gibt es allerdings Einwände anzumelden. Was wir gerne leichthin als »objektive Realität«, als »Welt der Fakten« kennzeichnen, ist erstens einmal all das – aber auch *nur* all das –, was wir als »intersubjektiv erfahrbare Wirklichkeit« bezeichnen können, worauf sich also die große Mehrzahl »normaler«, das heißt nicht in speziellen Dressurprogrammen eigens zu andersartiger Wahrnehmungssteuerung abgerichteter Beobachter als »tatsächlich gegeben« einigen können. Was ist dies aber anderes als die Schnittmenge kommunikativ vermittelter und nötigenfalls argumentativ begründbarer *subjektiver* Welterfahrungen der Leute, die sich darauf einigen können, daß ihre übereinstimmende Welterfahrung sich *in praxi* als zuverlässig genug erwiesen hat, um ihr zu vertrauen? Diesem »Weltbild« können sich dann andere in übertragenem Vertrauen anschließen, selbst wenn ihre subjektiven Erfahrungen (etwa weil sie angeborenermaßen Rot und Grün nicht unterscheiden können) vom Konsens abweichen oder wenn sie etwa intellektuell nicht imstande sind, allen Begründungen der wissenschaftlichen Weltbild-Aufseher ganz zu folgen. Die Bewährung in der praktischen Erfahrung ist dann Rechtfertigung genug. Aber auf diese Legitimation kommt es auch an, wenn die große Masse davor bewahrt bleiben soll, einer Weltbild-Verschwörung gut organisierter Eingeweihter zum Opfer zu fallen, die von ihrer priesterlichen Vormachtstellung als Bewahrer der gültigen Weltanschauung am Ende gar noch profitieren. Das schließt natürlich nicht nur nicht aus, daß sie selbst von ihr überzeugt sind, im Gegenteil, nur jene ideologische Usurpation hat ja Aussicht auf längerfristigen Erfolg bei ihren Anhängern, die es vermag, wenigstens die eigenen Hohepriester zum festen Glauben an ihre Wahrheit zu erziehen, weshalb die obengenannte Randbedingung für den »Realitätskonsens«, daß es nämlich auf die Übereinstimmung »nicht in speziellen Dressurprogrammen eigens zu andersartiger Wahrnehmungssteuerung abgerichteter Beobachter« ankommt, von größter Bedeutung ist. Und wieder kann man fragen, woran man diese unvoreingenommenen Beobachter erkennt, und wieder kann die Antwort nur lauten: daran, daß sie bereit sind, ihre Wahrnehmungen, Anschauungen, Interpretationen und Erklärungstheorien der Überprüfung und Bewährung in der praktischen Erfahrung auszusetzen!

Erstens also können wir der »Realitätsfalle« bei der naturwissen-

schaftlichen Befassung mit geistigen Phänomenen entgehen, indem wir uns verdeutlichen, daß auch die »objektive Realwelt« nur eine ständig empirisch getestete gemeinsame subjektive Erfahrungswelt darstellt.
Zweitens und in direkter Folge dieser Einsicht gehörte schon ein gerüttelt Maß der eben gebrandmarkten »Abrichtung zur Wahrnehmungssteuerung«, ja man möchte fast sagen »zur Wahrnehmungsverweigerung« dazu, um jemandem einreden zu wollen, daß ausgerechnet die erste und einzige Erfahrung, deren Tatsache jedem von uns nun wirklich aus ureigener Evidenz gewiß ist – daß wir nämlich denken und also, worin man Descartes schwerlich widersprechen kann, zumindest als Denkende wirklich auch sind –, daß ausgerechnet diese Primärerfahrung, diese innere Gewißheit irreal sein soll, während alle sekundären Außenwelterfahrungen, deren Zuverlässigkeit wir uns im Zweifelsfall erst durch intersubjektive Verabredung versichern müssen, das wahrhaft Reale seien. Nur besonders gründliche Hirnwäsche in erstklassigem philosophischem Training könnte die Wirklichkeit *in* unserem Kopf so *auf* den Kopf stellen.
Wenn wir aber der Realität unseres Denkens in so ausgezeichneter Weise gewiß sein dürfen, so tut sich dessen naturwissenschaftlicher Erforschung ebendeshalb sogleich die zweite Falle auf: die »Solipsismusfalle«. Sie gibt es in der kleinen und in der großen Ausfertigung.
In der kleinen besagt sie: Da ich als Mensch nicht weiß noch wissen kann, was subjektiv im Gehirn eines Tieres, und sei es selbst meines gelehrigen Pudels oder eines sprachdressierten Schimpansen, vorgeht, sind geistige Leistungen wohl ein Privileg des Menschen, denn ich weiß nur von ihm gewiß, daß er denken kann. Geistige Leistungen von Tieren wären nur ungewisse Vermutungen, und Vermutungen, die man nicht experimentell testen kann, können nicht der Stoff sein, aus dem wissenschaftliche Erkenntnis gemacht ist. Dieser kleinen Ausfertigung der Solipsismusfalle entgeht man am leichtesten, indem man sich deren großer Ausfertigung ausliefert, in die uns die Leitschnur der Logik auch wie von selber zieht. Müssen uns doch nicht nur die subjektiven Erfahrungen von Affe und Hund suspekte Vermutung bleiben, nicht anders steht es letztlich auch mit unserem Wissen über die subjektiven Vorstellungen selbst von Weib und Kind und allen anderen Mitmenschen. Auch an ihnen könnte man ja durchaus be-

gründet zweifeln, und woran ich zweifeln kann, dessen bin ich nicht gewiß, und wenn ich einer Sache schon nicht gewiß sein kann, wieviel weniger kann ich hoffen, mir ihre Entstehungsbedingungen erklären zu können? Damit ist die Falle zugeschnappt. Einmal in ihr gefangen, beginnen wir sogleich auch noch die Existenz einer realen Außenwelt und der Mitmenschen in ihr zu bezweifeln und als Alptraum eines einzig real sich selbst denkenden Ich zu enthüllen. Daß dieser logisch so nadelfein zugespitzte Standpunkt sich allerdings auch für den Eigensinnigsten nicht zum längeren Aufenthalt eignet, wird klar, wenn jeder, der ihn einzunehmen sucht, sich bald dazu bequemen muß, wenn auch in zähneknirschendem Unwillen, zur Deckung seiner drängenden Lebensbedürfnisse seinen Wahrscheinlichkeitspakt mit der Realexistenz einer ihn umgebenden Welt und mit dem Vorhandensein bewußt handelnder Mitmenschen in ihr einzugehen. Doch damit öffnet sich nicht nur die große, sondern gleich auch die kleine »Solipsismusfalle«.

Charles Darwin im Ansatz und Konrad Lorenz im Detail verdanken wir das Verständnis dafür, warum diese Mutmaßung über Existenz und Art der ein Lebewesen umgebenden Welt, die wir Wahrnehmung und Erfahrung nennen, durch den Selektionsprozeß der Evolution so geformt worden sein muß, daß im geschauten Abbild wenigstens so viel Zutreffendes von der unzugänglichen wahren Wirklichkeit des Kantschen Dings an sich enthalten ist, um mit dessen erhellender Hilfe in der uns immer im Ganzen dunkel bleibenden Welt überleben zu können.

Unsere bewußten geistigen Leistungen, unser Fühlen und Wünschen, also unsere gesamte subjektive Innenwelt, verdanken also die Würde der Anerkennung als echte Realität genau den gleichen intersubjektiven Argumentations- und Zustimmungsverfahren, denen die logisch genauso begrenzt-verläßlich begründete, aber lebenspraktisch ebenso unabweisbare objektive Außenwelt ihren Realitätsgehalt verdankt. Deshalb kann die eine wie die andere »Realität« gleichermaßen zum Gegenstand naturwissenschaftlicher Erforschung gemacht werden, mit gleicher Aussicht auf Erfolg und gleicher Einsicht in die Grenzen solcher Erklärungsbemühungen.

So wie wir im ersten Zugriff auf die Außenwelt, dem »Begreifen«, unsere Beobachtungen benutzen, um uns ein möglichst widerspruchsarmes Bild der Wirklichkeit zu machen, benutzen wir im gleichen Begriff auch unsere Beobachtungen über das Handeln unserer Mitmenschen, um abzuschätzen, was ihre Weltwahrnehmung mit unserer eigenen gemein haben könnte. Indem wir ihrem Tun und Lassen vergleichbare Beweggründe zuschreiben, wie sie uns selbst zu entsprechendem Tun oder Lassen führen, versuchen wir ihr Innenleben nachzufühlen.

Damit wir diese ersten Abschätzungen besser fundieren können, benutzen wir dann unsere Fähigkeit zur sprachlichen Verständigung, indem wir bedeutungsvolle Verhaltensäußerungen unserer Mitmenschen hervorzurufen suchen, um unsere Vermutungen über ihre Wahrnehmungen, Gedanken und Antriebe argumentativ weiter abzusichern. Wieder aus eigener Erfahrung gewitzt – denn keiner ist schwerer zu betrügen als der Betrüger –, sind wir uns bewußt, daß uns diese Rückäußerung unabsichtlich oder gewollt über das unserer Beobachtung nicht direkt zugängliche Geschehen im Innern des Befragten in die Irre führen kann – so wie wir ja auch den Ausgang eines chemischen Experiments falsch interpretieren können. Aber dort wie hier dient ein nicht unbeachtlicher Teil weiteren Experimentierens und vor allem auch gemeinschaftlichen Argumentierens dazu, uns vor solcher Täuschung und Irreleitung zu schützen. Das heißt: unsere Auffassung der tatsächlichen Realität weiter anzunähern. Daß es dabei nicht ohne ein Restrisiko des Irrtums abgeht, über das uns hier genauso nur ein Akt gefährdungsbewußten Vertrauens hinweghelfen kann, wie uns immer auch ein Akt riskanten Glaubens daran abgefordert wird, daß die Realität der Außenwelt wirklich so ist, wie sie uns erscheint, und zwar beidemal, damit wir überhaupt lebendig existieren können, ist ebenso wahr wie trivial und bekräftigt nur erneut die große Übereinstimmung in der »Realqualität« subjektiver wie objektiver Wirklichkeit, so unterschiedlich sonst immer ihre Erfahrungsqualitäten sein mögen.

Wenn es aber Beobachtung und argumentative Kommunikation – ganz wörtlich: Vereinbarung – sind, auf denen das Datenmaterial unseres Forschens über die Außenwirklichkeit wie über die geistigen Leistungen unserer Mitmenschen beruht, so kann auch nichts grund-

sätzlich daran hindern, die gleichen empirischen Explorationsverfahren dazu zu benutzen, uns über geistige Leistungen unserer Mitgeschöpfe, der Tiere, zu vergewissern und insbesondere der Entwicklung menschlicher Fähigkeiten aus einfacheren Vorstufen solcher Leistungen und den Bedingungen solcher Entfaltung nachzuspüren.
Es wäre somit falsch und könnte einem wohl auch nur einfallen, wenn man sich beim Nachdenken über diese Fragen in einer der cartesianischen Solipsismusfallen verfangen hat, aus der Tatsache, daß wir die subjektiven Erfahrungen von Tieren nie teilen und lediglich aus ihrem Verhalten erschließen können, zu folgern, Tiere seien nur eine Art natürlicher chemischer Apparate – *bêtes machines* –, denen die Fähigkeit zu bewußtem Denken, Fühlen oder Wollen daher auch nie begründet zugesprochen werden könnte, ohne dabei einen ehernen Kanon erkenntnismethodischer Sparsamkeit der Erklärungsmittel zu verletzen. *»Entia non sunt multiplicanda praeter necessitatem«*, Occams Rasiermesser, mit dem sich die Wissenschaft unnötiger Erklärungsgründe entledigt, soll dadurch keineswegs als obsolet aus dem Sezierkasten der Naturanalyse entfernt werden. Es will aber richtig gehandhabt sein, wenn man sich nicht ins eigene Fleisch schneiden will! Wer – wie die frühen Behavioristen – aus strengster Theoriesparsamkeit und in Verkennung des Realitätscharakters subjektiver Phänomene meint, bewußte und geistige Leistungen von Tieren nicht postulieren und nicht aus Beobachtungen ihres Verhaltens erschließen zu dürfen, läuft entweder Gefahr, aus solcher Sparsamkeit in bitterer geistiger Armut zu enden, da er sich gezwungen sieht, bald auch dem Menschen die Eigenständigkeit geistiger Realität abzustreiten und als bloße Selbsttäuschung, als illusionäres Epiphänomen der wahren Wirklichkeit einer chemischen Mensch-Maschine abzuwerten; oder aber er anerkennt die unabweisbare Evidenz geistiger Wirklichkeit – die sich dialektischerweise in nichts deutlicher enthüllt als in ihrer Fähigkeit zur Selbstverleugnung! – und verletzt dann gerade Occams strenge Vorschrift, indem er nicht das einfachste Erklärungsprinzip wählt und dem sich ähnlich Verhaltenden – ob Mensch oder Tier – auch ähnliche Fähigkeiten zutraut, sondern für das sichtbar Zusammengehörige von Grund auf verschiedene Erklärungsversuche macht: Tier-Maschine und Geist-Mensch. Eine solche Betrachtung des Tieres im unüber-

brückbaren Gegensatz zum Menschen ist aber spätestens, seit Darwin uns von der evolutionären Kontinuität zwischen beiden überzeugt hat, entweder nicht zu Ende gedacht oder in schierem Opportunismus begründet, oder beides zugleich; denn es ist ja in der Tat für uns Menschen höchst opportun, im Tier nur bewegliche, reproduktive Materie zu sehen und es zu unserem Nutzen auch so zu behandeln.

Um es noch einmal zu betonen: Es ist die sichere Erfahrung der eigenen subjektiven Innenrealität, die unserem Vermuten über entsprechende Phänomene bei Mitmenschen und – in gewiß abgestufter Ähnlichkeitserwartung – auch bei anderen Mitgeschöpfen Begründung verleiht. Von sicherer Erfahrung aus durch wohlgeprüften Vergleich Schlußfolgerungen zu ziehen, kann aber nicht als erkenntnistheoretische Verschwendungssucht angeprangert werden.

Dabei wird niemand, der im Verwandtschaftsbezug zwischen Mensch und Tier nicht nur die genealogische Gemeinsamkeit und folgliche Ähnlichkeit sieht, sondern auch die ebenso unverkennbar abgestuft hervortretende Fremdheit und Andersartigkeit erkennt, dem Trugschluß verfallen, die begründete Mutmaßung partieller Übereinstimmung nicht nur körperlicher, sondern auch geistiger Eigenschaften führe zur Behauptung völliger Identität. Dadurch würde der Mensch *auf nichts anderes als* eine Art Tier reduziert. Wo aber Andersartigkeit offenkundig ist, Gleichartigkeit zu behaupten, wäre ja nicht nur empirisch schnell widerlegte Narretei, sondern wieder genau der Mißbrauch von Occams Werkzeug, der es ins eigene Fleisch dringen läßt, indem vergessen wird, daß die Zahl der anzuerkennenden *entia*, der Gegenstandsarten, sich nach der *necessitas* zu richten hat, die uns die Erklärung der existierenden Wirklichkeit auferlegt.

Wenn diese Überlegungen folgerichtig und zutreffend sind, so ist es nicht etwa ein naturwissenschaftlicher Befassung unwürdiges Scheinproblem und auch nicht ein philosophisches Ratespiel herauszufinden, in welcher Form und Ausprägung geistige Leistungen bei Tieren auftreten, wie sie sich entwickeln und wie sich aus ihnen heraus die geistigen Fähigkeiten des Menschen so stupend entfalten konnten. Daß das Problem schwerer zu lösen erscheint als das der chemischen Mechanismen der Erregungsübertragung zwischen Nervenzellen, und daß wir daher über das eine bisher unendlich viel weniger an positivem

Wissen besitzen als über das andere, macht seine Erforschung weder weniger wissenschaftlich noch weniger interesseheischend.
Nun finden wir die menschlichen geistigen Leistungen selbst – nicht nur ihre argumentative Absicherung als tatsächliche Realität – aufs innigste mit unserem Vermögen zu symbolisch-begrifflicher Sprache verbunden. Sie ist gerade deshalb das unentbehrliche Medium unseres Denkens, weil sie zugleich das Medium des Zugangs zum Denken unserer Mitmenschen ist und ebendadurch für unser Denken und Fühlen die Grenzen der eigenen Hirnschale sprengt. Sprache macht menschliches Denken zur Gemeinschaftsleistung einer durch Tradition bis in undenkliche Vorzeit geeinten Menschheit. Auf dieser Vereinigung des Denkens beruht der einzigartige evolutive Erfolg menschlicher Kultur, und zwar nicht nur auf additiver Anhäufung von Daten, sondern auf den nichtlinearen Effekten sich steigernden Zusammenwirkens geistiger Leistungen. Denken ohne Mitteilung ist wirkungslos (wie Sprechen ohne Denken sinnlos ist). In der Tat sprechen alle Erfahrungen der Entwicklungspsychologie dafür, daß der einzelne Mensch seine in ihm angelegte Fähigkeit zu geistigen Leistungen überhaupt erst in der sprachlich vermittelten Gedankengemeinschaft voll entfalten kann, ob es sich dabei um wissenschaftliche, künstlerische, moralische oder religiöse Kompetenzen handelt; ja sogar was wir fühlen und wünschen, ist tief getränkt mit dem, was wir über Gefühle und Wünsche sprachlich vermittelt erfahren haben.
Dadurch wird nun aber die naturwissenschaftliche Erforschung der Bedingungen geistiger Leistungen zugleich untrennbar verbunden mit der Erforschung der Entwicklung des Menschen als einzig *voll* sprachfähigem Lebewesen; denn allein dieses Merkmal ist für das Menschsein – zwar nicht notwendigerweise in jedem Einzelindividuum, aber notwendigerweise für die Spezies – wirklich konstitutiv. Ohne Sprachvermögen wäre unsere Art in der Tat nur eine Primatenspezies unter anderen, des Aufhebens nicht mehr wert als die anderen. Deshalb muß der heute so vielfältig unternommene Versuch zu verstehen, wie Tiere kommunizieren, wie insbesondere die Fähigkeiten und Grenzen zur Verständigung bei unseren nächsten Tierverwandten, den Primaten, beschaffen sind, in zweifacher Hinsicht ein Schwerpunkt jeder naturwissenschaftlichen Erforschung geistiger Leistungen von Tieren sein:

Da unser Eindringen in den Kommunikationszusammenhang mit Tieren uns erstens in ähnlicher Weise ein Fenster des Verständnisses in ihre innere Welt öffnen kann, wie dies für unsere Mitmenschen der Fall ist; und da es zweitens, wenn Menschwerdung als Sprachwerdung verstanden werden muß – »am Anfang war das Wort« –, wenn sie überhaupt verstanden werden soll, darauf ankommt, daß wir die Voraussetzungen für die Sprachentwicklung aus dem Wurzelgrund tierischer Kommunikation aufklären.

Der Schlüssel zum Verständnis der Entstehung menschlicher und geistiger Leistungen liegt also in der Erforschung der Evolution unseres Sprachvermögens, des zugegebenermaßen dunkelsten Kapitels der Herkunftsgeschichte des Menschen. Leider hat dieser Gesichtspunkt in der Primatenforschung lange nicht die angemessene Geltung erlangt: Wir wissen über Nahrungserwerb, Rangverhalten oder Liebesleben unserer nächsten Verwandten zwar sicher noch immer viel zuwenig, aber doch ein Vielfaches mehr als über ihr Verständigungsvermögen und über die geistigen Leistungen, die ihm zugrunde liegen.

Wenn es denn also einmal eine zutreffende und umfassende naturwissenschaftliche Theorie der Lebensentwicklung geben wird, so wird sie sich wieder hinsichtlich ihrer Gültigkeit, Schlüssigkeit und Tragweite daran erproben und messen lassen müssen, ob es ihr gelingt, auch die Entstehung des Menschen als des »sprachbegabten Lebewesens« und ebendamit auch seiner Fähigkeiten zu bewußten geistigen Leistungen zu erklären. Wir besitzen durchaus eine hinreichend überzeugende Theorie für die Evolution menschlicher Körperlichkeit, also der Entstehung des nackten, aufrecht gehenden, Werkzeuge gebrauchenden, Nahrung sammelnden, jagenden, teilenden, in andauernder sozialer Gemeinschaft und in sexueller Paarbindung lebenden Primaten, die wir *auch* sind. Wäre es allerdings *nur* all dies, worin sich unser Verhalten von dem anderer Primaten unterscheidet, dann wären wir sicher nicht das, was uns in unserer Selbsterfahrung erst wahrhaft zu Menschen macht: Menschengeist, Menschengefühl, Menschenwollen, wie Menschensprache sie zum Ausdruck bringt.

Sollte es je so weit kommen, daß Naturwissenschaft erklärt, wie dies entstehen konnte, so wird damit zugleich auch der Grund für die Beantwortung der letzten »Königsfrage« gelegt sein müssen, soll das naturwissenschaftliche Programm der Erklärung der Welt als *einer* Welt am Ende nicht doch noch scheitern: *Wie konnte die Freiheit des Menschen entstehen?* Woher kommt seine Fähigkeit zu sittlicher Autonomie, denn nur solche Freiheit des Handelns verdient wirklich Freiheit genannt zu werden, die zugleich die Befähigung zu normativer Selbstbestimmung ist.

Erneut tun sich hier, aber noch einmal gewichtiger, die Fragen auf, ob es denn das, was hier zur Erklärung steht, erstens überhaupt gibt und ob es sich dabei zweitens, wenn es so wäre, überhaupt um ein Problem handelt, das naturwissenschaftliche Forschung lösen könnte. Gibt es Willensfreiheit, gibt es sittliche Autonomie der Entscheidung über Tun und Lassen, oder ist dies die dritte Illusion nach denen über Welt und Geist, am Ende die größte und folgenschwerste von allen?

Hier wird es zunehmend fragwürdig, sich einfach noch einmal auf den Wahrscheinlichkeitspakt argumentativer Übereinstimmung vernünftiger Leute zu berufen. Sind die »Gleichgesinnten« hier wirklich gleichen Sinnes, in wohlbedacht abwägender Rationalität, oder rührt der Meinungsgleichklang eher von gleicher »Gesinnung« her, von einer rational nicht weiter begründbaren Voreingenommenheit, Hoffnung, Erwartung oder – schlimmstenfalls – selbsttäuschenden Zwangsvorstellung? Ist sittliche Freiheit, mit andern Worten, überhaupt eine *Erfahrungstatsache*, wenigstens eine *Selbsterfahrungstatsache*, über deren intersubjektive Realität wir uns auf den bekannten Wegen kritischer Verständigung versichern können? Oder ist sie – Immanuel Kant folgend – eine fast schon trotzige Forderung, ein Postulat, das das räsonierende Ich aus Gründen der Selbstbehauptung zu glauben genötigt ist, um ein geordnetes Gemeinschaftsleben – Voraussetzung menschlicher Existenz – möglich zu machen, lebensnotwendiger Akt des Selbstvertrauens also, ohne das es kein Vertrauen in die Zuverlässigkeit von Mitmenschen geben könnte? Wäre sittliche Autonomie dann nicht so sehr *Grundlage* unseres Handelns, sondern eher Zielvorstellung, Richtschnur unseres Strebens, nicht Morgengabe des Erwachens der Menschheit, sondern nur Leitbild, wenn nicht gar Trugbild?

Auf den ersten Blick scheinen dies Fragen der Art, von denen ein Narr in der Stunde mehr hervorbringt, als viele Weise in langem Leben beantworten können. Vor allem auch Fragen, die ganz außerhalb der Reichweite naturwissenschaftlicher Kompetenz zu liegen scheinen. Der Einwand ist ernst zu nehmen, trifft aber wohl nur zum Teil.

So richtig es ist, daß die den ersten Fragen, den Fragen nach der Entstehung uns zugänglicher Realität, verpflichtete Naturwissenschaft nichts zu sagen hat über letzte Fragen, denen nach Sinn und Zweck dieser Realität und nach dem Inhalt von Normen sittlich gerechtfertigten Handelns, so richtig bleibt es auch, daß die sich gerade aus naturwissenschaftlicher Forschung ergebende, mit rationalen Argumenten nicht mehr bestreitbare Tatsache der natürlichen Evolution des Menschen mit allen seinen Eigenschaften uns geradezu zwingt, auch der Frage nach der Entstehung sittlicher Freiheit – was immer diese nun wäre – ins Auge zu sehen. Doch wird diese Frage erneut – so begrifflich-verdinglicht ausgedrückt – für eine Befassung aus naturwissenschaftlicher Sicht unzureichend gestellt. Nicht nach der Entstehung sittlicher Autonomie sollten wir fragen, sondern nach den *Bedingungen für jene Selbsterfahrung der Entscheidungsfreiheit* in unserem Handeln, jener unabweisbaren Evidenz der Fähigkeit zur Selbststeuerung unseres Verhaltens, so begrenzt sie auch immer sei (auch dessen sind wir uns ja nur zu bewußt). In dieser Eigenerfahrungsevidenz gründet unser Zutrauen, darauf zu schließen, daß auch das Verhalten unserer Mitmenschen nicht (gänzlich) von außen determiniert ist und werden kann, sondern in seinem Kern »eigensinnig« bestimmt ist. Ebendaher kann dies auch bestenfalls in einem Durchschnittssinne erwartet, nie aber im konkreten Einzelfall präzise vorhergesagt werden, ein ganz und gar empirischer, objektiver Befund, an dem unsere Betrachtung nicht weniger zuverlässig festmachen kann als an dem der eigenen Selbsterfahrung.

Was, so müssen wir dann also fragen, macht den biologischen Prozeß der natürlichen Entstehungsgeschichte des Menschen aus Tierprimaten in so einzigartiger Weise aus, daß er Wesen hervorbringen konnte, die sich wahlfrei in ihrem Verhalten empfinden und zumindest in Grenzen objektiv selbstbestimmt erscheinen? Warum ging ein solches Wesen ausgerechnet aus der Säugetierverwandtschaft hervor, nicht aus anderen, in ihrem sozialen Verhalten nicht minder hochentwickelten Lebewesen? Vor allem: Was am Eigenschaftenspektrum der Primaten zeichnete sie für die Menschwerdung aus, welche Prädispositionen zur Menschenentwicklung brachte ihre eigene Evolution hervor, und – im Umkehrschluß – in welcher Weise beeinflußt andererseits die Tatsache, daß wir von Primaten herstammen, als biologisches Erbe unsere Wesenszüge? Dies alles sind zwar weithin offene Fragen, aber es sind genuin naturwissenschaftliche und somit auch prinzipiell erforschbare Fragen. Und deshalb ist auch die Frage nach der Entwicklung der Möglichkeit zu autonom bestimmtem Verhalten zumindest in diesen Aspekten eine legitime naturwissenschaftliche Fragestellung.

Daß es sich nur um eine *Möglichkeit* des Menschen, eine *potentiell* realisierbare Kompetenz zu sittlicher Autonomie handeln kann und nicht um einen garantierten Charakterbestand, eine Art organischer Grundausstattung wie mit Lunge oder Milz, ist dabei von fundamentaler Bedeutung. Eine Wahlfreiheit, die nicht die Befähigung zu ihrer Renegation einschlösse, zur Verweigerung der Selbstbestimmung, zur Preisgabe des freien Entscheidens zugunsten eines fremdgesteuerten geistigen Sklavendaseins unter der Programmierungsgewalt einer Erziehungsdiktatur, eine solche Wahlfreiheit widerspräche sich ja selbst, sie wäre nur eine Scheinfreiheit. Freiheit ist immer gefährdet, oder es gibt sie nicht. Nur wenn der Mensch – von sich aus oder durch andere – ganz und gar unfrei gemacht werden kann, kann er auch potentiell frei sein. Deshalb spricht auch die Tatsache, daß der Mensch in seinem Verhalten nie ganz frei ist, daß er so überaus oft in »selbstverschuldeter Unmündigkeit« lebt, daß er nicht nur durch andere immer in der Verwirklichung seiner Kompetenz zur Freiheit gefährdet ist, sondern ihn geradezu eine Versuchung, eine Sehnsucht nach Unfreiheit, eine makabre Lust an der von keinen Zweifeln gequälten Selbstsicherheit des Programmautomaten überkommen kann – deshalb spricht all das nicht etwa *gegen*, sondern *für* die grundlegende Befähigung des Menschen zu Verhaltensfreiheit.

Was diese Freiheit »ihrem Wesen nach ist«, wie sie mit den allgemeinen Naturgesetzen vereinbar sein könnte, unter deren Regime, so wie wir dies zu verstehen meinen, keine physische Wirkung ohne physische Ursache sein kann – was allerdings nicht ohne weiteres zu der Schlußfolgerung berechtigt, jene sei unter allen Umständen und in jeder Hinsicht durch diese determiniert –, dies sind wichtige und schwierige Fragen für die Erforschung der Willensfreiheit, ungelöste Probleme, von denen wir nicht sicher sein können, daß es jemals abschließend klärende Antworten für sie geben wird. Aber das alles ändert nichts an der phänomenologischen Erfahrungswirklichkeit des Eindrucks und Ausdrucks solcher Verhaltensfreiheit in uns und anderen, deren Entstehungsbedingungen für sich selbst erforschbar sind, ganz unabhängig davon, wie dieses erste Fragenbündel sich löst. Selbst eine reine Illusion unserer Willensfreiheit wäre in ihren Entstehungsbedingungen naturwissenschaftlich erklärungsbedürftig, da es eine beständig und zuverlässig auftretende Eigenschaft unserer Spezies zu sein scheint, einer solchen Illusion, diesem Kollektivtraum, zu verfallen. Diese Zweiteilung der Fragen über die Willensfreiheit wird nur zu oft übersehen. Unser – möglicherweise unüberwindliches – Unvermögen, die Aporie zwischen der Notwendigkeit, die in der physischen Welt herrscht, der wir unstreitig angehören, und der Willensfreiheit, die wir unbestreitbar in uns erfahren, in rational befriedigenden Einklang zu bringen, braucht uns nämlich nicht grundsätzlich daran zu hindern zu erforschen, wie es kommt, daß unsere Natur uns dieses Bewußtsein von Freiheit eröffnet, ohne an der Frage, ob wir sie überhaupt besitzen können, schier zu verzweifeln.

Es sollte auch nicht übersehen werden, daß die Innenerfahrung der Freiheit und ihr äußerer Ausdruck weit mehr Dimensionen haben, als bisher hier – unter dem Gesichtspunkt der Freiheit zur sittlichen Autonomie – angesprochen wurden. Es gibt die für viele nicht weniger evident erfahrbare religiöse Überzeugung, der sich zu öffnen oder zu widersetzen ohne Freiheit nicht denkbar ist. Das Erlebnis schöpferischer, künstlerischer Gestaltungsfähigkeit ist eine weitere Dimension menschlicher Erfahrungsmöglichkeit von Freiheit: Wenn dies *eine* Welt ist, in der die Spielregeln und Bedingungen des Anbeginns den Rahmen für die unaufhörliche Fortentfaltung unerschöpflicher Möglichkeiten der Wirklichkeit setzten, dann kann es darin nichts geben, was von vornherein aus dem Zugriffsbereich der ersten Fragen nach der Entstehung ausgegrenzt bleiben könnte; denn wenn etwas wirklich ist, so ist es sinnvoll, danach zu fragen, wie es werden konnte. Nur unmäßige Hybris könnte erwarten oder versprechen, daß diese Fragen alle Antworten finden werden. Doch ist solche berechtigte Skepsis kein Anlaß, sie nicht zu stellen.

Der Mensch steht ganz selbstverständlich, wenn nicht im Mittelpunkt, so doch im Zielvisier all unseres biologischen Forschens. Wenn sich dieses Forschen ebenso selbstverständlich dem Anspruch stellen muß, immer den *ganzen* Menschen, also den Menschen in seiner Körperlichkeit wie auch in seinem Verhalten, seinen geistigen Leistungen und seiner seelischen Selbsterfahrung zu sehen und als natürlich geworden zu begreifen, so kann dies verständlicherweise Argwohn erregen. Sollen dadurch etwa der denkende Geist, die Freiheit sittlicher Entscheidung, ästhetische Erfahrung oder religiöses Erlebnis als biologisch determiniert erklärt werden? Sollen sie durch Rückführung auf die Voraussetzungen ihrer Entwicklung zunächst reduziert werden, um sie am Ende hinwegeskamotieren und annullieren zu können? Nichts wäre unsinniger. Keine Realität kann verschwinden, indem man ihre Herkunft erklärt, sie wird doch ebendadurch erst recht anerkannt! Wenn es der Alltagswortsinn von Reduktion auch leider allzuleicht unterstellt: Zurückführen heißt hier nicht vermindern oder gar mit Erklärungstricks fortzaubern. Der Nil bleibt der gewaltige Strom, auch wenn wir seine Quellen gefunden haben. Er bleibt es, wenn wir erkennen, daß er dort seinen Ursprung hat. Wir wissen, daß die Quellen nicht der Strom sind, obwohl er ohne sie nicht wäre. Was wir erklären, geht uns nicht verloren. Was wir verstehen, wird uns nicht genommen. Im Gegenteil, erst wenn wir auch einer Sache Herkunft ganz verstanden haben, können wir sagen, daß wir sie besitzen. Mehr Wissen macht stets reicher, niemals ärmer.

Der Weg über die Stufenleiter dieser Königsfragen der Entstehung führt von abgrundtiefer Ungewißheit über das Allererste zu zunehmender Sicherheit des Wissens über die Welt und dann erneut hin zu bestürzender Unklarheit. Denn unserem Unwissen über die letzten Gründe des Seins und seiner Anfänge entspricht durchaus unser Unwissen über das Wesen menschlicher Freiheit. So unfaßbar es unserem Verstand bleibt, wie es sein soll, daß aus Nichts Etwas wurde – dies als eine Quantenfluktuation zu beschreiben, stellt ja nur fest, daß die Existenz der Welt den Gesetzen, nach denen sie existiert, nicht widerspricht, was schwerlich die ersehnte Erleuchtung sein kann –, so unbegreiflich bleibt es, wie Freiheit des Handelns in einer Welt sein kann, in der doch jede Wirkung eine physisch nachweisbare Ursache haben muß, von der sie abhängt. Alle monistischen und dualistischen Lösungsversuche helfen hier nur scheinbar weiter. Zwar half die Quantentheorie uns zu verstehen, daß diese zwingende Verbindung von Ursache und Wirkung es zumindest im Mikrobereich, wo sich die Fluktuationen noch nicht zum statistischen Mittel glätten, keineswegs gestattet, aus einer gegebenen Ursachenkonstellation die nächsteintretenden Wirkungen nach Art und Ort und Zeit für den Einzelereignisfall vorherzusagen (vorhersagbar sind nur die Wahrscheinlichkeitsverteilungen der Ereignisse). Doch will es kaum befriedigend erscheinen, uns, dem Joch des unbeschränkten physikalischen Determinismus kaum entgangen, nun im Wirbel stochastischer Ereignisverteilungen wiederzufinden, in dem die Zukunft nun auch noch die Vorhersagbarkeit für den Einzelfall eingebüßt hat, die die solide Zwangsphysik uns wenigstens zum Ausgleich bot, ohne daß dadurch Freiheit, die wir meinen, gewonnen schiene.

Dies wird auch nicht dadurch bekömmlicher, wenn wir zunehmend deutlicher begreifen, daß Unvorhersagbarkeit im einzelnen unter Verweis auf Erwartungswahrscheinlichkeiten keineswegs auf die Mikrowelt beschränkt ist, sondern daß aufgrund der unabsehbaren Fülle sich ständig öffnender Zustandsmöglichkeiten auch durch und durch deterministische Naturprozesse durch Vor- und Randbedingungen so unzulänglich bestimmt sind, daß jede Vorhersage künftiger Ereignisse erneut zum Raten zwingt. Zur Quantenanarchie im Kleinen kommt also noch das deterministische Chaos der Welt im Großen. Das kann nur heißen, daß in dieser Welt eine ganz unausschöpfliche Bildungskraft für neue, unvorhersagbare, nie dagewesene Realitäten ist, für die Naturgesetze nur den Rahmen geben, an den sich unser Denken über die Natur so gerne klammert, daß es sich allzuleicht darin verfängt. Zwar zeigt uns diese Einsicht in die phänomenale Unerschöpflichkeit der Welt, deren Fähigkeit zu ständig wachsender Komplexität keine

Grenzen gezogen scheinen, nur allzu deutlich die Grenzen unseres eigenen Vermögens, sie je ganz und gar verstehen zu können; jedoch die Antwort auf die Frage nach der Freiheit ist dies nicht.

Leben als Entdeckungsprozeß

Stehen wir daher vor der tagtäglich möglichen Schöpfung freier Entscheidungen genauso fassungslos wie vor der einen, ersten Schöpfung dieser Welt *ex nihilo*, so scheinen diese Widersprüche für unser Nachdenken doch ebenso unüberwindlich wie unwiderstehlich. Der Reichtum der Naturerscheinungen – wer ihn nicht kennt, verbringe einen Tag vor der Käfersammlung des Britischen Museums – will um so mehr überwältigen, wenn wir uns bewußtmachen, daß das, was wir vor uns sehen, selbst nur ein aberwitzig kleiner Bruchteil des tatsächlich Existenten und dies wieder nur ein Tropfen aus dem Meer der virtuellen Möglichkeiten ist. Zugleich sehen wir uns aber dadurch um so mehr herausgefordert, nach den Prinzipien zu fragen, die für die Auswahl aus der Fülle an Potenzen gelten. Wenn irgendwo, so müßte hier der Ansatz sein, uns zu erklären, wie aus Möglichkeiten Wirklichkeiten, aus Voraussetzungen Folgen, aus Anlagen Merkmale, aus Keimen Pflanzen und aus Vorstellungen Handlungen werden.
Die Physik hatte großen Erfolg damit, das in Zeit und Raum unerreichbar Große und Ferne des Kosmos besser zu verstehen, indem sie die im zugänglichen Kleinsten geltenden Prinzipien zu ergründen suchte. Dieses methodische Beispiel legt es nahe, daß wir auch im Bereich des Lebens den Schlüssel für die großen Probleme zunächst darin suchen zu verstehen, wie die Entwicklung und Gestaltung der Lebewesen im molekularen Kleinsten vor sich geht, denn nur von gesichertem Boden aus läßt sich das unbekannte Terrain zuverlässig kartieren. Ein kurzer Gang durch wenige Beispiele kann das zeigen.
Lebende von unbelebter Materie zu unterscheiden ist nur in ganz oberflächlichem Schulbuchsinne eine Definitionsfrage. Von wirklich wissenschaftlichem Interesse wird dieses Problem dort, wo solche definitorische Trennung versagt, wo hinter der Unterscheidbarkeit die Einheit erkennbar wird, wo Molekularbiologie und Biochemie in der

Physikochemie autokatalytisch aktiver Makromolekülsysteme aufgehen. Alle Ergebnisse der Erforschung einfachster Lebensformen und fundamentaler chemischer Lebensvorgänge sprechen dafür, daß der Unterschied zwischen Belebtem und Unbelebtem nicht an den beteiligten Stoffen, sondern in ihrer Systemorganisation liegt und daß zwischen unbelebten und lebendigen Makromolekülsystemen ein bruchloser Übergang besteht. Dennoch haben wir nicht den geringsten Zweifel daran, daß Leben im Vergleich zu unbelebter Materie wesensmäßig anders, kategorial verschieden ist, von Grund auf, nicht nur dank definitorischer Willkür.

Dieser Widerspruch mag das Alltagsverständnis ebenso stören wie manche philosophische Ansicht über die Welt. Aber erstens ist es unsere Aufgabe herauszufinden, wie die Dinge sind, und unsere Aussagen über sie danach zu richten, nicht umgekehrt; und zweitens kann dieser Widerspruch jeden Evolutionsbiologen nur erfreuen, muß er sich doch zwangsläufig einstellen, wenn die Theorie der Evolution zutrifft. *Natura non facit saltus*, diese Feststellung aus des Erzkreationisten Linné »Philosophia Botanica« (1751) ist zugleich richtig wie falsch: Die Natur macht qualitative Sprünge bei quantitativ kontinuierlichem Wandel. Das Problem, qualitativ unterschiedene Phänomene aus dem kontinuierlich variierenden Strom des Lebens zu identifizieren und nomenklatorisch herauszuheben, plagt die Diskussion vieler biologischer Erscheinungen. Für essentialistisches Denken erscheint der Übergang von einer qualitativen Kategorie in eine andere ganz unmöglich. Der unbefangene Realismus empirischer Naturbetrachtung findet es hingegen gar nicht so schwierig, Kindheit, Jugend, Erwachsensein und Alter als wesensmäßig klar unterschiedene Phasen des Lebens zu erkennen, ohne sich am kontinuierlichen Entwicklungsablauf zu stören. Die genealogische Kontinuität der Generationen hebt die Trennung der Individuen so wenig auf, wie die genetische Kontinuität aller Lebensformen gegen die Unterscheidbarkeit aufeinanderfolgender Spezies-Individuen spricht. Das gleiche gilt für Same und Pflanze, für Ei und Vogel, für Embryo und Adultus: Sie sind nicht dasselbe und dennoch durch Entwicklung ganz verbunden. Um es in der Sprache der Entwicklungsbiologie zu sagen: So wie das Ei die Entwicklungspotenz, die Anlage, die Kompetenz besitzt, unter bestimmten Bedingungen *aus sich heraus* den Vogel hervorzubringen, so können wir sagen, daß die unbelebte Natur unter den Bedingungen der frühen Erde die Kompetenz besaß, also Organisationsvermögen genug enthielt, um Lebewesen hervorzubringen. Die exakte Beschreibung aller notwendigen und hinreichenden Bedingungen für diesen Vorgang nennen wir die wissenschaftliche Erklärung der Entstehung des Lebens.

Einen solchen schrittweise kontinuierlich erfaßbaren Prozeß, der nichtsdestoweniger die Hervorbringung von etwas qualitativ Neuem zur Folge hat, könnte man eine *Entdeckung* nennen, wenn zweierlei Bedingungen erfüllt sind:

1. Die so entstandene Erscheinung darf vor diesem schrittweisen Entstehungsprozeß in dessen Ausgangsmaterialien und Bedingungen nicht vorhanden, das heißt wirksam gewesen sein, sie muß wirklich neu sein. Wir könnten auch sagen: Das neue Phänomen kann abgeleitet, »hinterhergesagt« werden, nachdem es in Existenz trat, aber es konnte vordem nicht aus den Entwicklungsgegebenheiten »vorausgesagt« werden.

2. Es mußte also erst »entdeckt« werden. Zu dieser »Entdeckung« bedarf es eines Mechanismus, der die Eigenschaften des neuen Phänomens im Vergleich zu Vorhandenem qualitativ bewertet, und zwar in einer Weise, daß davon sein künftiger Bestand und seine Fortentwicklung abhängen, eines Mechanismus also, der erkennt, unterscheidet und dementsprechend Existenzchancen zuteilen kann. Einen solchen Mechanismus nennen wir einen Selektionsprozeß.

Eine »Entdeckung« in diesem Sinne besteht also aus der Entstehung, Erkennung, Unterscheidung und Bewertung des Neuen: Sie beruht auf Varianz und Selektion. Beliebige Mikrozustandsverteilungen der Partikel eines idealen Gases mögen durchaus nie dagewesene Ereignisse sein. Sie sind so lange keine »Entdeckungen« der Natur, als kein Selektionsmechanismus existiert, kein Laplacescher Genius, kein Maxwellscher Dämon, der sie erkennt, unterscheidet, mit Alternativen vergleicht und eine über die andere bevorzugen kann.

Dieser Begriffsgebrauch stimmt ganz mit der ursprünglichen Etymologie des Wortes »entdecken« überein: etwas Verborgenes zum Vorschein bringen, damit es fortan wirken kann, nicht es machen, sondern es erkennbar machen. Es ist nicht das gleiche wie eine »Erfindung«, das Einschlagen des richtigen Weges zu vorgegebenem Ziel, was, wie noch zu zeigen sein wird, Organismen gerade nicht kennzeichnet. Der teleologische Glaube, daß nichts in der lebenden Natur ohne Ziel geschehe, spannt gleichsam den Wagen vor das Pferd. Als Ziel erscheint dem Beobachter, was am jeweiligen Ende eines erfolgreich begangenen Weges steht. »Entdeckungen« der Natur sind in diesem Sinne nicht die Enthüllungen sorgsam vorbereiteter Überraschungen. Das Neue ist wirklich neu, wenn es die Welt entdeckt, ein Happening, keine Veranstaltung. Was immer es taugt, wird *nach* seinem Erscheinen beurteilt, nicht *vorher* geplant. Auch im Leben entdeckte die Natur sich selbst, in der Entdeckung des Bewußtseins ward sie sich ihrer bewußt.

Wie aber bringt Leben immer neue Innovationen hervor, was macht es geradezu zwanghaft und unablässig »entdeckerisch« und damit zugleich zur Ursache unaufhörlichen Wandels, einer Umwälzung, die zerstört, wie sie aufbaut, und aufbaut, wie sie zerstört? Woher kommt die Variabilität, die sich im Neuen zeigt, und worin liegt der Mechanismus der Bewertung?

Bevor dies im einzelnen erläutert wird, ist eines vor allem wichtig: Leben bewertet sich selbst nach Regeln, die mit seiner eigenen Entstehung entstanden. Leben generiert aus sich selbst den Prozeß qualitativer Selektion, der allein ein Ereignis zur »Entdeckung« machen kann. Nur dem einzelnen Individuum mag Selektion als ein Eingriff von außen erscheinen. Für das Leben ist es eine innenbürtige Bedingung seiner Existenz. Man ist versucht zu sagen, Leben sei »Ziel und Zweck in sich selbst«, ein ehrwürdiger Begriff, nur daß die aristotelische »Entelechia«, die dies bedeutet, dann nicht als etwas anderes und Zusätzliches angesehen werden darf, das das materielle Substrat des Lebens antreibt, sondern als eine konstitutive Eigenschaft des lebendigen Systems selbst, Produkt seines Systemcharakters und dessen Ausdruck.

Sehen wir uns nun diese Lebenseigenschaft näher an. Was ist lebendig? Vier Kriterien muß ein System erfüllen, damit wir es lebendig nennen:

1. Um als hochorganisierter, entropiearmer Zustand wachsen und bestehen zu können, muß es ein offenes System im Fließgleichgewicht sein, das ständig freie Energie verbraucht, um seine Ordnungseigenschaften zu erhalten.

2. Es muß seinen geordneten Zustand identisch vermehren können, indem es ungeordnete chemische Bausteine nach eigenem Ordnungsprinzip zusammenfügt. Da die Grundlagen dieses Vorgangs in den autokatalytischen Eigenschaften des genetischen Makromoleküls DNA im Zusammenwirken mit katalytischen Proteinen liegen, treibt der chemische Grundaufbau des Lebens jedes Lebewesen unausweichlich auf die Bahn der Reproduktion in Konkurrenz mit anderen Nutzern der gleichen Bausteine, also in die Maximierung der »darwinischen Fitness«. Die oft wenig verstandene und häufig umstrittene Tatsache, daß Evolutionsbiologen die reproduktive Leistung als letztlich entscheidendes Maß des evolutiven Erfolgs eines Organismus ansehen, kommt also nicht von einem zwanghaften Interesse von Biologen an allem, was mit Fortpflanzung zu tun hat, sondern gründet direkt in den chemischen Eigenschaften einsträngiger Nukleinsäuren, die freie Nukleotide aus dem umgebenden Medium zu einem identischen Partnerstrang zusammenwachsen lassen, ein Vorgang, den bestimmte Eiweißenzyme zwar um ein Vielfaches genauer und rascher, aber prinzipiell nicht anders ablaufen lassen. Wenn Leben als makromolekulares Nukleinsäure-Protein-System existiert, so hat dies, durch die chemischen Reaktionseigenschaften dieser Stoffe bestimmt, zwangsläufig zur Folge, daß jedes solche System seiner Natur nach ein chemischer Automat ist, der um Vermehrungsfitness seiner genetischen Nukleinsäuremoleküle konkurriert, da – von den Uranfängen solchen Lebens an – jedes alternativ angelegte, das heißt nicht Vermehrungsfitness maximierende System hoffnungslos verdrängt worden wäre.

3. Da lebende Materie aus metastabilen Molekülen hohen Ordnungsgrades, also niederer Entropie aufgebaut ist, kann allerdings kein Lebewesen seine Erbmoleküle absolut fehlerfrei reproduzieren. Obschon die Selektion auf zuverlässige Vermehrung Organismen von frühen Stufen niederer Kopiergenauigkeit aus zu Genvermehrungsmaschinen von fantastischer Präzision entwickelt hat, erlauben die thermodynamischen Grundgegebenheiten nie eine hundertprozentige Kopiergenauigkeit: Genetische Tippfehler sind unvermeidlich, wir nennen sie Mutationen.

4. Wären nun alle diese so entstehenden Varianten genetischen Materials, die die Population einer Organismenart ausmachen, absolut gleichwertig hinsichtlich der Funktionseigenschaften ihrer Träger, insbesondere hinsichtlich ihrer Fähigkeit, Rohstoffe und Energie für ihren Körperaufbau und -betrieb und zur Vermehrung ihrer Anlagen zu erlangen, so wären diese – dann »neutral« genannten – Varianten des Lebens ohne weiteres Interesse, Spielerei der Natur, Hintergrundrauschen der Lebenssymphonie, keine »Entdeckungen«, sondern bedeutungslose Ereignisse, die das Leben nur auf einem »random walk« durch ewige Variationen eines gleichen Themas trieben. Wir wissen heute, daß es solche neutrale genetische Variation bei Lebewesen durchaus gibt, obwohl ihr Anteil an der Gesamtvariation umstritten ist. Sie braucht uns aber, wie gesagt, nicht weiter zu beschäftigen, es sei denn als Vorratslager an Rohmaterial für Zeiten, in denen vordem neutrale Varianten unter geänderten Bedingungen funktionale Wertigkeit erlangen können. In der Evolution des Neuen, für den wahrhaft schöpferischen Prozeß des Lebens kommt es vielmehr vor allem auf jene Mutanten an, die die Leistungsfähigkeit ihrer Träger für Wachstum, Überleben und Vermehrung, also letztlich ihre Fitness beeinflussen. Sie werden nämlich ganz unvermeidlich nach Maßgabe ebendieser Fitness im Vergleich mit Systemen, die mit ihnen um die gleichen Ressourcen konkurrieren, in einem Prozeß bewertet, den wir mit Darwin (oder eigentlich: Herbert Spencer) »natürliche Selektion« nennen. Da in einer begrenzten Welt einige lebens- und vermehrungsnotwendige Ressourcen immer nur begrenzt verfügbar sein können – das heißt in einer Menge, die geringer ist, als die Nachfrager verbrau-

chen können –, ist Wettbewerb um diese knappen Güter eine Grundbefindlichkeit des Lebens, die es selbst erzeugte, da es ein System aus autokatalytischen Makromolekülen ist. Natürliche Selektion ist also nicht der gezielte Eingriff einer äußeren Kontrollinstanz der Umwelt; sie ist die notwendige Konsequenz der Existenz unbegrenzt wachstumsfähiger Systeme in einer Welt begrenzter Wachstumsgrundlagen. Deshalb und in diesem Sinne läßt sich behaupten, das Leben erzeuge die Bedingungen der funktionellen Bewertung seiner selbst, sei Ziel seiner selbst, sei durch Entelechie gekennzeichnet, sei ein unaufhörlicher Selbstentdeckungsprozeß. Jene Varianten, die unter jeweils gegebenen Bedingungen mit maximaler relativer Fitness konkurrieren können, nehmen auf Kosten weniger vermehrungsfähiger Mutanten zu, ändern gerade dadurch wieder die Selektionsbedingungen, die sie begünstigten (nicht hervorbrachten, sondern »entdeckten«!), und schaffen damit selbst wieder Umstände, unter denen andere Konkurrenten ihnen überlegen werden können. Biologische Erfolgsvarianten sind immer erfolgreich am Selektionsmaß von gestern und können ihren eigenen Erfolg gerade durch ihren Erfolg untergraben: Während sie am eindrucksvollsten blühen, hat ihr Aufstieg oft bereits kulminiert, was allerdings wie ein Schwebezustand für einige Dauer bestehenbleiben kann, bis eine andere Merkmalsvariante aus dem Meer der Möglichkeiten auftaucht, die ihn beendet, oder bis die Nebenfolgen – die externen Kosten – ihrer kumulierten Existenz die Lebensgrundlagen zerstören, auf denen ihr evolutiver Erfolg beruhte.

Die Ökonomie des Lebens

Dieses vom Vermehrungserfolg getriebene System »Leben« wandelt sich also naturnotwendig ständig, nicht zufällig, aber auch nicht zielbestimmt, sondern auf lokale, temporäre Fitnessgipfel hin gerichtet, die ihrerseits selbst nach Lage und Höhe ständigem evolutivem Wandel unterliegen, da jeder neue Konkurrent, jeder neue Feind, jede neue Nahrungsquelle, die der beschriebene Prozeß hervorbringt, die Wanderdünen der Fitnesslandschaft versetzen und verformen kann. Zwar maximiert der Evolutionsprozeß ständig für gegebene Selektionsbedingungen die darwinische Fitness aller beteiligten Spezies – wir sagen dazu auch: er paßt sie an –, aber es gibt keine Garantie dafür, daß eine von ihnen in endlicher Zeit wirklich für diese Bedingungen »optimal« werden kann, und selbst wenn dies so wäre, würde ihr überschießender Erfolg bereits wieder die Selektionsbedingungen ändern. Außerdem ist die Chance nie Null, daß irgendein neuer Mitspieler ins Feld kommt und die Fitnessmatrix ändert. Gegen diese Zwänge der Fitnesskonkurrenz kann es in der rein biologischen Gesetzen gehorchenden »blinden« Evolution kein Kartell zur Verhinderung ruinöser Wettbewerbsfolgen geben: Zu groß ist der kurzfristige Fitnessvorteil für jeden, der sich nicht an solche »Abmachung« hält, zu gering sind die Möglichkeiten des Überwachens seiner Einhaltung unter den Millionen und Abermillionen sich vermehrender Varianten, die zu gleicher Zeit im gleichen Raum im Rennen liegen (man sieht sofort, daß dies für die Kulturmenschheit nicht gleichermaßen gelten müßte!).

Und noch ein weiteres ist wichtig: Der Evolutionsprozeß optimiert in der Tat – wenn auch befristet und lokal. Das klingt nach eingebautem Fortschritt. Doch muß man sich hier sehr genau bewußt bleiben, was sein Optimierungsziel, seine Bewertungsfunktion ist: relativer reproduktiver Erfolg, nicht Größe, Schönheit, Langlebigkeit, Gesundheit, Glück oder was immer wir sonst geneigt sein mögen, als objektives Maß von Fortschritt anzusehen. Der »degenerierte« Parasit ist dem Evolutionsprozeß um gar nichts weniger lieb als die zu prächtigsten sozialen Leistungen befähigte Spezies. Evolution garantiert gewiß den Wandel und begünstigt die jeweils gerade vermehrungsfähigsten Varianten: Man kann dies Fortschritt nennen, wenn man es rein wörtlich als Fortschreiten nimmt. Daß damit immer alles »besser«, ja auch nur dauerhaft leistungsfähiger werden müsse, dafür gibt der biologische Evolutionsprozeß keine Garantie.

Wir können nicht einmal behaupten, daß Fitness über lange Zeiten stets gesteigert werde, da sie keine intrinsische Qualität eines Individuums oder einer Art ist, sondern kontingent von einer Unzahl selbst sich wandelnder Bedingungen abhängt. So wäre es nicht richtig anzunehmen, daß, wenn Spezies A von einer Spezies B dank deren höherer Fitness verdrängt wurde, danach B von C und später C von D und D

von E, dann doch E auch A hätte verdrängen können, wäre A nicht längst verschwunden. Denn A unterlag ja B unter Bedingungen, die sich von A bis E laufend weiteränderten: Was einmal war, ist nicht allein schon minderwertig, weil es nicht mehr ist. Das Nachgeborensein ist noch kein Gütesiegel; das immer Neuere ist nur sehr zeitbezogen im Vergleich zum eben letzten Stadium »besser«. Die lange Ahnenreihe adelt nicht in der Natur.
Die chemisch eingebaute Fixierung des Evolutionsprozesses auf Reproduktionserfolg erklärt auch, was sonst schwer verständlich scheint: wie eine optimierende Selektion Lebewesen in Sackgassen treiben kann, aus denen es keinen Ausweg gibt. Besonders die sexuelle Selektion – nach dem Erfolg beim anderen Geschlecht – kann leicht zu bizarren Extravaganzen führen, die eine Spezies gegenüber anderen Selektionseinflüssen in höchstem Maß verwundbar machen. Wir wissen heute, daß sexuelle Fortpflanzung in besonderem Maß dazu verhilft, rasch neue Anpassungswege zu erkunden; der Preis an fehlgeschlagenen Entwicklungen dürfte dem jedoch entsprechen.
Eine solche – heute manchmal bioökonomisch genannte – darwinische Sicht der Evolution des Lebens wird mitunter als typisches Produkt ideologischer Prägung der Wissenschaftler durch eine vom Wettbewerb bestimmte Marktwirtschaftsgesellschaft kritisiert – als käme es bei einer Theorie nicht darauf an, ob sie sich in der Empirie bewährt, sondern ob sie einen stubenreinen Stammbaum hat. Eine Rassehundlogik der Wissenschaftskritik, sozusagen. Nun kann kein Zweifel daran bestehen, daß es zwischen Evolutionsgeschehen und menschlichem Wirtschaften mannigfache grundlegende Entsprechungen gibt und daß Darwin daher nicht von ungefähr viel Anregung von Nationalökonomen wie Thomas Malthus oder Adam Smith erhalten konnte.
Organismen variieren in ihrer Leistungsfähigkeit (im Fitnessmaß) und müssen ununterbrochen zwischen verschiedenen Verhaltensmöglichkeiten wählen, die jeweils bestimmte Fitnessnachteile (oder Kosten, zum Beispiel in Form von Energieaufwand oder Gefährdungsrisiken) und Fitnessvorteile (oder Gewinne, zum Beispiel in Form von Nahrung, Paarungspartnern, Schutz vor Feinden) zur Folge haben können. Die kumulativ günstigste Minimaxlösung all dieser Entscheidungen

führt dann zur – lokal und auf Zeit – optimal erreichbaren Fitness. Zwar mag das Maß oder mögen die Maße wirtschaftlichen Erfolgs des Menschen durchaus verschieden von dem biologischer Fitness sein (obwohl auch dieser Wert nicht gänzlich außer Mode gekommen zu sein scheint, wenn man die Zuwachskurve der Menschheitsbevölkerung betrachtet), doch kann kein Zweifel daran bestehen, daß *homo oeconomicus* ebenfalls zwischen verschiedenen Allokationsmöglichkeiten von Kapital, Ressourcen und Arbeit wählen muß, deren Konsequenzen hinsichtlich Kosten und Gewinnen er zu berücksichtigen und zu tragen hat, und am Ende ein befriedigendes Gesamtergebnis nicht verfehlen darf, wenn er im Geschäft bleiben möchte. Lebewesen haben die Methoden, wie man knappe Güter mit besonders gutem Erfolg ausbeutet, einige Milliarden Jahre lang ausprobiert. Wir sollten uns daher nicht zu sehr darüber wundern, daß die Evolution nach Prinzipien funktioniert, die sich auch bei uns als wirkungsvollste Strategie der Ertragsteigerung herausgestellt haben.

Deshalb kann man sich auch über manche Kritik an der Evolutionstheorie aus ganz anderer, konservativer Ecke nur verwundern, in der Leute, die sich sonst in ihrer Hochschätzung des freien Marktes nicht leicht übertreffen lassen, sich nicht damit abfinden mögen, daß die Natur durch Variation und Selektion im freien Spiel der Konkurrenten um knappe Ressourcen so viele überaus eindrucksvoll leistungsfähig angepaßte Formen hervorbringen konnte. Wie kann jemand, der eine Planwirtschaft wegen ihrer Leistungsschwäche, Unbeweglichkeit, Verschwendung von Produktionsfaktoren, Unfähigkeit zur Bedarfsdeckung und ihrer demotivierenden Reibungsverluste durch alles beherrschende zentrale Kontrolle verabscheut, wie kann so jemand eigentlich annehmen, daß die Natur ein Planbetrieb sein sollte? Man hat ganz treffend bemerkt, ein Kamel sei ein Pferd, das von einer Planungsgruppe entworfen wurde. Man könnte hinzufügen: Wie es durch Versuch-und-Irrtum (oder besser: Versuch-und-Erfolg) im Selektionsprozeß der Evolution konstruiert aussieht, kann man an einem Wildpferd sehen!

Doch wäre dies zu wenig zu dem Thema: Der auf der Ebene der funktionalen Systemorganisation so treffende Vergleich zwischen Ökonomie und Evolution endet genau dort, wo es um den Zielwert der

Ertragsoptimierung geht. Die biologische Evolution folgt keinem von außen gesetzten Zweck: Sie ist Zweck in sich selbst, in dem durch die chemische Konstitution des Lebens selbst vorgegebenen Zwang zur Fitnessmaximierung. Menschliches Wirtschaften aber ist – manchem Eindruck zum Trotz – *kein* Selbstzweck, es dient zum Verfolgen von *Zielen, die der Mensch sich setzt*! Daher ist jedes Handeln für den *homo oeconomicus* untrennbar mit Wertentscheidungen verbunden, und diese setzen ihrerseits voraus, worin wir – wie ausführlich erläutert – unser Menschsein ganz primär erleben: die Fähigkeit zu normativer Autonomie. Es ist eine Frage selbst gesetzter und selbst zu rechtfertigender Werte, was die Optimierungsziele unseres Wirtschaftshandelns sein sollen: wofür wir produzieren, was wir produzieren, was wir vom Markt nachfragen und was wir verweigern. Nur eine Gesellschaft, die diese Freiheit der Entscheidung gibt und in der diese Selektion nach sittlich begründbaren Werten getroffen wird, kann sich eigentlich human nennen. Oder, um es ein wenig bodennäher zu formulieren: Der Verbraucher ist nicht dazu da, dem Produzenten die ökonomische »Fitness«, das heißt Profitmaximierung zu ermöglichen (sosehr dieser das manchmal zu schätzen wüßte). Vielmehr fährt auch *der* Produzent am besten, der die Wünsche und Bedürfnisse der Verbraucher zu erfüllen trachtet. Was diese Wünsche und Bedürfnisse sind, bestimmt unsere biologische Natur nur in ganz basaler und recht trivialer Weise – obwohl das Leben sich für allzu viele Menschen tatsächlich ganz auf deren Stillung reduziert. Was über diese Notdurft unseres Lebens hinausreicht, unterliegt nur, wenn wir sie gewähren lassen, den Antrieben unserer Natur. In der Erfindung neuer Wünsche und Begierden scheinen uns kaum Grenzen gesetzt. Es ist an uns, darüber zu entscheiden, was wir davon für gut befinden und was nicht.

Obwohl also die Übereinstimmung der Mechanismen der biologischen Evolution und der Marktwirtschaft weitreichend erscheint, gibt es keine naturnotwendige Identität der Zwecke, denen sie dienen, noch würden solche Zwecke im Fall des Menschen dadurch legitimiert, daß die Natur ihnen zu folgen scheint. Während die biologische Evolution im Joch des darwinischen Fitnessimperativs in blindem Kreisen aufbaut und zerstört, wurde unsere Spezies mit dem Gewinn ihrer Denkfähigkeit und Entscheidungsfreiheit zugleich die Last der Verantwortung dafür auferlegt, zu welchen gerechtfertigten Zwecken die Maschinerie unseres Wirtschaftens eingesetzt werden soll. Was uns die Betrachtung der biologischen Evolution lehrt, ist, daß Variation und Selektion unter freier Konkurrenz um knappe Güter ein fantastischer Mechanismus zur Steigerung von Qualität und Quantität von Produkten sind. Ob wir die so erzeugten Produkte überhaupt wollen, wofür wir sie wollen und wie wir sie verteilen sollen, darüber lehrt uns die Natur nichts. Dies sind moralische Fragen, deren Beantwortung der normativen Rechtfertigung bedarf. Daß Natur in blinder Unschuld im Evolutionsprozeß ungerührt über die Leichen hinweggeht, die jede neue Umdrehung des Lebensrades unter sich drückt, mag sinn- und lehrreich scheinen, ist es aber nicht. Das Gesetz, nach dem der Mensch antrat, ist ein anderes. Es besagt: Wer Freiheit hat zu entscheiden, muß auch in eigener Verantwortung entscheiden. Und selbst als *»objektive« Illusion* blieben Freiheit und damit notwendig Verantwortung doch unabweisbar *subjektive Wirklichkeit.*

Erkundung oder Planerfüllung?

Lehrreich ist es vielmehr, die Eigenschaften eines Systems, wie es für die Lebewesen beschrieben wurde, das sich nach einem reproduktiven Fitnesskriterium durch *post-festum-Selektion* aus einem nie endenden Strom von Varianten an jeweils gegebene Umweltbedingungen anpaßt, indem es deren Möglichkeiten immer neu erkundet – eine Nachlaufregelung mit umweltbestimmt variablem Sollwert –, mit einem Modell zu vergleichen, in dem Anpassung und Anpassungsfortschritt nach *vorgegebenem* Programm gesteuert wären. Zwei Punkte sind dabei hervorzuheben:

1. Das erste System ist imstande, sich auch zufällig-unvorhersehbaren Bedingungsänderungen selbsttätig flexibel anzupassen, solange jedenfalls der Umweltwandel nicht so abrupt und massiv ist, daß er die genetische Anpassungsreserve, die im Variantenvorrat einer Population steckt, bis zum Punkt der völligen Zerstörung überschreitet. Daß

hierin ein Risiko besteht, bezeugen Hunderte von Millionen ausgestorbener, obsolet gewordener Arten. Daß dieses Risiko sich dennoch auszahlte, belegt die ununterbrochene Fortexistenz einer den jeweils neuen Bedingungen wohl eingefügten Lebenswelt.

Ein zielgeplantes System der zweiten Art könnte andererseits diese Anpassungsänderungen nur leisten, wenn wir entweder annehmen, das gesamte Weltgeschehen sei über Milliarden Jahre von Anbeginn an so zwanghaft determiniert verlaufen, daß das Gesamtprogramm der Lebensentfaltung jedem eintretenden Wandel von vornherein Rechnung tragen konnte; ein nicht nur schwer einleuchtender Gedanke, sondern zudem einer, der mit den physikalischen Erkenntnissen über die Grenzen des Determinismus im Kleinsten wie im Großen nicht in Einklang zu bringen ist. Oder aber es bedurfte über Jahrmilliarden der ständigen, tagtäglichen Intervention der Programmplanungsinstanz, um die Lebewesen einigermaßen im Gleichgewicht mit den Daseinsgegebenheiten zu halten. Dann aber belegen Abermillionen von ausgelöschten Arten nichts, es sei denn eine große Peinlichkeit für jeden, der über die Leistungsfähigkeit dieser obersten Planungsbehörde nachzudenken wagt.

Evolution durch ungerichtete Variation von Lebensformen und anschließende Auswahl der reproduktiv tauglichsten ist somit nicht nur durch alle empirischen Befunde am besten gestützt, ihre Annahme führt auch nicht zu anders unvermeidlichen Widersprüchen. Um es noch einmal zu betonen: Die alles durchdringende stochastische Struktur des Universums – von der Quantenfluktuation über das deterministische Chaos vieler makrophysikalischer Prozesse bis hin zu der Tatsache, daß im Reich des Lebendigen Abermilliarden von Individuen in Millionen Arten ständig durch unvermeidliche chemische Mutantenproduktion ihres Erbguts unvorhersagbar variieren – macht nach allem, was wir wissen, Leben überhaupt nur als ein System der ersten Art, das sich durch ungerichtete Variation und anschließende Selektion anpaßt, überlebensfähig. Es erhält dadurch selbst eine Qualität höchst engbegrenzter Vorhersagbarkeit, die für jeden solchen historisch-kontinuierlich sich wandelnden Prozeß konstitutiv ist. Diese Einsicht widerlegt nicht nur den unrichtigen Einwand, wir verstünden den Evolutionsprozeß wissenschaftlich unzureichend, solange wir seinen künftigen Verlauf nicht vorhersagen können. Wer solches von der Evolutionstheorie erwartet, hat vielmehr ihre fundamentale Hauptaussage nicht begriffen. Sie bringt zugleich mit diesem Element der Unvorhersagbarkeit einen Aspekt ins Spiel und begründet ihn, der für jede Vorstellung von Freiheit unverzichtbar ist. Denn wie immer wir Freiheit der Wahlentscheidung auch verstehen wollen: Es scheint ganz unbestreitbar, daß ein System, das sie besitzt, nicht gänzlich vorhersagbar durchdeterminiert ist.

2. Eine andere Konsequenz dieses Verständnisses des Lebenssystems darf allerdings auch nicht übersehen werden. Ein Nachteil eines sich durch Variation und Selektion selbsttätig dem Bedingungswandel anpassenden Systems ist nämlich auch unübersehbar, wenn man es mit dem vorgeplanten Modell vergleicht. Im ersten gibt es keinerlei Sicherheit, daß irgendeine Lebensform oder das ganze Leben selbst auf Dauer Bestand haben können, keinerlei Garantie, daß die nächste Bedingungsänderung noch einmal eine adäquate Anpassungsantwort finden wird. Wenn wir den Evolutionsprozeß richtig verstehen, so besagt er, daß die Natur uns nicht geplant hat; deswegen besteht kein Anlaß anzunehmen, daß sie im Notfall wohl auch für uns sorgen werde. Da hat es doch das Planmodell viel leichter: Was immer auch geschieht, wie unsinnig und rücksichtslos wir uns zum Beispiel gegen uns wie gegen unsere Mitgeschöpfe verhalten mögen, die Zuständigkeit dafür liegt doch wohl dort, wo wir so eingerichtet wurden, wie wir sind. Die erste Sicht der Dinge macht uns ungeplant und frei; doch untrennbar davon erlegt sie die Verantwortung für alle Folgen unseres Handelns ganz uns selber auf.

Variation und Exploration

Die bisherige Darlegung hat allerdings einen wesentlichen Faktor allzu knapp behandelt: Wo kommen die Varianten her, das Material, das Selektion dann nach dem Vermehrungserfolg der konkurrierenden Alternativen sortieren kann?
Ich sprach, wie das jetzt sehr geläufig ist, von molekularen Kopierfeh-

lern auf der Ebene der Nukleinsäuren. Das ist gewiß nicht falsch. Vor allem Manfred Eigen hat in den letzten Jahren mit seinen Mitarbeitern die Gesetzmäßigkeiten dieser Replikationsirrtümer sehr genau erforscht. Er hat auch gezeigt, daß der maximale Informationsgehalt eines genetischen Moleküls (gegeben durch die Nukleotidkettenlänge) dem Kehrwert der Fehlerrate entspricht, mit der ein falsches Kettenglied bei dem Kopiervorgang der Musterkette eingebaut wird. Nun läßt sich zeigen, daß die chemischen Eigenschaften einsträngiger Nukleinsäuren in verdünnter Salzlösung bei Standardtemperatur keine größere Kopiergenauigkeit der autokatalytischen Vermehrung als etwa 1:10 bis 1:100 zulassen, was nur Kurz-Genketten von 10 bis 100 Nukleotidgliedern möglich macht. Die Ursache dafür liegt in den thermodynamisch-probabilistischen Gesetzmäßigkeiten der chemischen Reaktionen unter den Bedingungen, die unsere Erde für das Leben bot und bietet. Es ist daher völlig richtig, diese erste Quelle genetischer Variation von Lebewesen als molekulare Zufallsereignisse zu bezeichnen, die in der existierenden Welt ganz unvermeidlich und deren Einzelfallergebnis ganz unvorhersagbar ist. Alles, was wir über sie erfahren können, sind Wahrscheinlichkeitsverteilungen für das Auftreten bestimmter chemischer Produkte und Ereignisse.
Zwar wissen wir heute, daß es neben diesem Grundprozeß organismischer Variation noch andere Mutationsursachen gibt, und weitere mögen zu entdecken bleiben, vielleicht darunter solche, die nicht zufällig, sondern gerichtet wirken und unter bestimmten Umweltbedingungen bevorzugte molekulare Resultate zur Folge haben. Aber es ist wichtig zu betonen, daß zumindest *ein* wesentlicher Mutationsprozeß aus zwingenden physikochemischen Gründen ungerichtete Zufallsvarianten produziert, zufällig hinsichtlich des Wann und Wo des Kettengliedersatzes, ungerichtet hinsichtlich der funktionellen Konsequenzen, also der Fitnessfolgen, die das für den Träger der Erbgutänderung hat.
Nun gibt es in diesem System einen Ansatz zu einem sehr bedeutsamen Wechselspiel von Folgen. Wenn der genetische Informationsgehalt dem Kehrwert der Kopierfehlerrate entspricht, so werden chemische, zum Beispiel enzymatische Mechanismen, die eine fehlerärmere Nukleinsäurereplikation ermöglichen, ihrem Träger informationsreiche-

res Erbmaterial und damit bessere Chancen für umfangreichere funktionelle Anpassungen geben. Tatsächlich wurde bei höheren Organismen die Fehlerrate bis auf 10^{-9} reduziert und damit die Genkettenlänge auf eine Milliarde Kettenglieder hochgetrieben. Jedoch hat dies in evolutiver Hinsicht nicht nur Vorteile, sondern auch wichtige Kosten zur Folge: Mit zunehmender Kopiertreue nimmt die Mutantenproduktion ab und damit die überlebenswichtige Chance zur evolutionären Innovation. Es besteht die Gefahr, immer perfekter angepaßt und immer anpassungsunfähiger zu werden! Wir erwarten daher, daß der Evolutionsprozeß selbst Organismen züchtet, die eine Kompromißlösung zwischen diesen beiden Extremen suchen, das heißt nichts anderes, als daß die Mutationsrate der Variantenproduktion selbst wieder zum selektierten Anpassungsmerkmal wird, ja, daß Organismen die Rate der Variantenproduktion der Stabilität oder Labilität der Umweltbedingungen anpassen können. Solche Fähigkeiten hat man bei Lebewesen in der Tat nachgewiesen, was zeigt, daß man den Begriff »Kopierfehler«, wenn man von dem thermodynamisch unüberwindbaren Rest absieht, nur sehr bedingt für das Variantenproduktionsgeschehen der Lebewesen verwenden kann. Man könnte diese scheinbare »Fehlerrate« in der Tat viel besser als »Explorationsrate« kennzeichnen, als zwar mit Risikokosten behaftete, aber auch immer wieder gewinnträchtige Vorstöße in neues Anpassungsterrain.

Die Prozesse, mittels derer Organismen diese »Explorationsrate« steigern und steuern können, sind in der Tat selbst höchst vielfältige Produkte der Evolution durch Variation und Selektion.

So werden zum Beispiel Gene mobil gemacht, so daß sie an verschiedenen Stellen im Erbgut (Genom) placiert werden können. Da Genwirkungen auch von Gennachbarschaften beeinflußt werden, wird dadurch die Merkmalsvariabilität erhöht. Diese Mobilität kann sogar die Individuen- und Speziesgrenzen sprengen, wenn etwa Vektoren (Plasmide oder Viren) genetische Information zwischen ihnen übertragen. So mancher Mikroorganismus, der uns bisher nur als lästiger Parasit oder gefährlicher Krankheitserreger erschien, könnte sich im Licht solcher Befunde als durchaus wichtiger Genschmuggler und Nukleinsäurehausierer erweisen, als Nachrichtenhändler für genetische Information, der seine Leistungen natürlich auch nicht uneigennützig und kostenlos erbringt, eine Kostenrechnung, die allerdings der Wirt zahlen muß. Da aber der Langfristnutzen möglicher Neuanpassung ungewiß, die Kurzfristkosten parasitärer Ausbeutung jedoch nur allzu spürbar sind, verwundert es nicht, daß lange Zeit hindurch vor allem die negativen Aspekte dieser Beziehung ins Auge fielen und daß die Abwehrsysteme der Wirte auf solch ungeliebte Evolutionsgehilfen sehr empfindlich reagieren: ein Koevolutionsdrama, oder wie man heute sagt, eine »Beziehungskiste« für sich!

Ein anderer Weg, genetische Variabilität zu mehren, ist der, das Reservoir an mutierbaren Genen zu vergrößern, indem man die Anzahl der Gensätze verdoppelt (Diploidie) oder vervielfacht (Polyploidie) oder Einzelgene in größerer Zahl bevorratet, die nun unabhängig weiter variieren können. Auch können ganze Genabschnitte (Introns) zu gegebenem Zeitpunkt überhaupt nicht zur Merkmalsproduktion eingesetzt werden und daher sozusagen frei von äußerer Selektion drauflos permutieren. Die Evolution ist also gar nicht immer *sparsam* im Materialeinsatz, sie ist vielmehr *ökonomisch*, indem sie Wagniskosten nicht scheut, wenn dadurch die Gewinnchancen steigen.

Der wichtigste Prozeß der Variantenproduktion von Organismen ist wahrscheinlich in der Geschichte des Lebens erst relativ spät, vielleicht erst vor 1,5 Milliarden Jahren entdeckt worden, in der Tat eine Innovation von bis heute unübersehbaren Folgen: die Neukombination von Genen durch sexuelle Fortpflanzung. Sexuelle Rekombination steigert genetische Variation ins buchstäblich Unermeßliche, so unermeßlich, daß wohl kein sexuell entstandenes Individuum eines Vielzellers je einem anderen genetisch völlig gleicht, geglichen hat oder gleichen wird. In der Tat verdankt jeder von uns seine individuelle Einzigartigkeit vor aller Überformung durch Erziehung und Erfahrung der einmaligen Genkombination der Zygote, die aus einer sexuellen Befruchtung hervorging und aus der wir uns entwickelt haben. Man kann grob abschätzen, daß allein das Genom des Menschen weit mehr als 10^{1000} verschiedene Genkombinationen erlaubt. Man vergleiche dies mit der Abschätzung, daß die Individuenzahl aller Organismen, die jemals auf der Erde existierten, wohl weit unter 10^{100} beträgt, daß das gesamte Weltall kaum mehr als 10^{80} Nukleonen enthält oder daß unser Universum weniger als 10^{18} Sekunden alt ist. Erst solche Vergleiche machen uns bewußt, wie unausschöpflich der genetische Variationsreichtum sexuell sich fortpflanzender Lebewesen ist. Das heißt aber auch: Das, was je an Lebensformen existierte, macht nur einen winzigen Bruchteil des Möglichen aus, das Leben ist damit gewiß auch nie und nimmer am Ende seiner Innovationschancen angelangt, und es wäre allein schon deshalb ganz unsinnig anzunehmen, wir könnten je deterministisch vorhersagen, was die Lebenszukunft bringen kann. So unübertrefflich präzise die genetische Replikation bei höheren Lebewesen, so eng also potentiell die Übereinstimmung zwischen Eltern und Nachkommen, so weit haben sie durch die Entdeckung der Sexualität die Tür für unendliche Variationen wieder aufgestoßen. Diese Kombination extrem genauer, konservativer Tradition des Bestehenden mit einer anarchischen Lust am sexuellen Würfelspiel mit den vorhandenen Präzisionskomponenten kennzeichnet die Dialektik des Lebensschauspiels.

Und noch eines: Ungeschlechtliche Vermehrung in reiner Form ist *per definitionem* ein einsames Geschäft der Massenfertigung des beinah immer Gleichen, zu Zeiten perfekt in der Anpassung, jedoch wenig flexibel gegenüber dem Wandel der Zeitläufte. Sexualität ermöglicht die gemeinsame, kooperative Nutzung des genetischen Informationskapitals einer Population. Sexuelle Fortpflanzung bricht Erfolgskombinationen immer wieder durch Neukombination auf. Das ist gefährlich, aber extrem explorativ. Das System bleibt immer flexibel und dynamisch, placiert ständig neue Wetten im Lebensspiel, präsentiert immer neue Zahlenkombinationen im Auswahllotto der Selektion. Und vor allem: Erst sexuelle Fortpflanzung fügt Individuen zu einer Gemeinschaft, formt Populationen zu echten Spezies mit gemeinsamem genetischen Besitz. Kein Individuum einer sexuell sich fortpflanzenden Art repräsentiert die Art in der ganzen Fülle ihrer Anpassungsfähigkeit, auch kein Individuenpaar kann dies. Kein Individuum entspricht also auch dem Normtyp einer Art. Dieser Normtyp ist eher unsere idealistische Abstraktion als in der Natur existent. Nur die Gesamtheit ihrer vielfältig verschiedenen Individuen macht eine Spezies aus und bestimmt ihre Leistungsfähigkeit. Das gilt nicht anders für die menschliche Spezies wie für die tierischen oder pflanzlichen Arten.

Dieses Prinzip von Mannigfaltigkeit der Formen und selektiver Bewertung ihrer Leistungsfähigkeit, die auf deren Existenzchancen zurückwirkt, von »Freiheit mit Folgen«, wenn man es in eine Schlagwortmetapher zusammenfassen will, läßt sich im Reich des Lebendigen nun auf vielen Ebenen finden: Das Prinzip ist zu gut geeignet, in einer sich unvorhersagbar wandelnden Welt angepaßt und leistungsfähig zu bleiben, als daß es nicht in vielfacher Form und Abwandlung immer wieder eingesetzt worden wäre.

Nach ihm wählt der Körper in der Immunabwehr von Fremdkörpern (Antigenen) unter einer Unzahl molekulargenetischer Varianten die jeweils tauglichen Abwehrwerkzeuge (Antikörper) aus und stellt sie dann in Massenserie her. Viel spricht dafür, daß auch in der Entwicklung (Epigenese) des vielzelligen Individuums das Prinzip von Differenzierung und Auslese mitwirkt, damit ein funktionell abgestimmtes System entsteht, gleichsam ein ins Innere gekehrter Evolutionsprozeß (Evolution war ja sogar ursprünglich ein entwicklungsgenetischer Begriff, der allerdings damals eine sehr viel andere Bedeutung hatte). Nach gleichem Prinzip verändert sexuelle Fortpflanzung bei vielzelligen Lebewesen in jeder Generation die Anlagenkombinationen so wie die Ziffernordnung im Schloß eines Tresors, so daß es unerwünschten Eindringlingen – vor allem ungeschlechtlich sich vermehrenden Parasiten und Krankheitserregern – schwerlich gelingt, sich durch perfekte Anpassung das Dauerpassepartout zu schaffen. Nach gleichem Prinzip entdecken Individuen neue Nahrungsnischen oder Lebensräume. Nach ihm verfährt die Evolution sogar bei der Entwicklung neuer Arten aus kleinen, zufällig abgesprengten Gruppen, aus denen sich im Selektionsverlauf die Neuentdeckungen rekrutieren, die den unaufhörlichen Artenschwund durch Artentstehung ausgleichen. Und jede neuentdeckte Spezies ist nicht etwa nur eine Neuentdeckung für uns Betrachter der Natur, nein, jede neue Spezies ist für die Natur selbst eine Neuentdeckung, Wahrnehmung neuer Lebensmöglichkeiten, Autor und zugleich Akteur einer Neuaufführung des en suite gegebenen Lebensspiels.

Bisher bewegt sich all dies jedoch grundsätzlich immer noch auf der Ebene molekularer Variation der Gene, wie komplex – und weithin unverstanden – die einzelnen Vorgänge dabei auch immer seien. Nun blieben Erbanlagen keineswegs die einzigen Informationsspeicher des Lebens, deren Merkmalsfolgen in Selektionsprozessen qualitativ bewertet werden können. Die Zyklusdauer für die Veränderung und Neuerprobung alternativer Datensätze war nämlich für diese Form des Anpassungsgeschehens das begrenzende Nadelöhr; dies um so mehr, je vielzelliger und langlebiger die Organismen werden. Ein Variations- und potentieller Anpassungszyklus, der bei einem Einzeller noch im Generationentakt von Stunden oder Tagen läuft, wird bei höheren Tieren quälend lange, auf Jahre, ja Jahrzehnte ausgedehnt. Da wurde es zunehmend vorteilhaft, dem großen Kreislauf des anpassenden Werdens und Vergehens schnellere, kleinere Innovationszyklen zu überlagern, die dazu natürlich eigene Datenspeicher, Informationsträger, Variationsmöglichkeiten und Qualitätsprüfungsmechanismen brauchten.

Diesen Durchbruch brachte die Entwicklung lernfähiger Nervensysteme bei Tieren. Lernen heißt Verhaltensauswahl nach Erfahrung: Aus der Fülle möglicher Reizeinwirkungen auf das Sinnessystem werden einige wenige Kombinationen ausgewählt und eingespeichert, da sie sich bei vorangegangenem Zusammentreffen als erfolgreich, lohnenswert, vorteilssteigernd, nachteilsmindernd bewährt haben. Der großen Freiheit im Verhalten des freibeweglichen Tieres entspricht die Notwendigkeit, nach den erfahrenen Folgen auszuwählen und dadurch das Verhalten den gegebenen Umständen anzupassen.

Zwar kennen wir die beteiligten sensorischen und neuralen Verarbeitungsprozesse, die solcher Auswahl zugrunde liegen, im Prinzip recht genau, doch ist es nach wie vor nicht zufriedenstellend gelungen, den Speicher für die dem System im Lernvorgang eingeprägte Information – das Gedächtnis – molekularphysiologisch präzise zu identifizieren.

Auf die erstaunliche funktionelle Übereinstimmung zwischen Lernprozeß und Evolutionsprozeß haben Konrad Lorenz und andere vielfach hingewiesen. Daß die Verhaltensfolge als positiver oder negativer Verstärker selektiv so auf die Verhaltensproduktion zurückwirkt, daß – abhängig vom jeweiligen Bereitschaftszustand – aus der Fülle des möglichen Verhaltens, den »Versuchen« im Versuch-und-Irrtum-Lernen (das meist besser als Versuch-und-Erfolg-Lernen bezeichnet würde), jene mit optimalem Ertrag = Nutzen/Kostenverhältnis bekräftigt werden, entspricht ganz dem Zusammenspiel von Merkmalsvariation und Selektion in der Evolution: Die Merkmale sind das Verhalten der Gene, die Gene sind das Gedächtnis der Merkmale.

Worauf vor allem Gerald Edelman hinwies: Viel spricht dafür, daß sich auch die unvorstellbar komplizierte funktionelle Struktur des Nervensystems nach demselben Prinzip vielfältiger Verbindungsversuche zwischen Nervenzellen und selektiven Bewährens der funktional erfolgreichen Verknüpfungen und Bahnen differenziert. Wenn das zutrifft, so baut sich also die neurale Maschinerie, mit der das Verhalten eines Tieres in Exploration und selektiver Speicherung angepaßt wird, selbst nach einem ebensolchen Prozeß auf, nicht nach einer im Laufe der Evolution den Zellen genetisch vorgegebenen Exekutivroutine, sondern nach einer für selektive Umwelterfahrung von Anfang an weit offen empfänglichen Spiel- und Lernanleitung. Mindestens drei stufenweise ineinandergeschachtelte Zyklen von Variation und Selektion – der Evolutionszyklus, der Epigenesezyklus, der Lernzyklus – liegen dann also der schöpferischen Entdeckungsfähigkeit im Verhalten eines Tieres, etwa einer Biene, eines Vogels, einer Maus, zugrunde.

Was dabei besonders wichtig ist: In einer lernfähigen Spezies wird die genetische Variabilität mit der durch Erfahrungsmodifikation multipliziert und zugleich die Zeitkonstante der bewertenden Selektion von der Dauer eines Generationszyklus auf die eines Lernvorgangs drastisch reduziert: in der Größenordnung von 10^6:1. Dies ist erneut eine gewaltige Steigerung der Varianz- und Anpassungsmöglichkeiten, und es öffnet zugleich, je höher entfaltet die Lernfähigkeit, um so mehr den Weg zur Einschränkung genetischer Kontrolle von Verhaltensmerkmalen zugunsten der Erfahrungsanpassung. Insofern ergänzt der Lernprozeß den genetischen Evolutionsprozeß nicht nur, er kann zunehmend, wenn auch nie ganz und gar, an dessen Stelle treten, noch wirkungsvoller, flexibler, noch dynamischer – aber mit einem großen Nachteil gegenüber diesem: Da das Genom von dieser individuellen Lernerfahrung nichts mitgeteilt erhalten kann, muß jeder Lernanpassungszyklus in jeder Tiergeneration wieder beim Punkt »Null« der genetischen Programmausstattung (die natürlich immer weit mehr als Null ist!) beginnen. Daher können auch noch so lernbegabte Tiere, die nicht imstande sind, Erfahrungen von Generation zu Generation weiterzuvermitteln, die genetischen Stützkorsetts und die Fesseln angeborener Anpassungsvorgaben nicht wirklich entbehren oder sprengen.

Kommunikation und Tradition

Diese Grenzen werden von Tieren in zweifacher Richtung durchbrochen, um den gesamten schöpferischen Reichtum der Entdeckung neuer Möglichkeiten des Verhaltens durch Lernanpassung zu erschließen: horizontal und vertikal, durch Kommunikation und Tradition.
Ein einzeln lebendes Tier kann bei aller Lernfähigkeit immer nur sich selber nützen. Andere können von seiner Erfahrung in der Regel wenig – etwa durch Nachahmung –, meist aber gar nicht profitieren. Sie sollen es auch nicht, denn sic sind Konkurrenten, und der Krieg mag der Vater vieler Dinge sein, aber sicher ist er nicht der der Verständigung zwischen den Streitenden. Wo allerdings das Zusammenwirken von Artgenossen in sozialen Gemeinschaften allen Beteiligten mehr Vorteile bringt als das Einzelleben, dort ist dieser Bann gebrochen, dort finden wir die Möglichkeit zur Evolution horizontaler Informationsweitergabe durch Kommunikation: über Nahrungsquellen und über drohende Gefahren, bei der Feindabwehr, beim Schutz der Nachkommen oder bei gemeinsamem Wohnungsbau oder gemeinschaftlichem Wanderzug.
Kommunikation vermag also die Anpassungsvorteile des Erfahrungserwerbs noch einmal zu mehren, indem sie den Gewinn mit der Zahl der Verständigungspartner multipliziert!
Zwar kann sich dies auf die gleiche Generation beschränken, doch in einer Gemeinschaft, in der die Nachkommen von der Erwachsenengeneration umgeben und umsorgt sind, ist das keineswegs zwangsläufig

der Fall. Im Gegenteil: Ganz selbstverständlich öffnet sich hier der Weg der vertikalen Weitergabe von Erfahrungsinformation, der *Tradition* von Anpassungswissen. Damit ist die Brücke über die Generationen, bis dahin nur durch die Weitergabe der Erbanlagen in der Zygote gebildet, ein zweites Mal geschlagen, und diesmal ist es keine schmale Einbahnstraße molekularer Programme, sondern eine breite Straße über den Strom der Zeit, über die sich Erfahrungen in beide Richtungen überbringen lassen und die vor allem auch der Menge transportierbaren Wissensgutes kaum Grenzen setzt.
Kommunikation ist weiter das Vehikel, das Medium dieses Transfers, doch ist dieses Vehikel bei Tieren noch so wenig leistungsfähig, daß sie von den neuen Möglichkeiten, Erfahrung nicht nur weiterzugeben, sondern von Generation zu Generation anzuhäufen, noch allzuwenig Gebrauch machen können.

Sprache, Kultur, Freiheit

Dies ändert sich erneut mit der Einführung eines viel leistungsmächtigeren Informationsvehikels: der symbolischen Begriffssprache, die wir nur vom Menschen kennen. In ihr kann durch beliebige Neukombination von Wörtern eine unbegrenzte Fülle neuer Bedeutungen ausgedrückt, festgehalten und weitergegeben werden. Hier scheint ein ferner Anklang an die gigantische Innovation auf, die weit mehr als eine Milliarde Jahre früher durch die sexuelle Rekombination von Bedeutungsträgern in die Welt gekommen war. Aber was sind selbst einige zehntausend Gene gegen viele hunderttausend Wortbegriffe, die eine hochentwickelte Sprache bilden und benützen kann? Vor allem dort, wo in der Sexualität gerade zwei kopulieren, das heißt sich zu vereinigen vermögen, gibt es in der sprachlichen Vereinigung, der Kommunikation – auch der Linguist spricht ja von der Kopula der Begriffe! – für die Beteiligung und Vermischung schier keine Grenzen.
Aber so wie die sexuelle Fortpflanzung die Angehörigen einer genetischen Gemeinschaft zur Spezies zusammenschweißt, verbindet die sprachliche Kommunikation die Mitglieder einer Sprachgemeinschaft zu einer zusammenhängenden Kultur mit einem gemeinsam genutzten

Bestand sprachlich ausdrückbarer Kenntnisse, Vorstellungen, Begriffe, Regeln und Mythen, in denen der Kernbestand der *Welt-Erfahrungen* einer Kulturgemeinschaft aus all ihrer Geschichte zu einer *Weltanschauung* verdichtet und so zusammengefaßt wird, daß das Vehikel der Tradition das ganze Bündel unbeschädigt über den seichten oder tiefen Graben bringt, der immer noch die Generationen trennt.
Daß somit *Sprache die Sexualität der Kultur* im gleichen Sinne ist, wie *Sexualität die Sprache der Natur* genannt werden könnte, faßt knapp, wenn auch recht paradox zusammen, was sich hier entspricht. Und wiederum: Die Fähigkeit, Erfahrungen zu variieren und neu zu ordnen und dadurch auch Verhalten zu wandeln und neu zu formen, wird durch das Sprachvermögen ins Unermeßliche gesteigert; um so wichtiger die Notwendigkeit, durch Auslese des Sinnvollen aus der Fülle des Möglichen das Wertbeständige und Überliefernswerte auszuwählen.
Die vielfältig gesteigerte Fähigkeit, Erfahrungswissen sprachlich festzuhalten, weiterzureichen und von Generation zu Generation anzuhäufen, hatte nun zwangsläufig in der Evolution des Menschen mindestens drei weitere folgenschwere Konsequenzen:

1. Je reicher entfaltet die Sprache, um so größer der Schatz der mitteilbaren Gedanken und Erfahrungen – der wirklichen und sogar der erfundenen –, um so umfangreicher daher der Anspruch an die Speicherkapazität des Gedächtnisses, um so reicher die Möglichkeiten der Neukombination, Verknüpfung, Verarbeitung der vielfältigen Informationen und mit alledem um so größer der Bedarf nach einem Nervensystem, das den so immens gesteigerten Beanspruchungen gerecht zu werden vermag. Es ist ein Faktum der Paläanthropologie, daß nach relativ gemächlichem Anwachsen der Gehirngröße im Lauf von Jahrmillionen bei Tierprimaten das Menschengehirn seit mehr als einer Million Jahre eine geradezu explosionsartige allometrische Zunahme erfuhr. Dabei ist hervorzuheben: Selbstverständlich mußte jede Steigerung der Kapazität des Nervensystems – in doppelter Wortbedeutung – positiv verstärkend auf Erfahrungserwerb, Lernvermögen und Entwicklung des Sprachvermögens zurückwirken und damit den Selektionsdruck auf weitere Steigerung neuraler Leistungen erneut verstärken.

Daß in historischer Zeit auch die enorme Speicherfähigkeit unseres Gehirns nicht mehr ausreichte, sondern in Schrift und schließlich Magnetbändern, Plattenspeichern bis wieder hin zu nun von Menschen technisch miniaturisierten molekularen Datenträgern erweitert werden mußte, sei zur Ergänzung angemerkt. Durch sie verbindet die globale Weltkultur die Hirne aller Menschen aller Zeiten zu einem einzigen System des Wissens und der Wissenschaft.

2. Die Tatsache, daß sprachliche Tradition und damit die Möglichkeit der Instruktion jeder neuen Generation durch alle vorangegangenen aus dem ununterbrochen anschwellenden Vorrat an Erfahrungswissen die lebenstüchtige Anpassung des Verhaltens immer wirkungsvoller übernehmen konnte, mußte zugleich als gewichtiger formender Selektionsdruck auf die genetische Programmierung des Verhaltens zurückwirken. Nicht nur, daß jede allzu enge genetische Vorsteuerung die adaptive Feingestaltung durch kulturgemäße Instruktion und individuellen Erfahrungszuerwerb nur hindern konnte. Der ganze Vorzug dieser neuen Form, Anpassung durch Variation und erfolggesteuerte Auswahl horizontal und vertikal weiterzureichen und den blitzschnellen Zeitablauf des Lernens mit der hohen Beständigkeit der »Traditionsvererbung« zu verbinden, der ganze Vorzug dieser fantastischen Innovation des Lebens wäre ja dahin, wenn das Verhalten der Lebewesen, die sich ihrer bedienen können – also nur der Menschen –, weiterhin im Zuggeschirr genetischer Programme festgebunden bliebe. Im Gegenteil, von allen Varianten zerebraler Organisation mußten gewiß diejenigen ihren Trägern und den Lebensgemeinschaften, in denen sie mitwirkten, die größte Fitness, die größte Lebens- und Vermehrungstüchtigkeit verleihen, die am besten Gebrauch von diesen neuen Möglichkeiten zu machen erlaubten. Den lernfähigsten, den zugleich für neue Erfahrungen wie für das Bewahren bewährter Traditionen bestgeeigneten Gehirnen, oder mit dem Wort, das es am besten trifft: *den klügsten Köpfen,* sollte von nun an die auch weiterhin ganz natürliche Selektion gelten, also jenen, die von den neuen Möglichkeiten kultureller Entwicklung den besten Gebrauch machen konnten.
Wenn wir diese Entwicklung bei Säugetieren betrachten, für die sie besonders charakteristisch ist, und unter ihnen besonders für die

Primaten, so tritt vor allem eines hervor, das es bei niederen Wirbeltieren kaum und bei Wirbellosen fast gar nicht gibt: Spielverhalten als eine durch angeborene Disposition fast obligatorische, für die Entwicklung eines gesunden Individuums geradezu unverzichtbare Entwicklungsphase der Exploration möglichst vieler motorischer, sensorischer und auf die soziale und sonstige Umwelt bezogener Verhaltensmöglichkeiten. Bernhard Hassenstein hat auf diese Tatsache mehrfach ausführlich hingewiesen. Dies ist nicht nur eine Phase der Erprobung des der Art üblicherweise eigenen Verhaltensrepertoires, das das adulte Tier benötigt – weshalb bei vielen Säugetieren das Spielen auch mit der Geschlechtsreife sein Ende hat. Es ist zugleich eine Phase des Entdeckens ganz neuer Möglichkeiten des Verhaltens, die das Repertoire der Art bereichern und erweitern und ihr damit neue Anpassungsmöglichkeiten erschließen. Wir wissen etwa von Verhaltenstraditionen des Nahrungserwerbs bei Primaten genauso wie von der Entstehung neuer Ausdrucksformen beim Menschen: Ausgesprochene Neuentdeckungen werden besonders häufig von den neu-gierigen Jugendlichen gemacht (nicht immer zur Freude der Alten); nicht von schutzbedürftigen Kindern, die ja erst noch viele motorische, sensorische und soziale Erfahrung nachzuholen und einzuüben haben (Kinder sind in ihrer Nachahmungslust erstaunlich konservativ!), und meist auch nicht von den Erwachsenen, deren Verhalten allzu leicht zu geübt-erfahrener Routine, zum sicheren Einsatz tradierter und bereits selbst gemachter Erfahrungen erstarrt (die aber mitunter durchaus noch von Jüngeren lernen können!). Dabei ist darauf hinzuweisen, daß sich der Mensch vor seinen nächsten Tier-Verwandten vor allem auch durch eine tief ins Erwachsenenalter hineinreichende Ausdehnung juveniler Entwicklungs- und Verhaltenscharakteristika auszeichnet. Dazu gehört nicht zum geringsten auch die enorme Ausdehnung der Phase spielerischer Erkundungsneugier, bei manchen Individuen bis ins hohe Alter. Dies ist unter allen Tieren wohl einmalig. Zur ungeheuer vermehrten *Lernfähigkeit* kommt also auch eine geradezu unerschöpfliche *Lernbereitschaft*, eine echte *Lernlust*, die unsere Art als ihr wohl wichtigstes genetisches Anpassungsmerkmal auszeichnet. *Rerum novarum cupidus*, gierig auf Neues, dies ist der Mensch, und wir erleben das oft nur allzu bestürzend als Hang zum Umsturz des

Bewährten, vor allem dann, wenn Zweifel wachsen in bezug darauf, ob das, was sich bisher bewährte, sich künftig weiterhin bewähren wird. Es mag auch sein, daß wir der spielerisch-motorischen Exploration die Entdeckung mancher Möglichkeiten des Werkzeuggebrauchs verdanken, dieser Mischung aus zufälligem Herum*hant*ieren und blitzschnellem Erfassen von *Hand*lungsmöglichkeiten, auf die man dabei stößt – wobei schon diese Wörter deutlich sagen, daß die *Hand* unser wichtigstes *Spielzeug* ist. Wir wissen leider zuwenig über die Entdeckung des wichtigsten menschlichen Werkzeugs, der Sprache, dieses einmaligen Mittels der *Mani*pulation, der *Hand*habung von Gruppengefährten wie des Spiels der Gedanken. Und wieder kann man die funktionelle Entsprechung von Sprachgedankenspiel und genetischem Roulett des Sexualvorgangs nicht übersehen.

3. Die dritte, letzte und gewichtigste aller dieser Folgen war zweifellos die: Für diese so erfahrungsoffenen, das Wissen von Generationen ansammelnden Menschen mußte sich die für alle Tiere wohl ausnahmslos geltende Fixierung auf den Zeithorizont der Gegenwart – jedenfalls der des individuellen Daseins – immer mehr verlieren. Was sich in ihren Köpfen an Gedanken sammelte, griff ja durch Instruktion, durch sprachliche Tradition fast grenzenlos in die Vergangenheit zurück, öffnete die Tür in die Geschichte einer Kultur weit und machte noch zur Stunde wirksam, was sich vor Hunderten von Generationen, Tausenden von Jahren ereignet haben mochte. Eine Zeitdimension, die ohne Begrenzung aus der Vergangenheit in die Gegenwart reicht, kann, ja muß notwendigerweise im so erschlossenen Vorstellungsvermögen gewiß genauso in die Zukunft hinein verlängert werden. Was dies für die Leistungsfähigkeit des Denkens – also des Verarbeitens von Informationen aus Vergangenheit und Gegenwart – in jenem virtuellen Raum des Geistes bedeutet, den wir Bewußtsein nennen, kann gar nicht überschätzt werden. Heißt es doch, daß ein solches Wesen nicht nur das, was ist und war und notwendigerweise auch sich selbst in seiner Vorstellungswelt abbildet, es kann sich auch vorstellen, was einmal werden könnte, und indem es sich die alternativen Folgen eigenen Handelns, die erhofften Gewinne, die befürchteten Kosten verschiedener Handlungspfade zur inneren Prüfung, zur *Selbstauslese*

vorlegt, erlangt es endlich das, was wir nicht anders als Freiheit der Entscheidung nennen können! Zugleich wird ihm jedoch die eigene Sterblichkeit, der eigene Tod vorausbewußt: Der Eröffnung der Zukunft folgt die Todesfurcht.

Was auf den tieferen Ebenen der Innovation der *Zufall* lieferte, hier finden wir es – von der Sprache sehr genau nach Unterschied und Ähnlichkeit erfaßt – als *Einfall* wieder, als Material der schöpferischen Phantasie, aus dem die kritisch prüfende Überlegung das Brauchbare ausliest. Charles Darwin muß dies sehr klar gesehen haben, als er notierte: »Free will is to mind as chance is to matter.«

Ein Nervensystem, das sich ein Bild der Welt – und sei es noch so unvollkommen – in Vergangenheit, Gegenwart und Zukunft machen kann, das eine Vorstellung der räumlichen, zeitlichen und kausalen Beziehungen der Dinge in ihr besitzt und das das denkende Ich selbst in diesem Bild erkennt und alle Folgen seines Tuns in der Vergangenheit bewahrt, besitzt damit zugleich alle Eigenschaften eines sich selbst bewußt als – wenn auch bestimmt nicht unbeschränkt – frei entscheidungs- und handlungsfähig erlebenden Wesens. Als solches ist es *wirklich* frei, wie immer die Kausalverknüpfungen zwischen dem physischen Substrat oder Korrelat seiner Vorstellungen, Gefühle, Wünsche und seinen Handlungen sein mögen. Nicht die Willensfreiheit eines solchen Wesens, unseres Wesens, ist Illusion, denn sie ist evident erfahrene Wirklichkeit. Die Illusion ist vielmehr die des denkenden Ich, sich jemals selbst in seiner Freiheit durch und durch und ohne daß da dunkle Reste blieben, verstehen und aufhellen zu können. Die Überheblichkeit in dieser Illusion könnte genau die des Münchhausen sein, der sich mit eigenen Kräften selbst vom Boden hochheben zu können meint. Vom Boden unserer evoluierten physischen Natur kann unser Denken auch mit allen Kräften sich nicht trennen: Die Willensfreiheit ganz erklären wollen, hieße aber ebendies.

Wenn es um Willensfreiheit geht, sträubt man sich instinktiv, dem Zufall eine Rolle zuzumessen, auch wenn die Sprache so verräterisch von »Einfall« spricht. Es scheint des menschlichen Geistes unwürdig, die höchsten Leistungen seiner wissenschaftlichen, künstlerischen, religiösen oder politischen Tätigkeit auf blinde Zufälligkeit zurückführen zu lassen: Das könnte dann ja auch ein Elektronenhirn. Nun, es kann das eben *nicht*. Wie mehrfach betont, schließt Entdecken stets zweierlei ein: das Hervorbringen des bisher nicht Dagewesenen, Neuen, und das Erkennen, Bewerten und Auswählen des Sinnvollen, Geeigneten, Nützlichen. Ein Computer kann gewiß so programmiert werden, daß er immer neue Zufallskombinationen von Zeichen hervorbringt. Soll er aber zwischen sinnvollen und unsinnigen unterscheiden und auswählen, so gelingt ihm das nur, wenn *wir* ihm ein präzises *Wertkriterium* und *Selektionsziel* vorgeben. Wir haben gesehen, daß das Leben sein Wertkriterium selbst erzeugt, sein eigenes Ziel erschafft und ist. Ich habe es gewagt, den absolut zutreffenden, aber durch den unseligen Vitalismus sinnentstellend deformierten Begriff aristotelischer Entelechie dafür zu verwenden, in einem Sinn, der, wie Wolfgang Kullmann zeigte, Aristoteles nicht fremd gewesen wäre.

Beim Übergang von der ersten Stufe des genetischen Variierens und Selektierens zur zweiten Stufe des Explorierens und Lernens hat sich daran nichts geändert: Das Lernvermögen hat nur die Anpassungsmöglichkeiten der Genotypen verbreitert, verfeinert, beschleunigt. Wenn wir nun zur dritten Stufe der Innovation kommen, der des Hervorbringens neuer Ideen und deren Selektion in kritischem Denken, so gilt erneut: Das Denken setzt seine Wertmaßstäbe selbst, es selektiert autonom und dies zum Unterschied von jedem Computer (was allerdings nicht ausschließt, daß einmal ein selbst zielselektierender Computer entwickelt wird, dem wir dann wohl auch Willensfreiheit zuzusprechen hätten, über dessen berechnendes Wesen wir uns jedenfalls zuallerletzt wundern dürften!). Natürlich besitzen wir in der Sprache das Mittel, uns über die Maßstäbe und Resultate unseres Denkens gegenseitig zu verständigen und argumentativ auseinanderzusetzen, doch bleibt eines durch unzerstörbare innere Evidenz gewiß: Was ich am Ende für richtig halte, also nach einem Bewertungsvorgang in meinem Denken selektiere und akzeptiere, darüber entscheide im letzten ich. Diese Tatsache erleben wir in ganz unbezweifelbarer, unerschütterlicher Gewißheit und nennen sie Willensfreiheit oder, wenn es um moralische Entscheidung geht, Gewissen.

Jedes Denken besteht einerseits aus einem Generationsprozeß von Ideen. Die Behauptung scheint nicht zu gewagt, daß dieser ein unverzichtbares Element zufälliger Unbestimmtheit enthält, ja enthalten muß, das vielleicht letztlich auf die Indeterminiertheit mikrophysikalisch-molekularer Prozesse an den Ionenkanälen und Transmitterfreisetzungseigenschaften der synaptischen Membranen von Nervenzellen zurückzuführen ist. Dies hat mit Willensfreiheit allerdings nicht die Spur zu tun, ganz anders, als Pascual Jordan sich das dachte. Man kann sich beim besten Willen nicht dazu *entscheiden*, einen originellen Gedanken zu haben, man hat ihn, einen Einfall, einen Geistesblitz, oder man hat ihn nicht. Durch systematisches Denken kann man nur bereits verfügbares Wissen auf erkannte Probleme anwenden und dadurch gewiß auch im technischen Sinne neue Lösungen ausarbeiten. Im wirklichen Sinne schöpferisch ist das nicht, für eine solche Leistung kann im Prinzip auch ein Rechner programmiert werden.

Jedes Denken besteht aber zweitens aus einer Bewertung von Ideen nach vom Denken selbstgesetzten – oder wenn durch Instruktion von anderen übernommen, so doch irgendwann durch das eigene Denken als akzeptierbar bewerteten – Selektionskriterien. Willensfreiheit, um die es sich hier handelt, ist weder nur ein Postulat moralischer Vernunft noch ein Keil, durch den die Metaphysik den physikalischen Determinismus sprengt, sondern eine Zustandseigenschaft eines Systems, das Bewußtsein besitzt, so wie Fitness eine Eigenschaft lebender Systeme ist, und keine Überschreitung der Kausalität durch teleologisch wirkende *causae finales*.

Natürlich ist sogleich zuzugeben, daß wir bei alledem immer noch überhaupt nicht wissen, was Bewußtsein *ist*. Wir wissen nur etwas darüber, was es macht, was es an Leistungen ermöglicht. Aber so geht es uns ja schließlich auch mit dem elektromagnetischen Feld oder der Gravitationskraft.

Wir wissen, daß Bewußtsein es erlaubt, mit Repräsentationen von Gegenständen, Beziehungen, Begriffen Denkoperationen durchzuführen, die den Charakter der Repräsentation von Handlungen haben und deren Resultate wir bewertend selektieren können. Dadurch wird der Zeitbedarf eines tatsächlich in realer Handlungsform ablaufenden Lernvorgangs, eines Lernzyklus, zu dem eines Denkzyklus verkürzt und die Menge an so prüfbaren Verhaltensvarianten noch einmal ins Unvorstellbare gesteigert im Vergleich zu jener, die in tatsächlichem Lernverhalten exploriert werden könnte. Und wieder gilt, wie schon beim Lernen: Ohne Tradition ist auch das originellste Denken wertlos; sein die Fitness steigernder Effekt (man vergleiche die Fitness des Menschen mit der seiner biologischen Verwandten und wage es, noch daran zu zweifeln, daß er diese Superiorität seiner Denkfähigkeit verdankt!) gegenüber der genetischen oder der erlernten Adaptation wird erst durch Ausdruck und Vermittlung über die Generationenschwelle ausschöpfbar. Wir kennen die Medien dieser Vermittlung: Verhaltensnachahmung, sprachliche, schriftliche, künstlerische Instruktion.

Noch eines läßt sich mit Gewißheit über das Bewußtsein sagen – und dies ist wohl der aufregendste Aspekt für einen Biologen: Es muß evoluiert sein, wenn sich der Mensch aus Tieren entwickelt hat, woran kein wissenschaftlich ernst zu nehmender Zweifel mehr bestehen kann.

Was bedeutet das? Wir verstehen es noch nicht. Heißt es, daß unsere tierischen Vorfahren und Verwandten eine Art einfacheren inneren Erlebens haben, das sich im Lauf der Menschwerdung zu unserem strahlenden Bewußtsein erhellt hat? Wie können wir dieses einfachere Bewußtsein erkennen und untersuchen? Die Verhaltensforschung tut heute erste Schritte in diese Richtung, etwa in »Sprachdressuren« von Menschenaffen.

Oder ist das Bewußtsein des Menschen das Resultat eines weiteren jener Innovationssprünge, die auch bei kontinuierlicher Veränderung von Systemen plötzlich Systemeigenschaften entstehen lassen, welche nicht einfach auf Vorstufen zurückgeführt werden können, obwohl alle Bedingungen für sie auf Vorläuferzustände zurückführbar sind? Ist Bewußtsein ein solches neues Entdeckungsereignis einer bestimmten Entwicklungsstufe tierischer Nervensysteme, so wie Leben ein Entdeckungsereignis der unbelebten Natur war? Dann wäre es in der Tat richtig zu sagen, im menschlichen Bewußtsein habe die Natur sich selbst entdeckt.

Daß der Mensch im Reich des Lebendigen eine Sonderstellung einnimmt, ist eine Selbstverständlichkeit; daß sie im Evolutionsprozeß *geworden* ist, nimmt unserer Menschenwürde nichts. Darwins Theorie der Evolution wurde bisher allzu lange nur in *reduktionistischer* Weise, sozusagen von oben nach unten interpretiert, zugegebenermaßen mit beachtlichem Erfolg. Ihr tieferer Gehalt ist dadurch aber keineswegs erschöpft, erklärt sie doch nicht minder gut die *Produktivität* der Natur, eine Betrachtung, die von unten her nach oben führt. Man ist versucht, ein sehr berühmtes Diktum von Immanuel Kant zu paraphrasieren: Die Evolutionstheorie verbindet die Gesetze des gestirnten Himmels über uns mit dem moralischen Gesetz in uns, oder bescheidener: Es ist die Hoffnung der *einen* Wissenschaft im Glauben an die *eine* Welt, von der sie handelt, daß sie dies leisten könne. Das Ziel scheint weit. Vielleicht erweist der Weg dahin sich aber auch schon als das Ziel.

Kapitel 2

Ökonomie oder Harmonie? Goethe und Darwin

Wenn man gebeten wird – gleichsam in Nachlese zum gemeinsamen Goethe- und Darwin-Gedenkjahr 1982 –, über das zu sprechen, was die Sicht der Natur bei diesen großen Naturforschern und Über-die-Natur-Denkern gemeinsam oder im Gegensatz zueinander ausmacht und wie unser heutiges wissenschaftliches Naturbild zu deren Einsichten steht, so will einen schnell der Mut verlassen, vergegenwärtigt man sich, von wie vielen wie oft schier jedes Wort und jeder Satz von Goethe und von Darwin geprüft, gewogen, hin- und hergewendet und mitunter auch merklich abgenutzt worden sind. Dem Thema neue Seiten abzugewinnen, will einem aussichtslos erscheinen. Man möchte es mit Goethe halten, der es offenkundig bitter empfunden hat, wie schwer es ihm in der Naturforschung wurde, etwas wirklich wesentlich Neues zu entdecken, wenn er in der »Geschichte seiner botanischen Studien« sagt[1]: »... denn ich war längst überzeugt, es gebe nichts Neues unter der Sonne, und man könne gar wohl in den Überlieferungen schon angedeutet finden, was wir selbst gewahr werden und denken, oder wohl gar hervorbringen. Wir sind nur Originale, weil wir nichts wissen.« Wenn es – frei nach Vladimir Nabokov – das Schicksal des Genies ist, sich immerzu selbst zu plagiieren, während die gewöhnliche Intelligenz meint, ständig originell sein, also mit Neuigkeiten aufwarten zu müssen, so bleibt es der gewöhnlichen Intelligenz leider nicht erspart – wenn sie sich historisch kundig machen will –, sich von allzu vielen Vorgängern präplagiiert zu sehen. Dies hat auch etwas Tröstliches: Wir sehen, daß unsere Vorfahren keineswegs von beschränkteren Geisteskräften waren als wir, wir erkennen sie als unseresgleichen, das sollte es uns dann auch leichter machen, von ihnen zu lernen. Es macht uns bescheiden und fördert unseren Respekt vor denen, auf deren Schultern wir zu stehen behaupten (um mit Newton zu sprechen), während wir doch oft genug nur an ihren Rockschößen hängen.

Nach solchen Vorbedenken nun zum Thema. Ich will es in drei Teile gliedern, indem ich zunächst den zwar erkenntnistheoretisch haarsträubenden, aber als didaktische Fiktion vielleicht hilfreichen Versuch mache, ganz naiv darzustellen, wie uns die Natur vor aller Interpretation erscheint, danach zwei wichtige, ganz unterschiedliche Deutungen diskutiere, die in Schlagwortabkürzung mit den Begriffen Harmonie und Ökonomie bezeichnet seien, denen ich dann – stark verkürzt und sehr gewagt und sicher nur zum Teil berechtigt – Goethes und Darwins Sicht zuordnen werde.

Zunächst also: Wie erscheint uns die Natur bei unvoreingenommener Betrachtung? Ich will mich dabei keineswegs so töricht stellen, so zu tun, als könnten wir ganz unbefangen einen Blick auf die jungfräuliche Natur werfen, im Vertrauen darauf, daß es sich noch nicht herumgesprochen hat, wie wir es längst im hermeneutischen Zirkel mit ihr getrieben haben. Ich will auch nicht den positivistischen Münchhausen mimen, der sich einredet, daß der Sumpf der Deutung schon nachgeben wird, wenn man nur genügend heftig am Schopf der eigenen Erfahrung zieht. Es sei nur das gute Recht in Anspruch genommen, erst die Natur mit offenen Sinnen zu erleben, bevor wir uns über den Sinn des Ganzen zu äußern wagen. Oder mit Goethe (im Athroismos-Gedicht): »... reicht mir die Hand und öffnet den freien Blick ins weite Feld der Natur«[2]. Da sich das hermeneutische oder hypothetiko-deduktive Karussell ohnehin im Kreise dreht, so können wir uns doch wenigstens aussuchen, bei welchem Eingang wir es betreten möchten, oder, um es mit dem *common sense* bajuwarischer Phänomenologie zu sagen: Hinschau'n wird man wohl noch dürfen!

Was sehen wir also, wenn wir die lebendige Natur genau betrachten? Ich will in wenigen, notwendig vereinfachenden Stichworten zusammenfassen, was jeder, je nach Intensität, Vielfalt und Bewußtheit seiner Naturerfahrung, ob wissenschaftlich angeleitet oder nicht, in unterschiedlicher Deutlichkeit erfahren kann. Dies soll dann auch die

Stichpunkte zu einer Bewertung liefern. Fünf solche Kennzeichen erscheinen wesentlich an der lebendigen Natur:
1. Reichtum – sie ist gekennzeichnet von überströmender Fülle;
2. Vielfalt – ihre Formen sind von unübersehbarer Diversität;
3. Anpassung – sie ist unglaublich vielseitig und raffiniert darin, wie sich die Lebensformen ihren Daseinsbedingungen anpassen;
4. Ordnung – die Vielfalt der Formen und Leistungen ist nicht beliebig und zufällig, sondern zeigt unübersehbar geordnete Zusammenhänge;
5. Stabilität und Wandel – sie ist in ununterbrochener Verwandlung, Zerstörung und Vermehrung begriffen, und dennoch ist sie dabei von beeindruckender, stets wiederkehrender, doch immer auch gefährdeter Stabilität ihrer Erscheinungen, ungeachtet aller auf sie wirkenden Einflüsse.

Dies sei nun eingehender erläutert.

1. *Die Natur ist reich.* Wie sollen wir die Fülle messen? Zwei Schätzgrößen hat die Ökologie dafür: die Biomasse an lebendiger Substanz und die Anzahl lebendiger Individuen in der Biosphäre. Die gesamte Biomasse aller heute existenten Lebewesen umfaßt etwa 10^{12} Tonnen Kohlenstoff (der annähernd die Hälfte der lebenden Trockensubstanz ausmacht), also tausend Milliarden Tonnen (unsere Spezies ist auch mit mehr als hundert Millionen Tonnen dabei). Ich weiß nicht, ob jemand schon versucht hat, die Gesamt-Individuenzahl aller Lebewesen zu schätzen, in die diese Biomasse abgepackt ist. Allein die Zahl an Insektenindividuen hat man auf 10^{18} geschätzt. Versucht man, alle Bakterien, Algen, Protozoen hinzuzufügen (sie enthalten ja die überwältigende Menge an Individuen, wenn auch nicht an Biomasse), so ergeben sich Größenordnungen, die einer Zahl mit sicher sehr viel mehr als zwanzig Nullen entspricht.
Nur zum Vergleich: Man hat die Gesamtzahl aller Sterne im Kosmos ähnlich hoch (10^{22}) geschätzt. Ich meine also, es ist gerechtfertigt zu behaupten, daß die Natur unvorstellbar reich an Lebewesen ist.

2. Nicht anders verhält es sich mit deren *Vielfalt*: Niemand hat die Anzahl an verschiedenen lebenden Spezies gesehen, gezählt oder gar benannt, vielleicht sind es fünf, vielleicht auch doppelt so viele Millio-

nen. Sie sterben heute schneller hin, als wir sie je erfassen könnten. Schon die Fülle der beschriebenen Arten, obgleich wohl wenig mehr als ein Zehntel dieses Inventars, ist unüberschaubar. Goethe hat sich darüber (bei damals hundertfach kleinerem Beschreibungsstand!) in der Elegie »Metamorphose der Pflanzen« – im Sinne, wenn auch nicht in Worten – kaum anders geäußert als mancher Biologiestudent noch heute: »Dich verwirret, Geliebte, die tausendfältige Mischung / Dieses Blumengewühls über dem Garten umher; / Viele Namen hörest du an und immer verdränget, / Mit barbarischem Klang, einer den andern im Ohr. / Alle Gestalten sind ähnlich, und keine gleichet der andern; ...«[3]. Dabei ist die Zahl der Tierarten noch gut zehnmal größer als die der Pflanzen!

3. Diese Formenvielfalt ist nun aber zugleich eine Leistungsvielfalt, denn – um wieder bei Goethe anzuleihen[4]: »Funktion und Gestalt sind notwendig verbunden. Die Funktion ist das Dasein in Tätigkeit gedacht.« Jede Spezies ist deshalb aufgrund ihrer besonderen Ausstattung mit Erbanlagen eine Spezialistin darin, in ihrer Umwelt auf eine ganz nur ihr eigene Weise zurechtzukommen, zu wachsen und sich fortzupflanzen. Die geradezu märchenhafte Zweckmäßigkeit der jeweiligen Eigenschaften, die *Raffinesse der Anpassungsleistungen* aller Pflanzen und Tiere, braucht hier nicht eigens verdeutlicht zu werden. Sie war ja seit Jahrhunderten und ist bis heute ein Grundbefund jeglicher Naturbetrachtung und daher auch das beinahe selbstverständliche Grundmuster jeglicher Argumentation mit der lebendigen Natur oder über sie. Zu erklären, wie es auf natürlichem Wege zu dieser Zweckmäßigkeit, Angepaßtheit, Funktionstüchtigkeit allen Lebens, und zwar in der charakteristischen Differenzierung in getrennte Spezies kommt, war daher auch das wichtigste Anliegen von Charles Darwin und aller wissenschaftlichen Entwicklungsbiologie seit ihm. Zu behaupten, die moderne Biologie hätte »die Frage Wozu« gescheut, verleugnet, verbannt, wie ihr neuerdings sehr kluge Leute vorwerfen möchten[5], ist daher schon eine etwas groteske Verkennung naturwissenschaftlicher Wirklichkeit. Zwar beseitigt die Erklärung eines Problems gleichsam die durch es gestellte Frage, doch heißt dies nicht etwa, daß sie die Berechtigung solcher Frage verneint. Im Gegen-

teil, erst der Versuch, sie wissenschaftlich zu beantworten, nimmt die Frage wirklich ernst und hebt sie über die Beliebigkeit des fragenden Gedankenspiels. Evolutionsbiologie hat es seit Darwin in der Tat vermocht, einsichtig zu machen, wie es dazu kommen kann, daß Lebewesen funktionsgeeignet beschaffen sind. Um dies zu tun, wurde Zweckhaftigkeit, wurde »die Frage Wozu« nicht nur nicht geleugnet, sie wurde vielmehr erstmals über spekulative Analogien oder anthropozentrische Fiktionen hinaus einer jedermann nachvollziehbaren Beantwortung zugänglich. Die wundervollen Phänomene der Natur werden nicht dadurch weniger wunderbar oder gar wertlos, zwecklos, sinnlos, daß man versteht, wie sie zustande kommen. Man könnte vielmehr wagen zu behaupten: Solange man Erscheinungen *nicht* versteht, sind sie bedeutungslos!
Goethe war selbstverständlich die Angepaßtheit der Lebewesen an ihre Lebensumstände vollauf bewußt, er betonte sie wieder und wieder. Jeder platte Versuch, sie als eine zugunsten des Menschen veranstaltete Zweckdienlichkeit zu erklären – wie dies als physikotheologisches Argument in seiner Zeit sehr im Schwange war –, schien ihm offenbar ebenso dumm wie lächerlich, wie im »Versuch einer allgemeinen Vergleichungslehre« erläutert[6]: »Die Vorstellungsart, daß ein lebendiges Wesen zu gewissen Zwecken nach außen hervorgebracht und seine Gestalt durch eine absichtliche Urkraft dazu determiniert werde, hat uns in der philosophischen Betrachtung der natürlichen Dinge schon mehrere Jahrhunderte aufgehalten, und hält uns noch auf ... Es kann diese Vorstellungsart, für sich fromm, für gewisse Gemüter angenehm, für gewisse Vorstellungsarten unentbehrlich sein ... Es ist, wenn man sich so ausdrücken darf, eine triviale Vorstellungsart, die eben deswegen, wie alle trivialen Dinge, trivial ist, weil sie der menschlichen Natur im ganzen bequem und zureichend ist. Der Mensch ist gewohnt, die Dinge nur in dem Maße zu schätzen, als sie ihm nützlich sind, und da er, seiner Natur und seiner Lage nach, sich für das Letzte der Schöpfung halten muß: warum sollte er auch nicht denken, daß er ihr letzter Endzweck sei? Warum soll sich seine Eitelkeit nicht den kleinen Trugschluß erlauben? Weil er die Sachen braucht und brauchen kann, so folgert er daraus: sie seien hervorgebracht, daß er sie brauche. Warum soll er nicht die Widersprüche, die er findet, lieber

auf eine abenteuerliche Weise heben, als von den Forderungen, in denen er sich einmal befindet, nachlassen? Warum sollte er ein Kraut, das er nicht nutzen kann, nicht Unkraut nennen, da es wirklich nicht an dieser Stelle für ihn existieren sollte? Eher wird er die Entstehung der Distel, die ihm die Arbeit auf seinem Acker sauer macht, dem Fluch eines erzürnten guten Wesens, der Tücke eines schadenfrohen, bösen Wesens zuschreiben, als ebendiese Distel für ein Kind der großen allgemeinen Natur zu halten, das ihr ebenso nahe am Herzen liegt als der sorgfältig gebaute und so sehr geschätzte Weizen ... Da er nun ferner an sich und an andern mit Recht diejenigen Handlungen und Wirkungen am meisten schätzt, welche absichtlich und zweckmäßig sind, so folgt daraus, daß er der Natur, von der er unmöglich einen größern Begriff als von sich selbst haben kann, auch Absichten und Zwecke zuschreiben wird. Glaubt er ferner, daß alles, was existiert, um seinetwillen existiere ..., so folgt wie natürlich daraus, daß die Natur auch ebenso absichtlich und zweckmäßig verfahren habe, ihm Werkzeuge zu verschaffen, wie er sie sich selbst verschafft. So wird der Jäger, der sich eine Büchse bestellt, um das Wild zu erlegen, die mütterliche Vorsorge der Natur nicht genug preisen, daß sie von Anfang her den Hund dazu gebildet, daß er das Wild durch ihn einholen könne ... Ein Naturforscher also wird sich nun einmal schon über diesen trivialen Begriff erheben müssen, ja, wenn er auch als Mensch jene Vorstellungsart nicht bewerten könnte, wenigstens insofern er ein Naturforscher ist, sie soviel als möglich von sich entfernen.«

Soweit zur Frage Wozu und soweit auch zu manchen, die allzu leichtfertig Goethe gegen Darwin in Anspruch nehmen zu können glauben. Goethe war allerdings viel zu sehr platonisch darin befangen, allein die Typen, die Urbilder als wesentlich zu erkennen, als daß er etwa Zugang zu einer Erklärung der Entstehung solcher Zweckhaftigkeit von Lebewesen durch natürliche Auslese unter real existierenden Varianten eines solchen gedanklich abstrahierten Typus hätte haben können, weshalb er auch bekannte[7]: »Aus innigster Überzeugung behaupte ich fest: gleicher Art ist, was gleiches Stammes ist. Es ist unmöglich, daß eine Art aus der andern hervorgehe; denn nichts unterbricht den Zusammenhang des nacheinander Folgenden in der

Natur; gesondert besteht allein das ursprünglich nebeneinander Gestellte.« Von Abweichungen, Varietäten darf man nicht »auf ein Schwanken der Arten überhaupt schließen« – dies wieder jenen, die, wie es etwa Ernst Haeckel getan hat, Goethes Vorstellungen metamorphen Gestaltwandels allzu leichtfertig als Entsprechung oder gar Vorwegnahme von Darwins Evolutionstheorie einvernehmen möchten. Dies wäre sicher unzutreffend. Abweichungen vom Normtyp waren in Goethes Verständnis der Natur oberflächliches Spiel oder gar »Abnormitäten«. Wie Darwin in ihnen den Inbegriff, ja die Voraussetzung schöpferisch gestaltender Lebensfülle zu sehen, war seinem ganz dem Wesentyp zugewandten Denken fremd.

Daß beide, Goethe und Darwin, jedoch die lebendige Natur in genau gleicher Weise mit den Augen des *Natur*wissenschaftlers betrachten und ihre angepaßte Zweckmäßigkeit als auf *natürliche* Weise entstanden verstehen wollten, das ist am besten in zwei Goetheschen Sentenzen gefaßt, die den Kern einer jeden naturwissenschaftlichen Evolutionstheorie – nicht nur der Darwins – enthalten: »Das Tier wird durch Umstände zu Umständen gebildet; daher seine innere Vollkommenheit und seine Zweckmäßigkeit nach außen«[8], und: »Wir denken uns also das abgeschlossene Tier als eine kleine Welt, die um ihrer selbst willen und durch sich selbst da ist. So ist auch jedes Geschöpf Zweck seiner selbst ... Kein Teil desselben ist, von innen betrachtet, unnütz, oder wie man sich manchmal vorstellt, durch den Bildungstrieb gleichsam willkürlich hervorgebracht; obgleich Teile nach außen zu unnütz erscheinen können, weil der innere Zusammenhang der tierischen Natur sie so gestaltete, ohne sich um die äußeren Verhältnisse zu bekümmern.«[9]

Hier fehlt eben nur der Mechanismus, der diese zweckvolle Ausgestaltung bewirken kann. Ihn erfaßte erst Darwin und seit ihm immer genauer die mechanistische, im letzten molekularbiologische Erklärung des Lebens.

Es sei allerdings angefügt, daß Goethe offenbar ein viel zu genauer Naturbeobachter war, als daß er nicht gleichsam wider eigene Überzeugung hin und wieder einen Blick auf die Tatsache der natürlichen Evolution getan hätte. Gegen einen geborenen Beobachter kommt eben letztlich doch keine Theorie an. Während der Durchschnittskopf immer sieht, was er denkt, kann den wirklich unabhängigen Denker am Ende nichts daran hindern, das, was er erkennt, auch auf den Begriff zu bringen. Folgende Stellen dafür zum Beleg: »In der Phanerogamie ist noch so viel Kryptogamisches, daß Jahrhunderte es nicht entziffern werden«[10] (so lange dauerte es dann allerdings doch nicht). »Die Vögel sind ganz späte Erzeugnisse der Natur.«[11] »Der Affe ist ein unentschiedener, nach den Extremitäten zu ausgebildeter oder vielmehr ausgedehnter Mensch. Man kann nicht (oder kaum) sagen, daß wir durch die Mohren mit den Affen grenzen. Mohren sind entschiedene Menschen.«[12] Und schließlich, unnachahmlich, kristallklar den wesentlichen Unterschied zwischen natürlicher und kultureller Evolution erfassend: »Die Tiere werden durch ihre Organe belehrt. Der Mensch belehrt die Organe.«[13]

4. Daß *Ordnung* und nicht beliebige Willkürlichkeit in der Fülle der Formen und Anpassungserscheinungen des Lebens herrscht, ist in zweifacher Hinsicht unübersehbar. Erstens, indem wir alle Lebensformen in einander hierarchisch übergreifenden »Bauplänen« geordnet vorfinden (ein Wort, das Goethe nicht schätzte, da es zu sehr auf einen Planer verweist, er zog es vor, von »Typen« zu sprechen). Zu dieser Einsicht hat Goethe selbst mehr als nur den Begriff »Morphologie« beigetragen.[14] Im Geiste idealistischer Philosophie verstand er die einzelnen Spezies als Abwandlungen eines gemeinsamen Eidos; wenn er sie dabei verwandt nannte, dann allerdings nur im Sinne einer Wesensverwandtschaft. Erst Darwin gelang es ganz, diese Sichtverengung zu sprengen und dieses veritable Stück Goethescher Naturerkenntnis vom Kopf auf die Beine zu stellen, indem er aus unverkennbarer, abgestufter Ähnlichkeit das Naheliegende folgerte: den Abstammungszusammenhang als deren Erklärung, indem er also überwand, was Goethe schon um 1790 so eindringlich als Hemmnis jeder Wissenschaft formulierte: »Wenn eine Wissenschaft zu stocken und ohnerachtet der Bemühung vieler tätiger Menschen nicht vom Flecke zu rücken scheint, so läßt sich bemerken, daß die Schuld oft an einer gewissen Vorstellungsart, nach welcher die Gegenstände herkömmlich betrachtet werden, an einer einmal angenommenen Terminologie liege, welchen der große Haufe sich ohne weitere Bedingung unter-

wirft und nachfolgt und welchen denkende Menschen selbst sich nur einzeln und nur in einzelnen Fällen schüchtern entziehen.«[15]
Eine »Typenordnung« in der Fülle der Lebenserscheinungen herrscht aber auch in anderer Hinsicht. Der Systemzusammenhang des Lebens, das Aufeinander-Angewiesensein aller Lebensformen im Kreislauf des Daseins, erzwingt, daß sich immer wieder bestimmte Lebensformtypen, Spezialisten für bestimmte Berufe gleich herausbilden, die durch charakteristische Leistungseigenschaften gekennzeichnet sind. Wir verstehen diese heute als Abbild bestimmter ökologischer Anpassungsnischen, deren Anzahl in der Natur nicht unbegrenzt ist und deren Aufteilung bestimmten Regeln unterliegt, weshalb wir etwa in den analog differenzierten Floren und Faunen verschiedener Kontinente und verschiedener Erdzeitalter mit schöner Regelmäßigkeit höchst ähnlich, aber nun nicht notwendig durch Abstammungsähnlichkeit, sondern oft genug analog angepaßt konvergente Lebensformen finden. Man denke nur an Wolf und Beutelwolf, an Pinguin und Alk, an Kakteen und Agaven. Auch solche Analogien waren natürlich Goethe vertraut. Doch da es ohne mechanistisch begründete Abstammungs- und Anpassungstheorie keine klaren Normen für sinnvolles und gegen willkürlich-spekulatives Vergleichen von Ähnlichkeiten geben konnte – also auch keine Klarheit hinsichtlich des *tertium comparationis*, den Bezug für die Bewertung vorgefundener Ähnlichkeiten –, fand Goethe trotz größter Bemühungen keinen wirklich tragfähigen Boden für einen wissenschaftlich begründbaren Zusammenhang der Erscheinungen, obwohl deren Ordnung ihm unverkennbar war. Deshalb finden wir bei ihm – wie nach ihm in vielen Werken deutscher Naturphilosophen und idealistischer Morphologen – tiefe Einsichten in die inneren Zusammenhänge des Lebens neben absurden Lächerlichkeiten, die aber gar nicht fröhlich, sondern traurig stimmen müssen, weil sie uns zeigen, wie auch der größte Geist durch unzureichendes gedankliches und begriffliches Werkzeug behindert wird. Der Höhenflug der Spekulation führt eben leider nicht immer *aus* wissenschaftlichen Sackgassen. Ich wähle zur Erläuterung einen Abschnitt aus der Physiognomik der Tierschädel[16]: »Die Zahmheit der Last- und weidenden Tiere bezeichnet sich durch die langen ebenen, seicht gegeneinander laufenden, einwärts gebogenen Linien. ... Geruhige Würde, harmloser Ge-

nuß ist der ganze Zweck der Gestalt dieser Häupter. Die eingebogne Linie vom Augenknochen zur Nase ... bezeichnet Duldung. ... Der Hund hat schon mehr Festes; zwar was Gemeines, Unbedeutendes. ... Mich dünkt, daß ich, besonders im Augenknochen und in dessen Verhältnis zur Nase – eine gewisse Treue und Geradheit entdecke. ... Die Hyäne ist durch das Hinterhaupt von allen sehr merklich verschieden. – Dieser Kopf zeigt bei Menschen ... Hartsinn und Herzenskraft. – Im ganzen scheint dies Profil eine eisenmäßige Hartnäckigkeit auszudrücken.«

Soweit zum ordnenden Zusammenhang unter den Lebenserscheinungen. Von hier führt leider ein gerader, wohlbekannter Weg ins Abseits einer oft nur allzu deutschen, in skurril mystifizierten Bildern schwelgenden Form- und Gestalttümelei, die der vergleichenden Biologie leider meist mehr Weihrauch als frische Luft, mehr Bedeutungsschwulst als klare Einsichten bescherte. Die Freiheit metaphorischen Vergleichs, das Lebenselixier poetischen Ausdrucks, bedarf in der Naturwissenschaft der Bändigung durch methodische Begründung, und dies war Goethes Stärke nicht immer. Selbst im Absurden war allerdings der Meister den Epigonen bereits mit Abstand voraus; so, wenn er über Säugetiere äußert[17]: »Ihr letzter oder hinterster Teil hat mehr oder weniger noch eine Fortsetzung, den Schwanz, die aber eigentlich nur als eine Andeutung der Unendlichkeit organischer Existenzen angesehen werden kann« (1795; Goethe war damals 46 Jahre alt – mithin kein schwärmerischer Jüngling, so möchte man meinen). Ich kann es daher in einer Zeit, in der Gegenaufklärung, Antirationalismus und Mystifikation allenthalben fröhliche Urständ feiern, gerade an dieser Stelle nicht lassen, ein Bedauern darüber zu äußern, daß der klassisch gebildete Deutsche manchmal vom idealistisch-einfühlenden Überschwang Goethes (nicht des ganzen, wie zuzugeben ist, aber eines doch leider sehr nachwirkungsvollen Goethe!) etwas zu sehr und von der nüchternen Denkdisziplin Kantscher Kritiken etwas zu wenig beeinflußt worden ist. Das Unverständnis, mit dem Newtons Optik an des Geheimrats psychophysischer Farbenschau abprallte, kennzeichnet nur allzu klar, daß die Natur verschieden antwortet, wenn wir die Fragen mit verschiedenen Methoden stellen. Daß sich die so gewonnenen Erfahrungen ergänzen, nicht ersetzen und oft nicht einmal widersprechen, ist uns jetzt allerdings klarer, als es Goethe sein konnte.

5. *Wandel und Stabilität* sind ein Eigenschaftspaar der Natur, das wir nicht trennen können, obschon es im Gegensatz zu stehen scheint. Wieder hat Goethe dies überaus richtig gefaßt[18]: »Betrachten wir aber alle Gestalten, besonders die organischen, so finden wir, daß nirgends ein Bestehendes, nirgends ein Ruhendes, ein Abgeschlossenes vorkommt, sondern daß vielmehr alles in einer steten Bewegung schwanke ... Das Gebildete wird sogleich wieder umgebildet ...« So allgemein geläufig es uns ist, die Natur in »natürlichen«, ökologischen Gleichgewichten ruhend zu erwarten – jedenfalls solange nicht Naturkatastrophen wie Kometen, Kontinentalverschiebungen, Vulkanausbrüche, Eiszeiten oder die Zivilisationsmenschheit die Gleichgewichte stören –, so wichtig ist es auch zu verstehen, daß diese Gleichgewichte, die zumindest zeitweise eine stabile Selbsterhaltung der Natur gewährleisten, das ununterbrochene Werden und Vergehen ungezählter Individuen nicht etwa nur auf wunderbare Weise *überstehen*, sondern daß sie auf noch viel bewundernswertere Weise aus ebendiesem ständigen Kommen und Gehen *bestehen*. Ein ökologisches Gleichgewicht ist nicht der statische Ruhezustand einer träge verharrenden Masse, sondern der aktive, dynamisch unter großem Energieaufwand aufrechterhaltene Balanceakt fernab vom thermodynamischen Gleichgewicht, der nur durch unaufhörliche Kreisprozesse des Zerstörens und Aufbauens lebender Substanz aufrechterhalten werden kann. Wir lassen uns nur zu leicht täuschen, wenn wir selbst in unseren Ökologielehrbüchern die Pyramiden der biologischen Produktion von Primärproduzenten, Primär-, Sekundär- und Tertiärkonsumenten so festgefügt aufgebaut darstellen, daß es einem ganz selbstverständlich scheint, wie stabil so ein natürliches Ökosystem doch in sich ruhen muß. In Wirklichkeit ist ein anderes, dynamischeres Bild der belebten Natur weit angemessener, in welchem die Pyramide gleichsam auf der Spitze steht und, von Sonnenenergie getrieben, in ständigem Umlauf kreist: ein Kreisel, der nur steht, wenn er nicht stillsteht, den energiezehrender Lebensumsatz allein am Kippen hindert.[19] Erst wenn wir die ökologische Stabilität der Natur in dieser

Weise als eine dynamische Dauerleistung des Lebens sehen, in der die Kraft der Erhaltung aus der Kraft zur Erneuerung kommt, in der alles genauso auf Tod und Zerfall ankommt wie auf Geburt und Vermehrung, und wo dies alles mit ganz ungeheurer Präzision zusammenspielen muß, erst dann erkennen wir auch, wie unwahrscheinlich, wie gefährdet, wie kostbar, wie bewahrenswert und schutzbedürftig dieser Lebenskreislauf ist, wie ungewiß er ist, welche Störungen er übersteht, ohne aus dem Gleichgewicht zu taumeln. Nur eine Zahl, um dies so recht bewußtzumachen: In diesem Kreislauf wird in kaum fünfzehn Jahren der Gesamtbestand der Kohlensäure in der Atmosphäre, 700 Milliarden Tonnen Kohlenstoff, durch den Photosyntheseprozeß der gesamten Landpflanzenwelt getrieben, und von der Präzision dieses Umlaufs hängt es ab, daß der Kohlendioxidgehalt der Atmosphäre mit 0,3 Promille hoch genug für die Ernährung der gesamten heute an Land existenten Organismenwelt durch pflanzliche Photosyntheseprodukte bleibt, aber auch nicht sehr viel darüber ansteigt, da dies zu einer fatalen Überwärmung der Atmosphäre führen müßte.[20]

Physiker sprechen von »konservativen« beziehungsweise »dissipativen« Gleichgewichten, wenn sie statisch träge von dynamisch energieverzehrender Stabilität unterscheiden.[21] Es ist genau der Unterschied, um den es auch hier geht, nur scheinen die Begriffe wenig glücklich gewählt. Es wäre besser, von »Strukturstabilität« und »Prozeßstabilität« zu sprechen, um auf den Kern des Gegensatzes hinzuweisen. Natur ist Gleichgewicht im Fluß, ein Zustand, der zu Recht den Eindruck höchster Leistungsfähigkeit vermittelt, wenn man den Umsatz mißt, der hier im Flusse ist. Die Fülle, von uns als erstes Kennzeichen lebendiger Natur betont, ist also nicht Ausdruck unerschöpflich reichen *Überflusses*, sondern des *Durchflusses* der Lebensmühsal eines unzählbaren Heeres von Organismen, welche unaufhörlich gegen den Strom von Zeit und Entropie zu schwimmen haben, um immer aufs neue Ordnung aufzubauen, die stets davon bedroht ist, in Richtung des wirklich thermodynamischen Gleichgewichts der endlosen Stabilität des Todes zu zerfallen. Was wir in Darwins Sichtweise als ein Ringen aller Individuen aller Arten um Überleben und Vermehrung zu verstehen gelernt haben, zu dem der immer drohende Mangel, die Knappheit an und daher Konkurrenz um lebensnotwendige Ressour-

cen zwingen, ist damit also zugleich Garant der Fülle, Vielgestaltigkeit und Stabilität der lebendigen Natur und Motor der Vervollkommnung der jeweils um die knappen Güter konkurrierenden Arten. Der Knappheit können diese schon deshalb nie auf Dauer entgehen, weil jedes Lebewesen zwangsläufig daraufhin selektiert wird, so viele lebensfähige Nachkommen wie möglich zu erzeugen. Herrscht einmal wirklich Ressourcenüberfluß, so wird er daher bald durch Expansion der Nutzer aufgezehrt. Wo immer aber lebensnotwendige Güter knapp sind, werden verschiedene auf sie angewiesene Nutzer selbsttätig daraufhin ausgelesen, daß sie für gleichen Ertrag – das heißt Vermehrungserfolg – den Aufwand an Ressourcen und Risiken zu ihrer Gewinnung minimieren, oder – anders betrachtet – daß sie für gegebenen Kosteneinsatz den Vermehrungsgewinn maximieren. Dies ist der Grund, warum wir sagen können, daß Evolution unter Knappheitsbedingungen die Organismen notwendig dazu führt, sich ökonomisch zu verhalten, oder genauer: sie zu ökonomischem Optimieren zwingt.
So hängen also Reichtum, Vielfalt, Anpassung, Ordnung, Wandel und Stabilität in einem einzigen Erklärungsprinzip zusammen, welches letztlich darin beruht, daß jedes Leben aufgrund seiner chemischen Natur ein autokatalytisch selbstverstärkender Prozeß der Eigenvermehrung ist, der sich in einer begrenzten Welt zwangsläufig in die Ressourcenknappheit treibt. Wenn dazu nun – wie wir es tatsächlich empirisch bestätigt finden – sowohl die lebenden Systeme als auch die Umweltumstände, unter denen sie sich zu bewähren haben, notwendigerweise Wandlungen unterworfen sind – wir mögen sie Fehler, Störungen, Inhomogenitäten oder Variationen nennen –, so bringt der Lebensprozeß in kontinuierlicher Evolution aus sich heraus alle Kenneigenschaften der Natur hervor, wie ich sie eben nannte: Fülle, Vielfalt, Zweckmäßigkeit, Ordnung, Wandel, Prozeßstabilität. Für diese Kennzeichen der Natur gibt es in der mittelalterlichen Philosophie einen zusammenfassenden Begriff, der bei Spinoza und Leibniz eine besonders große Rolle spielt, um die Wirklichkeit der Welt in ihrer Beziehung zu Gott auf den Begriff zu bringen: die *plenitudo*, die Fülle der Vollkommenheit der Welt. Ist dies dann also wirklich »die beste aller möglichen Welten«? Oder ist sie halt nur die beste aller möglichen bisher erprobten Welten?

Damit sind wir soweit, uns der in der Überschrift dieses Kapitels aufgeworfenen Frage zuzuwenden: Welches ist die richtige Interpretation einer uns so erscheinenden Natur? Ist Harmonie oder ist Ökonomie das Prinzip, das die Vollkommenheit bewirkt? Existiert die Natur also etwa in harmonisch gefügter Ordnung, in der die Gegensätze zwischen einzelnen Bestandteilen im Ganzen durch übergeordnete Gesetzmäßigkeiten ausgesöhnt und aufgehoben werden? Ist es das Ebenmaß einer so in der Einheit ausgewogenen Mannigfaltigkeit, welches uns Natur nicht nur vollkommen, sondern sogar vollkommen schön erscheinen läßt? Erklären, ja rechtfertigen sich die offenbaren Widersprüche, da sie im Ganzen aufgehoben sind? Ist die ästhetische Sicht der Welt am Ende einer wissenschaftlichen Sicht kongruent, nicht konkurrent? Verschwinden alle Zerstörungen und Leiden der Kreatur, die wir doch unaufhörlich sehen können, lösen sie sich auf vor unserem tiefer dringenden Verständnis, da sie nur notwendige Voraussetzungen dafür sind, daß ebenso unaufhörlich Leben und Ordnung neu entstehen können? Und sorgt nicht sogar aus übergeordneter Sicht ebendieser Kreis des Werdens und Vergehens dafür, daß die lebendige Natur sich nicht nur gleich erneuert, sondern sogar ständig fortentwickeln kann, zu größerer Vollkommenheit?
Ich habe diese rhetorischen Fragen mit voller Absicht so gestellt, daß sie zugleich andeuten, was – in verschiedener Weise gewichtet und betont – das Natur- und Weltbild nicht nur bedeutender Vertreter abendländischer Philosophie der Antike wie der Neuzeit, sondern auch die Weltsicht wichtiger außerabendländischer Kulturen kennzeichnet, und zudem so, daß auch erkennbar wird, wie alles, was ich über die für uns heute wissenschaftlich erkennbare Natur zum Ausdruck brachte, sich ebenfalls in einer Deutung wiederfinden ließe, die diese Fragen rundherum bejaht.
Ein solches Harmonieweltbild ist auch – wie vor allem Leibniz zeigte; wir lesen später Ähnliches wieder bei Teilhard de Chardin – weit offen für eine mehr traditionell christlich-religiöse Glaubensinterpretation, in der im Widerstreit von Gut und Böse die Heilsgeschichte ihrem vorbestimmten Ziel zustrebt. In der dann auch die Willensfreiheit eines Christenmenschen in moralischer Bewährung ihren notwendigen Beitrag zur Vollendung der Geschichte bringt, zu deren Miß-

brauch allerdings die Nemesis, die göttliche Strafe – wie niemand drastischer exemplifizieren wollte als der größte Naturforscher seiner Zeit, der *Princeps Botanicorum*, Carl von Linné –, zur Aufrechterhaltung des gerechten Ausgleichs in ähnlichem Verhältnis steht wie im Naturhaushalt das Raubtier zu der Beute, gleichsam als ein weise vorgesehener Antagonismus, der das Gleichgewicht erhält.[22]
Auch wer eine solch heilsteleologische Sicht der Dinge nicht nach seinem Geschmack findet, dem bieten pantheistische oder deistische Versionen eines Harmoniemodells der Welt die Möglichkeit, die Harmonie zu akzeptieren, ohne sie deshalb als fortschreitend sich vollendenden Heilsplan auszudeuten. Spinoza hat es *more geometrico* in extremem Rationalismus deduziert. Goethe, der Spinozas Weltbild durch Herder sehr gut kannte, aber der empirischen Anschauung der Natur doch weit mehr verbunden war, hat sich viel sinnenhafter seinen Vers darauf gemacht. Es kann kein Zweifel bestehen: Sein Suchen nach den Urbildern, aus denen sich alles wandelt und formt, ist tief geprägt von einer Harmoniesicht der Natur, die wohl noch direkter von Leibniz als von Spinoza beeinflußt war und deren Wahrheit er empirisch zu *entdecken*, nicht nur zu *erdenken* unternahm: »Die Natur verbirgt Gott! Aber nicht jedem.«[23] »Denken ist interessanter als Wissen, aber nicht als Anschauen.«[24] Diese Harmonieüberzeugung muß so tief gewesen sein, daß sie im großen eine überwältigend befriedigende Zusammenschau ermöglichte, wie im Athroismos-Gedicht von 1806:

»Dieser schöne Begriff von Macht und Schranken, von Willkür
Und Gesetz, von Freiheit und Maß, von beweglicher Ordnung
Vorzug und Mangel erfreue dich hoch; die heilige Muse
Bringt harmonisch ihn dir, mit sanftem Zwange belehrend.
Keinen höhern Begriff erringt der sittliche Denker …
Freue dich, höchstes Geschöpf der Natur, du fühlest dich fähig
Ihr den höchsten Gedanken, zu dem sie schaffend sich aufschwung,
Nachzudenken …«[25].

Weit düsterer indes der Zusammenhang zwischen der ehern empfundenen Ordnung der Dinge und menschlicher Freiheit in der Strophe »Ananke« der »Urworte, orphisch«[26]:

»Da ists denn wieder, wie die Sterne wollten:
Bedingung und Gesetz; und aller Wille
Ist nur ein Wollen, weil wir eben sollten,
Und vor dem Willen schweigt die Willkür stille ...«.

Aufs Einzelne angewandt erweist sich solches Harmonieverständnis aller Naturerscheinungen allerdings dann auch bei ihm mitunter so grotesk, daß man erneut erkennt, wie klein der Schritt dorthin selbst vom Erhabenen sein kann. Zwei Beispiele dafür. Wie vor ihm Aristoteles und viele andere, glaubte Goethe ein Harmoniegesetz zwischen der Ausbildung der Teile des Körpers erkannt zu haben, eine Art inneren Haushalt jedes Typus, der dem Bildungstrieb einen Etat zuweist, den er nach Belieben verteilen mag, auf daß »die Natur sich niemals verschulden oder wohl gar bankrott werden« kann.[27] So hat die Schlange »ein entschiedenes Haupt ... Allein ihr Körper ist gleichsam unendlich, und er kann es deswegen sein, weil er weder Materie noch Kraft auf Hilfsorgane zu verwenden hat. Sobald nun diese in einer anderen Bildung hervortreten, wie zum Beispiel bei der Eidechse nur kurze Arme und Füße hervorgebracht werden, so muß die unbedingte Länge sogleich sich zusammenziehen und ein kürzerer Körper stattfinden.«[28]

Und noch schöner: »Der Hauptpunkt der ganzen weiblichen Existenz ist die Gebärmutter. Sie nimmt unter den Eingeweiden einen vorzüglichen Platz ein und äußert entweder in der Wirklichkeit oder Möglichkeit die höchsten Kräfte in Anziehung, Ausdehnung, Zusammenziehung und so weiter. Nun scheint die Bildungskraft auf diesen Teil ... so viel verwenden zu müssen, daß sie genötigt ist, bei anderen Teilen der Gestalt kärglich zu verfahren, daher möchte ich die mindere Schönheit des Weibchens erklären; auf die Eierstöcke war so viel zu verwenden, daß äußerer Schein nicht mehr stattfinden konnte.«[29] (Das reiht sich trefflicher zu Schopenhauer und Möbius, als man von Goethe hätte glauben mögen!)

Dennoch ist hier noch einmal anzumerken: Irrige Anwendungen richtiger Prinzipien aufs falsche Exempel widerlegen nicht die Prinzipien. Daß Baupläne, Typen nicht nur wandlungsfähige Bilder sind, daß vielmehr ein funktionaler Zusammenhang die innere Struktur bestimmen muß, daß »Funktion und Gestalt« von Anbeginn einer organismischen Konstruktion »notwendig verbunden«, die Funktion »Dasein in Tätigkeit gedacht« ist, daß also auch bereits das Urbild, der Bauplan als Funktionssystem verstanden werden müssen, darin war Goethe weit moderner als viele seiner idealmorphologischen Epigonen der letzten 150 Jahre, die ihn darin nur leider nicht verstanden. Er dachte dabei sogar viel darwinischer, als vielleicht mancher glauben möchte, wenn man sich ansieht, was Darwin dazu angemerkt hat[30]: »It is generally acknowledged that all organic beings have been formed on two great laws – Unity of Type and the Conditions of Existence ... On my theory, unity of type is explained by unity of descent. The expression of conditions of existence ... is fully embraced by the principle of natural selection. For natural selection acts by either now adapting the varying parts of each being to its organic and inorganic conditions of life; or by having adapted them during past periods of time: the adaptations being aided in many cases by the increased use or disuse of parts, being affected by the direct action of the external conditions of life, and subjected in all cases to the several laws of growth and variation. Hence, in fact, the law of the Conditions of Existence is the higher law, as it includes, through the inheritance of former variations and adaptations, that of Unity of Type.« Für diese beiden Kenner der Natur und Denker über die Natur war offenkundig gleichermaßen klar, daß selbst die idealtypisch interpretierte Form schon eine *Paßform* an die Daseinserfordernisse sein muß, nach gleichen funktionellen Bewertungsmaßstäben hervorgebracht, wie jede einzelne Abwandlung eines solchen Typs – wie immer diese Passung auch zustande gekommen ist. Darüber hat Darwin mit seiner Selektionstheorie sehr klare Vorstellungen entwickelt, während Goethe es bei eher vagen Andeutungen beließ, so wenn er in den Aufsätzen zur allgemeinen Pflanzenkunde bemerkt[31]: »Die Annahme einer gemeinsamen Abstammung wäre hier in der Tat gezwungen, könnte man nicht von dem ersten Tierpaar, von der ersten Mutterpflanze jeder Art noch einen Schritt weiter hinabsteigen bis zum spezifischen Entstehungsgrunde derselben im Schoße der alles erzeugenden Erde. Dieser bald ängstlich vermiedene, bald besinnungslos getane Schritt rechtfertigt nicht nur den obigen Begriff der Art, sondern macht ihn allererst nicht

bloß auf Tiere und Pflanzen, nein auf jedes Naturwesen ohne Ausnahme anwendbar.«
Daß ihm dabei dennoch zur Erklärung auch der idealen Archetypen Selektionsvorstellungen vor Augen gestanden haben müssen, die so weit auch wieder nicht von denen Darwins lagen, geht nicht nur daraus hervor, daß er im »Entwurf einer allgemeinen Einleitung in die vergleichende Anatomie« von 1795[32] die Ausgestaltung der Typen der Fische, Vögel und Säugetiere mit den Einwirkungen von Wasser, Luft, Klima, Berghöhe, Wärme, Kälte in Zusammenhang bringt und bemerkt: »Zuerst wäre aber der Typus in der Rücksicht zu betrachten, wie die verschiedenen elementaren Naturkräfte auf ihn wirken und wie er den allgemeinen äußeren Gesetzen, bis auf einen gewissen Grad, sich gleichfalls fügen muß«.
Der folgende, schon 1790 entstandene bedeutungsvolle Abschnitt unterscheidet sich in seiner deistischen Grundhaltung wenig von dem, wie Darwin Jahrzehnte später seine Bemühung – übrigens von ihm ganz in Newtons Geist verstanden – um eine natürliche Erklärung der Evolution begründet hat[33]: »Wir treten also weder der Urkraft der Natur noch der Weisheit und Macht eines Schöpfers zu nahe, wenn wir annehmen, daß jene mittelbar zu Werke gehe, dieser mittelbar im Anfang der Dinge zu Werke gegangen sei. Ist es nicht dieser großen Kraft anständig, daß sie das Einfache einfach, das Zusammengesetzte zusammengesetzt hervorbringe? Treten wir ihrer Macht zu nahe, wenn wir behaupten: sie habe ohne Wasser keine Fische, ohne Luft keine Vögel, ohne Erde keine übrigen Tiere hervorbringen können, so wenig als sich die Geschöpfe ohne die Bedingung dieser Elemente existierend denken lassen? ... Und wie würdig ist es der Natur, daß sie sich immer derselben Mittel bedienen muß, um ein Geschöpf hervorzubringen und zu ernähren! ... Das ganze Pflanzenreich zum Exempel wird uns wieder als ein ungeheures Meer erscheinen, welches ebensogut zur bedingten Existenz der Insekten nötig ist als das Weltmeer und die Flüsse zur bedingten Existenz der Fische, ... ja wir werden zuletzt die ganze tierische Welt wieder nur als ein großes Element ansehen, wo ein Geschlecht auf dem andern und durch das andere, wo nicht entsteht, doch sich erhält. *Wir werden uns gewöhnen, Verhältnisse und Beziehungen nicht als Bestimmungen und Zwecke anzusehen,*

und dadurch ganz allein in der Kenntnis, wie sich die bildende Natur von allen Seiten und nach allen Seiten äußert, weiterkommen« (Hervorhebung: H. Markl). Das ist, wenn auch implizit und in anderem Sprachgewande, genau jene Sicht der Natur, die Darwin explizit in die moderne Biologie eingeführt hat.

Aus diesem Blickwinkel gewinnen selbst manche zunächst abstrus erscheinenden naturphilosophischen Versuche, übergeordnete Ganzheiten der Natur als gestaffelte Wiederholung gleicher Prinzipien zu erfassen, durchaus gewissen Sinn, selbst wenn der fortgeschrittene Reduktionismus späterer Zeit reichlich Hohn über sie ergossen hat. Man mag zunächst nur lächeln über Lorenz Okens Versuch, die ganze Tierwelt als *ein* Tier, und Nees von Esenbecks Bemühen, die ganze Pflanzenwelt als Metamorphose *eines* Blattes zu begreifen, aber wenn wir heute die Produktions- und Konsumtionskreisläufe der ganzen Biosphäre im globalen Systemmodell darstellen und dabei die gesamte Primärproduktion aller photosynthetisierenden Pflanzen, das heißt im wesentlichen aller ihrer Blätter, in einer einzigen Brutto- und Nettoproduktionsgröße ausdrücken, um so den Gesamthaushalt der Natur quantitativ zu kennzeichnen – tun wir da wirklich soviel anderes, als daß wir für die in einem bildhaft vorverstandenen Funktionsmodell vage ahnend erfaßten Systemkomponenten und ihre Beziehungen nun präzise Meßwerte und Verknüpfungsoperatoren einsetzen? Ich meine, es lohnt manchmal zu erinnern, daß nicht jede Analogie schon deshalb ganz ohne Sinn ist, weil sie uns allzu phantastisch eingekleidet vorgeführt wird und weil es neben sinnvollen so viele unsinnige Analogien gibt. Für Analogien gilt eben auch Begründungspflicht!

Heißt all dies nun, daß damit Goethe und Darwin, ein Harmonienaturbild und moderne Kenntnisse der wissenschaftlichen Biologie doch in Einklang zu bringen sind? Und wo bleibt dann die Ökonomie, auf die unsere Überschrift sich bezieht?

Der »Haushalt der Natur« ist ein uralter Topos jeder philosophischen Rede über die Natur. Insofern ist auch jedes Harmoniemodell nur eine Form, die Ökonomie der Natur darzustellen (so Leibniz: »Oeconomie ou l'employ de la Grâce Divine«[34]). Hier geht es bei der Gegenüberstellung aber darum, den Ökonomiebegriff sehr viel eingeschränkter und auch moderner einzusetzen, nämlich in ebendem Sinn, wie ihn die

Wirtschaftstheorie seit Adam Smith verwendet: als Ausdruck der Gesetzmäßigkeiten, die das menschliche Tun bei Produktion und Verbrauch knapper Güter bestimmen. Ich habe angedeutet, daß die moderne, von Darwins Theorie geleitete Evolutionsbiologie die Phänomene der Fülle, Diversität, Anpassung, des Wandels und der Stabilität der lebendigen Natur darauf zurückführt, daß alle Organismen unter Ressourcenknappheitsdruck daraufhin selektiert werden, maximalen Vermehrungsertrag, mit andern Worten: optimales Nutzen/Kosten-Verhältnis in der Produktion von Nachkommen anzustreben, daß daher auch alle ihre Leistungs- und Konstruktionseigenheiten unter ökonomischen Zwängen evoluiert verstanden werden müssen. Nun bringen es – wie eben zuerst Adam Smith verdeutlichte – komplexe ökonomische Systeme, die von Konkurrenz und gegenseitigen Abhängigkeiten zwischen den Wirtschaftsteilnehmern sowie von den Möglichkeiten arbeitsteiliger Spezialisierung und gegenseitig förderlicher Kooperation gekennzeichnet sind, mit sich, daß aus dem Eigenvorteilsstreben aller Mitwirkenden für *alle* vorteilhafte und zeitweise sogar recht dauerhafte Gleichgewichtszustände entstehen können, die ebenfalls wieder alle Kennzeichnen von Prozeßstabilität besitzen. Als fördere durch das individuelle Gewinnstreben eine unsichtbare Hand den Wohlstand der Gemeinschaft – wie Adam Smith dies sagte. Es ist hier nicht der Platz, um auszuführen, warum gute Gründe dafür sprechen, daß im Haushalt der Natur, den natürlichen Ökosystemen, wenn nicht genau dieselben, so doch funktionell entsprechende Bedingungen und Konsequenzen vorliegen, die uns die ausführlich dargestellten Eigenschaften solcher Systeme als Produkt ökonomischer Optimierung verständlich machen können. Die Gleichgewichte, die sich so – ökologisch-ökonomisch – einstellen, könnte man durchaus versucht sein, harmonisch zu nennen, weshalb ein Harmonienaturbild und ein Ökonomienaturbild ja auf ersten Blick auch gar nicht notwendig im Widerspruch zu stehen scheinen. Entscheidend verschieden ist jedoch, wie man sich vorstellt, daß es zu den beobachtbaren Leistungen und Gleichgewichten kommt. Ist es ein *vorgegebener* Plan, der dieser Harmonie zugrunde liegt, ist diese also *prästabiliert*, und erfüllen alle Lebewesen nur *vorgegebene* Funktionen im Dienste dieses

Plans, gibt es sozusagen einen höheren Gleichklang ihrer jeweils sehr diversen egoistischen Interessen, sind sie nur scheinbar frei darin, ihnen zu folgen, während sie in Wahrheit nur einem übergeordneten Ganzen zu vorgesetzter Verwirklichung verhelfen?

»Bedingung und Gesetz; und aller Wille
Ist nur ein Wollen, weil wir eben sollten,
Und vor dem Willen schweigt die Willkür stille ...
So sind wir scheinfrei denn nach manchen Jahren,
Nur enger dran, als wir am Anfang waren«
(noch einmal: »Ananke« der »Urworte, orphisch«)[35].

Ist dies das rechte Bild? Oder ist die Ordnung, die wir in der Natur antreffen, zwar nicht nur vorgestellt, doch auch nicht vorgeplant, liegt ihr nicht *Gleich*klang, sondern vorübergehend sich von selbst einstellender *Ausgleich* von Interessen zugrunde, ist sie nicht die Erfüllung einer vorgegebenen höheren Gesetzmäßigkeit, sondern eine ständig neu zu suchende, zu entdeckende, zu erprobende (oder zu verfehlende) Möglichkeit, die die Natur dem Leben bietet? Ist daran nichts prästabiliert, von Anfang vorgesehen, sondern alles nur Ergebnis freier Suche nach Beständigkeit im Wandel? Ist diese Ordnung also nicht durch eine Vorsehung planmäßig hergestellt, sondern stellt sie sich als glückliches Ereignis im Wechselspiel konkurrierender, vermehrungseifriger Systeme ganz von selber ein? Ist sie daher auch nicht durch vorgegebenen Plan gesichert, sondern kann sie genausogut verloren wie gewonnen werden? Es geht also darum, ob die »invisible hand of providence« die Ordnung der Natur erschuf – das Harmoniemodell in strenger Form – oder ob die sich unter dem Vermehrungsdrang und Knappheitszwang aller beteiligten Lebewesen zusammenfindende Ordnung ihrerseits erst die »invisible hand« hervorbringt – als virtuelles Bild im Auge des Betrachters: das Ökonomiemodell in strenger Fassung. Ist Harmonie wie Schönheit also »only in the eye of the beholder«?
Mir scheint vor allem ein Befund unserer Kenntnis der Natur dafür zu sprechen, daß letzteres Modell das treffendere ist. Mit einem Plan, mit einer vorbestimmten Harmonie scheint die zerstörerische Erratik aller Lebensentwicklung kaum vereinbar. Was als Problem der Theodizee die Philosophen plagte, ist der Biologie als Problem der Extinktion der

Spezies nicht weniger vertraut. Das Leben stellt sich dar als *random walk*, der über Leichen geht, wenn jedes Leben ständig neue Wege aus den Lebensnöten sucht. Dies drückt sich einerseits darin aus, daß die über die gesamte Evolutionsgeschichte kontinuierliche und zusätzlich noch in Wellen akzentuierte Vernichtung an Lebensformen ganz ungeheuer ist: Selbst wenn genaue Zahlen kaum zu geben sind, spricht viel dafür, daß den einigen Millionen existenter Spezies Hunderte von Millionen ausgestorbener vorangegangen sind. Dies ist im ökonomischen Modell der Lebensentwicklung nicht nur nicht unverständlich, es ist im Gegenteil sogar eine notwendige Folge seiner Gültigkeitsprämissen und Randbedingungen. Das Harmoniemodell ist damit nie zurechtgekommen. Lamarck, der das Problem vielleicht als erster deutlich sah, versuchte es zu lösen, indem er es verleugnete: Für ihn waren die frühen Arten nicht erloschen, sie hatten sich nur bis zur Nichtmehr-Kenntlichkeit verwandelt. Cuvier bewies ihm, daß dies nicht so war – und konnte Harmonie und Katastrophen mit beinahe Tertullianschem *credo quia absurdum* dennoch nur mit Zwang verbinden. Erst Darwin zog die einfachen und klaren, wenn auch recht unharmonischen Konsequenzen.

Man kann den gleichen Sachverhalt aber auch noch aus einer anderen Sicht betrachten. Wir wissen heute nicht nur, daß die Zahl der lebenden Organismen immens ist und daß für die allermeisten unter ihnen gilt: Jeder von ihnen ist genetisch einzigartig. Es ist uns auch klar, daß diese immense Zahl, ja selbst die nochmals vielleicht 10^{10}- bis 10^{20}fach höhere von allen Lebewesen, die je existierten, doch nur ein winziger verwirklichter Bruchteil aller möglichen genetischen Konfigurationen ist, deren Gesamtzahl so unermeßlich groß ist, daß eine Zahl mit Tausenden von Nullen nicht ausreichte, sie abzuschätzen. Dagegen ist sogar die Gesamtheit der Elementarteilchen des ganzen Universums mit 10^{80} nur ein armseliges Partikelhäufchen. Man kann sich kaum durch Einsicht davon überzeugen, die aberwitzig winzige, realisierte Miniaturauswahl an Lebensformen aus diesem schier unendlichen Reservoir von Lebensmöglichkeiten als eine *plangemäße* Auswahl zu verstehen, geschweige denn als *Vorzugsauswahl*, als die beste aller möglichen. Dazu ist uns zu wohl bekannt, wie zufällig das Spiel molekularer Kombination und das Zusammenspiel mit Umweltvarianten es bestimmen, was aus dem unmeßbaren Meer des Möglichen als Wirkliches emportaucht. *Wie* einzigartig jede solcher Lebenseinzigartigkeiten ist, wird uns erst ganz bewußt, wenn wir den Menschen einbeziehen: Nicht nur als ein Satz von Erbanlagen ist ein jeder von uns einzig, auch alles, was wir denken, fühlen, tun, macht uns nur immer einziger. *Vor* Goethe hätte *jeder* Goethe werden können, nach Goethe kann dies nun auf alle Ewigkeiten niemand mehr!

Das Ökonomiemodell hat keine Schwierigkeit damit, dies als Gegebenheit des Soseins dieser Welt hinzunehmen. Ich sehe nicht, wie Harmoniemodelle, welcher Art auch immer, in gleicher Weise damit fertig werden könnten (obwohl der feste Glaube natürlich auch Berge an Denkschwierigkeiten zu versetzen vermag).

Ein Letztes noch, damit kein Mißverständnis bleibt: Weder das eine noch das andere Modell schließt aus, daß diese Welt, wie sie nun immer wirklich sei, so ist, weil sie so existiert, noch daß sie existiert, weil sie, um so zu sein, geschaffen wurde. Ich kenne wieder keine anderen als Glaubensargumente, um zwischen diesen Möglichkeiten zu entscheiden.

Kapitel 3

Anpassung und Fortschritt: Evolution aus dem Widerspruch

Zum hundertsten Todesjahr von Charles R. Darwin

Einen Wissenschaftler aus Anlaß eines Gedenkjahres zu ehren, verlangt, das Werk zu würdigen, durch das er Bedeutung erlangte: Was wissen wir, weil er es uns erkennen lehrte? Charles Robert Darwin zu seinem hundertsten Todesjahr zu würdigen, hieße dann allerdings, über fast alles zu reden, was die Wissenschaft heute über die unerschöpfliche Fülle der Lebensphänomene weiß, denn es gibt wohl kaum eine biologische Disziplin, die nicht Anstoß und Veränderung durch Darwins Werk erfahren hätte und ständig weiter erführe. Zwar mag sein Lebenswerk von dem anderer bedeutender Gelehrter durchaus an Klarheit und Endgültigkeit der Erkenntnisse übertroffen werden, von keinem aber an Gewicht und Wirkung im Hinblick darauf, wie der Mensch sich in der Welt sieht. Wenn es das Ziel von Wissenschaft ist, den Widerspruch zwischen Vorstellung und Erfahrung aufzuheben, also Wissen zu erlangen, indem man über Erfahrungen nachdenkt und das Ergebnis dieses Nachdenkens ständig erneut an Erfahrungen überprüft, so war es wenigen vergönnt, dazu mehr beizutragen als dieser englische Privatgelehrte.

Wenn man in wenigen Worten sagen soll, was die Größe der Leistung Darwins ausmacht, so wird man wohl nicht einmal in erster Linie den Nachweis der Abstammungsverwandtschaft aller Lebewesen nennen; denn diese haben vor ihm andere erkannt, wenn auch weit weniger überzeugend belegt als er; vielleicht auch nicht die unabhängig davon von A. R. Wallace erlangte Erkenntnis, daß natürliche Selektion die Evolution von Anpassungen erklären kann; denn es bleibt ja selbst bis heute weiter aufzuklären, wie dieser Prozeß verläuft und was er vermag. Die größte Leistung Darwins möchte ich vielmehr darin sehen, daß er den Weg dazu wies, naturwissenschaftlich das zu erforschen, was vor ihm jeder natürlichen Erklärung schlicht unzugänglich schien: die unübersehbar lebenszweckmäßige Angepaßtheit aller Organismen, von der noch wenige Jahrzehnte vor Darwin Immanuel Kant[1] gesagt hatte, es sei »für Menschen ungereimt ... zu hoffen, daß noch etwa dereinst ein Newton aufstehen könne, der auch nur die Erzeugung eines Grashalms nach Naturgesetzen, die keine Absicht geordnet hat, begreiflich machen werde; sondern man muß diese Einsicht den Menschen schlechterdings absprechen«. Wenngleich wir gewiß nicht behaupten können, bis zum letzten Detail zu verstehen, wie es zur Entstehung eines Grashalms kam, sind wir doch heute dank Darwin zuversichtlich, daß uns dies nicht grundsätzlich unmöglich ist. Darin also liegt seine unvergängliche Leistung, gezeigt zu haben, daß das Zustandekommen der Zweckhaftigkeit der Lebewesen erklärt werden kann, indem man dafür nur solche Vorgänge verantwortlich macht, von deren Wirken sich jeder Unvoreingenommene jederzeit durch eigenen Augenschein überzeugen kann.

Dies ist heute sicheres Wissen der Biologie: Die Theorie der genetischen Abstammungsverwandtschaft aller Lebewesen und der natürlichen Entstehung neuer, angepaßter Arten aus andersartigen Vorfahren in kontinuierlicher Stammesgeschichte ist die einfache und widerspruchsfreie Erklärung aller Beobachtungstatsachen über Bau und Funktionsweise aller heute angetroffenen Lebewesen in allen ihren Entwicklungsstadien, ihrer Klassifikation nach abgestufter Bauplanähnlichkeit, ihrer Verbreitung auf der Erde und der fossilen Zeugnisse vergangener Lebensformen. Diese Theorie gewinnt ihre Überzeugungskraft aus der Fülle unabhängiger und übereinstimmend durch sie erklärbarer Beobachtungstatsachen, wie Darwin, noch keine 30 Jahre alt, klarsichtig formulierte: »Study gradation, study unity of type, study geographical distribution, study relation of fossil with recent. The fabric falls!«[2] Als eine historische Theorie ist sie nicht – wie etwa eine physikalische Theorie – beweisbar, indem man die durch sie erklärten und vorhergesagten Ereignisse im Experiment unter definierten Bedingungen beliebig wiederholbar demonstriert. Ihre Gültigkeit wird vielmehr dadurch erhärtet, daß sie besonders viele (möglichst

alle) Befunde, auf die sie sich bezieht, zu erklären vermag. Sie muß sich immer wieder daran bewähren, daß man prüft, ob es nicht doch Beobachtungstatsachen gibt, die mit ihr nicht in Übereinstimmung zu bringen sind. Solche Tatsachen hat die biologische Wissenschaft seit Darwin trotz der ungeheuren Vermehrung unserer Kenntnisse über das Leben bisher nicht zutage gefördert. Deshalb hält die Wissenschaft die Theorie der Evolution der Lebewesen für zutreffend. Dadurch sind zwar keineswegs alle Fragen hinsichtlich der Ursachen der Evolution der Organismen oder zu den Einzelheiten ihres Verlaufs geklärt – weit entfernt davon –, aber dies bedeutet, wie Darwin 1863 feststellte, »... extremely little in comparison with the admission that species have descended from other species and have not been created immutable; *for he who admits this as a great truth has a wide field opened to him for further inquiry*«.[3] Genau dafür haben wir ihm wohl am meisten zu danken.
Darwins Erklärung für die Ursachen der Entstehung neuer und angepaßter Arten, seine Theorie der natürlichen Selektion, beruht auf drei Tatsachenfeststellungen (die also auch empirisch überprüfbar und somit falsifizierbar sind: Von Nichtfalsifizierbarkeit oder gar Tautologie dieser Theorie, wie manchmal behauptet wurde, kann daher keine Rede sein)[4] und einer sich daraus logisch ergebenden Schlußfolgerung:

1. Es gibt *Erblichkeit* von Merkmalen: Nachkommen sind in vielen für ihren Lebens- und Fortpflanzungserfolg – also ihre Fitness – wichtigen Eigenschaften ihren Eltern ähnlicher als dem Populationsdurchschnitt.

2. Es gibt *Variation*: Die Nachkommen stimmen nicht völlig mit den Eltern überein, sie unterscheiden sich von diesen und untereinander durch weitervererbbare fitnessbeeinflussende Merkmale.

3. Es gibt *Konkurrenz*: Alle Lebewesen können mehr Nachkommen erzeugen, als Eltern vorhanden sind, das heißt, sie sind zu exponentieller Vermehrung fähig. Andererseits sind nie alle lebensnotwendigen Ressourcen – vor allem die Nahrung – auf Dauer in unbegrenzter Menge verfügbar. Daraus folgt, daß Lebewesen auf längere Sicht immer um knappe Güter konkurrieren müssen und daß sie – da sie

ihrerseits in der Regel selbst knappe Nahrungsressourcen für andere Spezies darstellen – dem beständigen Druck durch Freßfeinde und Parasiten ausgeliefert sind. Sie unterliegen darüber hinaus in allen Entwicklungsstadien und allen ihren Leistungen dem Selektionsdruck durch die Bedingungen der unbelebten Umwelt, vor allem durch die allgemeinen Naturgesetzlichkeiten, denen sie voll unterworfen sind.

4. Aus 1 bis 3 folgt, daß jene Individuen, die in der Konkurrenz um die knappen Ressourcen, in der Vermeidung oder Überwindung von Feinden und Parasiten und in der Anpassung an alle anderen Lebensbedingungen am erfolgreichsten sind – was sich dadurch ausweist, daß sie höheren Fortpflanzungserfolg (genauer gesagt: ihre Gene höheren Vermehrungserfolg) als ihre Konkurrenten haben –, ihre Erbanlagen in größerer Häufigkeit als diese an die nächste Generation weitergeben. Daher wird der relative Anteil der Erbanlagen, denen sie diese bessere Leistung verdanken, am Genbestand der Population von Generation zu Generation zunehmen. Diesen Prozeß nennt man natürliche Selektion.

Daß dieser Vorgang ständig in der Natur abläuft, wurde an einer ganzen Reihe empirisch untersuchter Beispiele eindeutig bewiesen, wohl am eindrücklichsten an der Resistenzevolution von Schädlingen oder Krankheitserregern gegen unsere Bekämpfungsmethoden oder an Schutzanpassungen von Lebewesen gegen ihre natürlichen Feinde und Parasiten.

Seit der Kenntnis der Mendelschen Erbgesetze wissen wir, daß die Selektionstheorie populationsgenetisch formuliert werden muß, da der Vermehrungserfolg konkurrierender genetischer Varianten nur in bezug auf die ganze Fortpflanzungsgemeinschaft definiert werden kann.[5] Darwins Theorie gab damit den Anstoß dazu, eine jahrtausendelang vorherrschende typologisch-essentialistisch-idealistische Sicht der Lebewesen durch eine empirisch begründete Betrachtungsweise zu ersetzen, die in der Vielfalt und Variabilität aller Erscheinungsformen des Lebens die Grundlage ihrer Anpassungsfähigkeit erkennt.[6]

Nicht weniger wichtig ist, daß Darwin – durch Th. Malthus angeregt – erstmals nicht nur vom »Haushalt der Natur« (einer sehr alten Metapher) sprach, sondern die ökonomischen Gesetzmäßigkeiten zu erfassen suchte, die dem Lebensgeschehen ursächlich zugrunde liegen.

Weil nur Gene, nie Merkmale vererbt werden, werden in der natürlichen Selektion zwar immer Merkmalsträger auf ihre Lebenseignung bewertet, das Ergebnis dieser Bewertung – über ihren Genvermehrungserfolg – wird jedoch von Generation zu Generation in relativen Genhäufigkeiten abgerechnet und evolutionär verbucht. Dadurch werden die Gesetzmäßigkeiten der Keimentwicklung – die den überaus komplexen Zusammenhang zwischen Erbanlagen und Phänotyp bestimmen – für ein wirkliches Verständnis der Evolutionsvorgänge besonders wichtig. Da die meisten Merkmale von vielen Genen beeinflußt werden und daher fast alle Gene auf zahlreiche Merkmale einwirken, sind wir von einem Verständnis dieses Epigenesegeschehens und damit auch von einer wirklich umfassenden genetischen und wissenschaftlich vollständig formulierbaren Theorie der Evolution immer noch weit entfernt. Wesentliche Fortschritte lassen sich hier vor allem von der molekularen Entwicklungsbiologie und der Analyse der Entwicklungsmechanik und Systemregulation vielzelliger Lebewesen erwarten.[7]

Mit der Feststellung, daß die Selektionstheorie den Anpassungswandel von Lebewesen erklären kann – wenn wir dessen Einzelheiten auch keineswegs erschöpfend erfaßt haben –, wird jedoch nicht, wie manchmal mißverstanden wird, behauptet, Angepaßtheit eines Merkmals könne nur durch spezifische Selektion seiner Funktion zustande gekommen sein (es kann ja auch ein pleiotropes oder allometrisches Nebenergebnis anderer Selektionsabläufe sein; es kann für bestimmte *Zwecke* selektiert sein, aber gleichzeitig andere *Funktionen* erfüllen); auch nicht, daß alle Eigenschaften von Lebewesen ohne Ausnahme als aktuell wirksame Anpassungen zu betrachten sind – der Anpassungscharakter eines Merkmals ist so lange Hypothese, bis er im Einzelfall überzeugend nachgewiesen ist: In der Evolution ist nicht alles verboten, was nicht ausdrücklich erlaubt ist, sondern so manches möglich, was nicht – wegen merklicher Fitnessnachteile – unzulässig ist. Die Existenz selektionsneutraler Anlagen und Merkmale steht also keineswegs im Widerspruch zu Darwins Theorie.[8] Zwar ist es sicher wichtig zu betonen, daß auch die grundlegenden Bauplaneigenschaften von

Lebewesen unter dem Selektionszwang in allen Entwicklungsstadien funktionsgerechter Organisation stehen[9] – was übrigens ganz im Sinne Darwins ist –, doch sind alle Lebewesen dadurch zugleich funktionell *und* historisch vorgeprägt und deshalb durch Variantenselektion nur in Grenzen und nicht völlig beliebig umgestaltbar. Sie können ja nicht zu völliger Neukonstruktion zeitweilig den Lebensbetrieb einstellen, sie müssen vielmehr immer an vorhandenen Entwicklungsmustern an- und umbauen.[10] Deshalb schleppen sie, wie schon Darwin in zahlreichen Beispielen nachwies,[11] immer auch manche Reste früherer Konstruktionspläne mit (wenngleich sicher nicht so gesetzmäßig, wie sich das E. Haeckel vorstellte), und oft genug flicken sie Neues aus vorhandenem »Altmaterial« zusammen.

Wenn der Selektionstheorie gelegentlich entgegengehalten wird, manche Anpassungen seien viel zu komplex und perfekt, als daß sie sich durch sie erklären ließen, ja zu unwahrscheinlich, um auf natürlichem Wege zustande gekommen zu sein, so hapert es dabei mit der Logik, denn man kann ja aus der – oft wirklich gegebenen – Unkenntnis der natürlichen Ursachen eines Phänomens keineswegs die Gewißheit seiner unnatürlichen Entstehung folgern. Überdies fehlen solchen Wahrscheinlichkeitserwägungen praktisch immer solide empirische Schätzungsgrundlagen, was sie wissenschaftlich wertlos macht, und für viele überaus komplex erscheinende Merkmale finden sich in der Natur so zahlreiche Vor- und Zwischenstufen, daß deren Entstehung durch schrittweise Vervollkommnung zwanglos nachvollziehbar erscheint. Ehe jedenfalls in vorschneller Voreingenommenheit festgestellt wird, wie Zweckmäßigkeit und Ordnung *nicht* zustande kommen können, sollten wir lieber weiter zu erforschen suchen, was Evolution durch natürliche Selektion tatsächlich hervorzubringen vermag. Das ehrliche und bescheidene Eingeständnis der Lückenhaftigkeit und wohl in vieler Hinsicht auch Fehlerhaftigkeit unseres Verständnisses der Evolutionsprozesse kann jedenfalls kein Freibrief für dogmatische Gegenbehauptungen sein. Darwin hat keine neue Glaubenslehre, keinen Darwin-Ismus begründet, sondern uns neue Denk- und Arbeitswerkzeuge für ein weitgespanntes Forschungsprogramm in die Hand gegeben. Die dabei gesetzten

Grenzen unseres Erkenntnisvermögens kennen wir nicht, ehe wir sie nicht gesucht haben. Nur wer nicht forscht und dennoch weiß, hat diese sicher schon erreicht.

Es ist allerdings kaum zu erwarten, daß die Evolutionstheorie jemals – etwa in dem gleichen Sinne wie Newtons Mechanik – alle notwendigen und hinreichenden Bedingungen für ganz bestimmte Evolutionsereignisse und -verläufe angeben können wird, die es dann gestatten würden, nicht nur Evolutionsvergangenheit *hinterherzusagen* (das heißt die Ursachen eingetretener Ereignisse aufzuklären), sondern auch künftige Weiterentwicklung *vorherzusagen*. Es ist offenkundig, daß wir von einem solchen Evolutionsverständnis himmelweit entfernt sind. Es ist aber auch höchst zweifelhaft, ob es sich überhaupt je erreichen läßt. Können wir etwa erwarten, auch nur unter Laborbedingungen für eine Bakterien- oder Fliegenkultur den augenblicklichen genetischen Zustand der Population, alle Möglichkeiten neuer genetischer Varianten, die epigenetischen Zusammenhänge zwischen allen diesen Genotypen und ihren Phänotypen unter allen möglichen Umweltbedingungen sowie alle Selektionseffekte auf alle diese Geno-/Phänotypen unter Einschluß aller Wechselwirkungen zwischen ihnen jemals so genau kennen zu können, daß wir den künftigen Verlauf der Evolution dieser Population auch nur annähernd vorherzusagen vermöchten? Dies erscheint als eine reduktionistische Illusion, die vor allem durch den Einfluß von Zufallsprozessen auf das betrachtete System – zumindest unter natürlichen Bedingungen – immer wieder zunichte werden muß. Zufallsprozesse spielen bei Lebewesen auf allen Organisationsebenen eine ungeheure Rolle. Zufällig variiert die molekulare Organisation der Gene; zufällig werden Genomteile im »gene shuffling« sowie beim Crossover in der Meiose umgruppiert und beim Befruchtungsvorgang neu kombiniert; zufällig variieren die Selektionswirkungen auf die Embryonen und zufällig auch die Umwelterfahrungen und Lebensbedingungen auf den entwickelten Organismus; Zufälle können die Lebensraum- und Geschlechtspartnerwahl beeinflussen; zufällig wirkt genetische Drift, wenn kleine Teile einer Population isoliert werden; zufällig kann auch Huckepack-Selektion durch Genkoppelung wirken. Alle diese Zufälle – die selbstverständlich die gesetzmäßig verlaufenden Prozesse modulieren, aber nicht ersetzen –

bewirken vor allem eines: eine fast unbegrenzte *Individualisierung* des Lebens. Nicht nur jedes Einzelwesen wird dadurch zum Unikat, auch alle Populationen, alle Arten, alle Lebensgemeinschaften sind jeweils dank der Zufallseffekte, die ihre einmalige historische Entwicklung beeinflußten, einzigartige Individuen.[12] Ja, das Leben selbst ist auf der höchsten Ebene aus ebendiesem Grunde historisch einzigartig. Für ein System, in dem eine zufällig eingetretene Veränderung festgehalten und vermehrt werden kann, kann es aber keine wirklich deterministische und prädiktive Theorie seines vergangenen, gegenwärtigen oder künftigen Verhaltens geben. Für ein solches System gibt es nur Regeln, die bestimmten Erwartungswerten entsprechen, und immer wieder überraschende Ausnahmen, die diese Regeln sprengen: Leben ist Innovation.[13]

Natürliche Selektion zufällig entstehender genetischer Varianten ist nicht nur der wichtigste uns bekannte Mechanismus für die Entstehung zweckmäßiger Anpassung, sie führt zugleich auch zum evolutiven Fortschritt der Lebewesen. Zwischen Anpassung und Fortschritt besteht ein ebenso enger wie widersprüchlicher Zusammenhang. In der Evolutionsbiologie ist Fortschritt zunächst ganz wörtlich zu verstehen: als ein Weggehen von einem bestehenden Zustand. Dies muß keineswegs immer eine Entwicklung zu höherer Leistung in einem absoluten Sinne sein, es wird vielmehr stets *augenblickliche reproduktive Überlegenheit* gegenüber *vorhandenen* Konkurrenten selektiert. Evolution ist also ein Prozeß *lokaler* Fitnessmaximierung. Dennoch ist dies zugleich die Voraussetzung für die Entwicklung immer überlegenerer Konkurrenzfähigkeit, die Darwin »competitive highness« nannte, oder anders ausgedrückt: immer ökonomischeren, mehr Fitnessgewinn bringenden Einsatzes der Ressourcen, ein Prozeß, der allerdings durch bestimmte Selektionsbedingungen begrenzt, ja geradezu zunichte gemacht werden kann (siehe S. 108), der also nicht gleichsam durch Naturzwang unausweichlich zu immer höherer Perfektion und immer größerem evolutiven Erfolg führen muß.

Anpassung ermöglicht Lebenserfolg. Anpassung schränkt jedoch zugleich auch die Lebensmöglichkeiten eines Organismus ein, indem sie es ihm zwar gestattet, unter ganz bestimmten Umweltbedingungen – der Selektionsumwelt – immer besser, dadurch unter vielen anderen aber weniger gut zu funktionieren: Anpassung ist also der Weg dazu, immer weniger immer perfekter zu beherrschen, bis hin zu dem durch Selektion erreichbaren Maximum an Angepaßtheit, bei dem kein vorhandener Konkurrent aus den begrenzten Ressourcen einen höheren Fitnessertrag zu erwirtschaften vermag. Jede Adaptation ist somit auch Ausdruck einer ganz bestimmten Selektionsgeschichte. Zweifellos kann man diesen Einnischungs- und Spezialisierungsprozeß auch Fortschritt nennen, weg von mangelhafter Ausnützung der Umweltgegebenheiten hin zu konkurrenzloser Überlegenheit. Aber: je besser die Anpassung, um so festgefahrener die Entwicklung. Der Gipfel der Anpassung wäre also dann das Ende des Fortschritts. Müßte dies nicht dazu führen, daß die Evolution, indem sie immer besser anpaßt, die Möglichkeiten zu weiterer Anpassung mindert und Arten bei veränderten Umweltbedingungen dem Aussterben ausliefert, gerade weil sie sie auf maximale Fortpflanzungsfitness trimmt? Dies ist in der Tat der globale Eindruck, den uns die Zeugnisse der Geschichte des Lebens geben: Wohl mehr als 99 Prozent aller je existenten Arten sind im Laufe der Erdgeschichte erloschen, die Artlebensdauern scheinen im Durchschnitt so begrenzt (wenn auch nicht so scharf zeitprogrammiert) wie jene von Individuen. Über einige Millionen Jahre Lebensdauer scheinen es nur wenige Arten zu bringen.[14] Gäbe es einen großen Plan zur kontinuierlichen Höherentwicklung, der es der Selektion ermöglicht, alle Arten immer nur weiter aufwärts, einem absoluten Fitnessgipfel hin zuzutreiben, gleichsam die *scala naturae* der Naturphilosophen hinaufsteigend, so wäre diese anhaltende Artenverschwendung unbegreiflich. Ist die Evolution aber ein immerwährender Suchprozeß nach neuen Zwischengipfeln in einer unbegrenzt vielfältigen und sich eben durch dieses ständige Suchen aller Beteiligten immerzu wandelnden Landschaft der Lebensmöglichkeiten, in der jede Spezies daraufhin selektiert wird, in ihrer Nische auf Zeit »king of the castle« zu sein, so ist dieses unaufhörliche »Stirb und Werde« der Evolution verständlich. Anpassung ist dann ein andauerndes Schwimmen gegen den Strom evolutiver Veränderung, nicht Prometheus, sondern Sisyphus die Symbolfigur des Lebens.

Dies sei nun an einigen, notwendigerweise stark vereinfachten Beispielen näher erläutert.

Beginnen wir an der Wurzel der Entstehung genetischer Variabilität. Wir wissen, der Ursprung aller biologischen Neuentwicklungen sind ungerichtete Genmutationen, chemische Veränderungen der Nukleinsäure-Gene, die selten, aber regelmäßig – bei jeder hunderttausendsten bis hundertmillionsten Genvermehrung einmal – auftreten. Ihre Ursachen sind mikrochemische und mikrophysikalische Ereignisse.
Betrachten wir nun haploide, sich ungeschlechtlich vermehrende einzellige Lebewesen, Bakterien etwa, wie sie seit mehreren Milliarden Jahren existieren. Sie besitzen ein winziges Erbgut von höchstens wenigen tausend Genen, die für die augenblicklich lebensnotwendigen Funktionen benötigt werden. Dies sind also extrem auf Materialersparnis getrimmte Organismen, die mit einem Minimum an Stoff- und Energiebedarf ein Maximum an Vermehrungsrate erreichen, sich alle 20 Minuten verdoppelnd, jeden geeigneten Lebensraum in exponentiellem Blitzangriff erfüllend und ausbeutend – die Perfektion der Anpassung, das Erfolgsmodell, der Volkswagen-Käfer der Evolution: Warum sind wir eigentlich nicht alle Bakterien geblieben?
Zunächst, warum erfüllt nicht eine einzige Bakterienart mit schleimigen Massen die Erde, sich selbst in ewigem Kreislauf auf- und abbauend? Warum war das dem Leben auf Dauer nicht gut genug? Soweit wir dies verstehen, störten zwei Randbedingungen diese Ursuppenharmonie, eine äußere und eine innere. Das äußere Angebot an stoff- und energieliefernden Nahrungssubstraten war auf der Erde immer vielfältig und ungleichmäßig verteilt. Um alle diese Substrate nutzen zu können, wäre daher ein bakterieller Tausendsassa mit einer umfangreichen Genbibliothek und einem entsprechend riesigen Proteinwerkzeugkasten nötig. Das steht aber im Widerspruch zum Erfolgsprinzip des mit maximaler Geschwindigkeit vermehrbaren Sparorganismus. In der Tat verlieren Bakterien Gene, die sie nicht mehr benötigen, meist rasch. Gab es also lokal ein bestimmtes Substrat im Überangebot, so wurden jene Spezialisten selektiert, die es – unter Abwurf alles nicht dazu benötigten genetisch-chemischen Ballasts – am wirkungsvollsten ausbeuten konnten. Wir wissen (und machen es uns in der Biotechnologie zunutze), daß es offenbar auf der Erde wenig gibt, was nicht – wenn thermodynamisch überhaupt möglich – Mikroben als Energie- oder Rohstoffquelle dienen könnte. Jede Spezialisierung auf ein oder

wenige Substrate engt aber die Chancen ein oder macht es sogar unmöglich, gleichzeitig auch andere ebenso effektiv zu nutzen wie ein Konkurrent, der sich ganz auf diese spezialisiert hat: Aus Umweltinhomogenität und Fitness-Selektion von hochspezialisierten und extrem sparsam konstruierten Varianten folgt somit zwangsläufig, daß aus einem hypothetischen Vielzweckorganismus diversifizierte, in ihren Nischen gefangene chemische Fachidioten hervorgehen mußten. Die arbeitsteilige Aufspaltung des Lebendigen in viele Spezialistenarten war aus produktionsökonomischen Gründen optimaler Allokation knapper Ressourcen unausweichlich. Aus erst quantitativen Unterschieden wird unter dem Druck selektiver Einnischung einer der Qualität: Dies ist Darwins Erklärung der adaptiven Divergenz der Arten. Heute wird der Vorgang durch katastrophentheoretische Bifurkationsmodelle simuliert und analysiert.

Um sich so spezialisieren zu können, bedürfen diese Mikrobenarten jedoch der genetischen Programme, die ihnen geeignete molekulare Werkzeuge für ihre Zersetzungskünste liefern. Diese können sie nur aus Mutationen in Vorfahren ererben, durch Gentransfer von anderen Zellen, in denen sich diese ereignet haben, oder durch eigene Neumutationen erwerben: Für ihr Erfolgsrezept brauchen sie also den Zufluß molekularer Veränderung, obwohl sich diese meist nur nachteilig auswirkt. Ein Bakterium, das weitgehend mutationsfest wäre, vermiede diese Nachteile, verlöre aber jede weitere Anpassungsfähigkeit. Hier tut sich der Zielkonflikt auf: Für einen perfekt angepaßten Spezialisten kann Variantenproduktion nur die Bilanz mit Kosten für Ausschußprodukte belasten, für Mängelware, die durch die Selektion ausgeschieden wird. Deshalb müßte die Selektion gerade bei besonders erfolgreich angepaßten Typen jene mit der geringsten Veränderungsrate bevorzugen, und damit gerieten sie in die Sackgasse genetischer Immobilität. Wir wissen leider gerade über die Regulation der genetischen Variantenproduktion noch viel zuwenig (denn es ist zwar zufällig, welche Gene mit welcher Merkmalswirkung mutieren, aber die Zelle kann durchaus kontrollierenden Einfluß auf die Variations*rate* nehmen!), um beurteilen zu können, wie dieser Konflikt im einzelnen gelöst wird. Doch ist evident, daß er existiert.

Zweierlei ist hier noch wichtig: Ein richtiger Sparorganismus enthält von jedem benötigten Gen im Normalfall nur eine Ausfertigung. Jede Mutation, die nicht – was immer nur selten der Fall sein kann – eine vorteilhafte Veränderung bewirkt, schlägt somit bei einem solchen Wesen voll und tödlich durch. Dies führt einerseits dazu, daß solche Mikroben notwendigerweise genetisch ganz ungeheuer gesund sind: Sie führen keine genetische Last an nachteiligen Allelen mit sich. Es hat weiter zur Folge, daß jede positive Mutation »dominant« ist, sich also sofort phänotypisch auswirkt, weshalb die Selektion vorteilhafter Typen mit maximaler Geschwindigkeit ablaufen kann, was der Adaptationsfähigkeit zugute kommt. Doch zugleich geht dieser Vorteil wieder mit einem dem Anpassungsfortschritt entgegenwirkenden Nachteil einher.

Das Erbgut von haploiden Lebewesen ist gleichsam nackt dem vollen Zugriff der Selektion ausgesetzt – dies ist ja der Grund, warum Mikroben Gene, die zu nichts nütze sind, schnell verlieren. Deshalb wird in einer Mikrobenpopulation immer nur die augenblicklich wirklich benötigte genetische Information vorrätig gehalten, eine Bibliothek ohne Lager, in der stets nur der laufend benötigte Handapparat verfügbar ist. Ändern sich nun die Lebensumstände, so muß die Population im Grunde darauf warten, ob und bis Neumutationen neue Anpassungsanleitungen liefern: Die perfekten Spezialisten der Schnellanpassung werden jetzt also in ihrem Vorwärtsstürmen durch das langsamste Glied in der Kausalkette der Evolution, die Entstehung neuer vorteilhafter Mutanten, gebremst. Allerdings haben die Mikroben auch aus dieser Zwangslage einen Ausweg gefunden: Durch parasexuellen Genaustausch zwischen verschiedenen Zellen können Gene transferiert und neu kombiniert werden, was bedeutet, daß diese Mikroben einen größeren, gemeinsamen Genbestand bewirtschaften und für die Evolution zur Verfügung halten, als in jede Einzelzelle paßt. Darüber hinaus gibt es in den Mikroben scheinbar parasitierende DNA-Stücke – zum Beispiel die ringförmigen Plasmide –, die von Zelle zu Zelle übertragen und vom Wirt vermehrt werden. Der täte dies wohl nicht, wenn ihm die Unkosten nicht ersetzt würden. Interessanterweise zahlen diese genetischen Parasiten wie Geheimagenten mit ihren Spezialkenntnissen. Sie bringen zum Beispiel höchst wertvolle Informationen mit – wir nennen sie Resistenzfaktoren –, die es Bakterien ermöglichen, sich gegen natürliche oder künstliche Antibiotika zur Wehr zu setzen. Wo immer diese auftreten, dulden oder fördern die Bakterien die Vermehrung und Verbreitung solcher Plasmide und ergänzen so ihr Magergenom durch dringend benötigte Zusatzgene. Dennoch ist unbestreitbar, daß die Strategie, möglichst schnell möglichst viele billige Nachkommen zu erzeugen, der sich die Mikroben verschrieben haben, zugleich hochadaptiv – für die extreme ökonomische Ausbeutung von Substraten – und dem evolutiven Fortschritt nicht förderlich ist.

Dies mag Ursache dafür sein, daß das Leben nicht auf dieser Stufe stehenblieb, genauer, daß Varianten selektierbar waren, die von dieser Minimalstrategie abwichen: die diploiden eukaryotischen Zellen, die zu echt sexueller Fortpflanzung befähigt sind, wobei das eine mit dem anderen eng zusammenhängt. Was immer sonst noch Diploidie (oder Polyploidie oder Genvervielfältigung) an Vorteilen bringen mag, in unserem Zusammenhang dürfte eine Eigenschaft von Diplonten besonders wesentlich sein: Sie können augenblicklich fast oder ganz funktionslose Erbanlagen und rezessive Allele in ihrem Genom mittragen und vermehren. Sie sind also nicht die jeweils absolut sparsamste Ausfertigung einer Anpassungsform, sondern eine, die genetische Reserven anhäuft, bei höheren Organismen oft gewaltige Vorräte, welche sogar einen weit größeren Anteil an der DNA im Zellkern ausmachen können als jene Gene, die zur Zeit zum funktionellen Einsatz kommen (wobei auch manches als funktionslos gelten mag, von dem wir die Funktion nur noch nicht kennen). Solcher Aufwand ist energetisch kostspielig – wie konnten sich ihn die ersten Diplonten in Konkurrenz mit Haplonten leisten? Das tote Genkapital könnte zwar auch eine parasitische Last sein, doch trifft dies wohl nur für einen Teil der überflüssigen DNA als Erklärung zu.[15] Es scheint wahrscheinlicher, daß es sich bei dem Aufwand gar nicht um unproduktive Kosten handelt, sondern um Versicherungsprämien gegen die unvorhersehbaren Wechselfälle der Zukunft: Was heute schweigende Pseudo- oder rezessive Gene sind (wenn sie im homozygoten Zustand Schaden anrichten, eine wirkliche genetische Belastung!), kann morgen unter anderen Bedingungen eine rasche genetische Neuanpassung ermöglichen, viel rascher, als wenn man wie ein Haplont erst auf

geeignete Mutationen warten muß. Obwohl die Selektion rezessiver Allele bei Diplonten positiv wie negativ langsamer verläuft als die von Allelen bei Haplonten, ist ihre evolutive Reaktionsfähigkeit auf Umweltherausforderungen erhöht und ihr Modifikations- und Regulationsbereich erweitert, da sie sehr viel mehr selektierbare und bedarfsabhängig exprimierbare genetische Variabilität speichern.
Dieser Vorteil wird nun durch Sexualität noch dramatisch gesteigert, ja erst so richtig zur Wirkung gebracht – weshalb wir wohl bei allen Diplonten ein starkes Überwiegen sexueller Fortpflanzung finden. Variation wird sozusagen durch Sex erst schön, nicht andersherum, wie manche meinen. Entstehung und Funktion der Sexualität gehören zu den großen, nicht gänzlich geklärten Rätseln der Biologie.[16] Was immer Sexualität noch bewirkt, genetisch tut sie vor allem eines: Sie durchmischt durch Austausch zwischen homologen Chromatiden und durch zufällige Chromosomenkombination die Gene der Elternindividuen bei jeder Gametenbildung, schlägt daher – durch die Befruchtung – die Brücke über die genetische Isolierung der Individuen einer Art und führt den Genbestand einer ganzen Fortpflanzungsgemeinschaft zu einem großen Vorrat zusammen, aus dem mit jeder Individuenzeugung immer neue Stichproben entommen werden, die dann dem Fitnesstest des Daseins unterworfen werden. Dadurch wird – wie sich das vernünftigerweise gehört – der genetische Versicherungsbeitrag des einzelnen zum Rücklagefonds einer Solidargemeinschaft zusammengelegt, die wir Population nennen. Der durch sexuelle Fortpflanzung hervorgebrachte Variantenreichtum ist unvorstellbar, er wird durch balancierende und frequenzabhängige Selektion sogar noch erhöht.
Wenn dies tatsächlich den vermuteten Evolutionsvorteil bietet, so sollten Gruppen, die sich sexuell fortpflanzen, besser als solche, die dies nicht tun, imstande sein, auf Umweltveränderungen zu reagieren und neue Lebenschancen wahrzunehmen. In anderer Weise, als meist verstanden wird, könnte dies tatsächlich der Fall sein. Arten können ja nicht nur überleben, indem sie sich selbst anpassen. Sie können es auch, indem sie neue Arten aus sich hervorgehen lassen. Vor allem S. Stanley hat in jüngster Zeit darauf hingewiesen, daß in der Tat sexuell sich fortpflanzende Entwicklungslinien eine viel höhere Spezia-

tionsrate haben als asexuelle und daß sie aus diesem Grunde in der Zwischen-Spezies-Selektion erfolgreicher sein könnten.[17] Dies schließt freilich nicht aus, daß sexuelle Fortpflanzung zugleich auch für die individuelle Fitness von Vorteil sein kann.

So scheinen wir hier also einen lupenreinen evolutiven Fortschritt vor uns zu haben: Sexualität als Jungbrunnen der Evolution. Dennoch ganz und gar nicht ohne dem durchaus widersprechende Nachteile. Sexuelle Rekombination mag zwar ein gutes Mittel sein, schnell evolutive Innovationen zustande zu bringen, aber erstens müssen dazu immer erst zwei Geschlechtspartner zusammenfinden und zusammenwirken, was einen Aufwand erfordert, den sich der asexuelle Konkurrent erspart. Zweitens kann eine nur aus »Weibchen« bestehende Population aufgenommene Nahrung *doppelt* so schnell in neue Nachkommen verwandeln wie eine, bei der in der Regel die Hälfte für das männliche Geschlecht vergeudet werden muß. Drittens werden bei der sexuellen Rekombination günstige Genkombinationen in der Meiose zerlegt, während ein asexueller Idealtyp lauter identische Kopien kloniert. Und schließlich können bei der Oogenese auch noch seltene Allele in die Polkörper geraten und verlorengehen. Darüber hinaus führt sexuelle Fortpflanzung dazu, daß kein Individuum genetisch mit einem anderen identisch ist, was die Konkurrenz zwischen ihnen fördert und kooperatives Zusammenwirken erschwert.

Diesen Widerspruch haben Diplonten überwunden, indem sie das Beste beider Welten zusammenfügten. In der gesteigerten Ressourcenkonkurrenz zwischen den diploiden Individuen mußten ja wieder jene den Vorteil haben, die sich am meisten am schnellsten anzueignen und in Nachkommen umzusetzen vermochten. Dazu gibt es erneut keine bessere Methode – wie entsprechende Optimierungsmodelle zeigen – als arbeitsteilig spezialisiertes Zusammenwirken vieler Einheiten mit gleichen oder möglichst übereinstimmenden Interessen: also Vielzelligkeit auf der Ebene der Individuen, soziale Organisation auf der Ebene der Population, Speziation und symbiontische, mutualistische oder rezyklisierende Wechselbeziehungen zwischen verschiedenen Arten auf der Ebene ganzer Lebensgemeinschaften. Der Weg dazu auf der Individuenebene war die ungeschlechtliche Zellklonierung beim Körperaufbau eines Vielzellers. Wie gewaltig dieser evolutive Schritt nach vorne gewesen sein muß, ergibt sich daraus, daß uns die Vielzeller im Ediacarium und frühen Kambrium, also vor etwa 670 bis 550 Millionen Jahren, in Fossilzeugnissen relativ rasch in einer ganzen Fülle von neuen Organisationstypen entgegentreten, von denen viele bis heute erhalten geblieben sind.[18] Nicht sehr viel später erfolgte dann die Eroberung des Landes, erst durch Pflanzen, dann durch Tiere und damit die gesamte Besiedlung der Erde mit Millionen von Organismenarten. Wer könnte da den evolutiven Fortschritt nicht mit Händen greifen, könnte die Überlegenheit verkennen, die ihre vielfältigen Anpassungen den Vielzellern verliehen?

Dennoch war der Widerspruch zwischen Anpassung und Fortschritt auch auf dieser neuen Entwicklungsebene keineswegs aufgehoben. Ich will dies verdeutlichen, indem ich zunächst den Vorgang der Speziation, also der Entstehung neuer, divergierend sich entwickelnder und in bezug auf die Fortpflanzung getrennter Arten aus einer Ausgangsform betrachte. Er war es schließlich, dem Darwins Hauptaugenmerk und Hauptwerk galt. Zunächst ist zuzugeben, daß der genaue Prozeß der Entstehung neuer Arten – das heißt der genetischen Vorgänge, die ihn ermöglichen und begleiten – keineswegs völlig verstanden ist.[19] Vor allem Ernst Mayr verdanken wir die Einsicht, daß die synchrone Entstehung neuer angepaßter Arten nur möglich ist, wenn Populationen einer Ausgangsart über längere Zeit genetisch voneinander isoliert sind. Zur Zeit tobt ein wohl etwas übertrieben hochgespielter Gelehrtenstreit darüber, ob sich Arten auch schrittweise im Lauf der Zeit durch fortwährend wirkende genetische Variation und transformierende Selektion so stark verändern können, daß wir sie nach einiger Zeit als echte neue Chrono-Spezies bezeichnen müssen, oder ob neue Arten grundsätzlich nur durch Absprossung kleiner Ablegerpopulationen »sprunghaft« (jedenfalls für geologische Zeitmaßstäbe!) neu in Existenz treten, während die Ausgangsart, gerade weil sie sich mit Erfolg angepaßt und zu einer großen Population entfaltet hat, die evolutive Wandlungsfähigkeit weitgehend einbüßt und gleichsam in ihrer Angepaßtheit erstickt. So sehen dies die Punktualisten, da sie in der Evolution lange Zeiten stagnierender Gleichgewichtszustände erkennen, die nur gelegentlich durch Veränderungen bewirkende rasche Speziationsschübe unterbrochen (punctuated) werden.[20] Die Frage ist

nicht abschließend geklärt und bedarf vor allem weiterer paläontologischer Überprüfung. Es mag wohl sein – wie dies schon Darwin annahm –, daß beide Speziationsprozesse vorkommen. Vor allem die Betrachtung der Biogeographie von Inselarchipelen hat allerdings schon Darwin und seither viele Biologen davon überzeugt, daß neue Arten besonders leicht von kleinen Gründerpopulationen ausgehen, daß also der Fortschritt in neue Anpassungsnischen in der Regel nicht von wohletablierten großen Populationen ausgeht, sondern von den auch genetisch abenteuerlichen Expeditionen kleinster Gruppen. Und wiederum – Anpassung und Fortschritt im Widerspruch: Die kleinen Gründerisolate können natürlich immer nur winzige Ausschnitte der Genversicherungsreserve der großen Solidargemeinschaft mitnehmen, die starker genetischer Zufallsdrift unterliegen, wie S. Wright genau analysiert hat, und das macht diese Gründergruppen erstens untereinander und zweitens im Vergleich zum Durchschnitt der Herkunftspopulation genetisch sehr verschieden. Gerade deshalb sind diese Zufallssprünge ins Neue meist Sprünge ins Nichts der Ausrottung, aber eben immer wieder doch auch einmal Sprünge zu neuen Ufern, zu neuen Chancen, neue Fitnessgipfel zu erklimmen.
Man kann den gleichen Ablauf noch aus anderer Perspektive betrachten.[21] Neue Arten beginnen meist als Kolonisatoren: Der neue Lebensraum, die neue Nische ist leer. Den größten Vorteil werden daher Genotypen mit hoher Vermehrungsrate (r) haben. Es werden also Genotypen selektiert, die schnell zur Fortpflanzungsreife kommen, daher meist kleinwüchsig und kurzlebig sind und viele »billige« Nachkommen erzeugen, auf die sie nur ein Minimum an Brutfürsorge verwenden (»r-Strategie«). Sie nischen sich – da sie wegen ihrer geringen Körpergröße meist wenig Raum benötigen – leicht in lokal differenzierte Lebensräume ein, können daher leicht weiter in neue Arten aufspalten und wegen ihrer kurzen Generationsdauer Umweltveränderungen evolutiv rasch folgen. Haben sie nun aber ihren Lebensraum auf diese Weise bis zum Rande der Tragekapazität (K) aufgefüllt, so beginnt dieser Anpassungsweg, gerade weil er so erfolgreich war, nachteilig zu werden. Wo es keine neuen Räume gibt, verliert eine große, auswanderungslustige Nachkommenschar an Wert. Vielmehr sind nun Organismen im Vorteil, die ihr Territorium

aggressiv gegen Konkurrenten verteidigen und es möglichst an eigene Nachkommen weitergeben. Dabei ist es von Vorteil, groß und stark zu sein, was zwar viele Aufbaukosten und lange Zeit erfordert, in der man allerdings auch Erfahrung sammeln kann. Eine große Schar schlecht versorgter Nachkommen hätte nun kaum Überlebenschancen. So werden immer weniger Nachkommen immer besser versorgt und geschützt, denn jedes einzelne Junge ist nun viel kostbarer, da ein viel größerer Anteil der eigenen Fitness. Wer groß gewachsen ist, braucht allerdings auch viel Nahrung und zu deren Erwerb ausreichende Versorgungsareale. Dies gilt vor allem für Raubtiere, die mehrfach größere Flächen als ihre herbivoren Beutetiere benötigen. Das Ergebnis dieser Entwicklung (»K-Strategie«) sind also Organismen mit großer Lebens- und Generationsdauer, großer Körper-, aber kleiner Populationsgröße und niedrigem Vermehrungspotential, Organismen, die aus allen diesen Gründen neuen Umweltherausforderungen evolutiv nur schwer und langsam zu folgen vermögen und daher leicht von neuen Feinden oder Konkurrenten – wie heute durch den Menschen – gefährdet werden. Wir brauchen nur ein Gras oder eine Eiche, eine Wühlmaus oder einen Braunbären zu vergleichen, um uns die extremen Unterschiede dieser Lebensstrategien zu verdeutlichen. Worauf es mir hier ankommt: Jede dieser Strategien ist zu ihrer Zeit unter den rechten Umständen eine blendende Anpassung, und jede erzeugt dennoch Folgen, die sie selbst obsolet machen und anderen Lebensformen den Boden bereiten. Diese Folge von Triumphen hochangepaßter Formen und ihrem Ersticken am eigenen Erfolg ist besonders an ökologischen Sukzessionen direkt zu beobachten, wo die Anfangseroberer eines Lebensraums am Ende unter der Herrschaft der Spezialisten des Klimax-Stadiums kaum mehr anzutreffen sind, die aber ihrerseits besonders katastrophenanfällig sind, was den rührigen Kolonisatoren wieder neue Chancen gibt.
Daß darwinische Selektion, obwohl doch immer auf Anpassung und Fitness-Steigerung gerichtet, nichtsdestoweniger in den evolutiven Abgrund führen kann, wird durch nichts deutlicher als durch die Auswirkung der sexuellen Selektion, die Geschlechtspartner auf die gegenseitigen Fortpflanzungschancen ausüben. Kaum eine andere Selektionsform berührt so direkt den Fortpflanzungserfolg, deshalb sind

ihre Folgen auch oft so spektakulär: Vieles, was wir in der Natur auffallend und schön finden, ist deren direktes oder indirektes Ergebnis, vom Gesang der Nachtigall bis zum Gefieder des Paradiesvogels, vom Geweih der Hirsche bis zu den Farben der Schmetterlinge und Blumen (und letztlich bis zu den attraktiven Torheiten menschlicher Moden). Jedes Merkmal an einem Männchen, das ein Weibchen dazu veranlaßt, es zum Partner zu erwählen, hat eine exzellente Selektionschance und *vice versa*. Und jedes Gen, das einem Männchen Eigenschaften verleiht, mit denen es wirkungsvoller mit Nebenbuhlern um Weibchen konkurrieren kann, müßte evolutionär ausgesorgt haben. Vor allem: Ein Weibchen, das ein übertrieben balzendes Männchen wählt, vererbt nicht nur ihren Söhnen die Anlage zu solchen Extravaganzen, sondern auch ihren Töchtern die Neigung, diese zu bevorzugen, ein Teufelskreis, den R. A. Fisher »runaway-selection« nannte.[22]
Schon die angeführten Beispiele zeigen, daß die Resultate sexueller Selektion zwar immer die augenblickliche reproduktive Fitness der Beteiligten steigern, daß im Eifer des Gefechts um den Erfolg beim Partner aber auch Nachteile in Kauf zu nehmen sind. Was den Geschlechtspartner anlockt, das kann auch einem Räuber auffallen. Balzmerkmale und Balzverhalten sind manchmal höchst aufwendig – man denke an das jährlich zu erneuernde Geweih der Hirsche oder die Prachtgefieder mancher Vögel. Man soll auch nicht denken, Weibchen würden doch wohl von der natürlichen Selektion gelenkt, ihre Partnerwahl so zu treffen, daß ihre Jungen vor Feinden geschützt sind und ihre Ressourcen nicht an sexuellen Schnickschnack verschwenden, daß sie also lieber unauffällige Partner wählen. Solange weniger sparsame, weniger geschützte, aber attraktivere Typen durch sexuelle Selektion eine höhere Fitness herauszuholen vermögen, werden die Nachteile kompensiert, könnte Zurückhaltung sich nicht lohnen. Zwar braucht diese Entwicklung – innerhalb einer Art betrachtet – nicht notwendigerweise fatal zu werden. Sobald die sexuellen Selektionskosten nämlich so hoch werden, daß die Fitness trotz aller sexuellen Erfolge zu sinken beginnt, findet der Prozeß im Kompromiß mit anderen Selektionsdrucken ein Ende. Leider hat man aber nicht nur Konkurrenten der gleichen Art: Wenn ein artfremder Konkurrent mit geringeren Kosten für sexuellen Aufwand die gleichen Ressourcen fitnessförderli-

cher nutzt und zudem noch besser vor Feinden geschützt ist, kann er in der zwischenartlichen Konkurrenz über den durch sexuelle Selektion gehandikapten Bewerber obsiegen. Es ist anzunehmen, daß diesem Handikap im Lauf der Evolution nicht wenige Arten zum Opfer gefallen sind, Opfer eines Selektionsmechanismus, der allein individuellen Fortpflanzungserfolg belohnt und gerade dadurch am Ende für das Überleben einer Art verhängnisvoll werden kann. »Extinction of the Fittest« statt »Survival of the Fittest«: eine gewiß unerwartete und dennoch manchmal zwangsläufige Folge des darwinischen Evolutionsprinzips, wenn eine Art einmal damit begann, die Partnerwahl allzusehr auf Äußerlichkeiten auszurichten. Das Beispiel zeigt auch deutlich die Grenzen allzu einseitiger ökonomischer Betrachtung der biologischen Evolution!

Anpassung und Fortschritt – Evolution aus dem Widerspruch: Es war hier nur von der »Natur« die Rede, von den Mikroben, den Pflanzen und Tieren, und von dem, wie Darwin ihr Werden, Sein und Vergehen besser zu verstehen lehrte. Ich habe nicht von uns Menschen geredet. Wir sind zwar körperlich gewiß nach Prinzipien entstanden, die auch für andere Lebewesen gelten, sind aber dennoch nicht *nur* Teil der Natur. Wir haben mit unserer Kulturentfaltung eine ganz eigene Art von Evolution eingeleitet, eine noch rascher verlaufende, eine noch erfolgreichere – wenn wir sie am Fitnessmaß für Anpassung und Fortschritt messen wollen. Eine Erfolgsentwicklung, die sich allerdings immer bedrückender über viele andere Formen des Lebendigen wälzt, so daß uns zunehmend die Freude an unserem Erfolg zu vergehen droht, da wir merken, daß auch diese neueste Anpassungs- und Fortschrittswelle unvermeidliche Konflikte erzeugt, sich in Widersprüche verwickelt, daß auch überaus bewährte Erfolgsstrategien kontraproduktiv werden können. Evolution aus dem Widerspruch ist mit der menschlichen Dominanz über das Leben auf dieser Erde also sicher nicht beendet, im Gegenteil. Allerdings, ein wesentlicher Unterschied zu allen früheren Stadien der Lebensentwicklung berechtigt zu Hoffnung: Wir müssen uns nicht mehr allein dem blinden Suchspiel von Zufallsvariation und Fitness-Selektion ausliefern. Kraft unseres Einsichtsvermögens ist es uns möglich, hinter diesen blinden Kreislauf zu blicken, »the fabric falls«, und einen wohlbedachten Ausweg aus dem Dilemma zu suchen. Den Menschen dabei anzuleiten, geht allerdings weit über das hinaus, was uns die darwinische Sicht der Lebensentwicklung lehren könnte. Die Evolution gibt unserem Fortschreiten keine letzten Ziele vor. Wir können solche nur finden, indem wir sie erfinden, indem wir sie in uns suchen und aus uns begründen.

Ich möchte mit einer sehr persönlichen Wertung schließen, die über das Gesagte und wissenschaftlich Belegbare hinausgreift, um es in einen größeren Zusammenhang zu stellen: In Darwins großer Leistung scheint sich jene Ironie der Geschichte zu wiederholen, die schon die Alchemisten oder die Linnéschen Taxonomen etwas anderes, Besseres finden ließ, als sie eigentlich suchten. Darwin hoffte für das Reich des Lebendigen zu erreichen, was Galilei, Newton und Laplace für die unbelebte Materie geleistet hatten: die ehernen, ohne Ausnahme geltenden Gesetze zu finden, nach denen Gott die Welt geordnet hat und denen sich alle Erscheinungen zu fügen haben. Aber er fand, daß in der Entfaltung des Lebens der nicht vorhersagbare Zufall eine fundamentale Rolle spielt, und die biologische Forschung der letzten hundert Jahre hat dies auf allen Ebenen der Organisation des Lebendigen bestätigt. Wenn Darwin bis heute immer wieder vorgeworfen wird, er habe die Lebewesen zu seelenlosen Maschinen degradiert, für die keine anderen als die allgemeinen Kausalgesetze der Natur gelten sollen, so zeigt dies nur, wie wenig doch verstanden wurde, was er an wirklich Neuem gefunden hat. Mehr als fünfzig Jahre, bevor die Physiker einem mechanistisch-deterministischen Uhrwerk-Weltbild für immer den Abschied gegeben haben, hat Darwin für das Reich des Lebendigen erkannt, daß es Gott in der Tat beliebt, auf den Spielbrettern seiner Schöpfung zu würfeln. Das uralte Problem, wie Freiheit, vor allem Freiheit der Willensentscheidung, in einer Schöpfung möglich ist, in der alles von Anfang an – wenn auch nur einem Laplaceschen Übergeist durchschaubar – mechanisch durch die unumschränkte Gültigkeit des Kausalgesetzes vorbestimmt ist, in der also auch der Mensch nur eine Schachfigur in einem vorgeplanten Schöpfungsprogramm sein könnte, dieses Problem stellt sich seit Darwins Einsichten von Grund auf anders. Es gibt offenkundig auf allen Ebenen der biologischen Entwicklung nicht nur einen Rahmen gesetzmäßiger Ordnung, sondern in ihm zugleich ein hohes Maß an Unvor-

bestimmtheit, das wir eigentlich fast entwürdigen, wenn wir es Zufall nennen. Dies ist der Ursprung alles Neuen und damit zugleich der Ursprung der Freiheit. Was von dem Neuen bleibenden Wert besitzt, wird, nachdem es in Existenz trat, nach regelhaften Selektionsprinzipien entschieden. Ob wir über die Entstehung neuer Organismenformen oder neuer Gedanken sprechen: Ohne die Geburt des Neuen aus dem Unvorbestimmten gäbe es nur Vorgegebenes, Vorgedachtes, und ohne die wertende, ordnende Auswahl unter dem Neuen gäbe es nur chaotische Wirrnis und keine Entwicklung komplexer Organisationsformen des Seins wie des Denkens. Auch wenn wir Darwins Theorie der Evolution ganz auf den Menschen beziehen: Er hat den Menschen nicht zum Tier erniedrigt, er hat vielmehr überhaupt erst erkennbar gemacht, wie der Mensch als freies, selbstbestimmtes Wesen existieren kann, da er nach einem Entwicklungsprinzip ins Dasein trat, das ihn befähigt, immer neue »Einfälle« hervorzubringen, so wie die lebende Materie ständig neue »Zufälle« des Lebendigen hervorbringt, und ihm zugleich auferlegt, in moralischer Autonomie dieses Neue ständig zu bewerten und davon auszuwählen, was bleiben und fortwirken, was gelten soll. Darwin hat durch seine Evolutionseinsicht ein Ende damit gemacht, die Würde des Menschen von seiner hohen Herkunft abzuleiten – wie es sich eine feudalistisch-frühbürgerliche Zeit offenbar ausschließlich vorzustellen vermochte. Des Menschen Würde kommt aus seiner Freiheit und in deren Folge von dem Zwang – in Denken und Handeln –, für sein Dasein volle Verantwortung zu tragen und ihm dadurch Sinn zu verleihen, nicht daher, daß er Sproß übernatürlicher Abstammung sei. Vielleicht ist dies die größte Einsicht, die wir Darwin verdanken. Aber vergessen wir nicht hinzuzufügen: Da wir frei sind und nur da wir frei sind, können wir auch schuldig werden.
Wenn es also so ist, daß der Schöpfer seinen Geschöpfen Freiheit geben wollte, weil er sie liebt und achtet und ihnen daher selbstverantwortliche Lebensführung ermöglicht und abverlangt: Er hätte keinen besseren, er hätte vielleicht gar keinen anderen Weg dazu wählen können als den, nach dem er diese Welt eingerichtet und für den uns Darwins Forschen die Augen geöffnet hat. Und so erfüllt sich auf höherer Ebene aus Darwins Werk das Ziel seiner theologischen Lehrer, denen er doch scheinbar abtrünnig geworden war: des Schöpfers Willen in seinen

Werken zu erkennen. Wie anders sollten wir auch Zugang zu ihm haben? Welch anderer Zugang dazu wäre allen Menschen offen, ganz gleich, welcher Herkunft sie sind, und gleich, nach welchen heiligen Schriften die Tradition ihrer Kultur ihnen die Kinderschuhe für die ersten Schritte auf diesem Weg anmaß. Nichts kann dies besser zum Ausdruck bringen als die bewegenden letzten Worte in Darwins »Origin of Species«: »There is grandeur in this view of life ...«.

Kapitel 4

Entfaltung und Begrenzung biologischer Populationen

Was Natur bedeutet

Was Natur *bedeutet*, welche Vorstellungen wir von dem haben, was wir Natur nennen, ist für menschliches Handeln eminent folgenreich: Es bestimmt, was wir von ihr erwarten, was wir von ihr fürchten, wie wir sie gebrauchen (und verbrauchen), wie wir also mit ihr umgehen. Freilich kaum, wenn wir den Begriff als Synonym für das real existierende Weltganze verwenden. Der Alltagsgebrauch des Wortes greift aber gar nicht so weit: Für ihn ist Natur (in vielfältig schillernden Abstufungen) eher das, was auf dieser Erde existiert, ohne daß der Mensch es gemacht hat, und vor allem, ehe er es verändert hat: Natur als Sein vor dem Menschen, etwas, das aus sich ist und sich selbst erhält. In letzterem Sinne gäbe es allerdings in weiten Bereichen der Erde – gewiß auf über 95 Prozent der Fläche Mitteleuropas – längst keine Natur mehr (P. Ehrlich und A. Ehrlich 1982; siehe S. 329). Man hat sogar schon das Verschwinden mancher Säugetierarten im Pleistozän mit dem Konkurrenzdruck durch den Jäger Mensch in Verbindung gebracht und weiß, daß der »edle Wilde« lange vor den gesteigerten Möglichkeiten technischer Zivilisation vor allem auf Inseln viele der dort lebenden und oft wenig scheuen und wehrhaften Tierarten – zum Beispiel Vögel – ausgerottet hat (Diamond 1982). Die »Naturkatastrophe Mensch« begann also lange vor Buffalo Bill und internationalem Raubbau-Tierhandel.

So werden wir immer bescheidener und nennen oft Natur, was doch nur die von Menschenhand überformten Aspekte von Landschaften sind, die uns aus unserer Kindheit, den Schilderungen von Natur- und Reiseschriftstellern vertraut sind: Natur als nicht *zu* viel Kultur also? Aber ergibt das alles hundert Jahre nach Darwins Tod überhaupt Sinn? Verstehen wir uns denn nicht als, sind wir denn nicht ganz und gar selbst Produkt und Teil der Natur *mit* all unserer Kultur, Ergebnis, Preisträger und in gewissem Sinne Vollstrecker der Evolution? Was ist dann unnatürlich am Menschen und an seinem Umgang mit dem, was von der Natur bleibt, wenn man ihn abzieht oder von ihm absieht: Natur als Biosphäre minus Mensch? Wieso sollten wir diese Natur nicht nutzen, wie es uns gefällt, so wie uns ihre Geschöpfe ja auch nutzen; warum sie nicht verbrauchen, wie Malariaerreger oder Bilharzioseschmarotzer uns eben auch verbrauchen?

Wir merken, daß wir unversehens aus der Argumentation über das, was Natur ist oder sein könnte, hinübergeglitten sind in jene, wozu sie gut ist, welchen Zweck sie erfüllt, wie unser Handeln in ihr gerechtfertigt sein könnte. Ist Natur und sind wir als ihr Teil im aristotelischen Verständnis, um es mit den auf Averroës zurückgehenden Begriffen zu sagen (Mittelstraß 1980), *natura naturans* und damit aus sich selbst gerechtfertigter Selbstzweck? Oder ist Natur – wieder zusammen mit uns – *natura naturata*, Schöpfungsprodukt, und dann: vom Schöpfer geschaffen zu welchem Zweck? Zu seiner Verherrlichung, zu seiner Belustigung, aus unerfaßlichen Gründen? Oder ausschließlich zum Nutzen des Menschen, dem der ganze, aufs wundervollste geordnete Haushalt der Natur zur Bewirtschaftung anheimgegeben ist, wie die Physikotheologen des 18. und 19. Jahrhunderts lehrten, am beredtesten William Paley in seiner 1802 erschienenen »Natural Theology« (dessen Ansichten in Cambridge wie vordem für Charles Darwin noch bis in unsere Zeit Pflichtunterrichtsgegenstand waren! Bateson 1979). Natur dann also eine aus des Schöpfers Güte bereitgestellte Einrichtung für den Menschen und alles Menschenwerk in ihr, auch ihre Ausbeutung, durch diesen Zweck bereits gerechtfertigt? Natur als Inbegriff der freien Güter, als Freiwild, Freibeute des Menschen, *res nullius* außer ihm, dem dann nur insoweit Schranken zu ziehen wären, als sein Handeln in der Natur deren künftige Nutzung nicht unmöglich machen darf, was impliziert, daß das, was an ihr nutzlos ist (oder scheint), auch schutzlos jedem Zugriff ausgeliefert ist? Als Leibnizens beste aller möglichen Welten mit Dr. Pangloss als Professor für die Rechtfertigung alles dessen, was ist, weil es ist, und dessen, was wir tun, weil wir es tun müssen? Weil sich in uns der Schöpfungsplan erfüllt oder der Weltgeist durch uns handelt, dessen erhabene Zwangsläufigkeit einzusehen uns dadurch frei macht, daß wir uns dem naturgewaltighistorischen Heilsplanvollzug unterordnen? Oder Natur zwar durchaus ein Geschenk des Schöpfers, aber nicht für uns erdacht, nicht für diese Menschheit, nicht für dieses verderbte Abfallprodukt von Gott, nicht für die Erben des Sündenfalls aus der heilen Paradieswelt friedvoller Sammlervorfahren, für die sie eigentlich geschaffen ward, in die Hochkultur; nicht für den zerstörerischen Renegaten, den Rohrkrepierer der Genesis (oder Evolution), dessen Hybris durch die rücksichtslose Auflehnung gegen alle Natur den eigenen Untergang bereitet?

Man kann mit dem Begriff Natur viele Inhalte verbinden: Aber was immer wir von Natur sagen, es ergibt sich aus ganz bestimmten Weltmodellen, die vor allem auch dazu dienen, unser Handeln in dieser Welt anzuleiten, indem sie es begründend herleiten. Deshalb beziehen sich auch im buntscheckigen Spektrum der Parteien und Interessengruppen gar so viele gar so gern auf die Natur, um zu legitimieren, was sie für sich erstreben oder zum Wohl der Gemeinschaft erklären.

Es sollte daher richtig sein, sich dessen zu vergewissern, wie eigentlich die für die biologische Natur zuständige Wissenschaft die äußere Natur sieht, nachdem über die »innere Natur« des Menschen bereits die Rede war. Dazu ist zu betrachten, welche Gesetzmäßigkeiten für Organismen in ihrer natürlichen Umwelt gelten, ehe der Mensch in sie eingreift, dann darüber, wie der Mensch sich als Glied natürlicher Ökosysteme verhielt, als er als Sammler und Jäger nur abschöpfen konnte, was diese ohne sein Einwirken bereitstellten, und schließlich, wie sich der aktive Eingriff in die Produktionsbedingungen der Natur auf die Dynamik der menschlichen Population auswirkte. Dabei sei unter Population – wie bei jeder biologischen Spezies – die Menge in einer Fortpflanzungsgemeinschaft vermehrungsfähiger, aber eben auch sterblicher Individuen einer Art verstanden, die für ihr Dasein von jeweils bestimmten knappen natürlichen Ressourcen abhängig sind.

Was an natürlichen Ökosystemen – also der Gesamtheit in einem Lebensraum beständig zusammenlebender Organismenarten – jeden aufmerksamen Beobachter beeindrucken muß, ist die Verbindung größter Beständigkeit mit gleichzeitig unaufhörlichem Wechsel, also die fast unglaubliche *dynamische Stabilität* dieser Systeme. Der hierin liegende scheinbare logische Widerspruch kennzeichnet drastisch, wie bemerkenswert dieses Phänomen ist. Dies bedarf der Erläuterung.
Natürlich soll diese Aussage nicht heißen, daß Ökosysteme von Natur aus auf Dauer stabil seien; nichts in der Natur ist auf Dauer stabil, es ist immer eine Frage der Zeitmaßstäbe, die wir anlegen, und des Auflösungsgrades unserer Sicht, das heißt von wie nah oder fern wir ein System betrachten. Es kann sicher auch nicht darum gehen, biologische Stabilität als absolute Unveränderlichkeit zu betrachten. Was meinen wir also wirklich mit der Stabilität von Ökosystemen, dem oft zitierten »ökologischen Gleichgewicht«? Das Maximum der für das Leben erreichbaren Stabilität wäre ja das Ende allen Lebens, der Tod (vgl. hierzu und im folgenden auch S. 78). Gemeint ist mit Stabilität dreierlei:
1. mittelfristig gleichbleibender oder gleichförmig (z. B. im Jahreszyklus) wiederkehrender Aspekt der Lebensgemeinschaft, also nur in bestimmten Grenzen schwankender, nicht zufällig zusammengesetzter Arten- und Individuenbestand; 2. Widerstandsfähigkeit gegen Störungen, also Beständigkeit trotz wechselnder Außeneinwirkungen; 3. Fähigkeit, sich nach Störungen des Gleichgewichtszustands wieder zu erholen, also den alten Zustand wiederherzustellen (Goodman 1975; Hutchinson 1978).
Diese Stabilität verdanken natürliche Ökosysteme ihrer nicht zufälligen Zusammensetzung, ihrem hohen Grad an Ordnung. Da es sich um eine dynamische Stabilität handelt, ist dies allerdings auch keine statische, sondern eine dynamische Ordnung. Das gilt nicht nur für Ökosysteme, es gilt für alle längerfristig erhaltungsfähigen lebendigen Systeme: *Leben ist dynamische Ordnung.*
Thermodynamisch sind dies jedoch unwahrscheinliche Ordnungseigenschaften von Systemen, Zustände niederer Entropie, die nur unter

Aufwand arbeitsfähiger Energie entstehen können und aufrechtzuerhalten sind (Prigogine und Stengers 1980; Haken 1981). Die wichtigste Quelle dieser Energie für das Leben auf unserer Erde ist das Sonnenlicht. Dessen arbeitsfähige Kanalisierung erfolgt durch die im Nahrungsnetz zusammengeflochtenen Lebewesen, beginnend mit den die Lichtenergie in hochkonzentrierter Form chemisch speichernden Pflanzen über die Tiere, die sich von Pflanzen oder ihresgleichen ernähren, bis hin zu Bakterien und Pilzen, die organische Substanz endgültig zersetzen und dadurch die Rohstoffreserven für die pflanzliche Produktion immer wieder neu ergänzen.

Damit all dies und damit dadurch ökologische Stabilität möglich ist, müssen alle an dieser Leistung beteiligten Lebewesen zerstörbar, das heißt sterblich sein, und wiederum deshalb müssen sie auch alle vermehrungsfähig sein. Natalität und Mortalität der lebendigen Glieder eines Ökosystems sind also notwendige Voraussetzungen seiner Stabilität. Durch Natalität und Mortalität ist aber zugleich die Dynamik der Biospezies, ihre Durchsatzrate in der Zeit definiert, und deshalb kann ökologische Stabilität nur eine dynamische Stabilität sein. In der Tat ist dies ja eigentlich das wirklich einzig Beständige an der Daueraufführung des ökologischen Schauspiels: das unaufhörliche Werden neuer Individuen und, auf längere Sicht genauso: neuer Arten, ihr Heranwachsen als Einzelwesen und Populationen und ihr sicheres, wenn auch verschieden schnell eintretendes Vergehen. Und hier steckt das eigentlich erklärungsbedürftige Wunder der Stabilität, des Fließgleichgewichts dieser Systeme: als Ganzes Bestand zu haben, während alle notwendigen und untereinander funktionell vernetzten Bestandteile unaufhörlich Veränderungen durchmachen.

Nun wäre dieses Problem vielleicht gar nicht so groß, wenn die Evolution ein planwirtschaftliches Unterfangen wäre: Neu erzeugt würden dann ebenso viele Nachkommen wie Individuen durch Tod ausfallen, das müßte doch Stabilität gewährleisten? Nun, in einer absolut mechanistisch-deterministischen Maschinenwelt mit für die Systemkontrolle voll verfügbarer Information über alle Zusammenhänge und Randbedingungen und daher mit völliger Vorhersagbarkeit aller Ereignisse möchte das wohl so sein können. In der wirklichen Welt geht es zwar – so glauben wir Naturwissenschaftler jedenfalls zuversichtlich – durchaus immer mit rechten Dingen zu, das heißt: Es geschieht in ihr nichts ohne Ursache. In ihr können jedoch allen beteiligten Systemgliedern nie alle Ursachen und Zustände gleichzeitig und vollständig für eine gesamtsystemkonforme Steuerung ihres Verhaltens verfügbar sein. Daher sind in der Realität alle diese Systembestandteile grundsätzlich immer stochastisch unvorhersehbaren Zufallseinflüssen unterworfen. In einer solchen Welt – das zeigen Computermodellspiele genauso wie der Weltwirtschaftsteil unserer Tageszeitungen – ist selbst der noch so perfekte Versuch der Planwirtschaft nicht nur keine Garantie dynamischer Stabilität (geschweige denn der Fortentwicklung und des Wachstums), sondern sogar der sichere Weg zum Unterliegen in Konkurrenz mit Systemen, die nicht den logisch scheinbar kürzesten Weg zur Stabilität gehen: die sklavische Einhaltung eines einmal erreichten Zustands und dessen allfällige Veränderung auf zentrales Kommando, sondern den Weg, Wechselfällen des Daseins mit einer opportunistisch-pluralistischen Strategie zu begegnen: Zahllose unabhängige Subsysteme suchen ständig neue Chancen und nützen sie.

Der Planstabilitätsweg müßte für die Biospezies ja auch notwendig zur Folge haben, daß jede Variation der Individuen nur eine neue Störung und daher strikt zu unterbinden wäre: Absolute Egalität wäre Trumpf, um der Systemerhaltung willen. Die Natur hätte dazu durchaus die Mittel: das identische Klonieren in ungeschlechtlicher Fortpflanzung, die am besten auch noch fest an das bevorstehende, vorzugsweise sogar programmierte eigene Ableben gekoppelt ist – »jedes legt noch schnell ein Ei, und dann kommt der Tod herbei«; das Festhalten am einmal erreichten Adaptionszustand. Die Natur hätte solche Mittel schon, sie verwendet sie nur nicht! Sie setzt auf ganz andere Verfahren: Sie setzt auf überreichliche Variantenproduktion durch immerwährende Neukombination von Genen in der sexuellen Fortpflanzung und dadurch bewirkte verschwenderische Vielfalt statt egalitärer Einfalt. Sie setzt auf volles Ausschöpfen des Vermehrungspotentials ohne Rücksicht auf frei werdende Sitzplätze an der Theke. Sie verzichtet auf Erhaltung des erreichten Adaptionszustands der Eltern für alle ihre Kinder, aber gewinnt dadurch die Fähigkeit, neue Möglichkeiten des Fortkommens zu explorieren, wobei sie allerdings das Risiko in Kauf

nimmt, daß viele der weniger angepaßten Varianten scheitern. Sie setzt also auf eine risikoreiche Innovationsstrategie statt auf Festklammern am einmal Erreichten. Sie trägt ihre Einnahmen nicht einfach auf die Genbank, sie geht vielmehr mit einem nicht kleinen Teil davon regelmäßig in die Spielbank – und vor allem: »Sex is the name of the game.« Ist denn das noch eine geordnete Naturhaushaltsführung? Und, da ein geordneter Haushalt vernünftig erscheint: Ist denn dann das Natürliche nicht mehr das Vernünftige? Oder ist unser Verlangen nach möglichst viel Harmonie und Ordnung gar kein Postulat der praktischen Vernunft, sondern Resultat kleinmütig-kurzsichtigen Mangels an Vertrauen in die zwar für das Einzelwesen oft schmerzliche – was wäre schmerzlicher als der Tod –, aber in Milliarden Jahren erprobte Erfolgsstrategie der Natur?
Wollen wir einmal unterstellen, die »Natur« täte dies gar nicht gerne, so wie sie es tut. Sie hätte lieber, wie wir, vernünftig geordnete Verhältnisse, auf die für alle Beteiligten Verlaß ist. Was hindert sie daran? Wäre die Welt, in der sie sich entfalten muß, besser geordnet, wäre die Vorhersehung vorhersehbarer, so hätte der nicht das Nachsehen, der sich zu sehr auf seine beschränkte Einsicht in sie verläßt. Die Natur kann also – wie heutzutage ja auch sonst jedermann – gar nichts dafür. Die Umstände sind schuld, unter denen sie heranwachsen mußte, sie ist das Geschöpf ihrer Daseinsbedingungen: Der Schöpfer wollte seine Schöpfung so; oder sie gelang ihm beim ersten Versuch nicht anders; oder was ist, ist, wie es ist, weil es ist, ohne weiter begründbar zu sein. Vor allem – und wer hat es anders erwartet? – die gesellschaftlichen Verhältnisse sind schuld, in der ihre Kinder aufwachsen müssen. Wenn sich die vielen biologischen Arten nur endlich in einem ökologischen Kartell absprächen – zwar unter Hingabe von Wachstumschancen und unter Verzicht auf erneuernde Fortentwicklung, aber doch unter Gewinn langfristig ökologisch stabil geordneter Verhältnisse. Aber leider geht es nicht, selbst wenn einige es so versuchen sollten, denn sicherlich hielten sich andere nicht daran, denen dies kurzfristig Vorteile brächte. Kaum entschlösse sich eine Spezies dazu, den Kuchen aufzuteilen und nicht mehr Esser herzustellen, als am Tisch Platz haben, so käme gewiß eine andere, erzeugte doppelt so viele Nachkommen, womöglich genügsamere und tüchtige-

re, und drückte damit auf den ersten Blick und längere Sicht eine viel vernünftiger wirtschaftende Spezies an die Wand.
Wir sehen, die Natur hat die klassischen Sorgen einer freien Wirtschaft: Dumping, Verelendungskonkurrenz, Rationalitätsfallen, Schwarz- oder Trittbrett-Fahrerei, Gefangenen-Dilemma, Allmendentragödie. Wir wissen, was man dagegen tut, und wissen, wie wirkungsvoll es ist: vernünftige Absprachen und Sanktionen gegen jene, die sich nicht daran halten, oder, wenn das nicht läuft, ein gesetzlicher Ordnungsrahmen mit Gebühren, Bußen und Strafen, um seine Einhaltung zu erzwingen. Aber siehe da, was kommt dabei durch die Hintertür zurück? Planung, Überwachung, Kontrolle, Bürokratie und Zwangsexekutive: das bucklige Gefolge der prächtigen Ideale vernünftig-gerechter Ordnung der Dinge. Nur: Zu alledem haben *wir* mehr schlechte als rechte Mittel, die »Natur« hat sie nicht. Vielleicht entwickelte sie sich auch deshalb so erfolgreich. Daraus könnte man also zwei Folgerungen ziehen:

1. Die lebendige Natur ist damit trotz aller Probleme nicht schlecht gefahren; sie hat fast vier Milliarden Jahre nicht nur überdauert, sondern sie ist in unaufhaltsamer Höherentwicklung von der Amöbe über den Wurm und den Fisch am Ende nicht nur auf den Hund, sondern auch auf den Menschen gekommen. Zugestanden; aber sie hat dafür immer auch die Kosten aufbringen müssen. Keine Spezies hat von frühen Anfängen an durchgehalten, über 99 Prozent aller je existenten Arten sind ausgestorben. Nur wenige überdauerten mehr als einige Millionen Jahre (vgl. auch S. 321). Für eine Säugetierart fällt die Wahrscheinlichkeit weiterzubestehen, schnell unter ein Prozent, wenn sie einmal etwa zehn Millionen Jahre überlebt hat (Erben 1981; Stanley 1979). Die Evolution erhält weder Individuen noch Arten. Es ist ihr zwar dadurch bisher unter unzähligen Artenopfern gelungen, das Leben am Leben zu halten, aber sogar da ohne jede Garantie, daß dies auf gleichem Wege notwendig immer weiter gelingen muß. Die Dynamik der lebendigen Arten gibt ihren Lebensgemeinschaften mittelfristig bewundernswerte Stabilität. Sie garantiert jedoch zugleich aufgrund der ihr innewohnenden Gesetzlichkeit fast allen auf absehbare Frist sicheren Untergang – *sub specie aeternitatis* eine grandiose

Leistung, aus teilnehmender Nähe des tätigen Opfers eine bittere Pracht.

2. Ich habe nicht ohne Absicht durch eine manchmal vielleicht allzu saloppe Darstellung auf die großen funktionellen Entsprechungen zwischen Evolutionsgeschehen und menschlichem Wirtschaften hingewiesen. Dies ist ja nicht neu. Nicht etwa, weil Charles Darwin nicht nur Thomas Malthus, sondern auch Adam Smith sehr genau gelesen hatte, sondern weil die Grundprobleme des Wirtschaftens in Natur und Kultur die gleichen sind: Ressourcen zu erwerben und zu allozieren, daraus Erträge zu produzieren und diese sodann zur Befriedigung konkurrierender Bedürfnisse aufzuteilen. Da kann es nicht verwundern, wenn es dafür auch analoge Lösungswege in Natur und Kultur gibt, zumal ja letztere aus ersterer erwuchs und sie selbst dort fortsetzte, wo sie sie ersetzte (als Beispiel einer diese Übereinstimmungen betonenden Betrachtungsweise siehe Becker 1981). Dies wird nun manchmal benützt, um gerade der freien Marktwirtschaft eine Art höherer Weihe naturgemäßer Gesetzlichkeit zu geben, eine Naturrechtfertigung sozusagen. Mag durchaus sein: Es kommt nur darauf an, wie man es verstehen will. Wer an Produktionsmaximierung, Umsatzsteigerung, Innovation, Intensivierung wirtschaftliche »Leistung« ablesen und zum primären Ziel und Selbstzweck menschlichen Handelns machen will, der wird wohl gar nicht schlecht daran tun, sich anzusehen, wie die »Natur« seit Milliarden Jahren mit größtem Erfolg für die belebte Welt insgesamt (allerdings weder für Einzelwesen noch Einzelarten) solche Fitnesswerte optimiert hat. Nur muß man dann auch bereit sein zu sehen, daß es der Natur mit diesem Verfahren leider auch nicht gelungen ist, einen auf Dauer wirklich stabilen Kurs zu garantieren, wie groß die Risiken sind, die sie dabei ständig eingehen mußte, und die Kosten, die von den Teilnehmern dieses Prozesses zu tragen waren. Das größte dieser Risiken könnte es am Ende gewesen sein, daß es ihr bei alledem gelungen – oder unterlaufen – ist, den Menschen hervorzubringen! Noch einmal gesagt: Die Natur hat es auf diesem Wege zwar geschafft, »das Leben« zu erhalten und voranzubringen, nicht aber einzelne Arten. Der Mensch ist jedoch – mag ihn seine Hybris auch manchmal hindern, das zu beachten – nicht

»das Leben«, er ist eine, wenn auch besonders tüchtige, aber eben gerade auch dadurch ausgesprochen lebensgefährliche und zugleich nur allzu lebensgefährdete Spezies. Vor allem: Wenn dies alles so schön naturwüchsig scheint, muß es denn schon deshalb gerechtfertigt sein – wenn dieser Begriff mehr heißen soll als die Selbstrechtfertigung alles Bestehenden –, weil es erfolgreich ist? Degradierte denn nicht eine solche Sicht den Menschen – je nach Voreingenommenheit des Betrachters – zum Supertier, zur Intelligenzbestie oder zum willenlosen Werkzeug des Weltgeistes? Welchen Inhalt hätte dann der Begriff Rechtfertigung überhaupt noch? Da müßte doch einer bereit sein, Leibniz wie Hegel ganz und gar darin zu folgen, daß alles »Natürliche« ebendeshalb »vernünftig« ist, weil es existiert (und die wenigsten Apologeten der Marktwirtschaft dürften wohl als so ausgemachte Hegelianer gelten!). Ich möchte diese Frage zunächst so stehen lassen, um später darauf zurückzukommen.

Um zunächst zur Frage der Stabilität zurückzukehren: Wenn die biologischen Arten in der Tat aufgrund ihrer Entstehungsbedingungen daraufhin selektioniert sind, sich so erfolgreich wie möglich zu vermehren, also maximale reproduktive Fitness für ihre Gene anzustreben, wie die neodarwinische Evolutionsbiologie dies ausdrückt, was kann dann überhaupt die, wenn auch zeitlich und räumlich begrenzte, ökologische Stabilität bewirken, die wir doch unstreitig in der Natur antreffen?

Alle Lebewesen sind unter für sie günstigen Lebensbedingungen imstande, im Durchschnitt pro existierendem Individuum mehr als einen selbst wieder fortpflanzungsfähigen Nachkommen zu erzeugen. Wären sie dies nicht, so würden sie über kurz oder lang aussterben, sie wären keine Lebewesen, sondern Sterbewesen, für sie wäre das Leben in der Tat eine ganz akute Krankheit zum Tode. Daß es auch nicht möglich ist, einfach regelmäßig die alt gewordenen gegen neue Individuen in exakt gleicher Anzahl auszutauschen, daß die Natur also nicht einfach für Nullwachstum der Population sorgen kann, wurde bereits in anderem Zusammenhang erläutert. In einer Welt, in der viele Einflußgrößen stochastisch schwanken, wäre ein solcher Zustand nur unter ständig genauester Messung von augenblicklicher Populationsgröße, Sterbe- und Geburtsrate und mit präziser Regulation der

Zuwachsrate stabil zu halten, also von einer im Hinblick auf Bevölkerungsstatistik und Geburtenregelung perfekt kontrollierten Art. Dies vermag keine biologische Spezies.
Hinzu kommt, daß jeder zufällige Anstieg der Mortalität bei einer solchen »Nullwachstumsart« sofort einen Schrumpfungsprozeß der Population einleiten müßte. Dadurch wäre sie gegen jeden Konkurrenten mit positiver Wachstumsrate schnell unterlegen. Da Konkurrenz um knappe Ressourcen in der natürlichen Welt der Normalzustand ist, gilt in der Populationsdynamik aller biologischen Arten, daß Null gleich Minus ist: Gar nichts ist immer noch zuwenig.
In der Populationsökologie wird das eben Erläuterte meist einfach dadurch ausgedrückt, daß für alle überlebensfähigen und konkurrenzfähigen Arten in der einfachsten Differentialgleichung, die das anfängliche Wachstum einer Population der Größe N wiedergibt, die spezifische Zuwachsrate r, der sogenannte Malthus-Parameter, unter guten Lebensbedingungen immer positiv ist $dN/dt = rN$. Die Lösung dieser in ihrer Bedeutung zuerst von Thomas Malthus richtig eingeschätzten Gleichung ist $N_t = N_0e^{rt}$, was also besagt, daß im Prinzip jede biologische Population zu exponentiellem Wachstum fähig ist. Diese trockene Feststellung bedeutet ihrerseits wieder nichts weniger, als daß in *jeder* Organismenart, so unscheinbar sie sich immer geben mag, von der Alge bis zur Blattlaus, von der Feldmaus bis zum Menschen, der Keim einer Populationslawine, der Zündsatz einer Bevölkerungsexplosion steckt. Da es schlaue Leute gibt, die exponentielles Wachstum für verheerend und verdammenswert halten und sich daher in aller Bescheidenheit pro Jahr mit wenigen Prozent Realzuwachs (z. B. des Einkommens, des Wohlstands, des Konsums, des Verbrauchs von Ressourcen!) zufriedengeben wollen, muß wohl die triviale Selbstverständlichkeit betont werden, daß *jedes* in positiven Prozentsätzen pro Zeitabschnitt ausdrückbare Wachstum exponentielles Wachstum ist. Die Tatsache, daß man Zuwächse aller Art üblicherweise nicht in Absolutwerten, sondern als Bruchteil des schon vorhandenen Bestandes angibt, ist bereits die erste (psychologische) Todsünde gegen die ökologische Vernunft! Die Wachstumsmetapher ist ja höchst verführerisch: Was könnte organisch-natürlicher sein als Wachstum? Doch müßte man sich schon ganz und gar auf den Standpunkt eines Karzi-

noms stellen, wenn man an kontinuierlich-prozentualem Zuwachs solchen Gefallen finden wollte! Seien es auch im Jahr klitzekleine ein Prozent Zuwachs, zu dem ein Stammpärchen einer Spezies fähig wäre (was ist schon ein Prozent: der Inflationstraum des Wirtschaftsministers, der Gehalterhöhungsalptraum von ÖTV-Vorsitzenden): In 1000 Jahren sind 30 000 daraus geworden, in 2000 Jahren 300 Millionen und nach 3000 Jahren schon 3000 Milliarden!
Diese Zahlenspielerei soll nur eines verdeutlichen: Wie gefährlich es doch für jedes Ökosystem sein muß, in einem Oikos, einem Haus also, mit Vieltausenden solcher Sprengladungen leben zu müssen, wie unwahrscheinlich und gefährdet der Stabilitätszustand selbst der uns noch so widerstandsfähig erscheinenden Ökosysteme daher sein muß. Deshalb sofort die Frage: Wie schafft es dann die Natur, diese Schar vermehrungslüsterner Mitglieder so zu kontrollieren, daß sich ihre Zuwachsraten in verträglichen Grenzen halten, obwohl es – wie erläutert – aus evolutionären Gründen für Biospezies nicht in Frage kommt, den Ausweg in geplantem Nullwachstum zu suchen oder zu finden?
Rein formal-mathematisch ist das kein Problem. Die einfachste Lösung stammt von dem belgischen Mathematiker Pierre-François Verhulst. Er entdeckte sie schon 1838, sie wurde jedoch, ähnlich Mendels Erbgesetzen, erst lange danach, um 1920, wiederentdeckt. Sie ist als logistische oder sigmoide Wachstumsgleichung bekannt: $dN/dt = rN (K-N/K)$. Nach ihr ist das Populationswachstum nicht nur proportional dem augenblicklichen Bestand N und dem Zuwachsparameter r, sondern noch einem zusätzlichen Faktor, der bei kleiner Population gleich Eins ist und mit Annäherung an die von der Umwelt maximal tragbare Populationsgröße, die Tragekapazität K, gegen Null geht, wodurch der Zuwachs bei ebendieser Tragekapazität sein Ende findet. Die Populationsgröße bleibt im Rahmen zufälliger Schwankungen weitgehend konstant. Das Schöne an dieser Gleichung ist, daß sie nicht nur mathematisch elegant und biologisch intuitiv einsichtig ist, sondern daß sie erstaunlich viele empirische Befunde an biologischen Populationen recht gut wiedergibt, daß sie also, wie man sagt, ein sehr robustes Modell darstellt (wenngleich sie keineswegs immer gilt, weshalb es natürlich die Freude der theoretischen Ökologen ist, sie als zu simpel zu widerlegen und durch viel schönere, kompliziertere

Differentialgleichungen höherer Ordnung zu ersetzen, die vor allem – und dies ist schon äußerst wichtig – auch Zeitverzögerungseffekte berücksichtigen). Dennoch, für alle grundsätzlichen Erwägungen zur ökologischen Stabilität ist die Verhulst-Gleichung als erste Annäherung an die Wirklichkeit immer noch sehr geeignet.

Die Verhulst-Gleichung zeichnet sich also dadurch aus, daß eine Population, solange sie klein ist und in einen für sie freien Lebensraum hineinexpandieren kann, mit maximaler Wachstumsrate r exponentiell anwächst, während vom Punkt der Halbsättigung der Umwelt ab mit weiterer Zunahme immer stärker begrenzende Drücke auf sie ausgehen, die ihre Wachstumsrate zunehmend mindern, bis diese im theoretischen Idealfall asymptotisch zu Null wird. Wir sprechen davon, daß diese Population dann die Tragkapazität K des Lebensraums für diese Art voll ausgefüllt hat. Wenn wir also danach fragen, was all die vielen Glieder eines Ökosystems in annähernd stabiler Populationsdichte im Rahmen ihrer jeweiligen Tragekapazität hält, so fragen wir damit nach den mit zunehmender Populationsdichte immer stärker greifenden Regulations- und Begrenzungsmechanismen, die die exponentielle Wachstumskurve in die logistische S-Form biegen.

Wir sehen sofort, daß es nur populationsdichteabhängig wirkende Faktoren sein können, die das zustande bringen, denn dichteunabhängige Begrenzungsfaktoren – etwa Winterfrost, Sommerdürre, Überschwemmungen, Sturmfluten, Vulkanausbrüche oder Waldbrände, die natürlich Populationen von Lebewesen durchaus verheerend zehnten können – wirken sich ja immer nur so aus, daß dadurch ebendie Tragekapazität der Umwelt für diese Arten zeitweise oder auf Dauer dramatisch gesenkt wird. Das Problem der Stabilerhaltung der Population trotz des eigentlich jeder Art eigenen exponentiellen Wachstumspotentials bleibt dabei vorher wie nachher das gleiche.

Der erste, der über die Notwendigkeit und über die Mechanismen der dichteabhängigen Populationsbegrenzung – die er »population checks« nannte – systematisch nachdachte und diese empirisch zu belegen suchte, war wohl Thomas Robert Malthus (1766–1834), vor allem in seinem berühmten Buch »An Essay on the Principle of Population, as it affects the Future Improvement of Society ...«, das zuerst 1798 anonym erschien. Als Pfarrer und Professor der

Nationalökonomie ging es ihm zwar vor allem um den Menschen, er erkannte aber sehr wohl, von Benjamin Franklin darauf hingewiesen, die biologische Allgemeingültigkeit des Problems.

Von Malthus weiß der mit gängiger ökonomischer Bildung Gesegnete: 1. daß er annahm, die Bevölkerung wachse geometrisch (wir sagen heute: exponentiell), die Nahrungsproduktion hingegen linear, weshalb es zu zunehmender Verelendung durch Nahrungsmangel kommen müsse, wenn nichts dagegen geschähe; 2. daß er mit dieser Annahme unrecht hatte, da die Nahrungsproduktion in den vergangenen 150 Jahren ziemlich genauso (und das heißt: sogar überexponentiell) anwuchs wie die Erdbevölkerung der Menschheit. Da es immer gut ist, unsere Vorgänger nicht für viel dümmer zu halten als uns selber, fordert es auch hier die Gerechtigkeit, darauf hinzuweisen, daß Malthus nicht gar so simpel danebengriff, wie das vor allem seine Jünger gern in seinem Namen verkündeten (der kluge Descartes hatte aus ebendiesem Grund verfügt, man möge nichts von dem glauben, was seine Anhänger als seine Lehre ausgäben, sondern nur, was er selber gesagt habe!)

Malthus fand zwar – völlig zutreffend – aufgrund empirischer Daten, daß jede Population dazu neigt, annähernd exponentiell zu wachsen. Hingegen betrachtete er die lineare Zunahme der Nahrungsproduktion nur als erste Annahme, von der er sagte: »Let us take this for our rule, though certainly far beyond the truth.«[1] Er schrieb darüber hinaus: »The power of the earth to produce subsistence is certainly not unlimited, but it is strictly speaking indefinite; that is, its limits are not defined, and the time will probably never arrive when we shall be able to say, that no further labor or ingenuity of man could make further addition to it.«[2] Keine Spur einer von vornherein durch Naturgesetz festgesetzten Obergrenze! Sein Argument bezog sich vor allem auf das befürchtete Auseinanderklaffen zwischen den Zuwachsraten von Nahrung und Bevölkerung. Er hatte schon aus zwingend mathematisch-logischen Gründen damit recht, daß – wie gut die zusätzliche Ressourcenmobilisierung auch zeitweise gelingen mag – dieser Zuwachs zur Versorgung einer ständig exponentiell weiterwachsenden Bevölkerung grundsätzlich mit der Zeit immer weniger hinreichen kann. Dies ist für jedermann zwingend einsichtig, der in einer endlichen Welt eine Verbrauchsvariable exponentiell anwachsen sieht.

Wie hat sich nun Malthus diese Begrenzung durch »preventive and positive checks«, wie er es nannte, vorgestellt? Seine Meinung dazu entwickelte er in mehreren Stufen. Sie findet ihren endgültigen Niederschlag in der Aussage: »The checks which repress the superior power of population, and keep its effects on a level with the means of subsistence, are all resolvable into moral restraint, vice and misery.«[3] Von der moralischen Zurückhaltung soll gleich noch die Rede sein – wir brauchen sie bei biologischen Arten sicher nicht zu berücksichtigen. Was er unter »vice« verstand, paßt auch nicht so ganz in die Natur. Damit waren allerlei unkanonische sexuelle Aktivitäten gemeint, bis hin zu den »improper arts to conceal the consequences of irregular connections«[4]. Empfängnisverhütung lehnte er aus moralischen Gründen übrigens strikt ab. Andererseits tauchen unter den »preventive checks« solche auf, die auch bei manchen Biospezies – den sogenannten K-Strategen – die Reproduktionsrate senken: Ehelosigkeit oder hinausgezögerte Heirat (bei Tieren: späte Geschlechtsreife oder Fortpflanzungsverzicht eines Teils der Population). Klarer drückt er sich über die »misery«, die »positive checks« aus: ungesunde, armselige Lebensverhältnisse, Krankheiten und Epidemien, Kriege und Hungersnöte, also alle Faktoren, die die Natalität senken und die Mortalität steigern.
Viel anders liest sich das auch heute nicht in den Lehrbüchern der Ökologie unter »dichteabhängigen Begrenzungsfaktoren«. Diese lassen sich in zwei Gruppen fassen: solche, die darauf beruhen, daß für jede Art irgendwelche lebensnotwendigen Ressourcen nur begrenzt verfügbar sind (die unbegrenzt verfügbaren, wie Sauerstoff für Landtiere oder Trinkwasser für Wassertiere, können also außer acht bleiben!), und solche, die sich daraus ergeben, daß praktisch jede Art ihrerseits wieder eine begrenzende Nahrungsressource für andere Arten ist, für ihre Freßfeinde, Parasiten und Krankheitserreger. Dies sei etwas näher erläutert.

1. Jede Population ist in ihrer Dichte letztlich energie- und rohstoffbegrenzt. Dazu zählen vor allem Nahrungsfaktoren, in vielen Fällen genauso Wasser, Licht, Kohlendioxid, Sauerstoff usw. In Sonderfällen sind es bestimmte Nischenfaktoren, wie Nistplätze oder Unterschlupfe, die ähnliche Grenzen setzen.

2. Niemand besitzt eine Ressource auf Dauer allein zum Eigenverbrauch. Arteigene und artfremde Konkurrenten fordern ihren Teil. Konkurrenz vielfältiger Art ist daher ein Fundamentalfaktum des Daseins aller Lebewesen. Konkurrenz etwa in der Form eines Ausbeutungswettbewerbs, als Catch-as-catch-can. Sie ist besonders gefährlich, da sie zur Zerstörung der »öffentlich knappen Güter« durch Übernützung führt, zur »Tragödie der Allmende«, wie das Garrett Hardin (1968) genannt hat. Konkurrenz kann sich auch als Interferenz auswirken, als belastende Störung, als Streß durch die Konkurrenten. Am bekanntesten ist aber Konkurrenz durch aggressive Auseinandersetzungen um Ressourcen oder ressourcenträchtige Territorien, wodurch die zunächst öffentlich verfügbaren Güter schon unter den Tieren zu privaten Besitzgütern werden.
Ressourcenkonkurrenz ist nicht nur der wichtigste Begrenzungsfaktor, er ist zugleich der unablässig arbeitende Motor der Innovation, der Diversifikation, der Intensivierung und wohl am Ende oft auch der Konkurrentenvernichtung in der Evolution (Erben 1981; P. Ehrlich und A. Ehrlich 1982; siehe auch S. 199). Allerdings ist hinzuzufügen, daß die moderne Ökologie den ruinösen Wettbewerb unter Organismen sowenig die Regel findet, wie die moderne Nationalökonomie die marxistische Theorie der unaufhaltsamen Verelendungskonkurrenz in freien Wirtschaften für zutreffend hält. Der Grund scheint hier wie dort, daß spezialisierende Einnischung, vor allem aber gegenseitige Unterstützung der Organismen durch mutualistische und symbiontische Kooperation allen Beteiligten mehr Fitness bescheren kann als der rücksichtslose Konkurrenzkampf mit Zähnen und Klauen, worauf schon 1902 – zur Zeit der Hochblüte eines vor allem durch Herbert Spencer irregeleiteten »Sozialdarwinismus« – P. Kropotkin eindringlich hingewiesen hat. Natürlich konkurriert man dann um die ebenfalls knappen wertvollen Kooperationspartner und selektiert sich in einem Evolutionsprozeß zusammen mit diesen auf beiderseitigen Vorteil. In der Form der sexuellen Selektion um Fortpflanzungschancen ist uns dies seit Darwin (1871) gut bekannt, denn Sexualpartner sind für bisexuell sich fortpflanzende Organismen die allerwichtigsten begrenzenden Ressourcen für die eigene reproduktive Fitness. Die moderne Soziobiologie hat es sich ausdrücklich zum Ziel gesetzt, die evolutive

Entstehung aller Erscheinungsformen sozialer Lebensbeziehungen zwischen Organismen aufzuklären, was zugleich beinhaltet, daß über die Selektionsvorteile kooperativen Verhaltens – gegenüber denen unbeschränkter Konkurrenz – aufgeklärt und Sozialverhalten als biologische Anpassung verstanden wird (siehe Wilson 1975; Wickler und Seibt 1977; Markl 1980; Wittenberger 1981). (Vgl. dazu Teil II, Kapitel 2, S. 167 ff.)

3. Raubtiere, Parasiten, Krankheitserreger sind schließlich die Steuereintreiber der Evolution, die das, was eine Art allenfalls aus ihren knappen Ressourcen an Reinertrag, an Fitness erwirtschaftet, am Ende auch noch mit Abgaben belegt, in der Regel mit um so größerem Erfolg, je dichter die Beutepopulation ist. Wie im Idealfall auch bei der Besteuerung zwischen Finanzamt und Bürger, stellt sich meist auch zwischen Freßfeind und Beute oder Parasit und Wirt nach einiger Zeit ein mehr oder weniger stabiles Gleichgewicht ein. Hier wie dort kommt es dabei allerdings auch zu den raffiniertesten Verhaltensweisen des Verbergens, der Täuschung und aktiver Gegenwehr von seiten der Beute und immer weiter perfektionierter Fahndung durch die Agenten der Fitness-Schröpfung. Wer nicht einmal seinen Räubern entgehen kann, verdient dann wohl in der Natur das Überleben sowenig wie die Firma des Geschäftsmanns, der am Steuerzahlen pleite geht.

Nun bleibt mir noch ein Letztes im Hinblick auf die Stabilität von Populationen in natürlichen Ökosystemen zu besprechen. Gehen wir in einen natürlichen Lebensraum – etwa auf Safari in der Serengeti –, so sehen wir Wildtiere, die in aller Regel gesund und wohlgenährt scheinen, genauso die Singvögel im Buchenwald. Sie machen uns nicht den Eindruck, am Rande der Tragekapazität elend dahinzuvegetieren. Haben also die Tiere vielleicht einen Mechanismus der *Selbstregulation* ihrer Population entdeckt, der dafür sorgt, daß sie ihre Reproduktion an die Lebensvoraussetzungen, also letztlich die Tragekapazität der Umwelt anpassen? Nicht wenige Biologen meinten dies postulieren zu dürfen oder nachweisen zu können. Eingehende Untersuchungen haben allerdings immer wieder ergeben, daß dies

höchst unwahrscheinlich, wenn nicht gar unmöglich ist (siehe dazu Wynne-Edwards 1962; Lack 1966, Cohen u. a. 1980).
Zunächst stimmt oft schon die Ausgangsfeststellung nicht ganz: Gerade in harten Mangelzeiten – etwa in Dürremonaten oder im eisigen Winter – sterben zahllose Tiere wirklich an unmittelbarem Nahrungsmangel, viel mehr, als uns auffällt, weil die natürliche Kadaververnichtung und der Wegfang von Geschwächten durch Raubfeinde so effizient funktionieren. Sodann zeigt genaueres Nachdenken, daß eine Selbstbeschränkung an der Tragekapazität dann nicht gelingen kann, wenn diese – wie fast immer der Fall – mehr oder weniger unvorhersagbar schwankt. Eine Selbstregulation weit unter der wirklichen Tragekapazität schiene dann zwar eine Lösung, diese wäre jedoch nur in einer Welt ohne Nahrungskonkurrenten haltbar. Der »vernünftige Verbraucher« würde nämlich, durch weniger zurückhaltende Konkurrenten sogleich wieder an eine neue, niederere Tragekapazität gedrängt, genötigt, von ihr durch weitere Populationsverkleinerung abzurücken, und würde sich so in beschleunigter Todesspirale selbst ausrotten. Zwar gäbe es Modelle sogenannter Gruppenselektion, in denen die auf ihrem Territorium vernünftig wirtschaftenden Gruppen langfristig besser fahren als die sich ungehemmt vermehrenden Konkurrenzgruppen, doch sind solche Gruppen ohne einen sozialen Kontrollmechanismus gegen einzelne, die sich weniger zurückhalten und auf Kosten anderer Gruppenangehöriger profitieren, kaum stabilisierbar: Jedes Angebot sozialer Vorteile züchtet auch seine parasitischen Nutznießer! Vergessen wir nicht, daß dies eine notwendige Konsequenz des Erfolgsprinzips der natürlichen Evolution ist, nach dem jeder Organismus daraufhin selektiert wird, alles zu tun, was seine Fortpflanzungsfitness fördern kann: Das fitness-ökonomische Tier steckt somit unter dem Zwang einer evolutionären »Ratio« nicht anders in der Rationalitätenfalle als der *homo oeconomicus*. Gemeinschaftsnormen, deren Einhaltung durch soziale Sanktionen kontrolliert werden, mit andern Worten, eine Gemeinschaftsmoral könnte dieses Problem schon überwinden, doch ist offenbar der Mensch die einzige Spezies, die dazu, wenn auch, wie wir wissen, höchst unvollkommen, durch bewußtes Denken imstande ist, das heißt, da er die Folgen seines Tuns und Lassens gleichsam im Denkmodell betrachten

kann. Es ist durchaus denkbar, daß genau dies als Ansatzpunkt einer Evolution der »Moralfähigkeit« der Biospezies Mensch zu sehen ist, genauer, daß diese Befähigung zur Setzung und Durchsetzung sozialer Normen die Überlegenheit der Primatenart Mensch gegenüber ihren Konkurrenten begründete, da aus ihr die anderen Vorteile menschlichen Soziallebens erwuchsen (siehe dazu Stent 1978; Crook 1980). Einer vergleichbaren Selbstregulation des Verhaltens bei nichtmenschlichen Lebewesen stehen also mit Sicherheit enorme evolutive Schwierigkeiten entgegen. In der Tat ließ sich eine Selbstbeschränkung der Population an oder unter der Umwelttragegrenze in keinem Falle überzeugend nachweisen.

Hier kommt es leider oft zu einem Mißverständnis, zu dem ein paar Worte am Platze sind. Ganz grob kann man nämlich im Hinblick auf das Fortpflanzungsverhalten von Organismen zwei (natürlich durch Übergangsformen verbundene) Strategien unterscheiden, gleichsam zwei alternative, jeweils unter bestimmten Umständen besonders begünstigte Methoden, seine Fitness zu optimieren (siehe dazu MacArthur und Wilson 1967; Stearns 1977).

Man kann, wie die Auster, sein Heil darin suchen, immer mehr – allerdings dadurch notwendigerweise immer kleinere – Nachkommen in die Welt zu entlassen, immer »billigere« Eier zu legen, von denen zwar dann die allermeisten schnell umkommen, aber: die Zahl macht's. Die miteinander so konkurrierenden Arten versuchen, sich dabei vor allem durch Verbilligung des Einzelstücks und Steigerung der Stückzahl zu überbieten – so wie die Rubik-Würfel aus Hongkong jene aus Budapest und die Armbanduhren aus Singapur jene aus Genf aus den Geschäften zu verdrängen suchen. Man nennt dies eine r-Strategie, da dabei vor allem der Malthus-Parameter r der Wachstumsgleichung maximiert wird. Sie geht meist mit vielen anderen typischen Merkmalen einher: Kurzlebigkeit, kleiner Körpergröße bei möglichst früher Geschlechtsreife, mangelnder Brutpflege, daher hoher Frühsterblichkeit der überaus zahlreichen Nachkommen, Ausbeutungswettbewerbsverhalten um die benötigten Ressourcen, starker Neigung zu Auswanderung und Kolonisation neuer Biotope, Neigung zu asexuellen Vermehrungsphasen; kurz: eine eher extensive Art der Lebensverwirklichung.

Wir finden solche Organismen besonders häufig in wenig stabilen oder neu erschlossenen Habitaten. Viele pflanzenfressende Insekten – klassische Beispiele: Blattläuse oder Wanderheuschrecken – und viele Kleinsäuger, wie Mäuse oder Ratten, gehören dazu.
Andererseits kann eine Population auch einen ganz anderen Strategiepfad einschlagen, anfangs wohl zufällig, dann durch ständig in gleicher Richtung wirkende Selektionsdrücke auf dieser Spezialisierungslaufbahn gefangen. Besonders in relativ stabilen Lebensräumen, die seit langer Zeit voll besiedelt sind, das heißt in der die meisten Arten ihre Populationen bis an die Tragekapazität K ausgedehnt haben, liegt kein Vorteil in der Steigerung der Produktion von immer mehr schutzlosen Nachkommen. Im Gegenteil: Wo man bestenfalls hoffen kann, für jedes existente Individuum einen platzhaltenden Nachfolger unterzubringen, liegt ein Vorteil darin, immer weniger immer besser auf das Leben vorbereitete und immer intensiver behütete Nachkommen zu erzeugen. Hier ist eine K-Strategie der Reproduktion vorteilhafter, gekennzeichnet durch Langlebigkeit, intensive Brutpflege der wenigen Nachkommen, große Körpergröße, die Vorteile in der aggressiven Auseinandersetzung um Territorien verleiht, an denen man dann lebenslang, ja oft über Generationen hinweg festhält, späte Geschlechtsreife, überwiegend sexuelle Fortpflanzung in häufig langfristig stabilen Paarungsverhältnissen; mit einem Wort: eine Intensivwirtschaft, bei der es mehr auf Qualität als Quantität ankommt. Beispiele dafür finden sich vor allem bei Großvögeln genauso wie bei Großsäugern.
Der Mensch selbst ist biologisch gesehen der am stärksten K-selektierte Primat. Zwischen verschiedenen menschlichen Kulturen, ebenso wie innerhalb ihrer, setzte sich im Lauf der Kulturevolution dieser Prozeß der K-Selektion auf überbehütete Nachkommen sogar immer noch weiter fort, bis zu den fast schon an Tyrannosaurus, Säbelzahntiger oder Riesenhirsch erinnernden Exzessen aufgeklärter Gesetzgebung, die es einem greisen Ehepaar auferlegen mag, ihrem sich selbst schon bedrohlich dem Pensionsalter nähernden Nachwuchs immer noch eine weitere Berufsausbildung zu bezahlen. Wenn sich das durchschnittliche Promotions- und damit Lebensunabhängigkeitsalter unserer akademischen Elite dem 30.

Lebensjahr nähert, so sind Elefanten und Blauwale dagegen außer Rand und Band geratene r-Strategen.
Doch zurück zur Selbstregulation: Ist denn diese K-Strategie nicht der überzeugende Beleg für vernünftige und wirkungsvolle Selbstbeschränkung? Verminderung der Wachstumsrate bis auf das bare Minimum – wenn das nicht fast schon »moral restraint« ist, was dann? Hier liegt nun aber der Denkfehler. Selbst noch der restriktivste K-Stratege unter den Tieren *maximiert* unter den gegebenen Umweltbedingungen und in Konkurrenz mit sich anders verhaltenden Tieren seine reproduktive Fitness, so gut er eben kann. Er beschränkt seine Fortpflanzungsrate ja keineswegs, um *weniger* erwachsene, fortpflanzungsfähige Nachkommen in die nächste Generation zu entlassen als seine Konkurrenten, sondern wenn irgendmöglich *mehr*! Und deshalb war auch der hochgradig K-selektierte Mensch über die letzten 10 000 Jahre ja keineswegs mit einer stabilen Bevölkerungsdichte gesegnet, sondern ganz im Gegenteil, er schaffte vor allem in den letzten paar hundert Jahren echte Zuwachsraten, vor denen selbst eine schwarze Ratte vor Neid erblassen könnte.

Dynamik und Stabilität der menschlichen Population

Wie steht es nun mit unserer Spezies, wenn wir sie ebenfalls als Biopopulation betrachten, die knappe Naturgüter zum Leben benötigt und verbraucht? Gilt, was eben für die Populationsdynamik anderer Lebewesen ausgeführt wurde, auch für uns Menschen und – wenn nicht zur Gänze – dann in welcher Hinsicht, und was unterscheidet uns andererseits von unseren animalischen Vorfahren? Vor allem: Wo doch alle Lebewesen von Natur aus aufgrund der Evolutionsgesetze, denen sie ihr Dasein verdanken, auf maximale Vermehrung hin selektiert sind, gilt das für uns nicht auch? Müßte dies – wenngleich wir dieses Ziel vor allem mit kulturellen Mitteln verfolgen, aber das bedeutet ja nur: *noch* wirkungsvoller als unsere Tiervorfahren –, müßte dies dann nicht *der* wichtigste Naturfaktor sein, der auch unsere Geschichte formte? Der spontane Druck der sich ständig mehrenden Population und der Gegendruck von Ressourcenknappheit, durch Konkurrenz unter uns Menschen und mit Tieren, die auch von dem leben müssen, was der Mensch möglichst ausschließlich für sich nutzen möchte; die Bedrohung und Begrenzung durch Krankheiten und Seuchen und durch die Unvorhersagbarkeit klimatischer Katastrophen – treiben diese Faktoren also dann das Rad der Geschichte an? Daß all dies der wirkliche natürliche Rahmen ist, in dem sich menschliche Geschichte entfalten mußte, gegen den sie mit kulturellen Mitteln anstürmen, den sie dadurch sicher auch immer wieder erweitern konnte, bis dorthin, wo mit dem Gesetz des abnehmenden Grenznutzens die elastischen Fesseln der Umwelt immer schwerer weiter auszudehnen sind, wo zunehmend mehr Einsichtige fürchten, daß diese in Bälde eher reißen und uns ins Leere fallen lassen, als daß wir sie noch viel weiter ausdehnen können – wer möchte all dies leugnen? Wem könnte es einfallen, ausgerechnet bei einer Art die Individuenvermehrung nicht als eine Treibkraft erster Ordnung anzusehen, für die die Trendmeldungen lauten: vor 10 000 Jahren 10 Millionen, vor 5000 Jahren 50 Millionen, zur Zeitenwende 250 Millionen, 1650 = 500 Millionen, 1850 = 1 Milliarde, 1980 = 4 Milliarden (Spooner 1972; Zubrow 1976; Hassan 1981)? Wer könnte der Steigerung der reproduktiven Fitness ausgerechnet bei einer Spezies zweitrangige Bedeutung zumessen, bei der einer der bedeutendsten Versuche, dem Leben Sinn zu verleihen – die christliche Religion –, von einem Wachset-und-mehret-euch-Befehl ausgeht (und in manchen Glaubensrichtungen gegen alles modernistische Blendwerk des Teufels unverbrüchlich daran festhält), einem Befehl, der Darwin nicht nur nicht als den leibhaftigen Antichrist erscheinen läßt, als den ihn die fundamentalistischen Kreationisten schmähen, sondern geradezu als alttestamentlichen Propheten, als Erfüllungsgehilfen des Vatikans, als papistischen Chefideologen! Scheint es da dem Evolutionsbiologen nicht wie Hohn, wenn ausgerechnet ihm vorgeworfen wird, er degradiere den Menschen zum Tier?

In der Tat haben neuerdings einige von der biologischen Ökologie aus argumentierende Autoren – zum Beispiel der angesehene amerikanische Ökologe Paul Colinvaux in seinem Buch »The Fates of Nations. A Biological Theory of History« (1980) und ähnlich Anthropologen aus der sogenannten »kulturmaterialistischen« Schule (Sahlins 1972;

Harris 1978, 1979) – geltend zu machen versucht, daß sich viele epochale Ereignisse der menschlichen Kulturentwicklung zwanglos aus einer Betrachtung herleiten lassen, in welcher der Mensch mit anderen – nämlich überlegenen kulturellen – Mitteln in seiner Kulturevolution und Geschichte die Naturevolution fortsetzt und dabei ausschließlich deren alte Zwecke weiterverfolgt. Das erinnert an frühere Versuche, vor allem aus marxistischer Sicht, der menschlichen Geschichte eine gleichsam naturwüchsige Zwangsläufigkeit aufgrund der äußeren Lebensbedingungen und zwingender gesellschaftlicher Gesetzmäßigkeiten zuzuschreiben, Versuche, die von anderen Historikern nachdrücklich kritisiert wurden. Man wird sicher auch nicht in der Annahme fehlgehen, daß man in einer allzu einseitig ökologischen Geschichtsinterpretation die historische Wirklichkeit ebenfalls nur wie in einem Zerrspiegel und zum Teil bis zur Unkenntlichkeit vereinfacht wiedererkennen wird. Sie bedarf mit Sicherheit der Ergänzung durch andere Sichtweisen, wie zum Beispiel auch der historischen. Dennoch bleibt es richtig, daß die Bedingungen des täglichen Nahrungserwerbs, der Bedrohung durch Naturkatastrophen und Seuchen, der ganzen alltäglich biologisch-kreatürlichen Wirklichkeit zwischen Geburt und Tod zugleich auch die ersten Bedingungen jeder Geschichte des Menschen sind. Daraus allerdings den Generalschlüssel zum Verständnis alles historischen Geschehens machen zu wollen, hieße wohl auf der Ebene der ökologischen Beziehungen der Menschheit zu ihrer äußeren Natur auf fatale Weise den gleichen Fehler wiederholen, den ich im Hinblick auf genetische Vorgaben seiner inneren Natur richtigzustellen versucht habe (vgl. S. 244 ff.). Was für jeden Einsichtigen ein Rahmen ist (der noch dazu im Einzelfall keineswegs klar definierbar ist; »limited but undefined«, wie Malthus so überaus treffend formulierte), der das Geschehen in dem von ihm umschriebenen Bereich umfängt, es aber doch keineswegs in seinem detaillierten Verlauf vorbestimmt, würde ohne Berücksichtigung der Tatsache, daß der kulturelle Erfolg des Menschen eben vor allem auf der Verhaltens*freiheit* beruht, die ihm sein vorstellungsleitendes Denken und dadurch vorbedacht planvolles Handeln verleihen, zu einem deterministischen Szenario schrumpfen, das sich zur Wirklichkeit des menschlichen Lebens wie ein Marionettentheater verhält.

Wie auf den Seiten 308 bis 311 ausführlich dargelegt, rührt der Anstieg der Menschenbevölkerung seit der Neusteinzeit wohl nicht so sehr vom Wegfall oder der besseren Bekämpfung von Feinden, Konkurrenten oder Parasiten her – im Gegenteil, es gibt viele Belege dafür, daß mit zunehmender Verfügbarkeit von Nahrungsressourcen und Zunehmen der Bevölkerungsdichte Schmarotzerdruck und Seuchengefahr, sogar die Gefahr von Fehlernährung größer wurden (Schultz 1982). Der dramatisch rasche und bis heute ungebrochene Populationsanstieg wurde vielmehr höchstwahrscheinlich ganz überwiegend durch die Überwindung der Nahrungsbegrenzung durch aktive Steigerung der Nahrungsproduktion bewirkt, die allerdings zugleich bis zum Beginn der industriell-hochtechnisierten Agrikultur auch immer den Einsatz von mehr Arbeitskräften erforderte. Erst in allerjüngster Zeit haben Erfolge in der Seuchenbekämpfung den Populationszuwachs zusätzlich beschleunigt. Der Übergang zum Ackerbau verzehnfachte, die Erfindung des von Tieren gezogenen Pflugs verhundertfachte, die moderne chemisch-technische Industrieagrikultur vertausendfachte die Tragekapazität der Erde für Menschen. Aus zehn Millionen Altsteinzeitlern sind fast schon zehn Milliarden Zeitgenossen geworden, die keinen Stein mehr auf dem andern lassen können: immer noch die gleiche in der Kulturtradition verankerte, durch Erziehung immer neu bekräftigte Furcht vor der gleichen Not der Zukunft vor Augen, voll der gleichen Hoffnungen, durch mehr Leistung von mehr Menschen noch einmal eine erneut beschleunigte Umdrehung des Schwungrades zu schaffen und zu überstehen.

Für den, der zufrieden damit ist, nur an sich und seine Kinder zu denken, vielleicht gar nicht schlecht. Wir werten ja leider (vielleicht unserer Natur gemäß) Menschen, die uns nicht näher stehen, allzuleicht geringer als unsere nächsten Verwandten. Vielleicht liegt es daran, daß wir ohne viel Rührung unsere Urenkel, die uns so fern oder ferner stehen als Vettern zweiten Grades, dem Schicksal überlassen, das wir uns anschicken, ihnen zu bereiten. In den nächsten hundert Jahren könnte sich die Menschheit theoretisch – wenn sie weitermachte wie bisher – noch einmal verfünf- oder gar verzehnfachen. Kein Zweifel, daß für diese Massen kein Leben auf dieser Erde wäre, das human genannt zu werden verdiente: Aus der Erde, die dem Menschen

eine paradiesische Heimat sein könnte, müßte eine gigantische Fabrik der ungezählten armen Seelen werden.
Wer logisch denken und quantitative Argumente wägen kann, wird daher nicht umhinkönnen festzustellen, daß es die Aufgabe unserer und der nächsten beiden Generationen sein muß, dieses Schwungrad unserer Geschichte in Gleichlauf zu bringen und – auf hundert- oder tausendfach höherem Produktions-, Leistungs- und Wohlstandsniveau als dem der Altsteinzeit – das zu erreichen, was unsere ungebildeten »wilden« Vorfahren vor Millionen von Jahren schon einmal zustande brachten (siehe S. 312). Der Mensch hat den Pfad vom Wildbeuter zum planvollen Erzeuger benötigter Güter eingeschlagen, weil dies seinen wohlverstandenen Interessen entsprach – nicht weil ihn ein blindes Naturgesetz dazu zwang. Deshalb kann uns doch auch kein blindes Naturgesetz dazu zwingen, uns am Ende gegen die ganze Natur und gegen uns selbst totzusiegen. Warum sollte der Mensch heute weniger als vor hunderttausend und als vor zehntausend Jahren imstande sein, seine wirklichen Interessen zu erkennen, sein Verhalten erneut anzupassen und wieder neue Pfade zu den alten Zwecken zu suchen, zu Glück und Zufriedenheit, jenen untrüglichen Anzeigern animalischer und moralischer Lebenserfüllung? Daran zu zweifeln hieße, schon im Keim die Möglichkeit zerstören, dies noch rechtzeitig zu erreichen. Wer die Menschheit als verloren abschreibt, soll sich nicht rühmen dürfen, ihr Bestes zu wollen. Ihre Vernunftfähigkeit hat unsere Art mehrere Eiszeiten überstehen lassen – wir sollten nicht zögern, ihr auch künftig zu vertrauen. Ihr zu vertrauen kann dann allerdings gerade *nicht* bedeuten, das, was früher vernünftig gewesen sein mag, auch künftig blind für vernünftig zu halten. Wir müssen bereit sein, neuen Erfahrungen und Einsichten folgend, unser Handeln zu ändern, gerade weil und wenn wir die alten Zwecke unseres Daseins erfüllen wollen. Dazu bedarf es im Grunde auch gar keiner neuen weltlichen oder göttlichen Weisungen für diese außer Rand und Band geratene Menschheit. Ganz alte sind dafür immer noch gut genug. Wir müßten zum Beispiel – Sirach 7,40 folgend – nur wirklich den guten Rat ernst nehmen: *Quidquid agis, prudenter agas et respice finem*[5]. *Finis*: Wenn wir dies nicht als *Ziel* und *Zweck* verstehen, so könnte es wohl wirklich das *Ende* bedeuten.

Teil II

Wettbewerb und Zusammenarbeit in der Natur

Kapitel 1

Konkurrenz und Anpassung

Was ist biologische Anpassung?

Im Verhalten eines Tieres verwirklicht sich seine Anpassung an bestimmte Umweltbedingungen. Wenngleich diese Passung ihre Herkunft dem Zusammenspiel des genetischen Programms, das eine befruchtete Eizelle mitbekommen hat, mit den Umwelteinflüssen und Erfahrungen verdankt, denen ein Organismus im Lauf seiner Entwicklung ausgesetzt war, und obwohl die Wirkung beider Informationsquellen auf den Anpassungsprozeß in vielen Einzelfällen kaum voneinander getrennt werden kann, ist es doch eine der unumstößlichen Tatsachen der biologischen Forschung, daß Umwelteinwirkungen die Merkmalsausprägung und damit die Anpassungseigenschaften nur in ganz bestimmten, für die Tierart (genauer: den Genotyp) charakteristischen Grenzen zu modifizieren gestatten. Es ist daher auch zutreffend, von einer genetischen Programmierung der Umweltanpassung einer Art zu sprechen, wenn darunter der Rahmen – in der Fachsprache: die Reaktionsnorm – verstanden wird, innerhalb dessen (deren) ein Organismus bestimmter genetischer Konstitution sich verschiedenen Umweltbedingungen anzupassen vermag, und zugleich auch, in welcher – zumeist enger definierten – Umwelt er sich optimal entfalten kann. Die Reaktionsnorm gibt also die Abhängigkeit der Merkmalsausprägung eines Genotyps von Umwelteinwirkungen in Form einer Verteilungsfunktion an.

Dieser genetische Passungsrahmen – für Angehörige einer Spezies (oder genauer: Population) zumeist weitgehend übereinstimmend

durch den gemeinsamen Besitz an Genen, den sogenannten Genpool, vorgegeben – ist seinerseits das Produkt eines evolutionären Entwicklungsprozesses. Nach dem Stand unserer Einsicht in die Mechanismen der biologischen Evolution »bewerten« (= selektieren) die Umweltbedingungen, denen eine Population ausgesetzt ist, die verschiedenen in ihr vertretenen genetischen Varianten nach der Güte ihrer Anpassung an diese Bedingungen. Das Maß für diese Anpassungsgüte ist die »Fitness« im Darwinschen Sinne. Diese Fitness wird durch die Summe der morphologischen, physiologischen und ethologischen Eigenschaften eines Individuums (seinen Merkmalskörper oder Phänotyp) bestimmt. Was dabei im Hinblick auf den Evolutionsprozeß – das heißt: die langfristige Entwicklung des Genpools einer Population – am Ende allerdings allein zählt, gleichsam als Währung, in der die Fitness jedes Organismus abgerechnet wird, ist der Vermehrungserfolg der verschiedenen Gene (genauer: Allele), die in dieser Population vorhanden sind. Denn die genetische Zusammensetzung, der Genpool, der nächsten Generation wird ja vollständig vom Vervielfältigungserfolg der Gene in der Vorgänger(Eltern)generation bestimmt. Im evolutionären Sinne »fit«, das heißt wohlangepaßt und erfolgreich, ist ein Individuum daher nur nach Maßgabe des Vermehrungserfolgs seiner Gene, und das bedeutet in erster Annäherung zunächst einmal, nach Maßgabe der Anzahl an erwachsenen und selbst wieder fortpflanzungsfähigen Nachkommen, die es hervorzubringen vermag.
Man muß jedoch, gerade wenn es um die Biologie des Aggressionsverhaltens gehen soll, den Begriff der Fitness im Sinne des genetischen Vermehrungserfolgs noch ein wenig präziser fassen. Nur in einer Welt unbegrenzten Überflusses an Ressourcen – Nahrung, Schlupfwinkeln, Nistplätzen usw., was immer von einer Tierart zu ihrer Lebensentfaltung benötigt wird – käme es zur Bestimmung der reproduktiven Fitness, des Vermehrungsbeitrags eines Individuums zur nächsten Generation, allein auf die Anzahl seiner selbst wieder fortpflanzungsfähigen Nachkommen an, und es wäre weitgehend unerheblich, ob andere Individuen der gleichen Art in ihrer Vermehrung mehr oder weniger Erfolg haben. Zwar würden die Gene der Individuen mit geringerem Fortpflanzungserfolg dadurch relativ zu denen erfolgreicherer Typen seltener, ihre Frequenz am Genpool würde somit

abnehmen und der Genpool dadurch einen Wandel erfahren, den wir Evolution nennen, doch würde dieser Prozeß im ökologischen Schlaraffenland keineswegs zur völligen Verdrängung der geringer vermehrten Allele durch die Erfolgsallele führen.

So rosig sieht die Welt jedoch nur selten und dann nur für sehr begrenzte Zeit und nur für bestimmte Organismenarten aus (es wird darauf zurückzukommen sein). Der normale Existenzzustand biologischer Populationen ist der ökologischer Begrenzung durch Ressourcenmangel. Das heißt, es gibt nicht genug Nahrung oder andere Lebensvoraussetzungen, um jedem Individuum die maximale ihm mögliche Vermehrung zu gestatten. Ressourcenmangel ist natürlich nicht der einzige populationsbegrenzende Faktor. So gibt es zum Beispiel den Einfluß von Klima- und Wetterfaktoren oder den Druck durch Freßfeinde, dem unterschiedliche Genotypen unterschiedlich gut standhalten, was eine Fülle von Schutzanpassungen selektiert. Im hier zu betrachtenden Zusammenhang ist jedoch die Begrenzung durch Ressourcenmangel am wichtigsten. Unter den Bedingungen der Konkurrenz um begrenzte Ressourcen hängt nun ganz offensichtlich die Fitness eines Individuums und seiner Gene nicht allein von seiner eigenen Fortpflanzungstüchtigkeit ab, sondern davon, in welchem Verhältnis diese zur Fortpflanzungsleistung konkurrierender Artgenossen steht: Fitness ist unter diesen Konkurrenzbedingungen also als relative Fortpflanzungsrate – bezogen auf alle konkurrierenden Typen – zu definieren (so auch der übliche Gebrauch des Begriffs in der Populationsgenetik). Reichen die Ressourcen nur für die Verwirklichung eines Teiles der maximal möglichen Vermehrung einer Population, so können in der Tat die Allele der Individuen mit dem höheren Fortpflanzungserfolg jene der minder erfolgreichen Konkurrenten aus dem Genpool verdrängen. Da dies die ökologischen Normalbedingungen der meisten Organismen sind, die jedenfalls immer gegeben sind, wenn eine Population den verfügbaren Lebensraum voll ausfüllt, kommt dem Erfolg von Individuen und ihrer Nachkommen in der Konkurrenz um begrenzt verfügbare, lebensnotwendige Ressourcen eine außerordentlich wichtige – nach allgemeiner Ansicht vieler Ökologen sogar häufig die wichtigste – fitnessbestimmende Rolle zu. Die Güte der Anpassung von Individuen an ihre Umweltbedingungen äußert sich also ganz maßgeblich in ihrem Erfolg in der Konkurrenz um Ressourcen. Der Evolutionsprozeß selektiert somit einzelne Allele, Allelkombinationen, Genotypen und Genpools nach Maßgabe ihres Beitrags zum Konkurrenzerfolg von Individuen und ganzen Populationen. Wir können auch – einem augenblicklich gängigen Sprachgebrauch der Evolutionsbiologie folgend – sagen, die Evolution *optimiere* die Fähigkeit von Organismen zur Konkurrenz um begrenzte Ressourcen.

Die dabei selektierten, Konkurrenzvorteil verleihenden Mechanismen können außerordentlich vielfältig sein, sie lassen sich jedoch immer auf zwei Prinzipien zurückführen:

1. Anpassungen, die die *Aneignung* nutzbarer Ressourcen maximieren und den dazu nötigen Aufwand und die dabei einzugehenden Risiken für Leib und Leben (die »Kosten«) minimieren;

2. Anpassungen, die die *Ausnutzung* angeeigneter Ressourcen, also den angestrebten Nutzeffekt, maximieren, was konkret bedeutet, pro Ressourceneinheit maximalen Fitnessgewinn, auf längere Frist gesehen also die größtmögliche Zahl an Nachkommen, zu erwirtschaften. Letzteren Wirkungsgrad – zum Beispiel in der Ausnutzung von Nahrung, durch Minderung von Energieverlusten usw. – zu steigern, dienen viele biochemische, biophysikalische, physiologische, morphologische und ethologische Anpassungsmechanismen. Ich erwähne sie hier, weil bei der Betrachtung der Konkurrenzanpassungen allzuoft vergessen wird, daß erst die Summe der die Aneignung von Ressourcen und der den Wirkungsgrad der Ausnutzung angeeigneter Ressourcen betreffenden Anpassungsleistungen die Fitness in der ökologischen Konkurrenz bestimmt!

Fassen wir diese einführenden Überlegungen zusammen: Im Evolutionsprozeß werden die genetischen Anlagen von Organismen nach Maßgabe der reproduktiven Fitness selektiert, die diese Anlagen ihren Trägerorganismen verleihen. Unter normalen Lebensbedingungen der Organismenarten wird die Fitness von Individuen wesentlich von ihrer Fähigkeit bestimmt, erfolgreich um lebensnotwendige Ressourcen zu konkurrieren. Der Konkurrenzerfolg hängt wiederum unter anderem auch von Verhaltensanpassungen ab, die die Ressourcenaneignung und den Wirkungsgrad der Ressourcenumsetzung in Nachkommen betreffen. Der Evolutionsprozeß züchtet somit erfolgreiches Konkurrenzverhalten von Organismen, er selektiert genetische Konstitutionen, die in Interaktion mit Umwelteinflüssen erfolgreiches Konkurrenzverhalten entwickeln, er belohnt den erfolgreichen Konkurrenten mit Überleben und Ausbreitung seiner genetischen Anlagen.

Formen biologischen Konkurrenzverhaltens in der Ressourcenaneignung

Im vorgegebenen Themenzusammenhang interessieren natürlich vornehmlich jene Verhaltensweisen, die die Konkurrenz in der Aneignung fitnessbegrenzender Ressourcen betreffen. Ich werde daher jene anderen, die mit der Ausnutzung der erworbenen Ressourcen zu tun haben, im folgenden außer Betracht lassen, nicht weil sie evolutionsbiologisch und ökologisch weniger wichtig wären, sondern weil hier ja die Auseinandersetzung zwischen konkurrierenden Individuen Hauptgegenstand der Betrachtung sein soll.
Im folgenden werden weiterhin – in Einschränkung dessen, was alles zur biologischen Analyse von Konkurrenzverhalten zu rechnen wäre – nicht die unmittelbaren Verursachungsbedingungen betrachtet werden, die Wirkursachen im aristotelischen Sinne (heute in der angelsächsischen Literatur als »proximate causes« bezeichnet), also die physiologischen Mechanismen, die dem von einem bestimmten Individuum einer bestimmten Tierart »produzierten« Konkurrenzverhalten ursächlich zugrunde liegen, und auch nicht das Zustandekommen dieser Mechanismen im Prozeß der individuellen Ontogenese. Was es hierzu zu sagen gibt, müßte sich nämlich immer auf ganz bestimmte Untersuchungsobjekte beziehen, auf Tierarten oder höchstens verwandte Artengruppen, jedoch durchaus auch in Abhängigkeit von Geschlecht und Lebensphase verschieden, und wäre kaum über die relativ triviale Feststellung hinaus generalisierbar, daß dabei immer Erbgut und Umwelteinflüsse bei der Entwicklung bestimmter sensori-

scher, neuraler, motorischer und endokriner Mechanismen zusammenwirken, die je nach den Formen verschiedenen Konkurrenzverhaltens durchaus verschieden sein können.
Die Diskussion soll sich vielmehr auf die Beantwortung der Frage konzentrieren, welche biologischen Funktionen bestimmte Konkurrenzverhaltensweisen erfüllen, das heißt, in Anpassung an welche Lebensbedingungen sie in der Evolution selektiert werden. Dies ist es, was man heute im mechanistischen Sinne unter der Beantwortung der Frage nach den »Zweckursachen« oder den »ultimate causes« versteht. Diese evolutionsbiologische Perspektive zu wählen, heißt im Grunde zu fragen, welche Unterschiede in den Selektionsbedingungen zur Herausbildung unterschiedlicher Formen des Konkurrenzverhaltens führen. Wie so oft in der Evolutionsbiologie beruht die Begründung von Erklärungshypothesen auch in diesem Zusammenhang in der Regel auf Indizienbeweisen. Da in der Verhaltensforschung selten Fossilbelege erhältlich sind, gründen sie besonders oft auf Korrelationen zwischen bestimmten Lebensumständen von Arten und ihren Verhaltenseigentümlichkeiten, so wie sie die vergleichende Verhaltensforschung zu erfassen trachtet. Die evolutionistische Erklärung von Verhaltensanpassungen läßt sich auf diese Weise aber durchaus auf überprüfbare und kritisch abwägbare empirische Fakten stützen und braucht keineswegs nur auf plausible Spekulationen zurückzugreifen, wie ihr mitunter unterstellt wird (wenn man auch zugeben muß, daß es solches Evolutionsspekulantentum durchaus gibt, mit hohem Vermarktungswert dazu).
Andererseits sind Korrelationserklärungen bekanntermaßen immer mit erheblichen Unsicherheiten behaftet, die letztlich nur durch das prädiktiv angelegte Experiment ausgeräumt werden können. Leider kann nicht bestritten werden, daß nur in relativ seltenen, besonders einfach gelagerten Fällen der Nachweis einer spezifischen Anpassungsfunktion einer bestimmten Verhaltensausprägung auch mit experimentellen Verfahren zu führen ist. Für den nach experimentell beweisbaren Kausalerklärungen suchenden Naturwissenschaftler sind daher die Resultate evolutionsbiologischer Verhaltensforschung verständlicherweise meist weniger überzeugend als die verhaltensphysiologische Aufklärung proximater Verhaltensursachen. Dennoch lassen

letztere Resultate, und seien sie von noch so überzeugender analytischer Qualität, grundsätzlich die Frage danach unbeantwortet, warum die Verhaltenskontrollmechanismen eines Tieres eben so sind, wie wir sie vorfinden, das heißt, in welcher Weise sie zur Fitness eines Tieres beitragen und unter welchen Bedingungen sie zur Leistung eben dieses Beitrages selektiert wurden: also die Frage nach ihrer biologischen Bedeutung, ihrem Anpassungswert. Da es eine fundamentale, erklärungsbedürftige biologische Tatsache ist, daß vieles, vielleicht das meiste, was Tiere tun, für sie vorteilhaft ist, das heißt ihre Fitness erhält oder erhöht – anderenfalls sie in der Evolutionskonkurrenz verdrängt würden –, wird die biologische Forschung nicht auf den Versuch verzichten dürfen, Licht auf die Ursachen dieser Tatsache zu werfen, und sei es mit noch so unbefriedigenden Mitteln. Es ist dann allerdings auch angebracht, die dabei gewonnenen Ergebnisse mit gebotenem Vorbehalt und kritischer Vorsicht zu nehmen.

Dies vorausgeschickt, können nun die Formen tierischen Konkurrenzverhaltens um begrenzt vorhandene Ressourcen und andere Lebensnotwendigkeiten aus evolutionsökologischer Sicht betrachtet werden. Dabei kann man in aller Regel davon ausgehen, daß selbst unter günstigen Bedingungen keine Verhaltensweise immer und ausschließlich vorteilhafte Auswirkungen haben kann: Typischerweise sind mit ihr Kosten und Risiken verbunden, die zu dem resultierenden Nutzen ins Verhältnis zu setzen sind, um ihren Anpassungswert richtig zu erfassen. Unter bestimmten Selektionsbedingungen »sucht« der Evolutionsprozeß die Verhaltensweisen mit möglichst günstigem Kosten/Nutzen-Verhältnis.

Grundsätzlich kann man zwei *Konkurrenzstrategien* unterscheiden, die zwar beim gleichen Organismus auch gleichzeitig oder nacheinander gemischt auftreten können, jedoch in ihrem Charakter deutlich unterscheidbar und in vielen Fällen auch als reine Strategien verwirklicht sind. Die eine Strategie der Konkurrenz beruht darauf, sich um artgleiche oder artfremde Konkurrenten überhaupt nicht zu kümmern, sondern alle Anstrengungen darauf zu richten, sich mit geringstem Aufwand ein Maximum an Ressourcen anzueignen und mit höchstmöglichem Wirkungsgrad auszunutzen. Wilson (1971, 1975) hat dies »scrambling competition« genannt, was man als Ausbeutungswettbewerb eindeutschen könnte: Es ist kein Kampfsport, sondern ein Wettrennen. Wir finden diese Wettbewerbsform vor allem bei niederen Tieren weit verbreitet, doch erkennen wir sie genauso bis hinauf zu Säugetieren, etwa im Weideverhalten vieler Pflanzenfresser. Fragen wir, unter welchen Bedingungen sie auftritt, so kann man – stark vereinfachend – als gemeinsamen Bestimmungsfaktor erkennen, daß es einem Tier (oder nicht anders einer Pflanze oder einem Einzeller) entweder grundsätzlich unmöglich ist, die benötigte Ressource oder Lebensvoraussetzung zu »monopolisieren«, das heißt zur überwiegenden oder ausschließlichen Eigennutzung zu beanspruchen und gegen Konkurrenten zu verteidigen; oder daß der Energieaufwand für die im Prinzip mögliche Monopolisierung oder die damit verbundenen Schadensrisiken größer sind als der aus der verteidigten Ressource zu ziehende Nutzen. Wenn etwa die Nahrung eines Räubers oder Pflanzenfressers so dünn verteilt oder über einen großen Raumbereich so unvorhersagbar und unregelmäßig verbreitet auftritt, oder wenn Geschlechtspartner, wie etwa bei vielen Fluginsekten, so unstet und daher für einen Partner kaum zu »bewachen« sind, ist deren Verteidigung gegen Konkurrenten entweder ganz unmöglich oder mit weit größerem Kostenaufwand und geringerem Ertrag verbunden als eine Strategie opportunistischen Zugreifens bei allen sich bietenden Gelegenheiten. Ähnliches kann auch für jene Tiere gelten, deren Bestand nicht so sehr durch knappe Ressourcen in Grenzen gehalten wird, sondern eher durch andere Kontrollfaktoren wie Feinde, Parasiten, Krankheitserreger oder Witterungseinflüsse. Für sie kann aktiver Streit mit Konkurrenten um für alle reichlich vorhandene Ressourcen unter Umständen kein lohnendes Verhalten sein, da er ja nur unnötige Fitnesskosten durch Energie- und Zeitverschwendung verursachen würde.

Halten wir also fest: Aus der Tatsache, daß Lebensraum, Nahrung und viele andere Daseinsvoraussetzungen für alle Lebewesen im Prinzip, und für die allermeisten von ihnen auch in der Realität, begrenzt verfügbar und daher für ihre Vermehrung begrenzend sind, was zur Konkurrenz zwingt und die Evolution möglichst wirkungsvollen Konkurrenzverhaltens fördert, folgt keineswegs ein der lebendigen Natur gleichsam naturgesetzlich auferlegter Zwang zum aggressiven Streit zwischen Konkurrenten um die begrenzten »Lebensmittel«.

Unzählige Organismenarten beschränken sich vielmehr auf die Ausbildung möglichst wirkungsvoller Methoden, sich möglichst viel möglichst schnell vom Ressourcenkuchen einzuverleiben, ohne sich dabei viel um Konkurrenten zu kümmern. Dies aber – nach evolutionsbiologischer Einsicht – nicht aus ihnen innewohnender »natürlicher« Friedfertigkeit, sondern deshalb, weil sie so höhere Fitness erreichen, weil eine alternative, aggressive Strategie das Kosten/Nutzen-Verhältnis verschlechtert, sich kurzum – in Fitnesswährung – nicht auszahlt. Diese Betrachtungsweise macht auch sofort einsichtig, warum eine Tierart in einem Verhaltenszusammenhang oder in einer bestimmten Jahreszeit, Lebensphase usw. völlig andere Konkurrenzformen zeigen kann als in anderen, etwa als Singvogel zur Brutzeit aggressiv um Weibchen und Nahrungsrevier (oder auch nur um eines von beiden) konkurrierend, im Winter ohne Spur von Aggression im Nahrungswettbewerb: je nach den im betreffenden Zusammenhang gegebenen Kosten/Nutzen-Verhältnissen.

Die zweite Grundstrategie der Konkurrenz, die aktive Auseinandersetzung mit artgleichen oder artfremden Konkurrenten, könnte man als »Interferenz« bezeichnen, wenn es nicht den guten alten Begriff Aggression gäbe (oder wenn man ihn, gleich aus welchen Gründen, vermeiden möchte).

Was kennzeichnet Aggressionsverhalten im evolutionsbiologischen Sinne? Die folgende Definition soll nicht an die Stelle anderer Bestimmungen dieses Begriffs treten – zum Beispiel aus physiologischer, entwicklungspsychologischer, soziologischer, politischer, juristischer oder ethischer Sicht –, sondern lediglich verdeutlichen, worauf es zum Verständnis der Evolution von aggressiven Verhaltensweisen und Verhaltensbereitschaften bei Tieren primär ankommt!

Aggressiv in diesem Sinne *ist jedes Verhalten, das geeignet und darauf gerichtet ist, die Fitness eines Konkurrenten zu mindern, indem ihm ein fitnessbegrenzendes Gut weggenommen oder vorenthalten wird, das dadurch der Steigerung der Fitness des Aggressors zugute kommt.* Theoretisch ist auch eine spezielle aggressive Konkurrenzform möglich, die die Fitness des Aggressors nicht steigert, ja sie sogar senkt, vorausgesetzt, jene des unterlegenen Kontrahenten wird dadurch jedenfalls noch stärker vermindert. In der evolutionsbiologischen Literatur wird solches Verhalten als »Boshaftigkeit« (englisch: spite) bezeichnet. Es ist umstritten, ob es bei Tieren wirklich vorkommt, verständlicherweise, denn es ist ja evident, daß jede Variante, die – bei gleichem Schaden für die Fitness des Gegners – die eigenen Fitnesseinbußen vermindert, gegen »boshaftere« Varianten positiv selektiert würde, so daß wir im Regelfall in der Natur aggressive Verhaltensbeziehungen anzutreffen erwarten, in denen ein Konkurrent zum eigenen (Fitness-)Nutzen einem anderen in seiner Fitness schadet. Dies spricht – am Rande bemerkt – ganz dagegen, daß der Mensch etwa von Natur aus, das heißt seinen genetischen Veranlagungen nach, zu selbstruinöser (»boshafter«) Aggression disponiert sein könnte, was leider nicht ausschließt, daß er sich zwar nicht aus natürlicher Anlage heraus, wohl aber aus schlichter Dummheit und Unbeherrschtheit – also weil seine biologische Natur ihm diese Freiheiten einräumt! – tatsächlich so verhält.

Wie dem auch mit der »boshaften Aggression« sei, das typische Aggressionsverhalten ist jedenfalls daraufhin selektiert, die eigene Fitness durch Erwerb und Monopolisierung von Ressourcen und lebenswichtigen Daseinsvoraussetzungen zu steigern und andere an deren Nutzung aktiv zu hindern. Aus dieser Betrachtung folgen einige wichtige Konsequenzen:

1. Selektiert wird von möglichen Varianten die wirkungsvollste – das heißt die bei geringsten Kosten größten Gewinn bringende – Aggressionsverhaltensweise, nicht etwa jene mit dem größten Beschädigungseffekt für den Gegner. Wo Drohen die gleiche Wirkung erzielt wie der wirkliche Kampf – nämlich den Konkurrenten zu hemmen oder zu vertreiben –, wird der Selektionsdruck auf der Vermeidung des Beschädigungskampfes liegen. Eine im evolutionsbiologischen Sinne aggressive Auseinandersetzung zwischen Tieren liegt also auch dann vor, wenn ein schwächerer Kompetitor dem Überlegenen oder sogar dem Repräsentanzsignal eines Revierinhabers kampflos ausweicht, also gleichsam jeder Interferenz entsagt, wenn dies differentiellen Ressourcenzugang zur Folge hat. In der Tat sieht der Verhaltensforscher »ritualisierte«, also zur Drohkommunikation reduzierte Aggressionsformen bei Tieren viel häufiger als Beschädigungskämpfe. Ein

besonders raffiniertes Beispiel liefern manche Ameisen, die Nahrungskonkurrenten – in diesem Falle anderer Artangehörigkeit – mit unschädlichen chemischen »Stinkbomben« vertreiben. Da Gegner um so rückhaltloser zu kämpfen pflegen, je lebensbedrohlicher es für sie wird (»fight like a cornered rat«), und somit das Verletzungsrisiko für den Aggressor (ein wichtiger Kostenfaktor) steigt, erwarten wir aus evolutionsbiologischen Gründen und finden dies in der Natur tatsächlich bestätigt, stark beschädigende oder gar tödliche Aggression bei Auseinandersetzungen zwischen annähernd gleich starken Tieren relativ selten: Wo sie auftritt, wirkt sie manchmal eher als Unfall oder Totschlag denn als angestrebte Tötung des Gegners. Darauf hat K. Lorenz oft zu Recht hingewiesen. Wenn allerdings die Kosten klein – zum Beispiel gegen junge, geschwächte oder »billig« herzustellende Tiere (wie Ameisenarbeiterinnen) – und/oder der winkende Fitnessgewinn besonders groß ist (etwa wenn es ums Leben geht, siehe die in die Ecke gedrängte Ratte), gibt es genug Beispiele für tödliches Aggressionsverhalten unter durchaus natürlichen Bedingungen bei vielen Tierarten, was wiederum E. O. Wilson ganz zu Recht hervorgehoben hat. Man bedenke allerdings auch, daß Vorenthalten oder Ausschluß von lebensnotwendigen Ressourcen (zum Beispiel Nahrung, Deckung vor Feinden) für den Unterlegenen ganz ohne vorangegangenen Beschädigungskampf genauso tödlich enden kann (siehe dazu Marler 1976).

2. Aus der Tatsache, daß es bei der Aggression primär darum geht, sich alleinige oder zumindest bevorzugte Ressourcennutzung zu sichern, kann man folgern, daß kein Selektionsvorteil darin liegen kann, aktiv nach einem Kampfpartner zu suchen, wenn niemand einem den Ressourcenbesitz streitig macht – so wenig es evolutionsbiologisch Sinn hat, vor einem nicht vorhandenen Feind zu fliehen. Man würde somit auch nicht aus der Tatsache, daß viele Tiere gegen Konkurrenten aggressiv reagieren, schließen wollen, daß ein genetisch programmierter, spontan zur Entladung, das heißt zum Kampfe, drängender Aggressionstrieb sie antreiben müsse. Jedenfalls zwingt nichts, was für die Evolution von Anlagen für aggressives Verhalten gegen Konkurrenten spricht, zugleich zur Annahme der Mitselektion spontaner

Aggressionsbereitschaft. Dies ist sicher ein starkes Argument gegen einen allen aggressionsfähigen Tierarten angeborenen Aggressionstrieb.

Doch wäre der Umkehrschluß, daß es nämlich keine Tierarten geben könne, deren Kampfverhalten ein spontaner Aggressionstrieb – als eine unprovozierte Bereitschaft – zugrunde liege, evolutionsbiologisch sicher ebensowenig begründbar, da sehr wohl Evolutionsbedingungen vorstellbar – und bei vielen Tierarten durchaus als gegeben anzunehmen – sind, in denen das Kosten/Nutzen-Verhältnis spontanen Aggressionsverhaltens günstiger ausfallen kann als das des rein reaktiven Verhaltens. Spontane Aggressionsbereitschaft, vor allem solche mit endogener Triebdynamik, wäre ja nur dann wirklich mit höheren Kosten – im Vergleich zur nichtspontanen, rein reaktiven Aggression – verbunden, wenn ein Kampfpartner gesucht und bekämpft werden müßte, obwohl man im unbestrittenen Besitz ausreichender Ressourcen ist, also etwa bei Arten, bei denen dies unter normalen Lebensbedingungen durchaus vorkommt (etwa weil sie überwiegend durch dichteunabhängige Faktoren oder durch Feinddruck begrenzt werden). Bei Arten hingegen, die unter den normalerweise gegebenen Lebensumständen oder gar ausnahmslos ressourcenbegrenzt in hoher Populationsdichte leben und daher grundsätzlich durch Aggressionsverhalten ihren Ressourcenanteil erkämpfen müssen und zu erhöhen vermögen, kann es durchaus von Vorteil sein, spontan gegen immer zu erwartende Konkurrenten aggressiv zu sein. Dies muß vor allem für soziallebende Arten gelten und bei ihnen wieder insbesondere dann, wenn die Ressourcenbasis nicht ausreicht, um alle Mitglieder der sozialen Gruppe in gleicher Weise zur Fortpflanzung kommen zu lassen, und somit durch aggressives Konkurrenzverhalten entschieden wird, wer von den Mitgliedern sich tatsächlich fortpflanzen kann. Beispiele dafür sind in verschiedenen Abstufungen von zahlreichen Säugetieren bekannt.

Die Evolutionsbiologie des Aggressionsverhaltens von Tieren liefert also weder Belege für einen ubiquitären Aggressionstrieb noch Belege gegen die Möglichkeit der Selektion einer solchen Disposition bei bestimmten Arten. Sie lehrt vielmehr, daß es von den jeweiligen Selektionsbedingungen und Lebensweisen von Arten abhängt, ob bei

Tieren triebhafte oder rein reaktive Aggression aufgrund der jeweils günstigsten Fitnesseffekte evoluiert, wobei die Mischform des durch Erfahrung »erworbenen Antriebs« am Ende am häufigsten anzutreffen sein mag. Und wiederum gilt, daß Aggression – gleich wie zustande kommend – nicht einfach ein Kennzeichen einer Art ist, sondern daß es vom jeweiligen Verhaltenszusammenhang abhängt, ob aggressives oder nicht-aggressives, primär oder sekundär, spontan oder rein reaktiv aggressives Verhalten (fitness-)optimal ist. Eine Art, die im männlichen Geschlecht spontan aggressiv um Weibchen konkurriert, braucht deshalb keineswegs auch um Nahrung zu kämpfen und *vice versa*.
Nicht Tiere sind aggressiv, sondern bestimmte ihrer Verhaltensbeziehungen unter bestimmten (phylogenetischen und ontogenetischen) Umständen. Artspezifisch programmiert kann nicht nur bestimmtes Kampfverhalten in ganz bestimmten auslösenden Kontexten sein, etwa bei Klapperschlangen, die Beute einfach mit Giftbiß schlagen, mit einem Artgenossen um ein Weibchen »ringen«, sich vor einem großen Feind rasselnd aufknäueln (um nur im äußersten Notfall zu beißen) und nach einer schlangenfressenden Feindschlange, der der Biß nichts anhaben kann, mit Körperschlingen schlagen.
Daß auch Vorhandensein und Intensität von Aggressionsbereitschaft genetischer Beeinflussung unterliegen können, ist in einer ganzen Reihe von experimentalgenetischen Untersuchungen – zum Beispiel der Selektion von Mäusen auf hohe oder niedere Kampfbereitschaft – überzeugend nachgewiesen worden. Die Diskussion kann also nicht mehr darum gehen, ob Aggressionsverhalten »angeboren« sein kann oder nicht, sondern nur noch darum, wie eine in definiertem Verhaltenszusammenhang gegebene Aggressionsdisposition einer Tierart durch Umwelterfahrung variiert und modifiziert werden kann. Dies bedeutet allerdings auch, daß der Schluß von Befunden an einer Tierart auf die Eigenschaften einer anderen nur dann hohe Wahrscheinlichkeit besitzt, wenn diese Arten nahe verwandt und an halbwegs ähnliche ökologische Bedingungen angepaßt geblieben sind und wenn zusätzlich angenommen werden kann, daß auch die Vorfahren bis zurück zur letzten gemeinsamen Stammart keine wesentlich anderen Anpassungsformen durchlaufen haben: Einschränkungen, die, wenn sie so ernst genommen werden, wie sie es sollten, den Schluß

selbst von nächstverwandten Primaten auf den Menschen im Hinblick auf die Reaktionsnorm der Aggressionsentfaltung sicher nie anders als in Form einer äußerst vorsichtig zu formulierenden Arbeitshypothese erlauben.

3. Die evolutionsökologische Betrachtung der Anpassungsfunktion von Aggressionsverhalten macht es auch leicht, sich einen Überblick darüber zu verschaffen, worum und zu welchem biologischen Zweck aggressiv gehandelt wird: Man muß sich nämlich für eine gegebene Tierart nur ansehen, welche Ressourcen oder andere Lebensbedürfnisse für ihre Vermehrung (das heißt Fitness) begrenzend sind. Hier muß im Überblick eine stichwortartige (und sicher nicht erschöpfende) Auflistung genügen (siehe dazu ausführlichere Darstellungen in allen Lehrbüchern der Verhaltensforschung oder bei Moyer 1971; Johnson 1972; Wilson 1975). Von grundlegender Bedeutung ist, daß die aggressive Konkurrenz entweder direkt um das benötigte Gut oder um einen Raumbereich erfolgen kann – den man dann Revier oder Territorium nennt –, in dem sich das begehrte Gut befindet, wobei letzterer in manchen Fällen – zum Beispiel der Konkurrenz um Geschlechtspartner – auf einen nahezu symbolischen Minimalbezirk schrumpfen kann, der nur dadurch ausgezeichnet ist, daß die paarungsbereiten Weibchen dort, und nur dort, ihre Fortpflanzungspartner unter den balzenden Männchen auswählen (»Lek- oder Arenenbalz« mancher Insekten, Frösche, Vögel oder Säugetiere). Schließlich konkurrieren soziallebende Tiere oft aggressiv um eine ähnliche »symbolische« Quantität, um sozialen Rang, der den Charakter eines Bezugs- oder Berechtigungsausweises für fitnessbegrenzende Güter hat (siehe unten).

Um welche begrenzt verfügbaren Lebensnotwendigkeiten und Ressourcen geht es also im Kampf von Tieren?

a) Mit Artgenossen und artfremden Nischenkonkurrenten wird aggressiv um Nahrung oder ein Nahrungsterritorium konkurriert (Folge: lebensraumnutzende Ausbreitung der Population). Ökologisch gesehen beschränkt sich aggressive Nahrungskonkurrenz also auf Interferenz zwischen Individuen auf gleichem »trophischen Niveau«.

Deshalb ist Aggressionsverhalten auch keineswegs immer nur innerartliches Verhalten, wie das manchmal falsch dargestellt wird. Es gibt durchaus interspezifische Nahrungsaggression. Andererseits sind das Beutegreifverhalten des Raubtiers oder die Feindabwehr der Beute in der Regel keine Aggressionsverhaltensweisen, da ihnen das Kennzeichen der Konkurrenz um gemeinsame Ressourcen fehlt. Doch gibt es selbst hiervon eine Ausnahme: Kannibalistisches Beutefangverhalten kann echtes Aggressionsverhalten sein (siehe dazu Polis 1981; Hoogland 1985).

b) Der Aggression um Nahrung ähnelt jene um Schlupfwinkel, Schutzplätze und ähnliches, das heißt um das, was man außer Nahrung braucht, um selbst zu überleben.

Nicht aggressiv wird bei Tieren um das konkurriert, was für alle im Überfluß vorhanden ist, weshalb es auch falsch wäre – wie manchmal formuliert wird – zu behaupten, daß Tiere um alles Lebensnotwendige konkurrieren: Sie konkurrieren nur um das, was an Lebensnotwendigem nicht für alle reicht. So konkurrieren Fische nicht um Wasser, und so kämpfen Tiere in der Regel nicht um Sauerstoff, obwohl sie ihn alle brauchen (wo er allerdings begrenzt verfügbar ist – zum Beispiel für Innenparasiten oder in der Wassertiefe –, würde man auch Kampf um O_2 zu finden erwarten!).

c) Von allen Gütern, die man benötigt, um sich zu vermehren, ist für alle bisexuell sich fortpflanzenden Tiere nach Nahrung und Überlebensschutz ein weiteres am wichtigsten: ein Geschlechtspartner, der Samenzellen zu den eigenen Eizellen oder Eizellen zu den eigenen Samenzellen und den zur Entwicklung des Nachwuchses nötigen Brutpflegeaufwand liefert. Die dabei ablaufenden Auswahl- und somit Fitnesszuteilungsprozesse hat Ch. Darwin als sexuelle Selektion beschrieben. Wie Trivers (1972) in einer sehr gedankenreichen Analyse hervorhob, wird bei Tieren in sexueller Aggression um Besitz von und Zugang zu dem Geschlecht gekämpft, dessen Fortpflanzungsleistungen (beginnend von der Eizelle bis zur Gesamtheit aller Brutpflegeaufwendungen: Parental Investment) für die Verwirklichung des maximalen Fortpflanzungserfolgs des anderen Geschlechts begrenzend sind. Dies sind sehr häufig die Leistungen des Weibchens – doch muß dies keineswegs immer so sein, weshalb es im umgekehrten Falle durchaus auch die aggressive Konkurrenz von Weibchen um Männchen gibt. Da das höher in Brutpflege investierende Geschlecht für das andere ein fitnessbegrenzendes Gut darstellt, fehlt es auch nicht an der Heranbildung von Monopolisierungsverhalten (im typischen Fall als »male control« über die Weibchen). Häufig wird wiederum nicht direkt um einen Geschlechtspartner konkurriert, sondern um ein Fortpflanzungsrevier (das ein Nahrungsrevier sein kann, aber genausogut auch nur ein sicherer Nistplatz), wobei dann unter Umständen ein Weibchen seine Partnerwahl (»female choice«) nach der »Güte« des vom Partner besessenen Reviers trifft. Die Mechanismen der sexuellen Konkurrenz sind eine wichtige Grundlage für die Erklärung der Geschlechtsverhaltensdifferenzierung der Lebewesen. Hier kann darauf nur hingewiesen werden (siehe Emlen und Oring 1977; Daly und Wilson 1983).

d) In verschiedener Weise tritt fitnesserhaltende und fitnesssteigernde Aggression im Tierreich im Zusammenhang mit der Nachkommenversorgung (Brutpflege) auf, wobei nur ein Teil der hier konstatierten »Gewalthandlungen« tatsächlich als (Konkurrenz-)Aggression klassifiziert werden können. So scheint die als »disziplinierende Aggression« beschriebene Gewaltanwendung von Eltern gegen ihre Jungen im »Erziehungsprozeß« (wie sie zum Beispiel von manchen Säugetieren beschrieben wird) in Wahrheit häufig keine Aggression, sondern Teil des elterlichen Fürsorge- und Schutzverhaltens, das verhindern soll, daß getätigte Fitnessinvestitionen verlorengehen. Daneben gibt es jedoch im Brutpflegekontext durchaus auch echte aggressive Konkurrenz um Fitnessvorteile: sofort einleuchtend die aggressive Verteidigung der Jungen gegen räuberische Artgenossen; schwerer einsichtig schon der Konflikt zwischen Eltern und Nachkommen um Zuteilung weiterer Brutpflegeleistungen (vor allem Nahrung) an die Jungen (am bekanntesten als der »Abstillkonflikt« bei Säugetieren) (Trivers 1974); als Extrem das – manchmal als pathologisch mißdeutete – Verlassen oder gar Töten der eigenen Jungen, das eine Mutter in die Lage versetzt, günstigere Vermehrungschancen wahrzunehmen (Hausfater und Hrdy 1984). Dabei suchen sowohl Eltern als auch Junge unter Einsatz aller ihnen jeweils verfügbaren »Kampfmittel« das Verhalten des »Partners« so zu beeinflussen (genauer: ihr Verhalten ist

darauf selektiert, jeweils so zu wirken), daß für die eigenen Gene (Allele) ein maximaler Produktionserfolg erreicht wird. Komplizierend wirkt auf die Selektion eines fitnessoptimalen Verhaltens in diesem Zusammenhang jedoch, daß Kopien der eigenen Gene (Allele) ja auch mit definierter Wahrscheinlichkeit in den Eltern beziehungsweise Jungen vorliegen, so daß der Verhaltenskonflikt so zu optimieren ist, daß die Gesamtfitness (»inclusive fitness«) der eigenen Gene – gleich ob sie im eigenen Körper oder in dem von Verwandten stecken – maximiert wird (Verwandtschaftsselektion, siehe dazu Hamilton 1964; Wilson 1975; Dawkins 1978; Wickler und Seibt 1977; Markl 1980).
Dies kann hier nur angedeutet werden, doch weist es auf eine Tatsache hin, die uns gleich noch einmal zu beschäftigen haben wird: daß nämlich der evolutionäre Selektionsmechanismus nicht nur konkurrenz-(aggressions-)fördernd, sondern auch aggressionsbegrenzend wirken kann, wenn sich die Konkurrenz zwischen genetisch (oder, wie man früher sagte, Bluts-)Verwandten abspielt, da das Aggressionsverhalten ja durch die Evolution nie als Selbstzweck perfektioniert wird, sondern immer nach Maßgabe optimaler Fitnesswirkungen, was nun also als Gesamtfitnesswirkungen genauer zu fassen ist.
e) An die Betrachtung der Aggression zwischen Eltern und Jungen schließt sich unmittelbar jene der anderen Aggressionsphänomene zwischen Angehörigen einer soziallebenden Tiergruppe (und im Vergleich dazu jener zwischen Angehörigen verschiedener solcher Gruppen) an, denn der Eltern-Nachkommen-Nucleus ist – wie wir fast ohne Ausnahme sagen können – die Grundlage aller Formen komplexeren Soziallebens bei Tieren (Markl 1971, 1974). Man bezeichnet die innersoziale Aggression auch als *Dominanz-* oder *Rangaggression.* In ihr äußert sich die innersoziale Konkurrenz um die gleichen bereitsbetrachteten Güter, um die auch die nicht soziallebenden Tiere konkurrieren: Nahrung, Schutz- oder Ruheplätze, Geschlechtspartner usw. Der erkämpfte Rang äußert sich somit – und wird dadurch nach außen erkennbar und operationell definierbar – als ein soziales Ordnungssystem mehr oder weniger stark gestufter Zugangsvorrechte zu fitnessbegrenzenden Ressourcen und Lebensvoraussetzungen.
Wie schon besprochen, gilt hier erneut: Selektiert wird das notwendige

Minimum an Aggressionsaufwand zur Erreichung eines Maximums an Fitnessvorteilen für den Ranghöheren, also nicht dauernder Kampf aller gegen alle, begrenzt nur durch physische Erschöpfung und Zwang zur Rekonvaleszenz, sondern gerade genügend Auseinandersetzung – möglichst durch »billiges« Imponieren und Drohen anstelle des »teuren« Kämpfens –, um die Kontrahenten vom wirklichen Kräfteverhältnis, das heißt von der potentiellen Kampfstärke der Beteiligten, zu überzeugen. Dies geschieht ontogenetisch bei vielen Tiersozietäten in sogenannter »spielerischer Aggression«, als Kräftemessen statt Kämpfen. Eine etablierte Rangordnung spart somit für alle Beteiligten Kampfkosten. Rangordnungsstreben bei Tieren stiftet daher sozialen Frieden und fördert nicht etwa ständigen Streit, da zum Rangkonkurrenzverhalten fitnessoptimierend immer auch Rangakzeptanzverhalten selektiert wird. Formen der Rangaggression und Grad der Dominanzeffekte sind dabei wieder je nach betrachteter Tiergruppe und ihren ökologischen Anpassungen sehr verschieden, von minimaler, oft kaum nachweisbarer Stufung bis zum extremen Kastenwesen sozialer Insekten.

Aggressionsbegrenzend wirkt sich innerhalb der sozialen Gruppen von Tieren nun wieder die Tatsache aus, daß die Angehörigen einer Gruppe untereinander genetisch durchschnittlich näher verwandt zu sein pflegen als Individuen verschiedener Gruppen. Es ist hier nicht Raum genug, um auf die Beweisführung dafür einzugehen, daß sich sozial kooperatives (»altruistisches«) Verhalten – und die damit verbundenen Anpassungsvorteile – bei Tieren in der Evolution vor allem durch Verwandtschaftsselektion in eng verwandten Gruppen herausbilden kann (siehe dazu Hamilton 1964; Markl 1971, 1980; Wilson 1975; siehe auch Kapitel III, 3 in diesem Band). Die Folge davon ist nicht nur ein mildernder Effekt der Gesamtfitnessoptimierung auf die innersoziale Konkurrenz, sondern auch der Zwang, den hohen Grad genetischer Verwandtschaft innerhalb der Gruppen dadurch aufrechtzuerhalten, daß gegen Gruppenfremde aggressiv diskriminiert wird, daß sich Gruppen also weitgehend exklusiv verhalten und daher zwischen Gruppen im typischen Fall heftigere aggressive Konkurrenz besteht als innerhalb der Gruppen. Wir erkennen hier in den evolutionären Bedingungen für die Evolution sozial kooperativen Verhaltens die Grundlage einer besonderen Form der Aggression: der (gruppen-) diskriminierenden Aggression in der Konkurrenz um den Zugang zu den fitnessfördernden Wohltaten der sozialen Zusammenarbeit in einer Gruppe (Markl 1974, 1976)! Dies führt zugleich zur Evolution von Gruppenzugehörigkeit kennzeichnenden Kommunikationsmerkmalen (»Gruppenabzeichen«), zum Beispiel gruppentypischen Duftsignalen. Möglicherweise liegt hier eine der Wurzeln der Evolution bestimmter Eigenschaften der menschlichen Sprache, nämlich in ihrer Funktion als Zugehörigkeitsnachweis zu einer bestimmten (auch genetisch definierten) menschlichen Teilpopulation (Markl 1979). In der diskriminierenden Zwischengruppenaggression sozial-lebender Tiere – die wir in mehr oder weniger ausgeprägter Form bei nahezu allen diesen Tieren finden – äußert sich also neben der »klassischen« Konkurrenz um Ressourcen zusätzlich die Konkurrenz um eine bei sozialen Tieren neu entstandene Lebensvoraussetzung: die soziale Kooperation in der Gruppe, ohne die bei Tieren mit hochevoluiertem Sozialleben ein konkurrenzfähiges Überleben oder gar Vermehren von Individuen unmöglich ist. Zugang zu den Vorteilen sozialer Kooperation wird somit bei hochsozialen Tieren zu einem der wichtigsten fitnessbegrenzenden Güter und aggressive Konkurrenz darum – in Form der gegen Gruppenfremde diskriminierenden xenophoben Aggression – evolutionär verständlich.

Da auch der Mensch ein in diesem Sinne von Anbeginn an hochsoziales Wesen ist – in phylogenetischem und ontogenetischem Sinne –, ist es nicht zu gewagt zu postulieren, daß gegen Gruppenfremde diskriminierende Aggressionsbereitschaft zum Grundinventar evolutionär selektierter Bereitschaften des Menschen gehört, eine Bereitschaft also, die durch geeignete Umwelterfahrung (»Erziehung«) mühelos hervorgerufen und verstärkt werden kann. Will man also kennzeichnen, was an der aggressiven Natur des Menschen in der Tat evolutionär selektierte genetische Natur sein könnte, so ergeben diese Betrachtungen als am ehesten zutreffende Feststellung: Der Mensch ist von Natur ein zu aggressiver Konkurrenz um Nahrung, um Sexualpartner, um Territorium (?), um sozialen Rang, um Sozialgruppenzugehörigkeit (das heißt gegen Gruppenfremde diskriminierend) formbares (= verführbares = erziehbares)

Wesen. Und darin hat er viel gemeinsam mit seinen tierischen Verwandten.

f) Bei ihm tritt schließlich auch eine Form der Aggression gegen Artgenossen auf, die Wilson (1975) »moralistische Aggression« genannt hat (siehe auch Trivers 1972): Aggression gegen ein Gruppenmitglied, das die sozialen Verhaltensregeln verletzt. Ich habe sie hier nicht behandelt, da ich dies für ein Ergebnis kultureller, nicht genetischer Evolution halte, das es bei Tieren nicht gibt (?). Die bei Tieren häufig festgestellte Aggression gegen abartig aussehende oder sich verhaltende Gefährten gleicht eher der Ablehnung der Gruppenfremden und sollte daher nicht mit »moralistischer Aggression« verwechselt werden.

Mechanismen der Aggressionsbegrenzung bei Tieren

Bereits im bisher Dargelegten war mehrfach Anlaß, darauf hinzuweisen, daß der die Entwicklung aggressiver Konkurrenz fördernde Evolutionsprozeß keineswegs Aggression als solche maximiert, also das maximal aggressive Individuum, die Kampfmaschine Tier – Tennysons »nature red in tooth and claw« – züchtet, sondern daß die Evolution auf maximale Gesamtfitness von Genen selektiert und Aggressionsverhalten dabei nur insofern und in solchem Grade als Mittel zum Zweck herausbildet – alle Aggression bei Tieren ist in diesem Sinne »instrumentelle Aggression« –, als sie fitnessoptimierend wirkt. Ich möchte daher hier noch einmal zusammenstellen, welche *aggressionsbegrenzenden Konsequenzen* dieser Selektion auf maximale Gesamtfitness von Genen und Genotypen innewohnen, wobei einiges schon Erwähnte kurz wiederholt wird, anderes neu hinzuzufügen ist. Es sind vor allem drei Faktoren, die aggressionsbegrenzend wirken.

a) Wie ausgeführt, wird Aggressionsverhalten von Tieren in der Evolution daraufhin selektiert, den Anteil des Aggressors an fitnessbegrenzenden Ressourcen zu erhöhen. Dazu müssen die in Fitnesseinheiten zu kalkulierenden unvermeidlichen Kosten jeder Aggression für den Aggressor (u. a. durch Zeit- und Energieaufwand, die anderen fitnesserhöhenden Tätigkeiten entzogen werden, durch Beschädigungsrisiko = Beschädigungswahrscheinlichkeit × Schadensintensität) deutlich kleiner sein als der als Ergebnis der Aggression erreichbare Fitnessgewinn. Wenn also die Kosten der Aggression steigen, muß dies dämpfend auf Umfang und Intensität des Aggressionsverhaltens wirken. Beispiele dafür sind gut bekannt. Wenn etwa Nahrung so knapp oder Schutz vor Feinden oder Klima- und anderen physikalischen Einwirkungen so vordringlich fitnessbestimmend werden, daß die Kosten von Aggressionsverhalten dessen Nutzen übersteigen, verschwindet bei Tieren Aggressionsverhalten. Besonders interessant sind die aggressionsbremsenden Auswirkungen des Kostenfaktors »Beschädigungsrisiko«. Es ist seit langem bekannt und wurde vor allem von K. Lorenz hervorgehoben, daß besonders solche Tiere, die sich im Kampf gegenseitig gefährlich verletzen oder gar töten können, gegen Artgenossen in ritualisierter Form (»Turnierkampf«) kämpfen, das heißt eher Kampfstärkesignale durch Drohung und gebremste Gewaltanwendung austauschen, als sich tatsächlich mit allen Mitteln (und Risiken!) zu bekämpfen. Eigene Unterwürfigkeitsgesten ermöglichen gefahrlosen Kampfabbruch und hemmen den überlegenen Aggressor (siehe dazu Markl 1985).

Dies deshalb – so die klassische Biologenerklärung –, weil es für die Arterhaltung vorteilhafter sei, also die Artfitness erhöhe, obwohl ein ungehemmt kämpfendes, starkes Individuum seine individuelle Fitness durch nicht-ritualisiertes Kämpfen kräftig steigern könnte. Daß eine solche gruppenselektionistisch genannte Erklärung der oft bestätigten Erkenntnis der Evolutionstheorie widerspricht, daß sich die Wirkung individueller Selektion in der Evolution in aller Regel gegen gruppenselektionistische Effekte durchsetzt, hat vor allem J. Maynard Smith hervorgehoben (Maynard Smith und Price 1973; Maynard Smith 1974; Maynard Smith und Parker 1976). Er hat zugleich durch spieltheoretische Modellanalysen eine Erklärung für die Evolution gemäßigteren Aggressionsverhaltens bei Tieren auf individualselektionistischer Grundlage geliefert, das heißt so, daß der fitnesserhöhende Effekt der Ritualisierung des Kampfes den gemäßigt kämpfenden Individuen voll zugute kommt und ihnen selbst gegenüber in ungehemmter Brutalität kämpfenden Artgenossen einen Selektionsvorteil

verleiht. Maynard Smith wies nämlich nach, daß gemäßigtes Aggressionsverhalten sowohl gegenüber absolutem Aggressionsverzicht als auch gegenüber maximalem Kampfeinsatz eine evolutionär stabile Strategie (ESS) darstellt, das heißt eine Strategie, die, wenn sie in einer Population befolgt wird, gegenüber jeder alternativen Mutantenstrategie eine überlegene Fitness verleiht, also von Mutanten nicht verdrängt werden kann. Es ist hier nicht Raum genug, um die Beweisführung im Detail darzulegen, sie beruht jedoch qualitativ betrachtet auf der Einsicht, daß eine genetische Disposition zu ungebremster Aggression sich zwar in einer friedfertiger disponierten Population anfangs sehr gut ausbreiten kann, daß dann aber der Punkt kommt, von dem ab die ungehemmten Kämpfer immer häufiger gegen ihresgleichen um Sieg oder Leben kämpfen müssen, wobei die Beschädigungskosten so steil ansteigen, daß eine »gemischte« Aggressionsverhaltensstrategie (»Kämpfe nur gegen Artgenossen mit ritualisiertem Aggressionsverhalten; gib bei Konfrontation mit einem ungehemmt Kämpfenden sofort auf und fliehe lieber unverletzt!«) die Strategie mit dem günstigsten Kosten/Nutzen-Verhältnis wird. Hervorzuheben ist an dieser Betrachtungsweise, daß die für ein Individuum günstigste Strategie nicht allein von seiner eigenen Konstitution abhängt, sondern von der Häufigkeitsverteilung der Strategievarianten in der Population und den sich bei den verschiedenen Partnerkombinationen ergebenden Kosten/Nutzen-Verhältnissen (»Gewinn-Matrix«): Das individuelle Verhalten wird von probabilistischen Charakteristika der Population abhängig, was gut zu der bekannten populationsgenetischen Einsicht paßt, daß die Population die Einheit ist, an der sich Evolution vollzieht (dazu Wickler und Seibt 1977; Krebs und Davies 1984).
b) Ein zweiter bereits erwähnter aggressionsmildernder Faktor der Selektion auf optimale Fitness verleihende Konkurrenz um begrenzende Ressourcen ist die Auswirkung der Verwandtschaftsselektion, also der Tatsache, daß nahe verwandte Individuen mit höherer Wahrscheinlichkeit Gene gemeinsam haben als fern oder nicht verwandte und daß es für die Vermehrung der eigenen genetischen Anlagen daher förderlich ist, Fitnessnachteile durch Aggression bevorzugt fern oder nicht-verwandten Artgenossen aufzuerlegen, mit nahen Verwandten dagegen – je nach Kosten/Nutzen-Bedingungen – gemäßigt oder gar

nicht aggressiv zu konkurrieren, ja unter Umständen sogar Ressourcen zu teilen, diese also in altruistischer Kooperation zu nutzen (allerdings nur, wenn der Vorteil für eigene Nachkommen – Eigenfitness – durch Aggression gegen Verwandte nicht größer ist als der so bewirkte Verlust an Fitnessbeitrag, den die Verwandten leisten könnten – Verwandtenfitness –: siehe Hoogland 1985). Ein Tier – um am Extremfall zu exemplifizieren, was gemeint ist –, das einem mit ihm genetisch identischen, eineiigen Zwillingsgeschwister aggressiv Ressourcen für seine Vermehrung wegnimmt, könnte dabei nur an Fitness gewinnen, wenn es dadurch selber eine erhebliche nichtlineare (überproportionale) Fitnesssteigerung erführe. Da, wie erläutert, bei jeder Aggression Kosten anfallen, die beiden genetisch identischen Individuen im Nichtaggressionsfall erspart blieben, ist aggressive Konkurrenz im Normfall zwischen sehr nahen Verwandten fitnessmindernd, mit andern Worten: selektiert Verwandtschaftsselektion Aggressionsmäßigung nach Maßgabe des genetischen Verwandtschaftsgrades. Dies wurde oben bereits am Beispiel der gemäßigten Rangaggression in genetisch stärker übereinstimmenden sozialen Gruppen im Vergleich zur heftigeren Aggression zwischen Individuen fremder Gruppen erläutert. (Zur Rolle, die die »Vertrautheit«, also der Bekanntheitsgrad als Kontrollmechanismus der Aggression in sozialen Gruppen gemäß dieser evolutionsbiologischen Zielsetzung spielt, siehe Marler 1976.) Ein weiteres Beispiel wäre der generell niedere Aggressionsverhaltenspegel in immobilen (»viskösen«) Tierpopulationen im Vergleich zu sich mobil durchmischenden, da bei immobilen Tieren nahe Nachbarn – und damit mögliche Kampfpartner – zugleich mit hoher Wahrscheinlichkeit auch relativ nahe Verwandte sind.

c) Ein dritter aggressionsmildernder Faktor ist sozusagen nur die gemeinsame Auswirkung der beiden erstgenannten Faktoren auf soziale Systeme von Tieren. Selbst in Anbetracht der relativ engeren Verwandtschaftsbeziehungen zu den Angehörigen der gleichen sozialen Gruppe wird ja auch in sozialen Systemen um Fitnessvorteile konkurriert, wenn – wie das fast stets gilt – nicht alle Mitglieder ihre optimale Vermehrungsrate verwirklichen können, da die verfügbaren Ressourcen dies nicht gestatten. Diese Konkurrenz erfolgt wiederum häufig auf aggressive Weise, wenngleich durch Verwandtschaftsselektion mehr oder weniger gemildert. Gegen übertriebene Innergruppenaggression wirken sich nun jedoch zusätzlich die Kosten aus, die dadurch entstehen, daß der Vorteil sozialer Kooperation – etwa durch gemeinsames Jagen, Verteidigen, Jungenversorgen usw. –, also der soziale Fitnesszuwachs für das einzelne Mitglied nur dann zu Buche schlagen kann, wenn nicht exzessiver Rangstreit in der Gruppe die Kooperation unmöglich macht. Der soziale Frieden einer für jeweils einige Zeit stabilisierten Rangordnung mindert also für alle Beteiligten die Kosten übertriebenen Aggressionsverhaltens. Wiederum gilt jedoch die Logik der ESS, daß bei völligem Fehlen jeder aggressiven Konkurrenz um Fitness – auf den ersten Blick die gewinnträchtigste Lösung – eine Mutantenstrategie gemäßigt aggressiven Verhaltens durchsetzungsfähig wäre, so daß wiederum ein balancierter Aggressionsverhaltenspolymorphismus evolutionär stabil selektiert wird. Den maximalen Vorteil stark gebremster innersozialer Aggression haben natürlich die hochrangigen Individuen, die sich maximal fortpflanzen können. Wir sollten daher erwarten, daß hochrangige Individuen – nachdem sie ihren herausgehobenen Rangplatz durch erfolgreiches Aggressionsverhalten erlangt haben – Aggressionsverhalten in ihrer Gruppe nach Möglichkeit unterdrücken. Genau dies bestätigen viele Beispiele aus der Sozialverhaltensforschung an Tieren. Gleiches gilt für Aggressionsunterdrückung bei Jungen durch hochrangige Eltern. Wir sollten andererseits erwarten, daß bei Ausfall dieser hochrangigen Tiere – etwa durch Krankheit, Altersschwäche oder Tod – der innersoziale Aggressionspegel ansteigt, bis sich eine neue stabilisierte Hierarchie etabliert hat. Dies ist wiederum ein typisch bei sozialen Tieren, von Insekten bis zu Primaten, erhobener Befund. Das Phänomen der – allerdings beschränkten – Rangakzeptanz als Garant einer kostensparenden, rangstabilisierten, sozialen Friedensordnung bedeutet mechanistisch gesehen nichts anderes als eine verinnerlichte Aggressionshemmung durch Unterlegenheitserfahrung, verinnerlicht deshalb, weil sie bei den meisten soziallebenden Tieren offenbar keineswegs der ständigen massiven Bekräftigung durch ranghöhere Individuen (äußere Aggressionshemmung) bedarf.

Eine Disposition zu Aggressionsverhalten ist biologisch normal, das heißt in der Evolution positiv selektierbar, wenn und nur wenn der dadurch erzielte Fitnessgewinn die damit verbundenen Fitnesskosten überwiegt.
Wenn die Fitnesskosten den Gewinn überwiegen, ist Aggression pathologisch. Daraus folgt erstens, daß der evolutionäre Selektionsprozeß an sich nie zur Herausbildung pathologischer Aggression führen kann (dies ist eine tautologische Aussage, doch nichtsdestoweniger immer wieder betonungsbedürftig!). Daraus folgt jedoch zweitens, daß pathologische Aggression bei Tieren durchaus auftreten kann, wenn Tiere nämlich – sei es durch den willkürlichen Eingriff des Menschen oder andere Ursachen von krassen Umweltveränderungen – in Umweltbedingungen gebracht werden, die stark aggressionsfördernd und Aggressionsverhalten auslösend wirken und an die sich die betreffende Population durch ihre Selektionsgeschichte noch nicht anpassen konnte. Bekanntestes Beispiel ist die exzessive, unter Umständen buchstäblich mörderische Rangaggression bei Wirbeltieren in unnatürlich gedrängter Gefangenschaftshaltung, die das Gleichgewicht von Rangkonkurrenz- und Rangakzeptanzverhaltensweisen, wie es sich für die natürlichen Lebensumstände herausgebildet hat, unmöglich macht.
Dies kann für den Menschen im Prinzip nicht anders gelten: Weder kann er von Natur aus (sprich: kraft seiner Evolution) pathologisch aggressiv beschaffen sein, noch ist es zu bezweifeln, daß Manipulation der auf ihn wirkenden Umwelterfahrungen ihn pathologisch aggressiv zu machen imstande ist. Mit Sicherheit kann aus der überwältigenden evolutiven Erfolgsgeschichte der Spezies Mensch abgelesen werden, daß seine Potenz zu pathologischer, also selbstdestruktiver, genauer: fitnessdestruktiver Aggression sein Verhalten im Durchschnitt nicht in maßgeblicher Weise bestimmt haben kann. Wie aggressiv immer der Mensch sich gegen seinesgleichen gebärdet hat: seiner biologischen Fitness war dies (bisher jedenfalls!) alles andere als abträglich! Ich halte es daher aus biologischer Sicht für falsch, beim Menschen – im Unterschied zum Tier – generell eine auch nur irgendwie ausgeprägte

Neigung zu pathologischer Aggression zu diagnostizieren – was die ontogenetische Fehlentwicklung im individuellen oder kulturellen Einzelfall erfahrungsgemäß nicht ausschließt. Wenn sich der Mensch hinsichtlich seines Aggressionsverhaltens von Tieren unterscheidet, so erstens in den Mitteln, es zur Wirkung zu bringen, und zweitens in seiner Fähigkeit, es durch bewußte Einsicht und absichtsvolle Gestaltung seiner Lebensführung und vor allem seiner sozialen Umweltbedingungen willkürlicher Kontrolle zu unterwerfen.

Kapitel 2

Soziale Systeme als kognitive Systeme: Zur Anpassungsleistung sozialer Organisation bei Tieren

Soziale Organisation: Erfolgsweg mit Hindernissen

Das Wesen der sozialen Organisation von Lebewesen ist die *Kooperation*: das Zusammenwirken von zwei oder mehr Individuen, die wenigstens grundsätzlich – sozusagen von ihrer Anlage und Herkunft her – auch getrennt leben könnten. Dies ist ein – je nachdem, wie umfassend man den Begriff fassen will – außerordentlich weit oder nur sehr sporadisch verbreitetes Phänomen im Reich des Lebendigen.
Weit verbreitet ist die soziale Kooperation von Zellen im vielzelligen Organismus, eine so überaus enge Kooperation, daß wir den kooperierenden Elementen – den Zellen unserer Haut, unserer Leber, unserer Muskeln – meist gar keine Individualität mehr zusprechen möchten: Als Individuum erscheint erst das ganze kooperative Ensemble! Dennoch ist unverkennbar:

– Zellen können sehr wohl einzeln leben. Einzeller zeigen es uns, und wir haben guten Grund zu der Annahme, daß Vielzeller von solchen Einzellern abstammen.

– Jeder Vielzeller beginnt auf der Stufe der befruchteten Zygote als Einzeller, und bei vielen Lebewesen können die aus den ersten Teilungsschritten der Zygote hervorgehenden Zellen ohne weiteres getrennt werden und zu unabhängigen Individuen heranwachsen, was den – zumindest potentiellen – Individualcharakter der Zellabkömmlinge der Zygote ausweist.

Die Frage ist also berechtigt: Warum sind nicht alle Organismen einzellig geblieben oder – wenn Vielzelligkeit überlegen macht –

warum nicht alle vielzellig geworden? Ich werde diese Frage hier nur am Rande berühren. Ihre Antwort hat vor allem etwas mit alternativen Strategien der Ökonomisierung von Lebensvorgängen zu tun (siehe dazu auch Teil I, Kapitel 2 in diesem Band, S. 68ff.).

Verwenden wir den Begriff sozialer Organisation im engeren Sinne, so verstehen wir darunter ein Phänomen nächsthöherer Ordnung: ein kooperatives System aus zwei oder mehr vielzelligen Individuen. Als Symbiose, das heißt als Zusammenwirken von Individuen verschiedener Arten, ist auch diese Form der Organisation sehr verbreitet. Zunächst, weil es gute Gründe für die Behauptung gibt, daß jede höhere Zelle selbst das Produkt innigster Symbiose verschiedener einfacherer Zellvorläufer ist, die uns heute als Organelle der Zelle erscheinen (Margulis 1981). Dann aber auch, weil einige der ökologisch produktivsten Lebensgemeinschaften maßgeblich von interspezifischer Kooperation bestimmt und abhängig sind: Biozönosen heißer Tiefseequellen, Korallenriffe und alle Wälder sind Beispiele, wobei viele Bäume buchstäblich von der Pilzsymbiose der Wurzelspitzen bis zur Insektensymbiose der höchsten Blütentriebe, also gleichsam von Kopf bis Fuß auf Symbiose eingestellt sind, ja, sogar gänzlich von ihrer Funktionsfähigkeit abhängen.

Da es freilich auch ohne solche Symbiosen geht, erhebt sich sofort erneut die Frage: Warum gibt es die vielen Symbionten oder warum gibt es überhaupt noch nichtsymbiontisch organisierte Systeme, wenn Symbiose so erfolgreich ist? Ich werde auch hierzu nicht eingehender Stellung nehmen. Eine allgemeine, nicht nur deskriptiv-phänomenologische, sondern analytische Theorie der Symbiose existiert nur in Ansätzen. Symbiosen sind schwierig erreichbare, metastabile Gleichgewichte, deren Stabilität kritisch von vielen Randbedingungen abhängt. Die Harmonie der Partnerbeziehung ist oft eher ein subtil balancierter Waffenstillstand zwischen Konkurrenten als ein wohlgefestigter Interessenausgleich (siehe Wilson 1975; Axelrod 1984).

Die gleichen Fragen werden nun gänzlich unabweisbar, wenn wir feststellen, daß die soeben zweimal konstatierte allerweltshafte Häufigkeit sozialer Kooperation zwischen Lebewesen ausgerechnet dort verschwindet, wo wir kooperatives Verhalten am ehesten anzutreffen erwarten: zwischen Artgenossen. Mit wem sollte es leichter sein,

kooperierende Systeme aufzubauen, als mit seinesgleichen? In Wirklichkeit ist das Paradox noch größer:
Einerseits ist nämlich hochentwickeltes Sozialverhalten – das heißt kooperatives dauerndes Zusammenleben mehrerer erwachsener Tiere mit ihren Nachkommen – unter Artgenossen im Tierreich insgesamt gesehen recht selten (Wilson 1975; Wittenberger 1981; Trivers 1985). Wir finden es im groben Überblick bei einigen Gruppen stockbildender niederer Wasserlebewesen (Hohltiere, Moostierchen u. ä.), bei wenigen Gruppen von Insekten, die wir staatenbildend nennen (etwa ein Prozent aller Insektenarten zählt zu ihnen), und bei einem Bruchteil der höheren Wirbeltierarten, am häufigsten noch bei Säugetieren. Andererseits sind gerade die hochsozial lebenden Tiergruppen ökologisch ungeheuer erfolgreich und in ihren Lebensgemeinschaften häufig nach Individuenzahl, Biomasse und Energieflußanteil absolut dominierend. Korallenriffe aus Hohltierstöcken sind dafür erneut anzuführen. Termiten oder Ameisen gehören zu den wichtigsten Bestandteilen vieler Nahrungsketten und Ökosysteme. Daß es mit den weltweit häufigsten Säugetieren, den soziallebenden Mäusen und Ratten, an Menge und Masse nur noch die ebenfalls hochsozial organisierte Spezies *Homo sapiens* aufnehmen kann, ist wohlbekannt. Sie übertrifft ja an ökologischer Durchsetzungsfähigkeit längst alle biologischen Konkurrenten, ohne allerdings sicher sein zu können, ob dies nicht ein ökologischer Pyrrhussieg ist, aus dem am Ende die Verlierer doch überlegen hervorgehen.
Kurzum: Hochentwickeltes Sozialverhalten ist ebenso selten wie überwältigend erfolgreich. Wie reimt sich das zusammen? Sehr evolutionär klingt dies nicht, wo doch, nach Darwin, in der Evolution der Vermehrungserfolg das Maß aller Dinge ist und daher in der Natur nichts so erfolgreich sein sollte wie der Erfolg. Die Antwort auf dieses Paradox muß zweifach sein. Erstens muß sie aufklären, was so viele Tierarten davon abhalten könnte, zu solch überaus erfolgreichem Sozialleben überzugehen. Zweitens muß sie die Bedingungen und die Ursachen des Erfolgs sozialer Verhaltensorganisation erklären.
Zunächst also: Welches sind erkennbare Hindernisse auf dem Weg zur Evolution sozialer Kooperation? Um diese zu erkennen, muß man sich darüber im klaren sein, was evolutionärer Erfolg von Sozialität eigent-

lich konkret bedeutet. Dabei beschränken wir uns zunächst bewußt auf die Betrachtung von Tiersozietäten, für die es plausibel gemacht werden kann, daß der Befähigung und Neigung zum Gemeinschaftsleben genetische Dispositionen zugrunde liegen. Die genetische Veranlagung zu solchem Verhalten kann sich nach gängigem Verständnis populationsgenetischer Theorie der Evolution nur dann und nur dadurch gegenüber solitär-unkooperativem Verhalten durchsetzen und verbreiten, wenn kooperierende Individuen insgesamt mehr Nachkommen – genauer: mehr Kopien der an der Ausbildung dieser Verhaltensdisposition beteiligten Erbanlagen – in die nächste Generation entsenden können als die gleiche Anzahl nicht-soziallebender Konkurrenten. In der technischen Terminologie der Evolutionsbiologie ausgedrückt: Die Gesamtfitness ihrer das Kooperationsverhalten beeinflussenden Erbanlagen muß höher sein als jene der Anlagen zu unkooperativem Einzelgängertum (s. Dawkins 1982).

Was kann aber – wenn dies so ist – die Einzelgänger am Zusammenschluß hindern? Nun, eben dieses Erfolgsprinzip der Evolution: Die hier kooperieren sollen, sind ja zugleich die schärfsten Konkurrenten um knappe Ressourcen; denn Konkurrenz um produktionsbegrenzende Faktoren zwischen Lebewesen ist um so ausgeprägter, je ähnlicher die Ansprüche der Wettbewerber sind. Da Artgenossen in aller Regel – jedenfalls bei gleichem Geschlecht und Alter – die gleiche ökologische Nische besetzen und ausbeuten, sind die Konkurrenzreibungsflächen zwischen ihnen am größten, größer als mit irgendwelchen anderen Organismen. Daher ist es – entgegen dem naiven ersten Eindruck – zwischen ganz fremdartigen Lebensformen – Eichen und Pilzen, Orchideen und Schmetterlingen, Hohltieren und Algen – wesentlich leichter, zur Zusammenarbeit zu kommen, als zwischen Artgenossen.

Man kann dies auch anders einsichtig machen: Besitzt ein Individuum einer Art eine Anlage, die es dazu disponiert, auf Kosten eigener Vermehrungschancen Artgenossen zu begünstigen, so ist ein solches Verhalten in einer nicht genauso hilfsbereit aufgelegten Artgenossenschaft nicht nur höchst entgegenkommend – im Wortsinne also: zur Zusammenarbeit einladend –, sondern auch höchst fatal,

denn diese Disposition kann sich ja auf solche Weise nicht vermehren, sondern nur vermindern (Dawkins 1978; Wickler und Seibt 1981).
Darin liegt also das evolutionsbiologische Haupthindernis auf dem Weg zur Sozialität, die Schwelle, die vom unkooperativen Einzeldasein der Individuen aus zu überspringen ist, um auf den fitnesssteigernden Weg zum Gipfel sozialer Zusammenarbeit zu gelangen. Es ist, als befänden sich die meisten nichtsozialen Lebensformen auf einer Fitnessanhöhe, die zwar niedriger ist als jene, die durch kooperatives Gemeinschaftsleben zu erreichen wäre, doch führt von dieser zu jener nur ein Weg durch ein tiefes Tal der Fitnessminderung, auf dem Genotypen, die ihn einschlagen, die Extinktion droht. Denn die Wege der natürlichen Selektion führen stets auf den nächstgelegenen Fitnessgipfel, der keineswegs notwendigerweise der höchste erreichbare sein muß. Dies ist jedenfalls die deterministische Lösung der Differentialgleichungen, welche die Wege von Genfrequenzänderungen in einer Population beschreiben, die wir Evolution nennen.
Somit stellt sich die nächste Frage – da es ja offenkundig äußerst erfolgreiche, hochsozial mit Artgenossen kooperierende Tiergemeinschaften gibt: Welcher Weg kann vom niedrigen Solitärhügel zum höheren Sozialgipfel führen, ohne daß die Population im Abgrund der Uneigennützigkeit hängenbleibt und verlorengeht?
Dafür kennen wir heute mehrere verschiedene, einander keineswegs ausschließende Möglichkeiten (Wilson 1975; Markl 1980, 1985; Trivers 1985). Um im Bild unserer Bergwanderung zu bleiben: Man kann einen seitlichen Hangweg suchen, der nie unter die bereits erreichte Fitnesshöhenlinie abfällt; man kann dies auch tun, indem man sich gleichsam auf dem Rücken anderer, unterdrückter Partner über das gefährliche Tal transportieren läßt; man kann sich auch gemeinsam eine Brücke darüber bauen, und schließlich kann man auf gut Glück den kühnen Sprung über den Fitnessgraben wagen. Wie sieht so etwas in der Realität aus?

1. Der einfachste und sicherste Weg besteht in dem, was einer innerartlichen Symbiose entspricht, man nennt dies meist *Mutualismus* (Kropotkin 1904; Axelrod 1984). Am einfachen Beispiel: Wenn zwei Kooperanden gemeinsam eine Ressource erschließen, zum Beispiel als

Räuber in Gemeinschaftsjagd eine Beute überwältigen, die keiner allein angreifen oder gegen Konkurrenten verteidigen könnte, so gewinnen sie, indem sie einander helfen, ohne dadurch gegenüber dem solitären Handeln irgend etwas zu verlieren. Das klassische Beispiel solcher – gefährdeter – mutualistischer Kooperation ist das Zusammenwirken der Geschlechter in sexueller Fortpflanzung und Brutpflege (Kapitel III, 1 in diesem Band und Ghiselin 1974; Bell 1982; Trivers 1985). Warum gefährdet? Die simultane, sofortige Gewinnausschüttung kann zwar verhindern, daß ein Partner den anderen übervorteilt, doch wird dies problematisch, wenn einer der beiden stärker ist als der andere – dann kann er ihn nämlich nach getaner Zusammenarbeit um seinen Lohn der Kooperation bringen. Schwierig wird der Interessenausgleich auch, wenn sich der Gewinn erst in aufeinanderfolgenden Kooperationsakten, also sukzessiv mutualistisch ausgleichen läßt, denn dann kann ein unzuverlässiger Partner Vorteil daraus ziehen, indem er sich weigert, beim nächsten Mal zugunsten des vorherigen Helfers zu handeln, also zurückzuzahlen. Zwar endet damit die Partnerschaft rasch, doch kann ein solcher Ausbeuter immer wieder in neu eingegangenen Allianzen versuchen, neue Partner hereinzulegen.
Deshalb ist der Hangweg des Mutualismus zum Gipfel sozialer Kooperation von mannigfachen Gefährdungen durch einseitiges kurzfristiges Fitnessgewinnstreben auf Kosten langfristig möglicher, gemeinsamer Fitnessgewinne aus zuverlässiger, Lasten und Gewinne redlich ausgleichender Partnerschaft gekennzeichnet. Es wird gleich davon zu reden sein, welche Sicherungen gegen einseitige Ausbeutung der Ressource »soziale Kooperation« möglich erscheinen.

2. Die zweite Möglichkeit hat als erster William D. Hamilton (1964) in ihrer vollen Bedeutung erkannt: Man könnte sie als einen Brückenschlag durch das Band genetischer Verwandtschaft kennzeichnen. Durch Abstammungsverwandtschaft besitzt ja jedes Individuum mit definierter Wahrscheinlichkeit mit Blutsverwandten bestimmten Grades identische Erbanlagen. Kooperiert es daher mit nahen Verwandten, so kommt der Nutzen, den es dabei stiftet, mit definierbarer Wahrscheinlichkeit auch Kopien eigener Erbanlagen zugute. Zwar bleibt dabei immer noch jeder sich selbst der Nächste, doch sind auch

Einbußen an *direkter* Fitness in Form eigener Nachkommen durchaus mehr als ausgleichbar, wenn genetisch Verwandte dadurch überproportionalen Vorteil erlangen: Man vermehrt damit Kopien der eigenen Erbanlagen sozusagen über Stellvertreter und gewinnt dadurch *indirekt* an Fitness. Der Gesamtvermehrungserfolg abstammungsgleicher Erbanlagen ergibt sich als Summe der direkten und indirekten Fitnesskomponenten.

Dieser Mechanismus, für den Hamiltons Regel die Grenzbedingung profitabler Kooperation darstellt, wirkt – und das ist sehr wichtig – natürlich auch zusätzlich zu mutualistischen Kooperationsgewinnen. Das heißt: Mutualismus unter genetisch Verwandten führt noch rascher zum Gipfel als solcher zwischen Fremden! In unserem Bild: Der lange Hangweg kann durch Verwandtschaftsbrücken verkürzt werden. Was dabei von besonderer Bedeutung ist: Das Fitnessinteresse, das einer dabei nicht nur an der eigenen Vermehrung, sondern auch an der des verwandten Partners hat, in dessen Unternehmen man sozusagen genetische Aktien besitzt, die um so mehr Fitnessgewinn abwerfen, je erfolgreicher der Partnerbetrieb gerade auch durch die gewährte Beihilfe wirtschaftet, stellt eine ganz vorzügliche Absicherung gegen die Gefahr betrügerischer Ausbeutung mutualistischer Partnerschaften zwischen genetisch Fremden dar, nicht weil es – anthropomorph ausgedrückt – schäbig ist, einen Geschäftspartner hereinzulegen, sondern weil es dumm ist, wenn man sich durch dessen Verluste selbst schädigt. Für eine solche Sicherung langfristig zuverlässiger Kooperation ist Verwandtschaft der Partner zwar keine notwendige Voraussetzung, aber es läßt sich zeigen, daß sie dabei sehr förderlich sein kann. Es wundert uns daher nicht, daß wir hochkooperative soziale Zusammenarbeit besonders häufig zwischen genetisch Verwandten finden, um so ausgeprägter, je näher die Verwandtschaft, also je größer die genetische Übereinstimmung ist. Deren Extrem ist genetische Identität, wie sie durch Klonieren zustande kommt. Deshalb gibt es kaum etwas Kooperativeres als den Zellklon eines Vielzellerkörpers oder als den durch asexuelle Vermehrung entstandenen Klon eines Hohltierstocks.

3. Eine genetisch äquivalente Variante des eben geschilderten Weges, von der wir nicht wissen, wie weit sie in der Natur tatsächlich verbreitet ist, wäre das Zusammentun von nichtverwandten Individuen, die hinsichtlich der Kooperationsneigung entsprechende Erbanlagen besitzen. Solche positive Identitätssiebung hätte ähnliche Brückenbaufunktion wie Verwandtenzusammenarbeit und zusätzlich den Vorteil, daß Inzuchtnachteile sexueller Verwandtenkooperation elegant vermieden wären. Das Problem ist nur, woran sich die Träger äquivalenter Erbanlagen erkennen können. Es gibt Hinweise, daß eine solche Fähigkeit bei Tieren durchaus nicht ausgeschlossen ist, so daß diese Möglichkeit der Überwindung der Sozialschwelle sehr wohl in Betracht zu ziehen ist. In gewissem Sinne ist Verwandtenkooperation nur die Nutzung eines besonders einfachen Identifikationsmechanismus für überdurchschnittlich häufig identische Erbanlagen tragende Partner, sozusagen die einfachste Faustregel, die die Natur auch niederen Tieren eingeben kann: Kooperiere nur mit Individuen, mit denen du zusammen aufgewachsen bist, dann sind die Chancen gut, das heißt besser als im Populationsdurchschnitt, daß sie den deinen ähnliche Gene tragen (Crozier in Fletcher und Michener 1986).

4. Die vierte Möglichkeit, den Fitnessgraben zu überwinden, ist es, sich auf Kosten anderer darüber hinwegzuhelfen, indem man sie nämlich zu Zwangshelfern macht. Man mag Unterdrückung kaum Kooperation nennen, aber der Effekt der Fitness-Steigerung durch gemeinsames Wirken verschiedener Individuen bleibt durchaus vorhanden, wenn auch nur einer oder wenige an Gewinn ernten, was alle – gezwungenermaßen – erarbeiten. Sklaverei ist eben durchaus eine mögliche Form sozialer Organisation. Dazu gehört allerdings Übermacht der Ausbeuter, weswegen wir diese Kooperationsform ganz überwiegend in der Form von Ausbeutung von Nachkommen durch ihre Eltern finden. Man nennt dies feinsinnig »parentale Manipulation«, aber es ist wirklich Nachkommenausbeutung, die wir von sozialen Insekten genauso kennen wie von einigen Säugetieren und Vögeln. Machtlosigkeit der Jungen ist die eine Vorbedingung; Alternativlosigkeit der Herangewachsenen die andere: Wenn Flucht ins Einzeldasein keine Fitnesschance bietet, ist selbst der Sklavendienst bei

den eigenen ausbeuterischen Verwandten noch von Fitnessvorteil auf dem Weg der indirekten Vermehrung über Geschwister, zu deren Aufzucht man als Arbeitstier beiträgt. So versüßt zwar Verwandtschaftsselektion das Sklavendasein ein wenig, fesselt aber auch um so enger an dieses Verhältnis. Soweit wir sehen, kennzeichnet dies den Evolutionszustand vieler sozialer Insekten und mancher Wirbeltiere recht genau. Nur in wenigen Fällen ist außerdem echte Versklavung fremder, erwachsener, gleichartiger Individuen bekannt geworden, etwa bei den Honigtopfameisen (Hölldobler 1981).

5. Alle bisher betrachteten Möglichkeiten sind im Prinzip deterministische Wege und Umwege zur höheren Kooperation. Bleibt der riskante stochastische Sprung über den Abgrund. Er wird heute meist unter der Bezeichnung *Gruppenselektion* in einer Reihe verschiedener Modelle betrachtet, die in der Regel darauf hinauslaufen: Rein zufällig bilden sich kleine Gruppen von Individuen aus einer Population, die – wenn es der Zufall so will – mehrere kooperationsbereite Partner zusammenbringen, welche dadurch diese Teilgruppe viel erfolgreicher wachsen lassen als alle unkooperativen, auch innerhalb der Gruppe ungehemmt konkurrierenden Konkurrenzsysteme, so daß es in der nächsten Generation mehr Nachfolger der Kooperanden als der Nichtkooperanden gibt. Die Bedingungen dafür, daß dieser Zufallsgruppentreffer gelingt, sind allerdings in der Regel wenig realistisch – etwa weil die Zusammenarbeitergruppen ja zufallsgemäß immer wieder auch durch unkooperative Ausbeuter durchsetzt sind –, so daß viele Evolutionsbiologen darin keinen sehr wahrscheinlichen Weg zum Sozialverhalten von Tieren zu erkennen vermögen. Doch ist dazu sicher noch nicht das letzte Wort gesprochen (siehe Wynne-Edwards 1962; Williams 1966; D. S. Wilson 1980).

Erkennen, Auswählen, Diskriminieren

Ich habe die verschiedenen Möglichkeiten, zu sozialer Kooperation zu gelangen, aus einem ganz bestimmten Grund so ausführlich dargestellt. Wenn der Weg zur intraspezifischen Sozialität für Tiere schwierig ist – es wurde erläutert, warum dies notwendigerweise so ist – und wenn soziales Gemeinschaftsleben mannigfache Vorteile für alle Beteiligten mit sich bringt, was ich hier nur andeuten konnte, was sich aber am großen ökologisch-evolutiven Erfolg hochsozialer Lebewesen leicht ablesen läßt, so stellen beide Tatsachen für Tiere Probleme und Herausforderungen dar, die sich vor allem auf ihr Vermögen beziehen, *Individuen bestimmten Typs erkennen und unterscheiden zu können.* Sozialverhalten setzt nämlich voraus, Kooperationspartner *positiv* auszuwählen, um mit ihnen bevorzugt zu gemeinsamem oder einseitigem Nutzen zusammenarbeiten zu können, oder *negative* Auswahlentscheidungen zu treffen, um gegen ungeeignete Partner, vor allem gegen parasitische Ausbeuter der Vorteile sozialer Zusammenarbeit, *diskriminieren* zu können. Die Vorteile des Soziallebens stellen ja gleichsam eine neue Art fitness-steigernder Ressource, ja bei jenen Tieren, die nur in sozialer Organisation zu überleben vermögen, sogar eine absolut notwendige Lebensvoraussetzung dar, die dadurch für Sozialschmarotzer zur schröpfbaren Versicherungsleistung einer tierischen Solidargemeinschaft wird, aus der sie kurzfristig – mehr nehmend als gebend – großen Fitnessnutzen auf Kosten anderer ziehen können, selbst wenn das Sozialsystem als Ganzes dadurch langfristig Schaden leidet. Wegen dieser immer drohenden evolutiven Gefahr müssen die kooperativen Mitglieder eines jeden Tiersozialsystems die Fähigkeit zur *Partnerauslese* entwickeln.

Das heißt: Alle von mir genannten Wege zur Sozialität erfordern von den beteiligten Tieren wichtige »kognitive« Diskriminationsleistungen, oder vielleicht unanstößiger: Leistungen der Informationsverarbeitung als Grundlage eines *zwischen Partnern und Nichtpartnern differenzierenden Verhaltens.* Artgenossen werden dadurch von im Prinzip austauschbaren identischen Einheiten, die sie bei nichtsozialen Tieren sind, zu Individuen mit persönlichen Verhaltensattributen, welche sich auf bestimmte soziale Systeme und Partnerschaften beziehen, die ebendadurch selbst wieder individualisierte Identitäten entwickeln. Darauf werde ich noch zurückkommen. Ohne diese erkennungs- und verhaltensmäßigen Unterscheidungsleistungen, ohne ein gewisses Maß an *Inklusivität und Exklusivität* also, ist hochentwickeltes Sozialverhalten als Produkt genetischer Evolution für Tiere nicht

erreichbar. Deshalb wundert es nicht, daß – jenseits der einfach einsichtigen Stufe aufeinander sitzenbleibender Zellklonhaufen, die wir Vielzellerkörper nennen – keine Pflanzen, sondern ausschließlich Tiere, also Wesen mit einem Sinnesnervensystem und einem neuromuskulären System, die zu solchen Erkennungsleistungen und Unterscheidungsverhalten befähigen, überindividuelle soziale Organisationen entwickeln konnten.
Ich habe den Begriff »kognitive« Leistungen in diesem Zusammenhang zunächst in Anführungszeichen gesetzt, da wir ja Wahrnehmungs-, Identifikations- und Unterscheidungsfähigkeiten der hier benötigten Art durchaus auch bei Tieren – etwa Insekten – antreffen, denen wir deshalb noch kein echtes Denkvermögen zuzuschreiben brauchen. Doch steckt hier vielleicht doch der Ansatz für ein besseres Verständnis auch wirklichen Denkvermögens, also dessen, das wir besitzen und das wir zunächst vielen Säugetieren und eventuell auch Vögeln zuzubilligen bereit sind (Griffin 1981, 1982). Könnte es doch ganz und gar kein Zufall sein, daß wir das, was wir die klügsten, die intelligentesten Leistungen von Tieren nennen – was also auf ihre kognitiven Fähigkeiten im eigentlichen Sinne hinweist –, ohne Ausnahme bei solchen Tieren finden, die in hochentwickelter sozialer Organisation leben. Das könnte bedeuten: Die ganz besonderen Herausforderungen hochsozialer Zusammenarbeit an Erkennungs-, Auswahl- und vor allem auch Erinnerungsleistungen, wie sie aus den erläuterten evolutiven Gründen notwendig sind, um eine Tiersozietät im evolutiven Sinne fit zu machen, stellt die biologische Grundlage dar für die Entfaltung von sensorisch-neuralen Informationsverarbeitungsfähigkeiten, deren höchste Entwicklungsform wir dann als echte Kognition, als echtes Denkvermögen, anerkennen (siehe dazu Kapitel I in diesem Band sowie Markl in Hölldobler und Lindauer 1985).
Fragen wir zunächst noch einmal, in welcher Beziehung solche besonderen Fähigkeiten zum Erkennen, Auswählen und Erinnern in Tiersozietäten benötigt werden, je nachdem auf welchem Weg das System zum Gipfel sozialer Zusammenarbeit voranschreitet:

1. Ich betonte bereits, daß simultaner und in besonderem Maße sukzessiver Mutualismus dadurch gefährdet sind, daß Partner –

anthropomorph gesprochen – ständig in Versuchung sind, sich gegenseitig zu übervorteilen, also schnellen, sicheren Gewinnzuwachs bei Bruch der Partnerschaft der vielleicht höheren, aber erst später realisierbaren und daher auch unsichereren Gewinnerwartung aus fairer Zusammenarbeit vorzuziehen. Dieses Problem ist vor allem mit spieltheoretischen Modellen – deren bekanntestes das Gefangenendilemma ist – vielfältig analysiert worden. Eine für die Evolution kooperativen Verhaltens besonders wegweisende Studie haben vor einiger Zeit Robert Axelrod und William D. Hamilton vorgelegt (1981, siehe auch Axelrod 1984). Deren wesentlichstes Ergebnis war erstens, daß stabile, beiderseits erfolgreiche und ausgeglichene Kooperation nur zwischen Partnern möglich ist, die öfter als einmal, möglichst also über lange Zeit miteinander kooperieren: Es lohnt sozusagen immer, einen Fremden, den man nie wiedersieht, übers Ohr zu hauen. Das zeigt sofort, daß Individuenerkennung und -wiedererkennung, also Erinnerung der Individualerkennungszeichen, notwendige Voraussetzung stabil mutualistischer Kooperation sind, was natürlich dadurch sehr erleichtert werden kann, daß Partner buchstäblich zusammenwachsen oder aufeinander sitzenbleiben, wie dies im Vielzellerkörper oder Korallenstock der Fall ist.

Ein Weiteres ist aber nicht weniger wichtig: Es gilt nicht nur zu behalten, *wer* einer ist, sondern auch, *wie* er sich beim letzten Treffen verhielt, als man mit ihm kooperierte. Als die sicherste Strategie gegen einseitige Ausbeutung der eigenen Gutmütigkeit erweist sich nämlich im Computerspielmodell eine Tit-for-Tat-Strategie, *do ut des*, wie du mir, so ich dir. Hat der Partner beim letzten Mal fair kooperiert, kooperiere wieder mit ihm, wenn nicht, nicht. Erkennen, Erinnern und nach individueller Erfahrung auswählendes Handeln sind also dafür notwendige Leistungen. Aber wie kommt es zum Beginn einer solchen Partnerschaftsserie, wenn man noch keine Vorerfahrung über das Verhalten des neuen Partners haben kann? Hier gilt – und auch das ist gar nicht zu überschätzen – das Prinzip: Wer nicht wagt, der nicht gewinnt. Versuche im Zweifelsfall mit einem neuen Partner zunächst einmal Kooperationsverhalten. Erwidert er es, so bleibe dabei. Ist er unkooperativ, verlasse ihn sofort. Ein Prinzip Hoffnung, ja ein Prinzip Vertrauen könnte man dies nennen. Erhabene Metakonzepte höchster menschlicher Denk- und Handlungsleistungen, so mag man sagen. In der Tat, aber auch die höchsten Bäume haben ganz tiefe, kleine Wurzeln, und es scheint, als stünden wir bei diesen einfachsten Bedingungen funktionsfähiger sozialer Kooperation an der Basis von Entwicklungen, die – gewiß erst sehr viel später und auf anderen Ebenen – in Phänomene münden, auf die diese Metakonzepte dann wirklich zutreffen.

2. Nun wurde bereits darauf hingewiesen, daß Kooperation unter Verwandten die Gefährdung des Mutualismus durch einseitige Ausbeutung erheblich mindern kann. Das hat in dem jetzt besprochenen Zusammenhang zwei Aspekte. Erstens bedeutet eben Kooperation unter nahen Verwandten, daß die Einstiegsschwelle für den Beginn einer Partnerschaft – die von der Unkenntnis der Verhaltenseigenschaften des Partners herrührt und dazu zwingt, Vertrauen zu riskieren – erheblich gesenkt wird. Eng Verwandte kennt man eben – im guten wie im schlechten – sozusagen von vornherein, von allem Anfang an. Tit-for-Tat beginnt nicht bei Informationsstand Null, sondern baut sofort auf Vorinformation auf. Dies um so mehr, als nahe Verwandte einander genetisch überdurchschnittlich ähnlich sind, also praktisch die Kenntnis des eigenen Selbst – im guten wie im schlechten – bereits eine Art Mitkenntnis des verwandten Partners bedeutet. Wir brauchen dies alles bei Tieren nicht hinsichtlich notwendiger Einsichtsfähigkeit zu überschätzen. Für sie genügt eine genetisch programmierte Faustregel: Bevorzuge im Fall der Wahl die Partnerschaft mit dir bereits bekannten, wahrscheinlich daher auch verwandten Individuen. Mehr ist dazu nicht nötig, so etwas ist wohl nicht zu schwierig genetisch zu programmieren. Einsicht braucht es dazu nicht. Aber erneut gilt: Auf solcher biologischen Disposition zur Sozialität baut dann eben bei Höherentwicklung des Denkvermögens das Verhalten von Lebewesen auf, die nicht nur fest angelegten Verhaltensprogrammen folgen – wie eine Biene oder Ameise –, sondern die über Entscheidungsmöglichkeiten zu räsonieren vermögen. Dadurch wird im Extremfall der Verhaltensfreiheit, beim Menschen, die Entscheidungsfreiheit nicht etwa beschnitten oder gar zum Schein erklärt. Vielmehr sind diese biologisch-evolutionären Vorbereitungen mitge-

lieferte Grundroutine oder Programmoptionen, die man benutzen kann oder nicht, beziehungsweise, die benutzt werden, da sie eben verfügbar sind, wenn man sich die nähere Überlegung über das zweckdienlichste Vorgehen erspart oder wenn keine Zeit oder Möglichkeit dafür gegeben ist.

Der zweite Aspekt verwandtschaftspräferenter sozialer Kooperation bezieht sich darauf, daß dann natürlich ein Vorteil darin liegt, ja eine Notwendigkeit dafür besteht, Verwandte als solche zu erkennen und nach Maßgabe der genetischen Verwandtschaftsnähe zu unterscheiden. Hierfür gibt es wieder ganz einfache und recht komplizierte Lösungen (siehe Fletcher und Michener 1986).

Die einfachste ist sicher eine Faustregel, die Exklusivität der Sozialsysteme erzwingt: Kooperiert nur mit Angehörigen der gleichen Gruppe, nehmt keine oder (wegen der Inzuchtprobleme) nur ganz wenige Fremde in die Gruppe auf, dann seid ihr sicher, nur mit Nächstverwandten zu kooperieren. So etwas gelingt schon auf der Ebene von Pflanzen, Schwämmen oder Korallenpolypen: Wenn klonierte Schwestern und Brüder aufeinander hockenbleiben, Eigengewebe von Fremdgewebe unterscheiden und Fremdzellen aggressiv abwehren, dann helfen sich immer die richtigen gegenseitig. Alle Partnerschaften sind genealogisch fest zementiert und vorgegeben, da kann auch Tit-for-Tat weitgehend störungsfrei gelingen. Fremdgewebeinkompatibilität und Immunabwehr sind Ausdruck der Lösungen für die hier gestellten Identitätserkennungs-, Auswahl- und Diskriminierungsaufgaben.

Auch ein Termiten-, Ameisen- oder Bienenstaat funktioniert hinsichtlich der Sicherung der Verwandtenkooperation durch absolute Gruppenexklusivität nach dem grundsätzlich gleichen Prinzip. Individualerkennung ist dazu nicht nötig: Koloniespezifische Duftkennzeichen, die einer tragen muß, um Einlaß zu erhalten und partizipieren zu können, reichen durchaus hin (siehe Hölldobler und Michener in Markl 1980).

Selbst bei Säugetieren kann noch der gleiche Mechanismus verwendet werden, doch kommen hier zunehmend Individualerkennung und damit individualspezifische Kooperation ins Spiel. Dadurch wird der Weg eröffnet, auch unter den Angehörigen ein und derselben Gruppe

Unterschiede in der Kooperativität zu erkennen und seinerseits zu machen. Ein Hineinschwindeln ins soziale Unterstützungsnetz durch Annahme der gleichen Gruppenkennzeichen, wie es zum Beispiel bei den Sozialparasiten von Ameisen noch möglich ist (Wilson 1971), gelingt dann nicht mehr so leicht. Individuelle Trittbrettfahrer – bei zunehmender Befreiung des Verhaltens von strenger genetischer Determination eine unverkennbare neue Gefährdung des sozialen Zusammenlebens – können so erkannt und entsprechend behandelt werden. Erstaunlicherweise hat man neuerdings bei Insekten wie bei Säugetieren zunehmend Anzeichen entdeckt, daß außer solchen im wesentlichen auf Vertrautheit, Gruppen- und Individualspezifität von Kennzeichen und Gruppenexklusivität beruhenden Verfahren der verwandtschaftsbezogenen Kooperation auch noch stärker genetisch bestimmte Erkennungsmechanismen für Verwandtschaft und vor allem Verwandtschaftsnähe möglich sind (siehe Crozier in Fletcher und Michener 1986), über deren Grundlage und Bedeutung zur Zeit besonders intensiv gearbeitet wird. Dies ist eines der aktuellsten Forschungsgebiete der Soziobiologie. Man sollte nicht vergessen hinzuzufügen, daß Verwandtschaftserkennung selbstverständlich auch ein wichtiger Mechanismus der Inzestvermeidung ist und daher zusätzlich auch aus diesem Grunde – selbst bei nicht soziallebenden Tieren – selektiert worden sein kann (Bateson 1983).
Daß mit dem Erwerb von begrifflichem Denken und Symbolsprache beim Menschen völlig neue Möglichkeiten der Definition von Verwandtschaft und anderen interindividuellen Beziehungssystemen entstanden sind, braucht nicht weiter betont zu werden. Es sei aber doch darauf verwiesen, daß es auch beim menschlichen Sozialverhalten dabei immer noch um Identifizieren, Wiedererkennen, Erfahrungen Erinnern, Auswählen und Diskriminieren im Umgang mit Mitmenschen geht und daß die Bereitschaft zu solchen Leistungen – ganz unabhängig von deren kultureller Ausformung und Begründung – zu der Grundausstattung unserer biologischen Natur als soziale Wesen gehören dürfte, die ihre Wurzeln in den frühesten Prozessen biologischer Sozialwerdung haben (Markl 1986).

3. Die drei anderen Wege zur Sozialität können kürzer abgehandelt werden, weil die auch dort wesentlichen Themen bereits angesprochen wurden oder weil wir zuwenig über die beteiligten Prozesse wissen. Daß die bevorzugte Kooperation mit genetisch ähnlichen, nichtverwandten Individuen deren Identifikation voraussetzt, von der wir nicht wissen, ob und wie sie bei Tieren gelingt, wurde bereits erwähnt. Man sollte hier aber auf Überraschungen gespannt bleiben, vor allem bei Tiergemeinschaften, die sich nicht aus blutsverwandten Familiensystemen aufbauen, wofür es Beispiele von Spinnen bis zu Säugetieren gibt. Daß Unterjochung zur sozialen Ausbeutung das Erkennen von Über- oder Unterlegenheit und Diskriminieren im Verhalten voraussetzt, ist offenkundig und auch daraus evident, daß wir gemeinhin das an sich neutrale Wort Diskrimination, wenn von menschlichen Verhältnissen die Rede ist, fast nur in bezug auf solche ausbeuterische Benachteiligung zu verwenden pflegen. Hinsichtlich der beteiligten Erkennungs- und Unterscheidungsmechanismen für die »Partner« stellen sich indes keine grundsätzlich anderen Fragen als schon besprochen. Ähnliches gilt für die Möglichkeit der Gruppenselektion, für die ja – soll sie überhaupt realisierbar sein – wieder die Unterscheidung von zuverlässigem Partner und ausbeuterischem Sozialparasiten wesentlich wird. Dafür bieten sich wieder die bereits erläuterten Möglichkeiten an, womit dann allerdings das Gruppenselektionsmodell der Sozialevolution schnell in eines von Mutualismus und/oder Verwandtenkooperation übergeht.

Soziale Organisation als Mittel fortgeschrittener Informationsverarbeitung

Wurde bisher betrachtet, wie es zu Sozialsystemen bei Tieren kommen kann und welche speziellen kognitiven Leistungen – in Vorstufen oder in voller Entfaltung – dafür erforderlich sind, so bleibt nun noch zu betrachten, was es eigentlich ist, das soziale Kooperationssysteme in ihrer evolutiven Leistungsfähigkeit so besonders heraushebt: Was leisten sie, das Einzeltiere nicht genauso könnten, und wie leisten sie dies?

Diese Frage kann man von vielen Seiten beleuchten. Hier sei jedoch vor allem ein Aspekt betont, der von herausragender Bedeutung erscheint: Soziale Systeme können mehr Information über die Umwelt schneller und effektiver verarbeiten und verfügbar halten, daher vielseitiger auf die Möglichkeiten und Herausforderungen der Lebensumstände reagieren und wesentlich dynamischer und innovativer aktiv werden als nicht sozial kooperierende Einzelindividuen. Mit andern Worten: Soziale Systeme entwickeln übergeordnete, supraindividuelle »kognitive« Eigenschaften, auf denen ihre Leistungsfähigkeit beruht.

Dazu muß man noch einmal ganz kurz auf die frühesten Phänomene des Lebens zurückblenden, um sich bewußtzumachen, daß alles Leben vom allerersten Ansatz her ein kooperatives Unterfangen ist, das auf struktureller und funktioneller Komplexität beruht. Es gibt kein Einzel-Gen-Lebewesen.

Selbst das einfachste Lebewesen ist bereits ein geordnetes System zahlreicher verschiedenartiger Komponenten, die miteinander in hochspezifischen, das heißt informationellen (nicht nur einfach energetischen) Wechselbeziehungen stehen. Diese Wechselbeziehungen haben nichtlineare und emergent-innovative Wirkungen zur Folge, die solche lebenden Systeme von allen nichtbelebten, heterogenen Stoffgemengen grundlegend unterscheiden. Leben ist, mit anderen Worten, ein *gensoziales Phänomen*, wobei jedes einzelne Gen über das zugehörige Genprodukt und in Interaktion mit den Produkten anderer Gene in ganz spezifischer Weise auf einen Ausschnitt seiner Umwelt wirkt und ebenso partiell-spezifisch von ihr rückwirkend beeinflußt wird. Anders gesagt: Schon in der Einzelzelle teilen die kooperierenden Komponenten die Welt bereichsspezifisch ein und untereinander auf. Dies wird in der hochentwickelten symbiontisch zusammengesetzten Euzyte noch vervielfacht und durch hierarchische Untergliederung gestuft geordnet, so wenn etwa die Chloroplasten oder Mitochondrien in abhängiger Unabhängigkeit ihre spezifischen Leistungen in beschränkter genetischer, das heißt informationeller, Selbständigkeit erbringen (Margulis 1981).

Gehen wir eine Stufe höher, so erweist sich auch die Population einer sexuell reproduktiven Spezies als ein Ganzes, das durch regelmäßige Gendurchmischung mittels Meiose und Befruchtung einen gemeinsamen Genbestand nutzt und mehrt. Der evolutive Erfolg einer Population – obwohl in jeder Generation durch die Vermehrungsleistungen und Gesamtfitnesserträge der beteiligten Individuen erbracht – erweist sich also als das Leistungsspektrum eines Genpools, dessen unerschöpfliche Anpassungsvarianten der Umwelt in jeder Generation in neuer Vielfalt zur Bewährung vorgelegt werden (siehe Teil II, Kapitel 1,in diesem Band). Zwar zeigt eine Art somit erneut die Eigenschaften eines komplexen Übersystems, das in Form von Millionen und Abermillionen verschiedener Individuen jeweils in differenzierter, parallel wirkender Weise ebenso viele individuelle Daseinsnischen füllt, doch fehlt hier auf den ersten Blick der kommunikativ-koordinierende Zusammenhalt zwischen den Bestandteilen, es fehlt die Hierarchisierung zum Erreichen höher geordneter Zustände.

Dies ist allerdings nicht ganz richtig; denn die Ausprägung unterschiedlicher Geschlechtstypen und Geschlechtsverhaltensrollen, die zur Erfüllung ihrer Daseinsaufgaben ganz auf wechselseitige Kooperation angewiesen sind, macht die bisexuell sich vermehrende Spezies zu einem wohlabgegrenzt zusammenhängenden Ganzen mit allen Merkmalen echter Individualität, gekennzeichnet durch Anfang, Entwicklung und ein wenn auch nicht vorbestimmtes, so doch sicheres Ende, gestaltlich und genetisch gleich deutlich getrennt von anderen solchen Spezieseinheiten (siehe Ghiselin 1981). Durch die überlappend-getrennten, komplementären Leistungsprofile der beiden Geschlechter nimmt eine Spezies sozusagen verschiedene Möglichkeiten der gemeinsamen ökologischen Nische wahr (im Doppelsinne des Wortes »wahrnehmen«, das sich gleichermaßen auf eine Lage wie auf eine Aufgabe bezieht), und nur im sozialen Zusammenwirken der Geschlechter in Reproduktion und Nachkommenfürsorge kann eine Spezies überhaupt evolutiv erfolgreich bestehen – selbst dann, wenn wir eine Tierart gemeinhin als nicht soziallebend bezeichnen!

Da heute sozialer Fortschritt vielfach in höchstmöglicher Homogenisierung von Individuen in Möglichkeiten und Leistungen gesehen wird, ist es vielleicht nicht falsch, darauf hinzuweisen, daß in der Evolution der Organismen eher ein gegenteiliger Verlauf mit zunehmender Fortentwicklung einherging: *stärkere Differenzierung* zwischen Individuen und Gruppen von Individuen, allerdings *verbunden mit stärkerer kooperativer Verflechtung der einander ergänzenden Spezialisierungen zu einem zusammenwirkenden Ganzen.*

Der Aufbau eines vielzelligen Körpers mit erneut ebenso speziell differenzierten wie hochgradig koordinierten Zell-, Gewebe- und Organspezialisierungen, die als Klon in vollendeter Harmonie zu kooperieren vermögen, schiebt zwischen die Ebene der intrazellulären Gendifferenzierung und die der Individuendifferenzierung eine weitere ein, die es erlaubt, die Umweltbeziehungen eines Lebewesens auf zahlreiche hochspezialisierte Eingangs- und Ausgangsabteilungen aufzuteilen, welche im vielfältig hierarchisch organisierten Aufbau eines Körpers zusammengefaßt arbeiten. Dabei sind simultane Parallelverarbeitung von Ein- und Ausgabedaten, teilselbständige Ausführung von Subroutinen auf allen Hierarchieebenen, zusammenfassende Steuerung durch umfassend übergeordnete neurale und endokrine Systeme, Hierarchiedurchbrechung durch Direktdurchgriff von oben nach unten und von unten nach oben einige typische Kennzeichen der Leistungsstruktur und Leitungsstruktur – sozusagen des Organogramms – eines Vielzellerkörpers.

Daß hierbei in der Tat im ganz eigentlichen Sinne kognitive Verarbeitungsleistungen des sensoneuromotorischen Systems in Erscheinung treten – jedenfalls bei höchstentwickelten Tieren und Menschen –, ist uns natürlich geläufig. Schon bemerkenswerter ist jedoch, daß es sich dabei eben auch um den Ausdruck einer Leistungscharakteristik handelt, die in hochkooperativ sozialen Systemen nicht nur *auf* dem Individuenniveau, sondern genauso darunter und – wie gleich zu zeigen sein wird – auch darüber ausgeprägt ist. Es könnte also falsch sein zu meinen, da wir als Individuen kognitive Verarbeitungsprozesse vollbringen (das heißt, da wir denken), seien nur den Einzellebewesen solche Leistungen möglich. Als denkende Wesen auf der Hierarchieebene von Individuen angesiedelt, neigen wir dazu, dies nicht nur für die wichtigste Hierarchieebene – das wäre entschuldbar –, sondern gar als die einzige anzusehen, die höchste Leistungen biologischer Emergenz hervorzubringen vermag. Die hier angestellte vergleichende Betrachtung macht dies jedoch wenig wahrscheinlich.

Dieser Gedanke wird vielleicht weniger fremdartig, wenn wir uns daran erinnern, daß wir bereits als Einzelindividuen außer unserem neural organisierten kognitiven System ein komplettes zweites, teilweise parallel arbeitendes, aber keineswegs das gleiche Feld von Umweltbeziehungen deckungsgleich betreffendes kognitives System in uns tragen: das molekulargenetisch organisierte *Immunsystem* (Edelman 1975). Es erkennt, identifiziert, lernt, behält, wählt aus, diskriminiert bestimmte molekulare Aspekte unserer Kontaktumwelt ganz ähnlich, wie dies für unser neural organisiertes kognitives System gilt. Wir fänden es zwar ungewöhnlich zu behaupten, wir könnten mit unserem Immunsystem denken, doch bin ich nicht so sicher, ob dies daran liegt, weil dies falsch wäre, oder daran, daß wir einen allzu eingeschränkten Begriff von Denkvermögen verwenden.

Steigen wir nun auf der Stufenleiter der sozialen Komplexität weiter über das Einzelindividuum hinaus, so erkennen wir bei den echt hochsozial lebenden Tieren genau jene zusätzliche Hierarchieebene, die wir bei der Betrachtung einer Spezies als soziales System zunächst vermißten. Ob wir nun Tierstöcke, Insektenstaaten oder Primatenhorden betrachten: Wir finden die Population bei allen soziallebenden Tieren grundsätzlich in mehr oder weniger exklusive Teilpopulationen, die Sozietäten, Völker oder Kolonien, unterteilt. Keine hochsozial lebende Tierart scheint einen Zustand voller sozialer Kooperation unter allen beliebig herausgegriffenen Artgenossen erreicht zu haben. Ich habe erläutert, welches die evolutive Ursache hierfür ist. Der Mensch wäre die erste Spezies, die dies dank Kulturtradition, begrifflichem Denken und dessen sprachlichem Ausdruck zustande bringen kann: Niemand wird behaupten wollen, er habe dies schon erreicht.

Sieht man sich nun die Funktionsweise einer solchen hochorganisierten Tiersozietät an – etwa eines Insektenstaates, wo wir heute den tiefsten Einblick in diese Dinge gewonnen haben –, so hat man schnell den Eindruck, als müsse man *mutatis mutandis* alle jene Kennzeichen wiederholen, die soeben für die Organisationsstruktur des Einzelorganismus aufgezählt wurden. Der Insektenstaat erscheint somit im funktionellen – nicht nur im allegorischen! – Sinne als ein Superindividuum, wieder mit charakteristischem Lebenszyklus aus Geburt, Entwicklung und mehr oder wenig klar vorgegebener Lebenszeit, in dem durch arbeitsteilige Spezialisierung der Mitglieder – sei es in Form morphologischer Kasten oder in Form zeitweiliger oder dauerhafter Aufgabenspezialisierung – ein hochkooperatives Ensemble zustande kommt, das als Ganzes lebt, sich vermehrt und auch sterben kann (siehe Lumschen 1982; Markl in Hölldobler und Lindauer 1985).

Hier ist es nun von besonderem Interesse zu sehen, ob solche überindividuellen Sozietäten Eigenschaften entwickeln, die – ohne gemeinsames Nervensystem – den Eindruck erwecken, wirklich kognitive Leistungen höherer Ordnung zu sein: Kann die Sozietät in irgendeinem vernünftigen Sinn erkennen, behalten, unterscheiden, was kein Einzelindividuum allein erkennt, behält, unterscheidet?

In der Tat gibt es viele Belege dafür, daß etwa ein Bienenvolk zu jeder Zeit nicht nur eine Ansammlung von ohne Folgen für das Ganze beliebig austauschbaren Individuen ist – etwa wie ebenso viele Mükken oder Heuschrecken in einem Schwarm –, sondern daß es übergeordnete Qualitäten besitzt und Leistungen erbringt, die die Anpassungsleistung des Ganzen und damit auch für jede Einzelbiene maßgeblich bestimmen und in vielseitigster Weise auf die Umwelt abstimmen. Eine solche Sozietät enthält dadurch im ganzen aus der Summe der Erfahrungen der einzelnen Mitglieder eine wesentlich reichere Repräsentation der umgebenden Welt, als je ein Einzelmitglied aus eigener Erfahrung erwerben oder behalten könnte. Nicht weil die »Seele der weißen Ameise« im Termitenstock haust, sondern auf Grund der Interaktionen der Koloniemitglieder mit ihrer Umwelt und ihrer Fähigkeit zur kommunikativen Weitergabe von Informationen in der Kolonie.

Alle beteiligten Informationsverarbeitungsprozesse können im Prinzip auf völlig mechanistisch aufklärbare Detailprozesse zurückgeführt werden – in Einzelfällen ist dies auch bereits gelungen –, und dennoch gibt ihr Zusammenwirken dem Ganzen kognitive Eigenschaften, die in keinem Individualprozeß erfaßt und enthalten sind. Wenn man so will, geht es hierbei also um *künstliche Intelligenz*, aber diesmal auf dem Niveau eines Bienenstaates oder Ameisenvolkes, anstatt auf dem eines Mikroprozessors oder Großrechners.

Ich will das, worum es hier geht, mit wenigen Beispielen – auch aus meiner eigenen Forschungsarbeit – verdeutlichen (zu weiteren Einzelheiten siehe Lindauer 1961; von Frisch 1965; Seeley 1985). Die Bienenwachswabe ist – als ein Stück gefrorenes Bauverhalten – ein leicht zu sehendes, wenn auch leider ganz und gar noch nicht leicht zu durchschauendes Beispiel. Aus Millionen winziger Wachsplättchen von Tausenden von Baubienen in Millionen einzelner, unabhängiger, einfacher Bauakte im buchstäblich Stockdunklen zusammengefügt, ist die Wabe ein Wunder an adaptiver Organisation. In ihr steckt eine Fülle an Lösungen für höchst komplizierte physikalische und chemische Materialprobleme, ganz ohne Plan, ohne Architekt, ohne Bauleitung und Bauaufsicht von Individuen erzeugt, von denen keines allein auch nur ein kleines Stück Wabe zustande bringen kann, die alle lediglich auf den jeweils gegebenen Bauzustand reagieren und mit ganz einfachen, reflexhaften Verhaltensweisen darauf antworten; soweit wir wissen, dafür ganz und gar genetisch programmiert. Wesentliche Maße für ihr Tun scheinen direkt in die Abmessungen des Körpers der Biene, ihrer Beine, ihrer Fühler »eingebaut« (was übrigens verständlich macht, wie wichtig es ist, daß alle Bienenarbeiterinnen in Standardformat geliefert werden!).

Ein nächstes Beispiel, schon etwas immaterieller, wieder von Bienen, aber ähnlich für viele soziale Insekten geltend: Bienen halten ihre Stocktemperatur im Brutbereich, solange Brut da ist, exakt bei 35 Grad Celsius ± 0,5 Grad und lassen sie auch im Winter im Kern der Wintertraube durch Heizung nie unter 15 Grad fallen, im Sommer durch Kühlung nie über 50 Grad steigen: Dies ist eine Eigenschaft der ganzen Sozietät, nicht des Einzeltieres, und wir kennen auch, dank der Arbeiten von Martin Lindauer und Bernd Heinrich, bis ins Detail die hierbei wirksamen, einfachen Verhaltensmechanismen (siehe Hölldobler und Lindauer 1985).

Wenn wir uns der Organisation des Nahrungssammelns zuwenden, sehen wir das klassische ökonomische Allokationsproblem: Wie viele Arbeiterinnen sollen an welcher Futterquelle wie lange wie viel sammeln – in einer Welt, in der Hunderte verschiedener Blütensorten Nektar verschiedener Qualität in verschiedener Entfernung vom Stock feilhalten –, damit der Nettostrom nutz- und speicherbarer Energie unter vorgegebenen Randbedingungen optimiert wird? Hier finden wir alles andere als ein starr genetisch programmiertes Allokationsverfahren. Das System arbeitet vielmehr extrem flexibel und anpassungsfähig, und zwar mit Hilfe Zigtausender unabhängiger Einzelentscheidungen von Tausenden von Sammlerinnen auf unzähligen Sammelflügen. Wie können sie – draußen im Feld allein durch die Blüten wühlend – nach Maßgabe einer Größe entscheiden, die sich als eine reine Ensemblequalität ergibt: der Energiestrom in die Kolonie, den keine Biene messen, keine wissen kann? Martin Lindauer hat die Lösung dafür vor vielen Jahren grundsätzlich erkannt (1961), Thomas Seeley unser Verständnis neuerdings weiter vertieft (1985).

Entscheidend ist ein arbeitsteiliger Angebots-Nachfrage-Mechanismus. Jede Sammlerin liefert ihr Sammelgut am Eingang an Überträgerinnen ab, die laufend das eingebrachte Angebot der an verschiedenen Quellen sammelnden Bienen prüfen und zu den Waben tragen. Die Abnahmegeschwindigkeit korreliert mit dem augenblicklichen Angebotsstandard verschiedener Quellen, je besser, um so schneller – so kann die Information an die Sammlerin gehen, wie erfolgreich sie ist, ob sie an gleicher Quelle weitersammeln oder wechseln soll. Sie selbst muß dann allerdings zum Beispiel noch die Flugentfernung zu ihrer Quelle berücksichtigen, da dies ja deren Rentabilität maßgeblich mitbestimmt. Wir wissen, daß die Bienen dies können: Je weiter weg, um so süßer und reichlicher muß das Angebot werden, wenn weitergesammelt werden soll. In Wirklichkeit ist alles weit komplizierter, aber selbst diese Schilderung gibt wesentliche Elemente dieses Prozesses wieder. Er ist erstaunlich nichthierarchisch und nichtsdestoweniger ungeheuer effizient, vielleicht so optimal wie überhaupt möglich.

Die Kolonie arbeitet im Prinzip durch unablässige, kurzkettige Parallelverarbeitung zahlreicher überlappender Bereiche von Umweltinformation in einem vernetzten System weitgehend unabhängig entscheidender Elemente. Was im gegebenen Zusammenhang wichtig ist: Keines der Individuen kann über den Gesamtzusammenhang von Angebot und Nachfrage informiert sein oder über die gesamte Vielfalt des Futterquellenangebots in einem Sammelbereich, der mehrere Dutzend Quadratkilometer umfassen kann. Die Kolonie allein »weiß« darüber mehr als alle ihre Einzelindividuen, ohne daß es dafür aber einen Ort oder Speicher gäbe, in dem solches Wissen etwa gesammelt oder gesichtet würde (es sei denn durch menschliche Beobachter). Die Kolonie zeigt also kognitive Leistungen höherer Ordnung, indem alle Einzelmitglieder ihre relativ einfachen Entscheidungen in ihrem beschränkten Gesichts- und Erfahrungskreis treffen. Die ganze Kolonie gemeinsam arbeitet als eine gewaltige Informationsverarbeitungsmaschine, die zahllose über die Sensorien ihrer Mitglieder eingehende Meldungen durch relativ einfache kommunikative Verbindungen verknüpft und dadurch wiederum zu weiteren Verhaltensabläufen ihrer Mitglieder führt, die der Gesamtsituation angemessen und angepaßt Rechnung tragen können, wobei dennoch kein einzelner die Gesamtsituation erkennen kann. Schon bei der Bildung kleiner Futtertransportteams bei Ameisen ergeben sich ähnliche Phänomene der Selbstorganisation mit übergeordneten kognitiven Qualitäten (siehe Markl in Hölldobler und Lindauer 1985).

Ein weiteres Beispiel aus neuen eigenen Studien kann dies noch weiter verdeutlichen. Heranwachsende Ameisenkolonien – sie sind in der Regel dem lebensgefährlichen Konkurrenzdruck durch Artgenossen ausgesetzt, die versuchen, den ganzen verfügbaren Lebensraum flächendeckend aufzuteilen – passen ihr Aggressions- und Fluchtverhalten erstaunlich genau der eigenen Volksstärke, also dem eigenen Kampfpotential *und* dem gegebenen Konkurrenzdruck durch Nachbarkolonien an: Im Durchschnitt wagen sie immer nur so viel, wie sie bei gegebenem Kräfteverhältnis, ohne überwältigt zu werden, durchhalten können, ohne dabei allerdings so vorsichtig zu sein, daß wertvolles Sammelterritorium unnötig freigegeben wird. Ich habe dieses Phänomen bei Ernteameisen der südwestamerikanischen Halbwüste eingehender studiert und fand es manchmal geradezu unglaublich, wie genau die intraspezifische Aggressivität der Arbeiterinnen einer gegebenen Kolonie mit ihrer augenblicklichen Volksstärke korrelierte.

Man fühlte sich bezeichnenderweise geradezu versucht, einem solchen Ameisenvölkchen Verhaltenseigenschaften wie einem Individuum zuzuschreiben: Es wirkte buchstäblich ängstlich oder wagemutig, aggressiv oder friedlich, und zwar sozusagen jeweils unisono in allen ihren Mitgliedern, die doch jeweils einzeln in Kampfkontakte verwikkelt wurden. Wie ist dies möglich? Woher weiß die Kolonie, wie kampfstark sie im Vergleich zu Kompetitoren ist, wodurch erfahren dies ihre Mitglieder?

Die Lösung erwies sich wieder als erstaunlich einfach. Die allererste Generation von Arbeiterinnen, wenige ganz kleine Tiere, zeigen überhaupt keine Verteidigungs- oder Kampfbereitschaft. Treffen sie auf eine koloniefremde Ameise, so stellen sie sich entweder tot, oder sie rennen bei nächster Gelegenheit zurück zur Nestöffnung, um diese dann oft sogar für Stunden oder gar Tage zu verschließen. Mit zunehmender Volksstärke ändert sich das Verhalten. Es läßt sich zeigen, daß die Arbeiterinnen ihre Kampfbereitschaft nach Maßgabe des Verhältnisses der Anzahl von Kontakten mit Koloniemitgliedern zu Koloniefremden einstellen. Sind Eigenkontakte in der starken Überzahl, so wird gekämpft, sind sie in der Minderzahl, erfolgt Rückzug. Da in Nähe der eigenen Nestöffnung die relative Anzahl der Eigenkontakte ansteigt, führt dies ganz von selber dazu, daß die Verteidigungsbereitschaft in Nestnähe ansteigt, so als ob der Gegendruck stiege, je mehr man den Aktionsraum zusammenpreßt. Durch Manipulationen der Anzahl von Eigen- und Fremdkontakten ließ sich diese Wirkung experimentell vorhersagbar herbeiführen und dadurch diese Erklärung überprüfen.

Im einzelnen gibt es natürlich viele Komplikationen, aber eines ist grundsätzlich wichtig: Kein Einzeltier enthält in sich die notwendigen und ausreichenden Determinanten seines Verhaltens in bezug auf die Feindstärke. Erst das Ensemble erzeugt die augenblicklich angemessene Lagebeschreibung, nach Maßgabe derer dann das Verhalten der Einzeltiere gesteuert wird. Ein vergleichbares Beispiel hat Bert Hölldobler an den Turnierkämpfen von Honigtopfameisen in sehr viel eingehenderen Analysen aufgeklärt und dort einen prinzipiell vergleichbaren Mechanismus der Aggressionsbereitschaftssteuerung gefunden (siehe Hölldobler in Huber und Markl 1983).

Diese Beispiele sollten genügen, um zu zeigen, was damit gemeint ist, wenn soziale Systeme von Tieren als kognitive Systeme höherer Ordnung betrachtet werden und wieso gerade in diesen überindividuellen Informationsverarbeitungseigenschaften ein ganz wesentlicher Anteil an den überlegenen Anpassungseigenschaften hochsozialer Tiersysteme gesehen werden kann. Selbstverständlich kommen zahlreiche weitere Anpassungsvorteile kooperativer Organisation hinzu, vor allem was die Möglichkeit zu arbeitssteiliger Spezialisierung betrifft, doch läßt sich zeigen, daß auch diese anderen Vorteile immer in hohem Maße von den gemeinsamen Prozessen der Informationsverarbeitung und Kommunikation abhängen.

Schlußbemerkung

Diese Betrachtung sei mit zwei zusätzlichen Anmerkungen abgeschlossen:

1. Es ist verlockend und gefährlich zugleich, diese Überlegungen, die sich bisher fast ausschließlich auf Tiersozietäten und die evolutionären, das heißt vor allem genetisch bedingten Mechanismen ihrer Entstehung bezogen, nun weiter auszudehnen und auch an Phänomenen menschlichen Soziallebens zu erproben. Verlockend, weil bei allen offenkundigen Unterschieden zwischen den Gesellschaften des denk- und sprachbegabten, kulturfähigen, Erfahrung in Lerntraditionen weitergebenden Menschen und den Tiersystemen, die ganz der natürlichen Selektion auf reproduktive Fitness ihrer Erbanlagen unterworfen sind, gewisse Isomorphien von Strukturen und Funktionsbeziehungen unverkennbar sind (siehe Bonner 1980).
Diese ermöglichen es ja auch, so gefährlich zwanglos Begriffsübertragungen vorzunehmen, für die in jedem Einzelfall erst der Beweis zu führen ist, ob es sich dabei um oberflächliche Metaphorik oder um die gleiche Bezeichnung tiefgreifender Entsprechungen handelt. Dies sei hier nicht weiter vertieft, aber es sei doch deutlich gemacht, daß ich hier weder einfache Möglichkeiten pauschaler Übertragung von Erklärungsmodellen noch gänzlich unvergleichbare Andersartigkeit erkenne, die jede auch nur partielle Übertragbarkeit ausschließt. So sei wenigstens darauf hingewiesen, daß zum Beispiel die auf Adam Smith aufbauenden Überlegungen Friedrich von Hayeks über die jedes Wissen von Einzelmenschen übersteigenden Erfahrungen und Erkenntnisleistungen, die wohlfunktionierende menschliche Kulturen oder Ge-

sellschaftssysteme enthalten, den hier für Tiersozietäten entwickelten Vorstellungen in vieler Hinsicht zu entsprechen scheinen (siehe von Hayek 1979).

2. Was seit langem von vielen Philosophen in jeweils verschiedener Weise als die hierarchisch geschichtete Struktur unseres Universums beschrieben wurde, erweist sich auf der Ebene der Organisation lebendiger Systeme in sehr konkreter und mechanistisch zunehmend durchschaubarer Weise als zutreffend. Etwas modischer könnte man geradezu von der »fraktalen« Struktur der sozialen Organisation lebender Systeme sprechen.
Wenn wir den umgekehrten Weg der vorangegangenen Darstellung – nämlich vom Großen zum Kleinen – einschlagen, so erkennen wir bei näherer Betrachtung, sozusagen unter stärkerer Vergrößerung, der Individuationen höherer Komplexitätsebene, daß sie sich aus durch und durch ähnlichen, kooperativ verbundenen Individuationen nächstniederer Komplexitätsstufe zusammensetzen. In ihnen werden immer wieder vergleichbare Strukturelemente und vor allem informationelle Beziehungen zwischen diesen Elementen erkennbar: von Ökosystemen über Biozönosen und Spezies zu Sozietäten, Individuen, Zellen und Zellorganellen bis hin zum ersten, grundlegendsten aller biologischen kooperativen Sozialverbände, dem der Gene im hyperzyklisch integrierten Genom. Auf jeder dieser Systemebenen sind Mechanismen des Erkennens, des Behaltens, des Auswählens, des Unterscheidens zwischen Reaktionsalternativen und des Kommunizierens zwischen kooperierenden Partnern nötig, wie sie kognitive Prozesse kennzeichnen. Unsere Neigung, die Ebene unseres Bewußtseins, die des Individuums, als allein denkfähig ausgezeichnet wahrzunehmen, könnte sich als eine weitere Manifestation anthropozentrischer Voreingenommenheit erweisen und, wie andere solche Anthropozentrismen, als Spezialfall der Innen- und Nahperspektive einer weit ausgedehnteren Wirklichkeit übergreifender Zusammenhänge. Daß in ihr auch im Kleinsten ist, was noch das Größte bestimmt und umgekehrt, läßt die gewaltige Einheit in und über aller Vielfalt des Lebendigen erkennen.

Man hat bisher meist die einheitliche Gültigkeit des Darwinschen Selektionsmechanismus als Triebfeder aller Evolution auf allen Ebenen des Lebendigen als das wichtigste einigende Prinzip des Lebens herausgestellt, dem die Auswahl zwischen konkurrierenden reproduktionsfähigen Systemen unter Knappheitsbedingungen zugrunde liegt. Das ist sicher richtig. Aber ebenso richtig scheint es zu sein, daß eine der wichtigsten Antworten des Lebens auf den Druck solcher Wettbewerbszwänge in der fortwährenden Steigerung sozialer Kooperation in immer komplexer aufeinandergetürmten und hierarchisch ineinandergeschachtelten Überübersystemen bestand, um in der Konkurrenz durch deren Beschränkung und zumindest begrenzter Überwindung besser bestehen zu können. Deshalb kann wenig Zweifel daran bestehen, daß nur das *Zusammenwirken von kompetitiver Selektion und sozialer Kooperation* die Fülle der Phänomene verständlich zu machen vermag, in der uns das Leben entgegentritt.

Kapitel 3

Dasein in Grenzen: Die Herausforderung der Ressourcenknappheit für die Evolution des Lebens

Wer die ungestörte Natur betrachtet, wird wohl immer durch den Eindruck schier unerschöpflicher Fülle überwältigt – an Individuen und Arten, an Diversität der Formen, an Vielfältigkeit der Anpassungen – und zugleich durch den scheinbar unerschütterlicher Stabilität und harmonischer Ausgeglichenheit. Wohl ist der ständige Wandel der Erscheinungsformen unübersehbar, aber es ist ein Wandel, der zur Wiederkehr des immer Gleichen führt: Es ist verschwenderischer Reichtum, der sich stets aufs neue selbst ergänzt, und alles, was in ihr vergeht, scheint der Natur nur Anlaß zur Erneuerung der ausgewogenen Vollkommenheit. Ein Bild vollendeter, ja paradiesischer Harmonie, in dem selbst der Tod nur wie ein Knecht des Lebens scheint. Zwar erleben wir zur Zeit nur allzu erschreckend deutlich, daß dies ein sehr bedrohtes Paradies ist, daß seiner Fähigkeit zum Ausgleich auferlegter Störungen und Lasten durchaus Grenzen gezogen sind, doch die Bedrohung kommt ja nicht von innen, aus ihm selbst heraus, sondern durch uns, den Außenseiter der Natur, den Störenfried, der mehr sein will als Mit-Glied der Natur, der, schon einmal aus übernatürlichem Paradies verdammt, nun auch dem natürlichen zum Verhängnis wird, weil er den Pfad natürlicher Tugenden genauso verließ wie den übernatürlicher. Es macht zwar Schwierigkeiten zu begreifen, wie in natürlicher Entwicklung eine Spezies entstehen konnte, die sich so ganz als Unnatur erweist. Sollte am Ende gar der Beleg für den besonderen Schöpfungsakt, dem unsere Art entsprang, nicht darin liegen, daß dies ein über die Natur *hinaus*reichendes Wesen ist, sondern darin, daß es sich als ein Wesen *wider* die Natur erweist –

wenn denn schon Krone der Schöpfung, dann doch höchstens Dornenkrone? Ich will dies hier so stehen lassen und die Frage am Schluß noch einmal aus anderer Sicht aufgreifen.

Fest scheint doch jedenfalls nach aller Evidenz zu stehen, daß die Natur, sich selbst überlassen, von selbst gegen alle *natürlichen* Störungen immer wieder Zuständen zustrebt, die heute schon jeder Schüler als natürliches, als ökologisches Gleichgewicht versteht, wenn nicht das erste Grundgesetz der Natur, so doch der erste grüne Glaubensartikel über die Natur.

Nun wäre zwar ein Ruhezustand in wirklich echtem Gleichgewicht – in streng physikalisch-chemischem Sinne – für die Natur gewiß fatal; denn ein System im statischen Gleichgewicht wäre ja überhaupt nicht fähig, irgend etwas zu leisten, am allerwenigsten, unaufhörlich die Ordnung des Lebens zu regenerieren, die wir ja meinen, wenn wir von der Natur in ökologischer Balance sprechen. Es ist daher schon wichtig, daß man diesen unverkennbaren natürlichen Gleichgewichtszustand richtig begreift: als einen dynamischen Schwebeakt fern jeder wirklich thermodynamischen Ausgeglichenheit, einen Schwebezustand, den nur unaufhörliche, hochwertige Energie verzehrende kreisförmige Umsetzungsprozesse aufrechterhalten; durchaus ein Gleichgewicht, doch das eines tanzenden Kreisels, den die Antriebspeitsche ständig zugeführter Energie am Rotieren halten muß, wenn er nicht stehenbleiben, kippen, fallen soll, wie Schiwa Nataradscha, der tanzende Schiwa, den Tandava, den kosmischen Tanz, tanzen muß, der zerstören muß, damit sich Dharma, das Gesetz, erfüllen kann, nach dem sich alles immer wieder herstellt.

Dies Bild paßt treffend auf die lebendige Natur, denn es bestätigt zweierlei: die Tatsache, daß die *Erhaltung* der Natur in ihrer Kraft zur *Erneuerung* liegt, und die uns immer bewußter werdende Tatsache der Hinfälligkeit, der Empfindlichkeit, der Gefährdbarkeit dieser in ungeheurer Dynamik kreisenden Natur, diese so schwer begreifliche Verbindung von überwältigendem Schwung kreatürlicher Entfaltung und von prekärer Labilität einer auf die Spitze getriebenen, auf der Spitze tanzenden Perfektion unzähliger verketteter Abläufe, von deren präzisem Ineinandergreifen der Bestand des ganzen Lebensreichtums abhängt. Wenn wir uns allein bewußtmachen, daß der gesamte Kohlen-

säuregehalt der Atmosphäre (700 Milliarden Tonnen Kohlenstoff) in knapp fünfzehn Jahren einmal durch die Photosynthesemaschinerie der gesamten irdischen Pflanzenwelt getrieben wird, getrieben werden muß, damit die Konzentration annähernd bei 3 Promille bleibt, was unser aller Dasein garantiert (die Hälfte davon und die Biosphäre würde in kurzer Zeit verhungern, bei der doppelten Menge drohte uns Überwärmungstod), und daß dieser lebensfreundliche Zustand ganz und gar von der Funktionsfähigkeit des ständigen globalen biologischen Auf- und Abbaus abhängt, wenn wir uns dies bewußtmachen, sehen wir in krasser Deutlichkeit, daß die ökologische Stabilität der Natur nicht das träge Beharrungsvermögen einer ruhenden Masse ist, sondern das kunstvoll gehaltene Equilibrium einer nahtlos zusammenspielenden Artistengemeinschaft, in der kein Partner stolpern oder schwach werden darf, damit der Turm der Körper stehen kann, und der gar um so gefährdeter ist, je grandioser sich das Schauspiel türmt (vgl. auch S. 78 f.).
Diese biogeochemischen Materialkreisströme, die im Lebenskreisel rotieren, indem Kohlenstoff, Wasserstoff, Sauerstoff, Stickstoff, Schwefel, Phosphor, Chlor, Eisen, Kalzium, Natrium, Kalium, Magnesium und noch ein Dutzend andere Elemente in abgestimmten Millionen- und Milliardentonnenmengen unaufhörlich durch die lebendigen Erscheinungsformen fließen, Myriaden von Gestalten formend und sie wieder lösend, sie strömen, weil der Strahlungsstrom der Sonne sie – mit geringfügigem Zufluß aus anderen Energiequellen – am Strömen hält. Das alles stürmt ständig chemischen Gleichgewichten zu, die das Ende allen Lebens wären, und darf sie daher nie erreichen. Der Solarantrieb muß sie weit weg davon am Schwingen halten. Die überquellend sich erneuernde Fülle der Lebensformen ist daher nichts anderes als Ausdruck des unaufhebbaren Zwangs, jener unausweichlichen Dynamik des Zerfalls in Richtung stabiler Gleichgewichtszustände durch fortwährenden Neuaufbau geordneter Komplexität in lebendiger Substanz entgegenzuarbeiten, ein Schwimmen gegen den Strom der Entropie, der alle Ordnung fortzureißen sucht, wenn Energie nicht seinem Wirken entgegenarbeitet. Was also von außen besehen beständig quellender Reichtum scheint, ist von innen beständiges Mühen ungezählter Wesen gegen den Strom von Zeit und

Entropie, die eigene Ordnung zu erhalten, wofür es wohl kein treffenderes Sinnbild gibt als Sisyphus, der niemals ablassen darf, gegen das Gefälle anzurennen, wenn er nicht dem Untergang anheimfallen soll. Der Ernstfall ist Normalzustand des Lebens.

Für das Leben ist das Gleichgewicht ein Abgrund. Der Lebensreichtum aber hat keinerlei Bestand, wenn er sich nicht unaufhörlich aus sich selbst erneuert; denn das überwältigende Schauspiel des Lebens konnte sich von Anbeginn nur nach Spielregeln inszenieren, die den Gesetzen der Thermodynamik gehorchen.

Die Ordnung des Lebendigen ständig regenerieren müssen heißt nun, biologisch profan gesprochen: wachsen, um gebären, und gebären, um wachsen lassen zu können. Was wir an strotzender Fülle der Natur bewundern, beruht also darauf, daß alle ihre Glieder einzig und allein danach ausgewählt sind, ihren Vermehrungserfolg zu fördern oder, um es mit Darwins Begriff zu sagen, um ihre Fitness zu mehren. Nur solche Lebewesen, die im Ringen um Fitnessmaximierung nie nachließen, konnten in der Evolution erfolgreich sein, beginnend mit den ersten Molekülen, die es über autokatalytische Kreisprozesse vermochten, aus vorhandenen Bausteinen mittels vorhandener Energie sich selber zu vermehren. Als dies einmal in Existenz getreten war – wir mögen es *creatio* nennen –, war jedem weiteren reduplizierbaren Molekülaggregat für immer der Zwang auferlegt, nach gleichem Gesetz anzutreten, wenn es überhaupt Bestand haben sollte: das Angebot an Baumaterial und Energie, an den freien Ressourcen der Umwelt so effektiv wie möglich in den eigenen Ordnungszustand zu verwandeln. Schon mit dem ersten Selbstvermehrungsakt, der ersten Anverwandlung fremder ungeordneter Materie durch Kopieren der vorhandenen Ordnung, enstanden zwei solcher selbstvermehrungsfähiger Systeme – welche eben dadurch ja zu Lebewesen wurden –, die fortan um die gleichen freien Güter konkurrierten. Wenn Leben unter Lebensbedingungen chemisch zwangsläufig sich ergebende selbsttätige Wiederholung des Vorhandenen ist, und wenn auch nur eine der dafür notwendigen Ressourcen nicht mehr unbegrenzt zur Verfügung steht, so mußte Leben von Anbeginn und durch alle Milliarden Jahre kontinuierlicher Entwicklung immer ein Leben in ökonomischer Konkurrenz sein. Was

wir das Ökonomieprinzip der Evolution nennen, ein anderes Wort für Darwins »natürliche Selektion«, das mußte daher Grundbefindlichkeit des Daseins aller Lebensformen sein.
Es mag nicht jedem sofort einleuchten, warum eigentlich irgendwelche lebensnotwendigen Ressourcen fast von Anbeginn des Lebens nach relativ kurzer Zeit knapp werden mußten. Die erste unersetzliche Ressource, die diese Knappheitsschwelle des Auseinanderklaffens von Angebot und Nachfrage erreicht, begrenzt sodann die weitere Entfaltung all der Organismen, die auf sie angewiesen sind (wie Justus Liebig schon 1862 als Minimum-Gesetz der Pflanzenernährung formulierte). Schuld daran ist, daß alle Lebewesen sich bei der Fortpflanzung nicht nur selbst ersetzen, sondern sich – solange die Bedingungen dafür gegeben sind – vermehren. Es könnte natürlich vom Schöpfer anders eingerichtet sein – vor allem, wenn es ihm bei der Natur wirklich auf beständige Harmonie angekommen wäre –, doch brauchte es dann dafür einen plangemäß kontrollierenden Betreuer der Natur, einen göttlichen Familienplanungsbeauftragten, der durch sein Eingreifen verhindert, was nach Naturgesetz ganz unvermeidlich ist, da jede Lebensform mit einem Zero-Population-Growth-Programm durch alle vermehrungsfähigen Varianten zwangsläufig verdrängt werden müßte. Aber wie hätte es bei Lebensentstehung überhaupt eine so zurückhaltende Lebensform geben können, warum hätte es sie geben sollen, da doch notwendigerweise verschwenderischer Überfluß an allem herrschte, was Leben zur Vermehrung benötigt? Die Primordialbouillon (um nicht immer so platt von Ursuppe zu reden) strotzte ja geradezu von allen Arten als Baustoff brauchbarer und energiereicher Kohlenstoffverbindungen. Man hat die so verfügbare Kohlenstoffmenge auf mehr als 5 Billiarden ($5{,}5 \cdot 10^{16}$) Tonnen geschätzt, was aus dem Urozean in der Tat eine Brühe mit einigen Gramm Nährstoff pro Liter machte – etwa ein Drittel der Stärke normaler Hühnersuppe (zum Vergleich: Die gesamte Biomasse aller heute existenten Lebewesen umfaßt nur etwa 2 Billionen [$1{,}8 \cdot 10^{12}$] Tonnen, noch nicht einmal ein Zehntausendstel dieses Urangebots, im Ozean nur wiederum zwei Tausendstel davon [$4 \cdot 10^{9}$ t], das heißt, weniger als ein Zehntel Mikrogramm pro Liter). Ein chemisches System, das durch Aufnahme von im Überfluß vorhandenem Substrat wachsen kann und sich nach

Erreichen einer Schwellengröße autokatalytisch replizieren muß, *kann* gar nicht von Vermehrung abgehalten werden, solange alles Benötigte im Überschuß vorliegt. Das heißt, daß der biblisch-darwinische Fitness-Imperativ »Wachset und mehret euch!« nicht etwa eine Lebenseigenschaft ist, deren Entwicklung einer gesonderten Erklärung bedürftig wäre: Vielmehr ist jedes solche chemische System allein durch seine Grundeigenschaft als sich autokatalytisch-replizierendes System gezwungen, sich so zu verhalten, bis der Verbrauch der notwendigen Ausgangsstoffe die weitere Zunahme an Folgeprodukten unmöglich macht. Ökonomische Fitnessmaximierung ist daher Teil des *definiens,* nicht des *definiendum* des Lebens. Und deshalb erzeugt Leben notwendig Mangel an Lebensvoraussetzungen eben durch den zwangsläufig daraus erzeugten Reichtum an Lebensprodukten. Leben ist ein Ressourcen erschöpfender Prozeß, da es von Anbeginn ein selbsttätig schöpferischer Prozeß war. Und dieser Prozeß konnte nach Erschöpfung des allerersten Ressourcenangebots nur dadurch am Laufen gehalten werden, daß die Endprodukte, die Lebewesen aller Art, selbst wieder zur Ressource wurden, indem zerstört wurde, was aufgebaut ward, um wieder aufbauen zu können, was zerstört ward. Die Schlange, die ihr eigenes Ende frißt, Kronos, der seine Kinder verschlingt – dies sind wohl neben Schiwa oder Sisyphus andere Metaphern, mit denen Mythen die Wirklichkeit der Natur erfaßten. Der Mythos von Kronos, dem Titanen, dem Sohn der Erde Gaia, der seinen Vater Uranos mit einer Steinsichel entmannt, ihn also der Zeugungsfähigkeit beraubt, und der dann alle Kinder frißt, die ihm die Schwester und Gemahlin Rhea gebiert, um nicht das gleiche Schicksal zu erleiden; was ihm bei dem verborgen heranwachsenden Zeus mißlingt, der ihn dann auch folgerichtig im Kampf entthront – das ist eine herrlich darwinisch-evolutionistische Entstehungssaga, in der mehr bildhafte Einsicht in die Wirklichkeit des Lebens steckt, als mancher selbst 3000 Jahre später wahrhaben möchte.

Nicht weniger wichtig, als zu begreifen, daß Leben notwendigerweise ein ressourcenzehrender, Mangel schaffender, sich selbst ständig an die Knappheitsgrenzen treibender Prozeß ist, ist es, sich klarzumachen, mit welcher Dynamik sich das Leben selbstbeschleunigend in diese Lage bringen muß. Man kann dies schlicht und klar zum

Ausdruck bringen, indem man feststellt, daß jede – selbst die klitzekleine – positive Populationszunahme bei noch nicht ausgeschöpftem Ressourcenangebot immer ein exponentielles Wachstum ist: $dN/dt = rN$; $N_t = N_0 e^{rt}$. Wie klein die Zuwachsrate r auch sein mag: ist sie nicht Null, so bricht die Population über kurz oder lang wie eine explosiv anschwellende Flut aus (und ist sie negativ, dann bricht sie ähnlich selbstbeschleunigend zusammen). Das heißt, wenn immer eine Population von Lebewesen wachstumsfähig ist, wird sie über kurz oder lang den ganzen ihr verfügbaren Ressourcenvorrat erschöpfen. Deswegen hat heutzutage auch bei aufgeklärten Leuten exponentielles Wachstum gar kein gutes Image, da will sich keiner dabei erwischen lassen. Man ist vernünftig und bereit, sich mit dem viel bescheideneren prozentualen Wachstum zufriedenzugeben. Da man solch fortschrittlichem Denken allzuoft begegnet, ist es vielleicht nicht völlig fehl am Platz, auch hier darauf hinzuweisen, daß jedes reale prozentuale Wachstum natürlich reales exponentielles Wachstum ist. Auch bei der mickrigen Zuwachsrate von einem Prozent pro Jahr – bei der, als Lohnerhöhung angeboten, der rituelle Veitstanz der Interessentenempörung ausbricht, bei der als Inflationsrate die FAZ in Stabilitätsverzückung verfiele, ein schieres Nichts an Aufwuchs, um es im Haushaltssprachgewürge auszudrücken – werden zwar aus einem Pärchen Mäuse oder Menschen in 1000 Jahren erst an die 30 000, in 2000 aber respektable 300 Millionen, doch nur 1000 Jahre später bereits die Schreckenszahl von 3000 Milliarden! Nun stelle man sich aber die viel drastischere Dynamik der Vermehrung bei Urorganismen vor, die nicht nur mühselig pro Generation einige Prozent zulegen, sondern sich bei jedem Teilungsvorgang auf satte 200 Prozent verdoppeln, und dies nicht nur im Jahresrhythmus, sondern sehr viel schneller. Da können aus einer Zelle nach einem Tag mehrere Millionen werden, und potentiell existiert schon ein Jahr später eine Anzahl mit mehreren Tausend Nullen. Wenn uns dies unbegreiflich scheint, so sollte uns genau dies die unbegreifliche Dynamik des Drucks auf lebensnotwendige Ressourcen deutlich machen, den jedes lebensfähige System erzeugen *muß*. Und für die primitivsten Zweiteiler unter den Lebewesen gilt dies noch um ein Vielfaches krasser als für eine vermehrungslustige Blume, die erst noch eine Biene als Postillon d'amour anheuern

muß, oder für unsereinen, der bei seier Biene erst noch mit vielen Blumen Aufwand treiben muß, um den erwünschten fitnessrelevanten Handlungsspielraum zu bekommen.
Aus alldem folgt, daß Ressourcenknappheit die Grundbefindlichkeit des Daseins aller Lebewesen ist; gewiß nicht Knappheit an *allen* Ressourcen, aber stets an einigen, die für gegebene Lebensformen unersetzlich sind und daher ihre Fitnessproduktivität begrenzen. In einer solchen Lage gibt es verschiedene Reaktionsmöglichkeiten:

1. Man kann auswandern und neue Quellen der knappen Güter suchen, doch wenn der letzte Vorrat aufgefunden ist, hat es ein Ende.

2. Man kann der Knappheit dadurch zu begegnen suchen, daß man Konkurrenten, die die gleichen Ressourcen benötigen, aus dem Felde schlägt – sehr schön, dann steigt der verfügbare Vorrat, aber auch der ist dann nach einiger Zeit erschöpft.

3. Man kann die alten Quellen intensiver ausbeuten und nutzen und Umsetzungsverluste minimieren. Dazu braucht es erstens viel Erfindungsreichtum, der den Entdeckern zugute kommt und anderen Konkurrenten fehlt. Doch zweitens stößt auch dieser Weg immer wieder bald auf neue Grenzen. Die erfolgträchtigste Erfindung scheint es dabei auf den ersten Blick, wenn man entdeckt, wie man den knappen Rohstoff ganz durch einen anderen ersetzt, von dem der Vorrat größer ist – doch sind die Grenzen dann für die nächstknappe Ressource schnell erreicht. Viel wirkungsvoller erweisen sich da Erfindungen, die das knappe Gut in einem Kreisprozeß vom Endprodukt zurück zum Ausgang führen – doch zahlt man dabei nicht nur mit viel Energieaufwand, sondern auch mit Zerstörung dessen, was man aufgebaut hat.

4. Schließlich könnte man sich natürlich auch bescheiden und mit dem Vorhandenen wirtschaften, doch setzt dies leider voraus, daß einen keine Konkurrenten bedrängen, die sich auch nur eine winzige Überlegenheit nach Strategie 2 oder 3 verschaffen, sonst ist Bescheidenheit nur der Fahrstuhl in den Untergang. Bescheidenheit setzt also Überlegenheit voraus – dem Menschen öffnet sich hier eine wichtige Chance, worauf zurückzukommen sein wird.

Von diesen Möglichkeiten stechen zwei – eng miteinander verknüpft – heraus: Erfindung neuer, ökonomischerer Lebensweisen und Konkurrenz um die verfügbaren und augenblicklich nicht entbehrbaren Ressourcen (wobei Erfindungsreichtum doppelt zählt, da man auch neue, wirkungsvollere Konkurrenzverfahren entdecken kann).

Je knapper und wertvoller dann ein Gut geworden ist, um so größer kann also der Mitteleinsatz sein, es zu erlangen. Deshalb bedrängen Ressourcenknappheitsgrenzen eine Nutzerspezies nicht nur und behindern ihre Entfaltung, sie setzen sie zugleich unter den Zwang der Konkurrenz. Der Erfolg eines Konkurrenten in diesem Wettbewerb bemißt sich dabei offenbar an dem Wirkungsgrad, mit dem der Einsatz eigener Leistung – also die Eigenkosten an Energiereserven, eingegangenen Risiken und aufgewandter Zeit, Opportunitätskosten – durch den Ertrag an Nachkommen belohnt wird, die man aus den gewonnenen Ressourcen ins Dasein bringen kann, wobei einer – nicht anders als in der Wirtschaft – nicht etwa zugleich die Kosten *minimieren* und den Gewinn *maximieren* kann, sondern deren Verhältnis insgesamt zu *optimieren* hat. Es ist evident, daß dabei jede Kostensenkung – bei gleichen Erträgen – und jede Gewinnsteigerung – bei gleichen Kosten – dem Optimum näherführt und daher jede Strategie, die dies zur Folge hat, erfolgreicher ist und – im biologischen System – mehr Nachkommen, mehr reproduktive Fitness abwirft als eine Strategie, die solche Kosten- und Ertragsveränderungen nicht bewirkt. Aus genau diesem Grunde erzeugt Leben nicht nur Ressourcendruck und Konkurrenz, sondern es treibt ebendadurch auch ständig zu evolutiver Veränderung unter optimierender Anpassung an die Daseinsbedingungen. Organismen werden dadurch zwar nicht notwendigerweise optimal in einem absoluten Sinne, doch treibt der Druck der Knappheit sie immer weiter in jede Richtung, die durch Fitnesssteigerung belohnt wird – selbst wenn der eingeschlagene Weg sich am Ende als Sackgasse herausstellt. Organismen sind nicht deshalb nach einem Ökonomieprinzip fitnessoptimierende Systeme, weil unser ökonomorph-vorurteilendes Denken dies in sie hineinprojiziert. Vielmehr lehrt uns vertieftes Studium des Lebensgeschehens und vorurteilsloses Nachdenken über die Bedingungen des Lebens, daß die Evolution der Organismen *mutatis mutandis* vorwegnahm, ja vorwegnehmen mußte, was menschliches Wirtschaften in einem langen Versuch-Irrtum- und Erfolg-Prozeß als wirkungsvolle Methode der Steigerung der Güterproduktivität herausgefunden hat.

Nun habe ich allerdings soeben zwei Schritte in einem getan, indem ich aussprach, daß Konkurrenz um knappe Ressourcen die Lebewesen zur Anpassung durch Veränderung drängt. Dies müßte ja nicht unbedingt so sein. Zweierlei hätte es verhindern können: wenn es – nach der Entstehung des Lebens – keine Veränderungsmöglichkeiten mehr gegeben hätte, sei es, daß dies Potential mit der natürlichen Genese erschöpft worden wäre, sei es, daß der Schöpfer dem Leben diese Möglichkeit versagt hätte, oder wenn auf irgendeiner Entwicklungsstufe der schlichtweg und endgültig optimale Organismus entstanden wäre.

Daß letzteres nicht geschehen konnte, dafür sorgte mit Zuverlässigkeit der außenbürtige oder der durch das Leben selbst bewirkte innenbürtige Umweltwandel. Einmal optimal, hieß dabei nur zu gewiß: nie mehr optimal; heute optimal nur zu leicht: morgen überholt. Daß ersteres nicht zutrifft, kann man nur als entwicklungsfreudige Folge der Chemie der Erbanlagen aller Lebewesen begrüßen (wir sollten dies wohl begrüßen, denn anders gäbe es uns nicht!). So fehlerarm die identische Replikation der Nukleinsäuregene unter Einsatz aller Korrekturmechanismen auch perfektioniert worden ist – sie kulminiert bei höchstentwickelten Lebewesen mit weniger als einem Fehler auf eine Milliarde Kopiervorgänge –, so gewiß ist auch, daß es, wiederum aus zwingend thermodynamischen Gründen, eine absolut fehlerfreie Replikation in einer Welt, die wie die unsere beschaffen ist, nicht geben kann. Zugleich ist festzuhalten, daß diese Fehlerrate besonders in der frühen Entwicklung des Lebens bei allereinfachsten Lebewesen mit Sicherheit vieltausendfach höher war. Und alle diese Kopierfehler sind hinsichtlich des Bezugs zwischen ihren quantenphysikalischen Ursachen und ihren Folgen für die Merkmalsausprägung der sie tragenden Lebewesen ganz und gar zufällig und nicht etwa schon aus sich heraus auf Anpassung gerichtet. Dabei ist es aber dennoch selbst schon ein Fehler, hier überhaupt ohne Einschränkung von Fehlern zu sprechen. »Veränderungen« oder »Mutationen« sind die unvoreingenommenen Begriffe. Lebewesen erzeugten also von Anbeginn, indem sie sich vermehrten, nicht nur identisch ihresgleichen, sondern ein genetisches Variantenspektrum. Wenn nun die Leistungsfähigkeit eines Lebewesens – als Konkurrent und Konsument und vor allem Fitnessproduzent – von seinen Eigenschaften bestimmt ist und diese mit seinen Erbanlagen in einem kausalen Zusammenhang stehen (der gar nicht deterministisch zu sein braucht, sondern durchaus probabilistischer Natur sein kann), so muß die Folge der Tatsache, daß alle Lebewesen sich nur *ungefähr* vermehren können, sein, daß das Variantenspektrum eine Leistungsfähigkeitsverteilung darstellt, ein Spektrum an Genotypen unterschiedlicher Fitness. Wenn aber in einer gegebenen Generation verschiedene Typen auftreten, die in Konkurrenz um knappe Ressourcen unterschiedlich erfolgreich sind und daher unterschiedlichen Vermehrungsertrag zeitigen, so prägen die jeweils Erfolgreichsten mit ihren Anlagen das Bild der nächsten Generation mehr als ihre unterlegenen Mitbewerber. Daher führt, wie zuerst Darwin erfaßt und als »natürliche Selektion« bezeichnet hat, Variantenentstehung unter Knappheitsbedingungen notwendig zu evolutivem Wandel unter vervollkommnender Anpassung, zu Fortschritt in der Tat, wenn damit gesagt ist, daß das Leben von bestehendem Zustand weg zu neuer Ausgestaltung schreitet, Fortschritt auch dann, wenn damit ausgedrückt sein soll, daß jeweils bei gegebenen Bedingungen wirkungsvoller konkurrierende Typen obsiegen; Fortschritt jedoch nicht unbedingt im Sinne eines, *absolut* bewertet, Höher-, Besser- und Vollkommener-Werdens; denn dazu müßte einer ja erst den rotierenden Kreisel verlassen und nach einem Maßstab der Vollkommenheit suchen, der außerhalb des Wirbels konkurrierender Reproduzenten gilt. Dies zu betonen ist auch deshalb wichtig, weil mit der unaufhaltsamen Auffächerung des Lebens in zahllose Spezies und damit Spezialisten der Selbstvermehrung, die alle fortwährend ihre Methoden der Ressourcenfindung und -nutzung perfektionieren, ohne daß dies in einem wohlabgestimmten Konzert erfolgt, die Bedingungen, an die sich jede solche Spezies zu einem Zeitpunkt anpaßt, schon bald nicht mehr zu gelten brauchen, weil andere Beteiligte den Platz, die Lautstärke, das Instrument und oft genug die Melodie gewechselt haben. Zu diesen Dissonanzen zwischen

den mitspielenden Organismenarten, die kein Dirigent ausgleichend steuert, kommt noch hinzu, daß Lebewesen, je erfolgreicher sie sich vermehren, durch ihre Lebensäußerungen zugleich die Bedingungen ändern, an die angepaßt zu sein sie so erfolgreich machte. Wer Hegels oder Marx' Interpretationsvokabular schätzt, wird dies das Aufbrechen von Widersprüchen nennen, der Systemökologe spricht nüchterner von Output-Input-Imbalance. Die Folgen sind dieselben: Der Evolutionserfolg sägt an dem Ast, von dem er sproß. Wenn dabei zwischen verschiedenen Spezies befristet doch eine Art Gleichgewicht entsteht, so ist dies eine rechte Wolfsharmonie, ein höchst gefährdeter Balancepakt, der nur so lange gilt, bis einer der Beteiligten die Chance entdeckt, die Spielregeln zu seinen Gunsten abzuändern. Die oft so eindrucksvollen koevolutiven Gleichgewichte sollten uns daher nicht verleiten, in ihnen mehr Harmonie zu finden, als vorhanden ist: Nicht Gleichklang, sondern vorübergehend eingespielter Ausgleich aller Interessen liegt hier vor. Wie wenig dauerhaft darauf Verlaß ist und wie oft der eingeschlagene Entwicklungsweg ins Leere weist, das zeigen Hunderte von Millionen ausgestorbener Arten, die alle wohl einmal kaum weniger prächtig angepaßt gewesen sind, als es das heutige Inventar der Biosphäre ist.
Bei Nennung der vier Möglichkeiten, mit dem Ressourcenmangel zurechtzukommen, habe ich nun allerdings noch eine letzte, wichtigste nicht aufgeführt, die Überlegenheit in Ausbeutungseffizienz und Konkurrenz in besonders ausgeprägtem Maß in sich vereinen kann: die Kooperation unter arbeitsteiliger Spezialisierung der Partner. Wo ein einzelner Generalist zwar vielseitig, aber auf keinem Sektor wirklich vollauf tüchtig werden kann oder ein anderer unter Verzicht auf Flexibilität als Spezialist auf engem Sektor und entsprechend schmaler Basis unschlagbarer Meister wird, kann ein arbeitsteilig kooperierendes Spezialistenkombinat den Vorteil beider Strategien ernten. Der Generalist kann manches, aber nichts gescheit. Doch hat er gute Chancen, die Veränderungen der Verhältnisse zu überstehen; denn er ist wendig. Der Spezialist dagegen geht dann allzuleicht in der Zwangsjacke der Fertigkeiten zugrunde, die ihn zum optimalen Konkurrenten machten, solange sie benötigt wurden. Wir finden daher im Lauf der Lebensentwicklung wieder und wieder den Versuch, in der

Verbindung beider Möglichkeiten einen Ausweg aus der Mangelkrise zu finden. Doch hat auch diese Lösung ihren Preis: Mit jeder Steigerung der Komplexität wird neuer evolutiver Wandel schwerer. Die größere Sicherheit des Angepaßtseins wird durch Einbußen an Anpassungsfähigkeit bezahlt.

Mit diesen Prinzipstrategien ist das Leben der selbsterzeugten Ressourcenknappheit begegnet. Sie tauchen in seiner Evolutionsgeschichte in verblüffend regelhafter Abfolge immer wieder auf. Und wo sie für gewisse Zeit das Problem des Mangels lösten, da schoben sie dabei dennoch nur die Grenzen etwas weiter hinaus und taten zugleich alles, sie nur um so schneller wieder zu erreichen. Wenn wir dabei die Entwicklungsabläufe rekonstruieren, so sehen wir, daß immer wieder Neuentdeckungen verbesserter Problemlösungen zur Fitness-Steigerung eine bestehende, wenn auch nicht prästabilierte Ordnung zerbrechen und dazu führen, daß sich ein neues, aber wieder vorübergehendes funktionelles Zusammenspiel einstellt. Das Wort »Entdeckung« mag dabei manchem allzu kühn das blinde Spiel molekularer Varianten mit der Gedankensuche erfinderischen Menschengeistes vergleichen. Mag sein, vielleicht auch nicht. Von Darwin stammt dazu eine Bemerkung von fast vorsokratisch leuchtender Dunkelheit. Wenn seine Theorie der Evolution zutreffe, so sagt er, dann könne es sein, daß »free will is to mind as chance is to matter« (vgl. auch S. 63).

Die Wiederkehr der Trends und Strategien unter Mangeldruck kann man sehr schön am Ablauf der Frühgeschichte des Lebens rekonstruieren, in der Abfolge der großen Prinzipentdeckungen, der Grundmuster, der tragenden Rollen des Lebensschauspiels, die seither Milliarden Jahre lang immer wieder abgewandelt mit Abermillionen Organismenbesetzungen zur Aufführung gelangten.

Leben entstand erstaunlich früh auf unserer Erde, so früh nach der auf 4,5 Milliarden Jahre geschätzten Entstehung des Planeten, daß manche Wissenschaftler, wenn auch nicht zu viele, in Erwägung ziehen, die ersten Keime könnten, wie schon von Svante Arrhenius vermutet, aus dem Weltall angekommen sein. Ganz gesicherte Lebenszeichen sind zwar »nur« etwa 3 Milliarden Jahre alt, doch gibt es bis zu 3,8 Milliarden Jahre alte Spuren, die sich als aus biogener Herkunft deuten lassen. Was davor war, können wir nur wie Manfred Eigen und viele andere in chemischen Modellen als *möglich* nachzuweisen suchen. Gewiß ist jedoch, daß die allerersten Urzellen in einem an vielfältigsten organischen Verbindungen nährstoffreichen Ozean schwammen, aus dem sie daher, ähnlich wie noch heute substratketten-phosphorylierende Clostridien, mühelos Energie gewinnen konnten. Gewiß ist auch, daß sie wie diese anaerob gewesen sein müssen, denn Sauerstoff gab es in der Uratmosphäre nur in Spuren (< 0,1 Prozent des Jetztwerts), anderenfalls wäre auch die Ursuppe sowenig beständig gewesen wie ihre Urverzehrer.

Wie schon erläutert, konnte dieses Schlaraffenland der Vorzeit aber nur von kurzer Dauer sein, weshalb auch die sehr rasche früheste Evolution des Lebens nicht verwundern sollte. Der Chemoselektionsdruck auf die ersten Lebensformen muß enorm gewesen sein, nachdem sie einmal aufgetreten waren, da die freien Ressourcenvorräte durch autokatalytische Vermehrer schnell verbraucht sein mußten – und seither war der Ozean für fast 4 Milliarden Jahre die Wüste, die er hinsichtlich organischer Produktivität bis jetzt geblieben ist.

Zweierlei war die Folge. Erstens: So wie primär konnte von nun an nie mehr wieder Leben entstehen, die Tür zum alternativen Leben schloß sich – die frappante biochemische Grundübereinstimmung aller Lebewesen spricht dafür. Der Schoß des Urmeers wurde unfruchtbar, sein früher Reichtum an Ressourcen weggepackt in jene frühen Lebewesen in wohl unermeßlich großer Zahl. Zweitens: Die gleichen Lebewesen standen damit schon vor ihrer ersten selbsterzeugten Krise aus Ressourcenmangel. Dies hätte das Leben für immer in das Ghetto dieser frühesten Entwicklungsstufe sperren können: Der Kreislauf der Vermehrung wäre nur in dem Umfang weitergelaufen, wie durch Zerfall Ressourcen neu verfügbar wurden. Dieses stille Glück der ersten Kreislaufwirtschaft hatte aber anscheinend keinen Bestand. Es ward verdrängt durch eine chemische Neuentwicklung, die Autotrophie, die mit allen möglichen anorganisch-chemischen Energiequellen, vor allem aber mit unerschöpflich strömendem Sonnenlicht, aus dem energetisch abgewrackten Biomüll der frühen Gärungsorgie des Lebens wieder Betriebsstoff für neues Leben regenerierte. Der Ausweg war also nichts anderes als neue Biotechnologie. Aus Abfall – vor allem Kohlensäure und Wasser oder anderen Wasserstoffdonatoren – wurde erneut der Stoff gemacht, aus dem das Leben ist. Noch heute existieren so viele verschiedenartige Varianten autotropher Strategien bei Bakterien, daß man annehmen darf, daß dieser Übergang zur Selbstversorgung nicht ein einziger Geniestreich einer einzigen Lebenslinie war: Unter dem Druck des Nahrungsmangels hat das Leben sicher ungezählte Wege exploriert, die aus dem Joch der Knappheit führen könnten. Darunter war dann einer allerdings besonders erfolgreich, nämlich der, aus Licht, Kohlensäure und Wasser mit Hilfe verschiedener Formen von Chlorophyll energiereiche Kohlenhydrate aufzubauen. Und wie noch heute gilt: Verfügt man über ausreichende arbeitsfähige Energie, kann man sich die meisten anderen benötigten Ressourcen mit deren Hilfe besser erschließen, indem man sie sogar gegen chemische Konzentrationsgradienten transportiert. Blaualgenartige Gebilde scheinen diese neue Prinzipentdeckung schon vor weit mehr als 3 Milliarden Jahren gemacht zu haben. Und wieder folgte der Entdeckung die Verbreitung des Erfolgsprinzips. Es war so erfolgreich, daß von ursprünglichen primärheterotrophen Lebewesen nicht die Spur erhalten blieb.

Doch auch dieser fulminante Erfolg führte zwangsläufig in eine neue Krise. Zwar baute Photosynthese auf, was Gärung zerlegte, ein Kreisprozeß, der der primären Einbahnstraße des Verbrauchs an Ressourcen gewaltig überlegen war, was seine große Beständigkeit über fast 2 Milliarden Jahre – der Dauerblütezeit der photoautotrophen Prokaryoten – beweist.

Dieses lichtgetriebene biochemische Perpetuum mobile hätte vielleicht – solange die Sonne strahlt – unendlich weiterlaufen können, wenn nicht bei der katalytischen Lichtwasserspaltung neuer tödlich gefährlicher Abfall angefallen wäre: Sauerstoff. Für einige Zeit konnten die Organismen allerdings unbesorgt drauflos wirtschaften, weil Atmosphäre, Hydrosphäre und Kruste der frühen Erde voll von reduzierten Materialien waren – Methan, Ammoniak, Sulfide, zweiwertiges Eisen u. a. –, die den biogenen Sauerstoffabfall mühelos aufsaugten und entschärften. Gewaltige Bändereisenformationen und Sulfatablagerungen geben davon Zeugnis. Man hat den so gebundenen Sauerstoff auf das Zwanzigfache des gegenwärtigen Gesamtbestandes der Atmosphäre geschätzt. Dabei stieg sogar auch laufend das Kohlensäureangebot der Umwelt an, was die vor allem CO_2-begrenzte Photosyntheseleistung weiter hochtrieb, nur um dadurch noch mehr Sauerstoff in die Umwelt auszuschütten. Als aber vor annähernd 2 Milliarden Jahren die O_2-Bindekapazität der Umwelt erschöpft war, erreichte der Giftpegel bald ein Prozent des Jetztwertes, vor 700 bis 800 Millionen Jahren 10 Prozent und gegen Ende des Paläozoikums den heutigen Stand. Zwar hatten also die Prokaryoten mit der Entdeckung der Photosynthese für lange Zeit das Problem ihres Energiemangels gelöst, doch zahlten sie dafür mit einem lebensgefährlichen Pakt mit dem Feuer; denn Sauerstoff und lebendige Materie brennen tödlich. Und damit wurde die Entgiftung des lebensbedrohenden Sauerstoffs zur entscheidenden Notwendigkeit des Lebens vor etwa 2 Milliarden Jahren. Und wieder war es eine biotechnologische Neuentdeckung, die den Ausweg wies. Mit eisenhaltigen Porphyrin-Proteinen ließ sich die Knallgasreaktion von Sauerstoff und Wasserstoff so in Kaskaden bändigen, daß dadurch etwa zwanzigmal soviel Energie aus dem Kohlenhydratabbau zu holen war wie mit der alten Gärung. Bis heute tun dies alle atmenden Lebewesen in den Mitochondrien aller ihrer Zellen. Und wieder gibt es genug Belege dafür, daß unter den frühen Photosynthetikern durchaus auch andere Methoden der O_2-Entgiftung gefunden wurden (etwa mit Schwefelwasserstoff). Doch trat wieder die den Siegeszug an, die zugleich die maximale Energieausbeute lieferte: Die ideale biotechnische Müllverbrennungsanlage als Lebensenergieantrieb war erfunden.

Und mit gesteigerter Energieausbeute konnte das Leben beschleunigt wachsen, die Photosyntheseproduktion steigern, den O_2-Pegel beschleunigt hochtreiben und noch effizienter atmen. Was hier so einfach klingt, war aber wieder nicht ein einziger Lösungsschritt, sondern ein hochkomplexes biochemisches Reaktionspuzzle – dessen Einzelheiten uns gut bekannt sind –, das wohl über Jahrmillionen in unzähligen Versuchsansätzen, sprich Lebensvarianten, zusammengesetzt wurde. Und unter dem Druck des Zwanges zur Energiegewinnungseffizienz sind sicher ungezählte ineffizientere Varianten im Selektionsprozeß verworfen worden.

Daß der O_2-Gehalt der Umwelt, der diesen ganzen Siegeszug überhaupt erst möglich machte, zugleich der Milliardenjahre alten anaeroben Prokaryotenwelt bis auf Restbestände in entlegenen Biotopen den Garaus machte, verdient dabei ebenfalls der Betonung. In diesem Rennen um die effizienteste Assimilations- und Dissimilationsmaschinerie gelang nun einer Gruppe von Organismen vor etwa 1,5 Milliarden Jahren der Superhattrick, der eine völlig neue Erfolgsstrategie des Lebens einleitete: der Schritt vom spezialisierten Kleinbetrieb zum arbeitsteiligen Kombinat, zur echten Eukaryotenzelle mit spezialisierten Organellen für die wesentlichen Grundleistungen des Lebens. Es scheint, daß dabei wieder Mangel an Ressourcen Pate stand. Denn wenn auch Photosynthese und Respiration den idealen Kreisprozeß zur Energiegewinnung schufen, so mußte doch der nächste Minimumfaktor für die Produktion weiterer lebendiger Substanz bald knapp begrenzend werden: vor allem Stickstoff, um Eiweiß daraus aufzubauen. Stickstoffhunger blieb ja bis heute für die Pflanzen schwer zu stillen – wir sehen, wie im überdüngten See die Algenblüten wuchern. Viel spricht dafür, daß dieser Stickstoffmangel Organismen dazu brachte, nicht rücksichtsvoll abzuwarten, bis des Nachbars Tod neue Ressourcen freisetzte, sondern diesem Vorgang etwas nachzuhelfen, indem man ihn einfach verschlang. Zwar haben wir von solchen ersten Tieren keine Spuren mehr – es gab bald wesentlich überlegene Räuber –, doch ist besonders wichtig, daß es dabei bestimmten Formen – vielleicht bei lokal und zeitweise günstigem Nährsalzangebot – gelang, die lebend verschlungene Beute nicht zu verdauen, sondern sie fortlebend als chemische Produktionssklavenorganelle zu Symbionten zu domestizieren: Blaualgen als ideal O_2-geschützte Photosynthesespezialisten, die wir Chloroplasten nennen; Purpurbakterien als perfekte Sauerstoffentgifter und dabei energieliefernde Mitochondrien; vielleicht noch weitere hinzu. So wie sich eine große Firma kleine einverleibt, wenn diese sich auf dem Markt mit einem speziellen Angebot bewährt haben, so entstanden also hier die ersten spezialisiert-arbeitsteilig-kooperativen Übersysteme des Lebens. Vor allem eine solche Sorte von Eukaryoten erwies sich dabei als besonders wirkungsvoll, die zusätzlich zur abgestimmten Endosymbiose auch noch den Mechanismus der sexuellen Rekombination entdeckte, mit einem übrigens sauerstoffabhängigen Spindelapparat, der in der Meiose die Chromosomen korrekt verteilt. Solche Superzellen waren nun nicht nur effizienter, sie konnten auch vielfach größer werden als Prokaryotenzellen (Fossilbelege zeigen es). Vor allem aber konnten diese großen Zellen sehr viel mehr Syntheseprogramme in die Chromosomen verpacken und bei der sexuellen Vermehrung in immer neuen Varianten kombinieren. Membranen wurden so perfektioniert; das Bewegungsprotein Actomyosin kam ebenso hinzu wie festigendes Kollagen, dazu auch Zellskelette aus Kalk oder Kieselsäure zu Schutz und Stütze. Die paläontologischen Befunde zeigen, daß mit der Neuentwicklung der sexuellen Euzyte eine gewaltige und rasche Differenzierung einsetzte, wobei der Sexualität eine wichtige Rolle zugekommen sein dürfte, da erst sie echte geschlossene Fortpflanzungsgemeinschaften mit spezialisiertem Genbestand ermöglicht (dementsprechend gibt es auch heute nur einige zehntausend Bakteriensorten gegenüber vielen Millionen Eukaryotenspezies).

Vor etwa 700 Millionen Jahren wurde der letzte große Schritt getan: Bei einem O_2-Pegel von etwa 10 Prozent entstanden die ersten Vielzeller. Er reichte nun aus, um, zunächst durch Diffusion, dann durch Transport erleichtert auch tieferliegende Zellen zu versorgen. Zugleich war der O_2-Pegel nun hoch genug, um in der Atmosphäre einen Ozonschild gegen hartes UV-Licht entstehen zu lassen, der Leben im Oberflächenwasser und am Land erlaubte, was wiederum die Effizienz der Photosynthese erhöhte. Vielzeller sind nichts anderes als die Anwendung des Kombinatprinzips in Serie. Im Überübersystem des Vielzellers kann sich die arbeitsteilige, kooperative Spezialisierung erneut wiederholen. Und manche – wie die Riffkorallen – haben sogar noch einmal die Domestikation von – diesmal eukaryotischen – Photosynthesespezialisten (Algen) in ihren Geweben wiederholt, ein Coup, der auf noch höherem, sozialem Organisationsniveau in abgewandelter Form nur sozialen Insekten und Menschen mit Nutzpflanzenzucht ein weiteres Mal gelang.

Der Ansatz dazu dürfte wieder in Ressourcengier aus Nährstoffmangel zu suchen sein. Auch für Euzyten war ja sicher oft Mangel an Nährsalzen – Stickstoff, Phosphor, Schwefel – begrenzend. Da liegt der schnelle Weg des Fressens anderer Lebewesen nur zu verführerisch nahe. Man mag das tierisch finden und hat damit recht. Die ersten Protozoen mußten so zur Geißel der Prokaryoten und Protophyten

werden, zumal die Räuber auch bei Nacht und tagsüber in dunklen Winkeln jagen konnten.
Solcher Feinddruck wirkt natürlich nicht anders als Ressourcenknappheitsdruck: Er wirkt begrenzend für die Vermehrung der Opfer und treibt damit die Entwicklung von Gegenstrategien an, die wieder effizientere Räuber selektieren. Der Ressourcenmangel der Räuber ist identisch mit dem Feinddruck für die Beute. Da dies ein wechselseitig stimulierender Prozeß ist, verläuft die Räuber-Beute-Koevolution besonders rasch: Fast schlagartig findet sich daher nach Auftreten der ersten Vielzeller im Ediacarium das fossile Leben in zahlreiche Entwicklungslinien differenziert.
Zwei gegensätzliche Trends sind in der Folge dieser Koevolution besonders deutlich ablesbar: Gigantismus und Miniaturisierung.
Zum *Gigantismus*: Um eine Pflanzenzelle verschlingen zu können, ist es von Vorteil, wenn der Schlinger größer ist als seine Beute (und spezielle Ortungs-, Fang-, Halte-, Schling- oder Saugeinrichtungen besitzt). Da eine Einzelzelle jedoch aus chemischen und mechanischen Gründen nur begrenzt größer werden kann – und Beutezellen ihrerseits zu ihrem Schutz auf Größenzuwachs ausgelesen werden –, kam schnell der Punkt, an dem die Kooperation mehrerer genetisch gleicher Zellen mit identischen Interessen ein noch erfolgreicheres Schlingtier ergab: Das Metazoon, ein Schlauch, der sich über immer mehr Nahrung auf einmal stülpen ließ, war da, ein Bauprinzip, das so erfolgreich war, daß selbst ein *Homo sapiens* nach solchem Plan gebaut ist. Und selbstverständlich konnte sich die Freßgemeinschaft unverzüglich wieder arbeitsteilig spezialisieren. Vor allem wurde eines möglich: Da all dies ja immer nach Maßgabe der relativen Steigerung reproduktiver Fitness fortschritt, mußte es vorteilhaft sein, gemeinsam sehr viel größere, vorversorgte und betreute und dadurch erfolgreichere Zygoten herzustellen, als eine Einzelzelle das zu tun vermochte – bis hin zum kiloschweren Straußenei, auf das ein Mensch treten kann, ohne es zu zerbrechen. Doch ebendieser Trend mußte sich auch wieder seinen eigenen Widerspruch heranzüchten: Ein fettes Ei, ein Wonneproppen von Embryo sind selbstverständlich auch Leckerbissen. Und jedes Ressourcenangebot züchtet seine Nutzer: So ward es nötig, zum

Schutz vor Feinden immer mehr Aufwand für die Brutfürsorge zu treiben.
Solcher Perfektion der Räuber entsprach analog koevolutionär die Perfektion der Beute: Nicht nur der Klassenfeind schläft nie, die Klasse selbst ist auch nicht müßig. Dementsprechend werden Beuteorganismen daraufhin ausgelesen, die Räuber selbst durch Vielzelligkeit an Größe zu übertreffen und mit allen möglichen Abwehrmechanismen zu überlisten. In vielen Entwicklungslinien von Beutepflanzen und nicht anders Beutetieren können wir daher immer wieder in der Lebensgeschichte gewaltige Größensteigerungen verfolgen, bis zu monströsen Gestalten. Auch unsere Linie ist keine Ausnahme: Zwar ist der Längenzuwachs vom einen Meter großen *Australopithecus afarensis* zu Muhamad Ali nichts gegen Elefanten- oder Dinosaurierbeispiele, doch ist die Verdreifachung des Gehirnvolumens schon gewichtiger zu werten. Vor allem haben aber Tiere, von Riffkorallen bis zu Termiten, von Rattenhorden bis zu Megalopolis immer wieder die Möglichkeit wahrgenommen, die Größensteigerung dadurch zu bewirken, daß sich erneut ein Übersystem auf das Überübersystem der vielzelligen Eukaryoten türmte, indem viele getrennte Individuen in sozialen Organisationen zusammenarbeiteten. Und wieder öffnete dies die Chance zur arbeitsteilig spezialisierten Kooperation in immer größeren Systemen – bis hin zur globalen Weltwirtschaft. Mag *small* auch *beautiful* sein, im Fitnesswettbewerb gilt leider allzuoft *big is superior*, jedenfalls auf kurze Frist. Ich sage »leider«, denn wieder trägt dieser Gigantismus neben dem Augenblickserfolg zwangsläufig Widersprüche, Kosten in sich, die man bei Organismen manchmal als Allometriekosten bezeichnet; denn allzuoft wachsen später nachteilige Nebeneffekte überproportional mit den kurzfristigen Vorteilen. Das Beispiel vom Riesenhirsch, dem zwar vielleicht kein Räuber mehr gewachsen war (es sei denn, er griff wie Wölfe in Gruppen an), dem dafür aber auch allometrisch ein Problem in Form eines Riesengeweihs gewachsen war, ist wohlbekannt. Es macht sicher keinerlei Schwierigkeiten, sich analoge Allometriekosten menschlicher Grandeur zu vergegenwärtigen, beginnend vom Geburtsproblem des kleinen Riesenschädels bis zu den sekundären Gigantismuskosten, vom Big Business bis zur Great Society.

Der evolutionär vielleicht dramatischste Allometriekostenfaktor mag allerdings ein anderer gewesen sein: Groß sein heißt lange wachsen müssen. Das dehnt den Zeitmaßstab der Evolution entsprechend mit, denn Evolution kann nur im Generationentempo vorwärtsschreiten. So zahlten alle Entwicklungslinien, die dem Gigantismustrend verfallen waren, die augenblicklich höhere Sicherheit und Fitnessleistung, also die augenblickliche Angepaßtheit mit immer stärkerer Lähmung ihrer Anpassungsfähigkeit gegenüber Umweltwandel. Und gerade Großsysteme ändern ihre eigene Umwelt durch die Folgen ihres Tuns am schnellsten! Da die Umwelt eines Lebewesens immer auch aus anderen Lebewesen besteht, auch solchen, die viel kleiner und daher fähig sind, sich schneller zu verändern, ist diese evolutive Massenträgheit nachweislich für viele Organismen immer wieder zur tödlichen Evolutionsfalle geworden. Denn vergessen wir eines nie: Je größer die Leiber wuchsen, um so begehrenswerter wurden diese Biomasseberge für potentielle Nutzer. Dies gilt nicht nur für den Gigantismus des Einzelorganismus. Ein Termitenbau mit Millionen winziger Bewohner ist nicht weniger gigantisch, und selbst für ganze Populationen gilt: Je größer ihr Erfolg im Fitnesswettbewerb, desto sicherer ersticken sie in ihrer Unfähigkeit, auf Umweltänderungen flexibel zu reagieren, und um so begehrenswerter werden sie für ihre Feinde, die sie sich daher selbst in Masse züchten.
Damit kommen wir zwangsläufig zum gegensätzlichen Trend: der *Miniaturisierung*. Wo manche immer größer werden, können andere ebendeshalb immer kleiner sein. Die Fleisch- und Holzgebirge größter Metazoen und Metaphyten werden zwar für viele Räuber, die sie im Ganzen töten wollen, zu groß, jedoch zugleich zum Ressourcendorado für zahllose kleine Nutzer, die von außen und innen von ihnen zehren. Wie Jonathan Swift so unnachahmlich sagte:

»Big fleas have little fleas
upon their backs to bite 'em
and little fleas have lesser fleas
and so, ad infinitum.«

So können von immer weniger immer größeren Wirten immer mehr immer kleinere Schmarotzer leben; vor allem: je kleiner, um so flinker die evolutive Anpassung. So rasch können Wirte gar nicht Haken schlagen, daß Parasiten allen ihren evolutiven Tricks nicht immer noch ein wenig schneller folgen könnten. Die großen Metazoen mußten sich daher sogar mit ihrem Immunsystem eine Einzeller-Selektionsabwehrstrategie einfallen lassen, um Mikropathogenen wirkungsvoll begegnen zu können.

Was eine solche bruchstückhafte Skizze zeigt, ist dies: Wenn Leben Mangel zeugt, so forciert der Mangel Einfallskraft, oder genauer: Der Typ, der sich gegen den Mangel etwas Neues einfallen läßt, wird in der Selektion gegen den mehr Beharrlichen obsiegen – und dann dennoch gerade mit seinem Erfolg nur neuen Mangel und damit den Boden für neue Typen schaffen, die mit den neuen Bedingungen besser zurechtkommen als die, die diese selbst geschaffen haben. So wird das Leben durch immer neue Zyklen von Innovation, Expansion, Intensivierung, Spezialisierung, Diversifikation, Kooperation und endlich einseitige Übertreibung gejagt. Jede Form arbeitet sich auf einen lokalen Fitnessgipfel hoch. Doch Gipfel haben es an sich, daß es von ihnen nur noch abwärts weitergeht. Leben ist in dieser Betrachtung ein Strategiespiel mit vielen Mitspielern. Doch ändern sich nicht nur die Strategien dieser Spieler; auch die Regeln, nach denen verschiedene Strategien belohnt werden, wandeln sich ständig mit. Und je besser eine Spezies zu einem Zeitpunkt das Feld beherrscht, um so gewisser rennt sie in die Abseitsfalle. Leben akkummuliert Negentropie, türmt Ordnung auf zu einem Schlaraffenreisberg arbeitsfähiger Ressourcen. Doch indem der wächst und wächst, wird rings die Knappheit immer größer und damit der Druck, den Berg selbst wieder zur Ressource zu machen. Jeder Erfolg lädt zur Zerstörung ein, und jeder Aufstieg bereitet seinen Fall. Dies ist ein Kreis, der zwar nie ganz in sich zurückmündet, der eher in Spiralenform nach oben steigt, doch fällt es schwer, dabei nicht an Samsara, den hinduistischen Kreislauf der Wiedergeburten zu denken.

Und schwer auch, nicht daran zu denken, was diesem Kreislauf von Gebären und Zerstören Einhalt gebieten könnte; denn wir Menschen können wohl kaum die Gemütsruhe aufbringen, die eigene Art untätig genauso unter dem Rad des Werdens und Vergehens enden zu sehen, wie dies ja schon für jedes Individuum unvermeidlich gilt. Es gibt zwar gar nicht wenige, die einen Ausbruch aus dem Kreislauf für vermessene Illusion halten. Vergegenwärtigen wir uns dennoch, was diesen Kreislauf treibt. Es ist der in die Chemie des Lebens eingebaute Fitnessmaximierungsimperativ, dem alle Lebewesen blind zu folgen haben, wenn sie nicht noch viel schneller, sicherer untergehen wollen. Hier ist nun aber mit der Menschwerdung etwas ganz einzigartig Neues eingetreten. Mit ihr entstand erstmalig im Leben selbst die Fähigkeit, den eigenen Zustand zu betrachten, die Bedingungen seiner Existenz zu begreifen und künftige Entwicklungen vorauszudenken. Mit der Entwicklung des Denkvermögens, vor allem des Nachdenkvermögens über die Folgen verschiedener Lebensenergien, hat das Leben die Chance bekommen, anstelle chemisch programmierten blinden Selbstzwecks der Vermehrung sich selbst neue Ziele zu setzen und so den Teufelskreis des blinden Suchens zu durchbrechen. Auch hier hat indische Philosophie erstaunlich tief geblickt und weit vorausgesehen: Nur Einsicht in die Gesetzmäßigkeiten der Wirklichkeit, das Dharma, und darin begründete Folgerungen für die eigene Daseinsführung, die guten und die bösen Taten, das Karma, kann es ermöglichen, den evolutiven Kreislauf zu transzendieren. Zwar mangelte es dieser Philosophie an wirklich zutreffender Erkenntnis der Wirklichkeit – wir sind in dieser Hinsicht in viel besserer Lage. Doch daß dazu gehört, aus dieser Einsicht Leben anders fortzuführen, als dies alle anderen Kreaturen und wir mit ihnen seit Milliarden Jahren getan haben, daran wird nicht vorbeizukommen sein, wenn wir ihr Schicksal nicht teilen wollen.

Dennoch ist dabei zweierlei zu bedenken: Wir Menschen sind ja nur scheinbar Herren dieser Erde. So wie die meisten Herren sind wir nur allzu abhängig davon, daß es genügend produktive Knechte gibt, die uns den Herrenstatus ermöglichen. Von diesen Knechten hängen alle Herren ab. Für uns sind das die ungezählten Spezies an Pflanzen, Tieren und Mikroben, von deren Lebenstätigkeit nicht nur unsere Ernährung und Materialversorgung abhängen, sondern zum Beispiel auch die Aufrechterhaltung einer lebensfreundlichen Atmosphäre. Und diese ungezählten Organismenarten müssen wir nicht nur nutzen, sie evoluieren gewiß auch nach gleichen Prinzipien weiter, wie sie immer galten. Wenn unsere Art sich also aus diesem darwinischen

Fitnessrennen abkoppeln möchte, so braucht sie dafür vor allem eines: Überlegenheit der Mittel, um nicht durch die Evolution anderer Organismen – Schädlingen, Krankheitskeimen usw. – in Gefahr zu geraten. Nach Lage der Dinge kann dies nur technisch-wissenschaftlich begründete Überlegenheit sein. Wer also den Ausstieg aus dem Rattenrennen ungehemmt-selbstsüchtiger Fitnessmaximierung und Produktionssteigerung sucht, wird eines niemals tun dürfen: das einzige Mittel unserer Überlegenheit, die technisch-wissenschaftliche Zivilisation, zu zerstören.

Und zweitens: Der Wandel der Welt, in der wir leben müssen, wird dadurch nicht zum Stillstand kommen, daß wir einen von uns kontrollierten, bekömmlichen Zustand anstreben, in dem die Menschheit prinzipiell unbegrenzt überdauern könnte. Da wir mit der Aufkündigung des genetischen Anpassungswandels – der immer ein darwinischer wäre und allein seiner Langsamkeit wegen unsere Art so wenig schonen würde wie alle anderen gigantomanen Arten vor ihr – den rein biologischen Weg des Mutantenwürfelns zur Neuanpassung verlassen müssen, bleibt uns wiederum nur der Zwang zur Bereitschaft, neuen Herausforderungen durch selbstbestimmte Anpassung unseres Denkens und Handelns zu begegnen, und das heißt wiederum im Klartext, durch wissenschaftlich-technologischen Wandel auf sie zu reagieren. Wer unserer Spezies wohlwill, wird diesen Folgerungen schwerlich ausweichen können. Wer etwa meint, daß eine sichere Zukunft ohne ständige Veränderung der Lebensbedingungen möglich wäre, ohne den ununterbrochenen Zwang zu neuen Problemlösungen, der hat die Spielregeln des Lebens nicht durchschaut.

Nun mag so mancher sagen: Unsere überlegenen Verstandeskräfte haben uns doch bis jetzt nur an den Rand eines ökologischen und sozialen Abgrunds geführt (wenn wir den Krieg als soziales Phänomen begreifen), wie soll es hilfreich sein, den Ausweg von der gleichen Rationalität zu erwarten, die uns in Schwierigkeiten brachte? Da ist es wichtig, klar zu unterscheiden: Der Mensch hat seine stupende Intelligenz bisher praktisch nur dazu verwendet, mit kulturellen Mitteln das gleiche darwinische Fitnessrennen noch wirkungsvoller fortzuführen, in dem wir vorher nur mit rein biologischen Mitteln gegen unsere Konkurrenten angetreten waren. Das heißt: Wir haben die *Mittel*, nicht aber die *Zwecke* unseres Handelns von blindem Naturzwang befreit. Nun stehen wir davor, den zweiten Schritt zu tun und unserem Dasein auch die *Ziele* selbst zu setzen. Der Mensch hat bisher seine Vermehrung und sein Wirtschaften nur wie ein ganz besonders geschickter Bioroboter immer wirkungsvoller zu Zwecken gesteigert, die sich im Prinzip nicht von denen unserer Ururahnen in der Ursuppe unterschieden. Der Schritt zur wirklichen Autonomie, zur Selbstbestimmung unserer Daseinszwecke, der sich der Einsatz unserer märchenhaften, technisch-kulturellen Mittel unterzuordnen hat, bleibt noch zu tun. Zur Rationalität der Mittel, die wir so glänzend beherrschen, muß die Rationalität der Zwecke kommen. Die wirkliche Menschwerdung steht uns noch bevor, wir sind bis jetzt nur halbe Menschen. Insofern hat Konrad Lorenz nur zu recht, wenn er bemerkt, daß wir das Bindeglied vom Tier zum Menschen sind. Wer uns dagegen rät, im Vertrauen auf die Fähigkeit der Evolution einfach wie bisher fortzufahren – kommt Zeit kommt Rat, das Leben schafft die Auswege, so wie es die Probleme schafft –, der sollte auch bereit sein, offen zu bekennen, daß ihm am Überleben unserer Art nicht viel gelegen ist. Ihm genügt es dann, daß irgend etwas überlebt. Gewiß: Wenn Evolution die Geschichte ungezählter verlorener Spiele und verlorener Spieler ist, so nur, weil doch in jedem Spiel von anderen gewonnen wurde. Man muß sich nur bewußthalten: Vertrauen wir uns solcher blinden Logik an, dann sind wir nicht etwa die Bank, die stets gewinnt – das ist das Leben –, sondern nur einige unter vielen, vielen Spielern, die alle, wenn sie lange genug auf gleiche Weise weiterhin setzen, am Ende ihren ganzen Einsatz und den höchsten, ihre Existenz, verloren haben werden.

Teil III

Der Mensch in der Natur

Kapitel 1

Tradition und Rationalität in unserer Beziehung zur Natur

Die Behauptung, die naturwissenschaftlich-rationale Sicht der Natur sei kalt und gefühllos und sie zerstöre die Innigkeit und Tiefe eines traditionellen Verhältnisses des Menschen zur ihn umgebenden Natur, gehört zu den gängigen Argumentationsfiguren der Kritik der wissenschaftlichen Aufklärung.

Der Geist dieses sich gar so kritisch erleuchtet – wenn schon nicht aufgeklärt – gebenden Vorwurfs ist allerdings zunächst einmal höchst antikritisch. War es doch von Anbeginn der Entwicklung der Wissenschaften gerade deren Programm, mit der Methode klar unterscheidenden Denkens festzustellen, was von dem, was Menschen für wahr halten, also auch von ihren Traditionen, kritischer Prüfung standhält. Solches Vorgehen kann und muß zwar unsinnige Überlieferung und unbegründeten Aberglauben aufklären, also ans Licht bringen und dadurch beseitigen. Es kann aber zugleich wohlbegründete Erfahrungstraditionen nur zusätzlich festigen, indem es sie aus dem Stand immer anzweifelbarer, da beliebig erscheinender überlieferter Glaubensvorstellungen in den für jedermann einsichtig zu machenden, nachprüfbar gesicherten Wissens emporhebt.

Es zeugt daher von einem gefährlichen Mißverständnis, wenn nicht gar von profundem Unverständnis für Wesen und Ziel wissenschaftlichen Bemühens, wenn Tradition und Rationalität als in unversöhnlichem Gegensatz, ja unauflöslichem Widerspruch befindlich hingestellt werden, ob dies nun die Beziehung des Menschen zur Natur oder wozu auch sonst immer betrifft.

Der Titel des berühmten Werkes von Ludwig Klages: »Der Geist als

Widersacher der Seele«, kennzeichnet ein solches Zerrbild der menschlichen Psyche vortrefflich, ein Zerrbild, da gewaltsam auseinandergezerrt wird, was in Wirklichkeit zusammengehört, da dadurch suggeriert wird, der kritisch denkende Geist sei nicht integraler, ja vorzüglich auszeichnender Bestandteil der menschlichen Seele. Wer heute wieder oder noch immer ein solches Zerrbild des Menschen zeichnet, in dem der Wert natürlich-segensreicher – anscheinend: weil unverstandener und unverständlicher – Traditionen gegen den Unwert des widernatürlich-rationalen Weltbildes der Wissenschaften gestellt wird, hat nicht nur einfach unrecht, er richtet dadurch auch geistigen Schaden an.

Es schadet nämlich dem Verständnis für Rang und Bedeutung von Überlieferungen, und damit auch unserer Bereitschaft, aus ihnen zu lernen, wenn sie ohne guten Grund ins magische Dunkel unaufklärbarer Irrationalität getaucht werden, wenn man sie gleichsam als schutzbedürftig gegenüber dem kalten Zugriff wissenschaftlicher Rationalität hinstellt. So als seien unsere Vorfahren, denen wir diese Überlieferungen verdanken, nicht durchaus bei klarem Verstand gewesen, als seien die Einsichten, die sie uns im Gewand der Tradition weiterreichten, ihrem Wesen nach so unverständlich, ja widervernünftig, daß das aufklärende Licht wissenschaftlicher Analyse und vernünftiger Erklärung sie unausweichlich entwerten und zerstören müssen. Nichts davon ist wahr. Nach allem, was uns bekannt ist, waren unsere Vorfahren und Traditionsspender keine raunenden Seher mit seelischem Direktanschluß an die wabernden Tiefen und geheimnisvollen Hintergründe der Natur, sondern ihrer Verstandeskräfte höchst mächtige und zur Bewältigung eines schwierigen Daseins derer auch überaus bedürftige Vorzeitgenossen, die uns auch nicht in allem voraus waren, nur weil sie uns zeitlich voraus kamen. Daß sie ihre oftmals scharfsichtigen Einblicke in die Zusammenhänge der Natur und in des Menschen Beziehungen zu ihr ohne den Besitz des systematischen Methoden- und Argumentationsinstrumentars der modernen Wissenschaften in andere, uns heute oft ungewohnt erscheinende Sprache kleiden mußten, um sie vermitteln zu können, macht ihre Denk- und Erfahrungstraditionen nicht von vornherein arational oder gar antirational. Daher können die wissenschaftliche Vertiefung und

Erklärung solcher früherer Einsichten auch nicht traditionsfeindlich, seelenlos oder gar heilswidrig sein. Es entwertet den Inhalt von Traditionen, wenn man den Eindruck erweckt, daß sie das Tageslicht rationalen Denkens scheuen müssen. Wahrheit wird im Licht erst wirklich schön und dadurch doppelt wirksam.
Dies ist der eine Einwand, der gegen eine unversöhnliche Gegenüberstellung von Tradition, auch einer traditionellen Beziehung des Menschen zur Natur und Rationalität, also auch wissenschaftlich aufklärender Befassung mit der Natur spricht.
Der zweite und vielleicht noch wesentlichere Einwand dagegen ist, daß *jedes*, auch das rational-wissenschaftlich geleitete Verhältnis des Menschen zur Natur von vornherein tief von Denk- und Empfindungsüberlieferungen getränkt, sozusagen stets schon traditionsgeprägt ist. Kein Mensch, auch kein Wissenschaftler, kann seine eigenen Vorstellungen von der Natur und ihrem Wirken frei erfinden.
Vielmehr findet jeder Mensch ein durch lange Kulturentwicklung in seiner Gemeinschaft vielfältig vorgestaltetes, ein sozusagen sozial vereinbartes Bild der Natur vor, das er dann allerdings durch eigene Erfahrung und eigenes Nachdenken weiterformt. *Das* traditionelle Naturverständnis und Naturverhältnis gibt es also nicht, vor allem keines, das sich etwa einheitlich einem nichttraditionell-naturwissenschaftlichen gegenüberstellen ließe. Im Gegenteil: Die Naturwissenschaften selbst sind eine sich besonders klar erkennbar kontinuierlich entfaltende Tradition, Natur zu sehen und zu verstehen. Diese rationale Tradition des Naturverständnisses und Naturverhältnisses hat vorangegangene Traditionsformen nicht abgelöst oder zerstört, sondern fortentwickelt und einsichtig ausgestaltet.
Wenn es also nicht *das* traditionelle Verhältnis zur Natur gibt, sondern nur *viele* in verschiedenen früheren und heutigen Kulturen sehr verschiedenartige Verhältnisse – welches sollte dann der Bezugspunkt einer scharf widersprüchlichen Gegenüberstellung von traditionellem und rationalem Weltbild sein? Das Naturbild des christlichen Mittelalters etwa? Oder das der Antike? Aber davon gäbe es ja wieder viele verschiedene. Das des alten China? Oder das der Azteken? Das der frühen neolithischen Ackerbauern? Oder das der paläolithischen Sammler und Jäger? Sie sind ja alle verschieden, alle bezogen auf und

angepaßt an bestimmte Lebensbedingungen, alle Teil spezifischer historischer, kultureller und ökonomischer Zusammenhänge.

Vor allem: War überhaupt der Wandel des Verhältnisses zur Natur, den die Naturwissenschaften herbeigeführt haben, wirklich so grundsätzlicher Art? Blieb das Verhältnis zur Natur im 19. Jahrhundert *nach* der Zeitenwende nicht in entscheidender Hinsicht recht genau jenes des 19. Jahrhunderts *vor* der Zeitenwende, nachdem mit der Erfindung des Ackerbaus nämlich einmal der Weg beschritten war, die Natur so zu manipulieren und zu bearbeiten, daß sie dem Menschen mehr als freiwillig an Lebens-Mitteln lieferte?

War und ist da nicht allemal der gleiche Geist zwanghafter Produktionssteigerung und schrankenloser Ausbeutung einer als unerschöpflich selbstregenerationsfähig angesehenen Natur am Werken? Waren es früher nicht nur die *Mittel*, die mangelten, um die Natur durch Mencheneingriff tatsächlich aus dem Gleichgewicht zu bringen, jene Mittel, die nun die naturwissenschaftlich begründete Technik lieferte, während es am *Willen* dazu ganz und gar mangelte? War es dann also nicht gerade das »traditionell« rücksichtslos ausbeutende Verhältnis zur Natur, das, mit den mächtigen neuen Werkzeugen der Naturwissenschaften bewaffnet, gar nicht den Wandel dieses Verhältnisses zur Natur, sondern den Wandel der Natur selbst erzwang? Hat die naturwissenschaftlich-rational angeleitete moderne technische Zivilisation somit nicht nur vollstreckt, wozu uns die älteste aller Traditionen, unsere biologisch fundierte Neigung, uns die Natur untertan zu machen, sowieso antrieb und wozu uns geheiligte kulturelle Überlieferungen auch noch ganz ausdrücklich ermächtigten?

Beginnt daher nicht erst jetzt jener höchst notwendige Wandel der Beziehung des Menschen zur Natur, indem – wieder angeleitet durch die ganz und gar *naturwissenschaftlich*-rationalen Erkenntnisse der *naturwissenschaftlichen* Ökologie – den gewaltigen Zerstörungskräften, die unseren technischen Möglichkeiten innewohnen, die Zügel eines an vernünftig begründbaren Zwecken orientierten Handelns angelegt werden müssen? Wo ist hier der angebliche Widerspruch zwischen kalter, lebensgefährlicher Rationalität und lebensfreundlich behutsamer Tradition der Vergangenheit? Ist es nicht durch und durch rational, dem erkannten Unheil einer Fehlentwicklung zu steuern?

Kerngehalt der naturwissenschaftlichen Biologie als der Wissenschaft von der Natur und von unseren Beziehungen zu ihr ist – ausgesprochen oder unausgesprochen, verstanden oder unverstanden – die *Evolutionstheorie*. Deren zentrale, immer wieder empirisch bestätigte Feststellung ist die *Einheit* der lebendigen Natur, einer durch gemeinsame Abstammung begründeten Gemeinsamkeit alles Lebenden über und unter aller äußeren Vielgestaltigkeit. Wo die idealistische Naturphilosophie, wo Goethe diese Einheit bestenfalls nur *anschaulich* machen konnte, da machte Darwin sie *kausal einsichtig*. Natur nun nicht mehr nur dem Menschen zu fabel-hafter Belehrung; Natur nicht mehr nur als zweckmäßig zur Ausbeutung durch den Menschen eingerichtetes Schöpfungsgeschenk; sondern Natur als Zweck und Sinn in sich selbst und der Mensch in ihr eingebettet als abhängiger, beitragender Teil eines größeren Ganzen, und auch darin Zweck und Sinn in sich selbst: Das ist – wenn irgend etwas – die weiterreichende Botschaft der naturwissenschaftlich-rationalen Evolutionsbiologie. Was ist daran kalt und seelenlos? Was war am traditionelleren Verständnis warmherzig und seelenvoll?

Man hat Darwin vorgeworfen, er habe den Menschen zum Tier erniedrigt. Umgekehrt ist es richtig: Er hat das Tier in verwandtschaftliche Nähe zum Menschen gerückt. Die meisten von uns haben dies nur – im »traditionellen« Verständnis der Krone der Schöpfung zur Untertanen-Natur befangen – noch nicht richtig gemerkt. »Bruder Tier«, bei Franziskus eine belächelbare gefühlsselige Meinungsmarotte, die das Selbstverständnis des imperialen *Homo sapiens* nicht gefährden konnte, wird durch die *naturwissenschaftliche* Biologie zur nüchternen Tatsache, die jedes Verhältnis zur lebendigen Natur nachhaltig beeinflussen muß! Eine Meinung kann man zur Not ignorieren, jedermann einsichtig zu machende Tatsachen schwerlich auf Dauer.

Daher ist es nur folgerichtig, daß Darwin auch die wissenschaftliche *Ökologie* begründet hat. Wenn die Natur und der Mensch in ihr sich aus sich heraus begründen, wenn nichts von außen garantiert, daß die Natur, was immer der Mensch mit ihr anstellt, zuverlässig menschenfreundlich bleibt, wenn Ressourcen Grenzen haben und setzen, wenn unsere Population nur überdauern kann, sofern sie im Erneuerungsgleichgewicht mit den Populationen zahlloser anderer Lebewesen bleibt, wenn Mensch und Natur so zusammenhängen, wie es uns die *naturwissenschaftliche* Ökologie einsichtig macht: Wie sollte dann nicht gerade die *Naturwissenschaft* wesentlich dazu beitragen müssen, daß ein obsoletes, gefährlich gewordenes »traditionelles« Verhältnis des Menschen zur Natur durch eines abgelöst wird, das menschenfreundlich *und* naturverträglich ist?

Anders als es sich in manchen emotionsbewegten Köpfen darstellt, stammen die *gesamten* Kenntnisgrundlagen für Natur- und Umweltschutz, für Ausmaß und Ursachen der Gefährdung der uns umgebenden und tragenden Natur wie für die notwendigen Maßnahmen und Mittel zur Rettung dessen, was noch zu retten ist, von der evolutionswissenschaftlich fundierten, also *rationalen* Biologie. Der Beitrag der »traditionellen«, mythologischen, religiösen, idealistischen Weltbilder aller Provenienzen dazu war gering und mitunter sogar lange Zeit eher negativ und hinderlich. Deren Vertreter fanden es weithin viel wichtiger, sich in scholastischem Eifer darüber zu echauffieren, daß wir, ob wir oder ob wir vielleicht doch nicht mit Fischen, Reptilien oder Säugetieren verwandt sind, statt diesen Wesen, die von einem sich die Erde, befehlsgemäß wachsend und mehrend, unterwerfenden Menschen bedrängt werden, zu Hilfe zu eilen. Dies ändert sich in jüngster Zeit, und das ist gut so: Der Anstoß dazu aber kam von den alarmierenden Befunden und durch rationale Begründungen überzeugenden Appellen *naturwissenschaftlicher* Biologen.

Auch der Vorwurf, die kalte Rationalität der Wissenschaft habe dann doch wenigstens die *seelische* Beziehung zur Natur abgetötet, das Gefühl für ihre Schönheit und daher auch die Sympathie aus ihr verbannt, wird durch ständige Wiederholung nicht gescheiter. Kann der Musikwissenschaftler Chopins Nocturnes nicht mehr genießen, weil er die Partitur zu lesen und ihre musikalischen Strukturprinzipien zu analysieren weiß? Kann der Gynäkologe keine Frau mehr lieben, weil er deren Hormonhaushalt und seinen eigenen durchschaut? Duftet dem die Rose nicht mehr, der die chemische Konstitution der Duftmoleküle kennt? Kann man nicht lieben, was man versteht? Kann man etwas wirklich lieben und ihm dauerhaft mit Gefühl begegnen, wenn man es nicht versteht? Kann man eigentlich überhaupt nicht verstehen wollen, was man zu lieben vorgibt?

Ich wiederhole: Wahrheit wird im Licht erst wirklich schön. Nicht anders gilt: Schönheit wird erst im Licht des tieferen Verständnisses wirklich vollständig wahrnehmbar. Das Glücksgefühl der Einsicht in das Wirken der Natur, die Begeisterung für Klarheit und Eleganz der Strukturprinzipien, die ihr zugrunde liegen, können die Intensität der seelischen Beziehungen zu ihr nur steigern, nicht mindern. Nur wer nichts von der Natur versteht, kann meinen, man dürfe nichts von ihr verstehen, um sie ganz innig lieben zu können.

Zum Abschluß bleibt aber noch eine Frage: *Genügt* dann die Rationalität der Naturwissenschaft, genügt zum Beispiel wissenschaftliche Ökologie, um das gestörte Verhältnis zwischen Natur und Mensch wiederherzustellen? Diese Frage ist leicht zu verneinen, zumal sie noch dazu besser andersherum gestellt wäre. Sie sollte nämlich richtig lauten: Können wir ohne die naturwissenschaftlichen Erkenntnisse das gestörte Gleichgewicht wiederfinden? Mir scheint ganz eindeutig, daß dies ganz unmöglich wäre. Nicht *weniger*, sondern *mehr* Wissen über die Natur, über ihre und damit unsere Überlebensbedingungen sind nötig, um dieses Ziel zu erreichen. Kein Mythos lehrt uns Brauchbares über die Reaktionen der Fluorkohlenwasserstoffe mit dem Ozon der Hochatmosphäre. Kein Mythos hilft uns Schwefel- und Stickstoffoxide aus den Abgasen der Kohlekraftwerke zu entfernen. Kein Mythos und kein traditionelles Naturverständnis sagt uns, wie groß ein Schutzgebiet und wie groß die Population einer Pflanzen- oder Tierart sein müssen, damit wir sie auf Dauer erhalten können.

Dennoch muß auch die zuerst gestellte Frage klar verneint werden. Wohl wahr: Gäbe es das Verfügungswissen der naturwissenschaftlichen Technik nicht, gäbe es die stupenden Mittel nicht, die sie uns liefert, wir brauchten manche Sorgen um die Natur nicht zu haben (wenngleich schon unser Altsteinzeitvorfahr Tiere ausrottete!). Aber leider können wir uns – bestenfalls – unsere Zukunft aussuchen, nicht unsere Vergangenheit. Wahr jedoch auch ein Zweites: Zwar kann es nicht gelingen, ohne naturwissenschaftliche Kenntnisse irgendeine lebensfähige und lebenswerte Zukunft zu gestalten, aber *allein* durch sie gelingt dies ebenso gewiß ebensowenig. Denn ob Adler oder Knabenkraut, Regenwald oder Wattenmeer erhalten werden sollen, das erfahre ich nicht von der wissenschaftlichen Biologie, die mich nur lehrt, *wie* sie zu erhalten sind, *was* sie gefährdet und *was* zu folgen droht, wenn wir sie nicht erhalten. Sie kann uns ja nicht einmal lehren, ob eigentlich unsere eigene Spezies selbst wert ist, erhalten zu werden. Wissenschaft lehrt das *Gegebene* und was aus ihm folgt. Was wir damit tun wollen, die Ziele und Zwecke unseres Daseins, unseres Handelns wie Lassens, müssen wir unabhängig davon begründen; dies bedarf der *Gesetze*, der Normen, nach denen wir uns zu richten entschließen. Zum *Verfügungswissen* über Handlungsmittel muß das *Wertwissen* über den Sinn unseres Tuns kommen.

Werte sind verallgemeinerbare Zwecke, in der Gemeinschaft zu vermittelnde und durchsetzbare, tradierbare Handlungsbegründungen. Sie kann die Wissenschaft in der Natur weder finden, noch kann sie den Bedarf an ihnen ersetzen. Uns auf sie zu besinnen und uns über sie zu verständigen: dies ist die Grundlage des notwendigen, durch naturwissenschaftlichen Fortschritt erzwungenen Wandels in unserem traditionellen Verhältnis zur Natur.

Wenn *re-ligio* die Rück-bindung an die Voraussetzungen und Begründungen unseres Seins in der Natur ist, wenn Religion im Schleiermacherschen Sinne das Gefühl – besser: die Einsicht – »schlechthinniger Abhängigkeit« ist, so sollte dies den Brückenschlag zwischen der die Wirklichkeit erklärenden Naturwissenschaft und der immer neu sinnstiftend fortentwickelten Tradition der Werte, die unser Dasein bestimmen, ermöglichen.

Wissenschaft kann nur helfen, besser zu *verstehen*, was wir moralisch zu *verantworten* haben. Beides aber: Wissen, das aus Rationalität entspringt, und Verantwortung aus der Besinnung auf die Ziele, die wir unserem Leben setzen, müssen wir immer wieder neu lernen und – in der Tradition – von Generation zu Generation weitergeben. In solchem Sinne gehören Rationalität und Tradition untrennbar zusammen, da sich unser Menschsein erst in beider Zusammenwirken ganz entfalten kann.

Kapitel 2

Wie unfrei ist der Mensch? Von der Natur in der Geschichte

Die Natur des Menschen als Argument seines Handelns

Warum leben wir eigentlich nicht im Paradies? Wobei freilich Konsens darüber unterstellt wird, daß wir dies nicht schon tun. Sind wir dafür zu dumm, zu unfähig, zu schlecht, oder alles in einem? Zum Versuch einer Antwort muß man diese Frage zergliedern.

Wissen wir vielleicht nicht, was das Paradies wäre, gibt es keine Vorstellung davon, auf die man sich einigen könnte? Darüber wird man sicher streiten können. Dennoch scheint es nicht allzu schwierig, Lebensbedingungen anzugeben, die von einer großen Mehrheit der Menschen – vor allem im Vergleich zu ihrer augenblicklichen Lage – als paradiesisch angesehen würden, die also, zur Wahl gestellt, von den meisten gerne akzeptiert würden. Gewiß, eine bescheidene, eine sehr utilitaristische Kennzeichnung eines irdischen Paradieses: das meiste Wohl und geringste Weh für die größte Zahl. Dennoch, wer fände es nicht erstrebenswert, in Freiheit und gesichertem Wohlstand, etwa annähernd dem, den der Durchschnittseuropäer heute genießen kann, weder durch Seuchen oder Hungersnöte noch durch inneren oder äußeren Unfrieden bedroht und daher mit der gut über 70 Jahre reichenden durchschnittlichen Lebenserwartung, die uns biologisch gegeben ist, in einer menschenfreundlichen und zugleich naturschönen Umwelt zu leben? Wäre all dies aus prinzipiellen Gründen, etwa weil solche Forderungen den Naturgesetzen oder der Logik widersprechen, undenkbar? Doch wohl nicht. Wenn zur Erfüllung eines solchen Wunschtraums auf unserer Erde nicht wesentlich mehr als eine Milliarde Menschen leben dürften, so wäre ja auch diese Randbedingung keine von vornherein unmögliche Forderung, wenngleich wir sie nicht sofort, sondern vielleicht erst in einem Dutzend Generationen erfüllen könnten. Eine Art von Paradies auf Erden schiene also nicht nur denkbar, sondern grundsätzlich sogar machbar.

Woran liegt es dann, daß wir es bis heute nicht verwirklicht haben? Fehlt es dem Menschen vielleicht am rechten Drang nach solchen Verhältnissen? Können wir am Ende das Paradies oder, anders gesagt, unser aller Glück gar nicht wirklich wollen, obwohl wir dauernd behaupten, danach zu streben? Diese Vermutung will auf den ersten Blick wenig glaubhaft erscheinen. Wie könnte es denn dann zum Beispiel sein, daß alle transzendenten und säkularen Religionen ihren Anhängern beständig eben vor allem dies eine versprechen: das Paradies? Die transzendenten klugerweise im metaphysischen Jenseits, da es ihnen dadurch erspart bleibt, den Wahrheitsbeweis anzutreten (wodurch sie wahrscheinlich als Ideologien die besseren Überlebensaussichten haben); die säkularen – je nachdem wie ernst sie es meinen – nach dem nächsten Machtwechsel, dem nächsten Sprung vorwärts, der nächsten Revolution (es ist immer nur noch eine nötig) oder spätestens nach der Anfertigung des neuen Menschen in den Indoktrinationsfabriken der Erziehungsdiktatur der jeweiligen Erkenntniselite.

Dennoch wird mit dieser Feststellung die Frage nicht gegenstandslos. Könnte es doch sein, daß wir das Paradies schon gerne möchten, wenn es uns durch gütige Vorsehung geschenkt würde, wenn wir durch ein Mirakel darin landen könnten, daß wir aber unserer Natur gemäß den zu diesem Ziel tatsächlich zurückzulegenden Weg und die dafür notwendigen Anstrengungen schlimmer finden als die Aussicht, nicht dorthin zu gelangen. Um es in den Begriffen ökonomischer Entscheidungstheorie auszudrücken: Langfristig verheißene große Vorteile (vor allem, wenn man nicht so recht an sie glauben mag) können kurzfristig sichere Nachteile oft nicht aufwiegen. Der Spatz in der Hand wird in der Regel allemal höher bewertet als der Paradiesvogel auf dem fernen Dach von Utopia. Sich so zu verhalten muß keineswegs unklug sein, darin äußert sich die gesunde Skepsis langer Menschheitserfahrung, nicht nur kurzsichtiges Streben nach Vorteilen. Womit zum

Ausdruck kommt, daß uns nur allzu menschliche Eigenschaften daran hindern könnten, manches mit besten Kräften auf geradem Wege anzustreben, was wir gleichwohl, befragt, als unser höchstes Ziel ausgeben. Teils, weil wir daran zweifeln, es je erreichen zu können; teils, weil uns die Kräfte dazu mangeln; teils, weil wir zwar besten Willens sein mögen, das Richtige zu tun, aber – oft genug aus bitterer Erfahrung – befürchten müssen, daß andere dies zu unserem Nachteil für sich ausnützen könnten; teils auch, weil wir nicht oder zu spät erkennen, daß auch scheinbar gut gemeintes und sinnvolles Handeln schlimme Spätfolgen und Nebenwirkungen haben kann, die uns weiter von jenem Paradies entfernen, dem wir uns doch nähern wollen.

Eine erste Antwort auf die Frage, warum der Mensch nicht im Paradies lebt, könnte also lauten: weil seine Natur – die eigene wie die seiner Mitmenschen – ihn daran hindert. Manifestiert sich etwa in ihr die Erbsünde, die ihn aus dem Paradies verbannt? Da diese Wesensnatur – was immer sie ist, worüber gleich zu reden sein wird – nach heutigem Verständnis als auf natürlichem Wege entstanden, als aus der und in der Natur evoluiert gesehen werden muß, könnte diese Antwort weiter gefaßt auch lauten: weil *die Natur selbst* dem entgegensteht. So oder ähnlich lauten in der Tat viele Begründungen für die Unvollkommenheiten des Menschendaseins.

Nur auf den allerersten Blick steht »Geschichte« der »Natur« als etwas Fremdes, Anderes gegenüber. Nicht nur, weil selbstverständlich auch Natur ihre Geschichte hat – von der Kosmogonie bis zur Evolution der Organismen (siehe Unsöld 1981) –, und auch nicht nur, weil die Auffassung von dieser Naturgeschichte selbst wieder ihre eigene und höchst wechselvolle Historie besitzt (siehe Mayr 1982; Lepenies 1976). Denn wenn wir in der menschlichen Geschichte mit Jacob Burckhardt stets den duldenden, strebenden und handelnden Menschen sich verwirklichen sehen, so bleibt sogleich zu fragen: Was erdulden? Was erstreben? Wie handeln?

In der Antwort auf alle diese Fragen taucht immer wieder – wenn auch gewiß nicht nur – der Begriff Natur auf: erdulden, was ihm die Bedingungen seiner eigenen Natur, der seiner Mitmenschen und der ihn umgebenden Umwelt auferlegen; erstreben, was im Rahmen seiner naturgegebenen Möglichkeiten liegt; handeln, wie es seiner Natur gemäß ist und seiner natürlichen Bestimmung entspricht. Der Begriff Natur ist demgemäß Argument in zahllosen Begründungszusammenhängen menschlichen Daseins. Natur als Wesensbestimmung, als Antriebskraft oder als gesetzgebende Instanz; Natur als Bedrohung, der es standzuhalten, als Herausforderung, die es zu bewältigen, als Aufgabe, an der es sich zu bewähren, als Auftrag, den es zu erfüllen, als Erbe, das es zu bewahren, als Begrenzung der Verwirklichungsmöglichkeiten, die es zu überwinden gilt; Natur als tragender Grund und unentbehrliche Voraussetzung unseres Daseins, aber auch als auszubeutende Ressource; Natur als freies, zugleich höchst kostbares und zerstörbares Gut, doch selbst wenn zerstört, dann immer noch und wieder Natur: nature morte.

Ich will mit der begriffsgeschichtlichen Unbefangenheit des Biologen das Problem des Verständnisses dessen, was Natur für den Menschen *bedeuten* kann, und damit in gewissem Sinne: was sie ist (siehe Mittelstrass 1980, 1982; Lübbe 1981), zugänglich machen, indem ich es in drei Teile zerlege. Erstens: Natur als innere Natur, als Wesenskern des einzelnen Menschen, als der Zustand natürlicher Roheit der geistigen, seelischen und leiblichen Kräfte, ehe der Mensch diese vernunftgeleiteter Beherrschung unterwirft, um es mit Kants Worten zu sagen. Zweitens: Natur als soziale Natur, als vorgegebener Ausgangszustand zwischenmenschlicher Beziehungen, also wiederum als das, was vor und ohne alle kulturbedingte Ausgestaltung und Überformung dieser Beziehungen den Menschen als von Natur aus soziales Wesen ausmacht. Drittens: Natur als äußere Natur, als die Lebensvoraussetzungen und Daseinsbedingungen in der Natur (siehe Kapitel II,3 in diesem Band).

Zunächst sei also danach gefragt, was mit dieser *inneren und sozialen Natur* des Menschen gemeint sein kann und inwiefern diese – wenn und soweit wir sie denn überhaupt erfassen können – die Lebensverwirklichung des Menschen in seiner Geschichte beeinflussen, ihr Wege weisen, Zwänge auferlegen oder Schranken setzen kann. Dabei ist jedoch sogleich zu betonen, daß dies in Strenge ein unmögliches Unterfangen ist, da wir den Menschen ohne Kultureinfluß ja gar nicht kennenlernen können. Jeder Versuch einer Kennzeichnung dieser Menschennatur *vor* ihrer kulturellen Beeinflussung kann daher nur vorsichtige Näherung und unvollständige Skizze sein (siehe dazu Gehlen 1961, 1975; Markl 1983).

Natur des Menschen in der Reflexion

Was ist es also, das das Wesen des Menschen von Natur aus ausmacht, den Inbegriff seiner vorgegebenen Eigenschaften, sozusagen den harten Kern in der flexiblen Schale seiner Kultur? Dies ist eines der ältesten Gebiete philosophischer, vor allem ethischer Reflexion, die zur Begründung von Schlußfolgerungen über die rechte Lebensführung häufig davon ausgeht, wie der Mensch von Natur aus ist, was ihn von Natur aus antreibt, welches Tun gemäß seiner oder wider seine Natur ist, was ihm von Natur aus bekommt, wie kurz oder lang die Zügel sind, an denen die Natur sein Handeln führt, welchen natürlichen Neigungen man vertrauensvoll folgen kann, welche anderen, verhängnisvollen der Kontrolle durch die Vernunft zu unterwerfen sind, bis hin zu der globalen Wertung, ob der Mensch von Natur aus gut, nur sogenannt gut oder gar böse ist. Natur als Richtschnur oder als Verführerin, Natur als Ballast auf dem Höhenflug zu wahrem Menschentum oder als Rechtfertigung einer bestimmten Lebensanweisung: Das Argument »Natur« besitzt oft gerade in jenen Disziplinen großes Gewicht, die sich vorzüglich dem widmen, was am Menschen *nicht* nur naturgesetzlich gegeben ist: den Schöpfungen seines Geistes und seiner Kultur. Natur dann also als der Untergrund, aus dem der wahre Mensch erst erwachsen kann. Selbst wenn etwa in manchen Religionen ausdrücklich die Überwindung seiner Natur zum Auftrag und höheren Lebenszweck des Menschen gemacht wird, bestimmt doch das, was dabei als seine Natur gelten soll, wieder die Überwindungsziele. Horaz hatte also auch in diesem Sinne recht: *Naturam expellas furca tamen usque recurrit*. Sie holt gerade den am sichersten ein, der ihr am entschiedensten zu fliehen sucht, weil sie ihm durch die Negation um so zwingender die Richtung seines Tuns vorgibt.

Daß die Ansichten darüber, was die Natur des Menschen angeblich ausmacht oder verlangt, bis in unsere Tage tiefgreifende politische und gesellschaftliche Folgen haben, wird nur der nicht wahrhaben wollen, der nicht sieht, wie sehr linke wie rechte, liberale wie autoritäre Ideologien ihre Wurzeln in den Meinungen darüber haben, was der Mensch angeblich von Natur aus *ist*, was er – oft im Gegensatz dazu – *sein soll* und welcher Weg angeblich vom *Ist zum Soll* führt. Selbst die Skepsis gegenüber der Beantwortbarkeit aller drei Fragen gründet häufig in einer bestimmten – zum Beispiel pluralistischen – Vorstellung über die Natur des Menschen. Ja, sogar ein extremer, heute kaum je vertretener Empirismus und Behaviorismus, der nahezu jede Vorformung des menschlichen Wesens durch die Natur bestreiten möchte, würde ebendadurch eine höchst gewichtige – vor allem, da falsche – Aussage über die menschliche Natur machen, indem er die Unnatur zu seiner Natur erhöbe.

Was ist der Mensch demnach von Natur aus, vor aller Erfahrung? Ist sein Geist leer, ehe Sinneswahrnehmungen ihn mit Denkstoff füllen, wie der klassische englische Empirismus meinte, beziehungsweise, da wir Denkvermögen ohne Gedanken ja trotz Leibnizens gegenteiliger Ansicht wohl doch nicht sinnvoll definieren können, entstehen der Geist und die Vorstellungen, die ihn erfüllen, also erst durch die Erfahrung der Außenwelt, gibt es demnach gar keine vor aller individuellen Erfahrung gegebene transzendentale geistige Natur des Menschen? Von einem solchen Menschenbild ging der Behaviorismus aus, der weite Bereiche der psychologischen, soziologischen und vor allem pädagogischen Wissenschaften nachhaltig geprägt hat und ungeachtet der darüber längst hinausgegangenen Entwicklungen dieser Disziplinen die oft ideologisch verfestigten Alltagsvorstellungen vieler solide Halbgebildeter auch weiterhin maßgeblich bestimmt. Dadurch hat diese Vorstellung von der Natur des Menschen ungeheure (und oft genug wohl auch ungeheuerliche) gesellschaftliche Wirksamkeit entfaltet, deren Begründung sich beispielhaft in B. F. Skinners »Jenseits von Freiheit und Würde« findet, jenem Manifest totaler Planbarkeit menschlichen Seins und totaler Verfügbarkeit menschlichen Wesens. Dieses Menschenbild liegt in abgemilderter Form auch Piagets Entwicklungspsychologie und genetischer Epistemologie zugrunde, die allerdings insofern natürliche Schranken für beliebige Erfahrungsformung unseres Denkens in Rechnung stellt, als sie betont, daß der

Selbstaufbau des Denkens in einem regelhaften Entwicklungsprozeß über definierte Stadien nach einem vorgegebenen Bereitschaftsprogramm für die Erfahrungsverarbeitung abläuft (Piaget und Inhelder 1973; Piattelli-Palmarini 1980).

Oder stimmt das alles nicht? Haben etwa dann die Nativisten darin recht, daß die vorgegebene Natur unseres Wahrnehmungsapparates die uns möglichen Erfahrungen im Kantschen Sinne vorbestimmt; daß diese Vorgabe – weit über das hinaus, was Kant über sie annahm – aufgrund des Darwinschen Evolutions- und Anpassungsprozesses, dem sie ihre Existenz verdanken, sogar bis in sehr präzise Details hinein die Strukturen unseres Denkens und ganzen Wesens bestimmen, wie Konrad Lorenz' evolutionäre Erkenntnistheorie dies meint (Lorenz 1973; Vollmer 1975; Riedl 1980)? Oder ist den Rationalisten zuzustimmen, wenn sie, die Frage der Herkunft einmal beiseite lassend, mit Plato und Descartes annehmen, daß dem menschlichen Geist von Natur aus *ideae innatae* innewohnen, vor aller Erfahrung, sogar sehr gehaltvolle, bis hin etwa zu den komplizierten Gesetzen der grammatikalischen Tiefenstruktur unserer Sprache, wie das Noam Chomsky vertritt (Chomsky 1975; Piattelli-Palmarini 1980), oder in der Form spezifischer epigenetischer Regeln, die die Assimilation kultureller Erfahrung kanalisieren (Lumsden und Wilson 1981)? Auch solche Vorstellungen über eine angeborenermaßen als vorgegeben und nicht beliebig veränderbar angesehene Menschennatur haben dann allerdings tiefgreifende praktische Konsequenzen, indem sie etwa einerseits ermöglichen – unter Bezug auf die postulierten oder nachgewiesenen Eigenschaften dieses festen Naturkerns unseres Wesens –, bestimmte Vorstellungen unseres Denkens und Organisationsprinzipien unserer Lebensführung als naturgegeben und damit gleichsam durch evolutionäres Prüfverfahren gerechtfertigt hinzustellen oder einzufordern; indem sie andererseits aber auch erst durch ein solches Menschenbild die Autonomie des eben *nicht* beliebig manipulierbaren Individuums begründen und so dessen natürliche Würde, seine »angeborenen unveräußerlichen Rechte« verankern, wie sie Thomas Jefferson in die Virginia Bill of Rights und in die Declaration of Independence schrieb. Eine Begründung angeborener Menschenrechte, wie sie bezeichnenderweise schon in der antiken Stoa unter Bezug auf die

Natur des Menschen erfolgte und letztlich nicht anders in Religionen, die ebendiese Natur als göttliche Schöpfung betrachten, der daraus besondere Rechte eignen. Ist die Liste der Menschenrechte, sind vielleicht am Ende gar die Zehn Gebote in der chemischen Formelsprache des genetischen Codes in unsere Erbanlagen eingeschrieben?
Kann sich dann aber andererseits auch mit gleichem Gewicht und Anspruch jemand auf alle anderen angeborenen Grundzüge unseres Wesens berufen? Kann zum Beispiel, wer die Menschen von Natur aus zur Xenophobie geneigt findet, die Fremdenfeindlichkeit damit als gleichsam durch die Natur selbst legitimiert hinstellen? Oder Rassen-, Klassen-, Geschlechts-, Altersgruppen-, Minoritäten-, Kranken- oder Behindertendiskriminierung? Oder Verwandten-, Eliten-, Erb- oder Besitzrangbegünstigung? Oder Streben nach Macht und Herrschaft über Menschen? Oder sind all diese Vermutungen über solche angeborenen Neigungen erstens wissenschaftlich unzureichend belegt, und wäre zweitens, selbst wenn sie besser begründet wären, noch lange kein Grund gegeben, sie für gerechtfertigt anzusehen, da es logisch unzulässig ist, vom Sein auf das Sollen zu schließen?
Dies sind brennend aktuelle Fragen. Darüber entbrennt Streit in Familien und im Alltagszusammenleben, darüber haben Stadtviertel gebrannt, darüber gingen halbe Kontinente in Flammen auf. Fragen nach der menschlichen Natur sind keine akademischen Spitzfindigkeiten. Antworten darauf können Werkzeuge vernünftige Daseinsgestaltung oder verheerende Waffen verblendeter Ideologie sein.
Oder fragen wir nach den natürlichen Antrieben, die uns bewegen, nach den Zwecken, die wir in unserem Leben verfolgen und durch die wir unser Handeln rechtfertigen. Hat Immanuel Kant recht, wenn er in der »Critic der Urtheilskraft« (1792) feststellt, daß zwar der »erste Zweck der Natur die Glückseligkeit« sei und daß »ohne den Menschen die ganze Schöpfung umsonst und ohne Endzweck seyn würde«, daß es aber gerade »nicht das Gefühl der Lust und ... nicht das Wohlseyn, der Genuß ... mit einem Wort die Glückseligkeit« ist, worauf sich dieser Endzweck bezieht, sondern »daß der Mensch nur als moralisches Wesen ein Endzweck der Schöpfung sein könne«, indem er, wie in der »Grundlegung zur Metaphysik der Sitten« (1797) ausgeführt, nur nach derjenigen Maxime handelt, durch die er zu-

gleich wollen kann, daß sie allgemeines Gesetz werde? Oder ist das zwar edel gedacht, aber doch ganz unrealistisch, und hat John Stuart Mill recht, wenn er in »Utilitarianism« (1871) gerade diese Maxime erbarmungslos kritisiert, da »die Folgen einer allgemeinen Befolgung dieser Normen derart wären, daß jedermann von ihnen verschont bleiben wollte«, während in Wirklichkeit »die menschliche Natur so beschaffen ist, daß sie nichts begehrt, was nicht entweder ein Teil des Glücks oder ein Mittel zum Glück ist«, daß »Glück der einzige Zweck menschlichen Handelns und die Beförderung des Glücks der Maßstab, an dem alles menschliche Handeln gemessen werden muß«, wohlgemerkt, da »die menschliche Natur so beschaffen ist«? Ist das nur Preußen contra Manchester, Pflichtethos gegen Laissez-faire? Oder geht es vielmehr grundsätzlich darum, wie Handeln – das heißt: Geschichte – aus Natur begründet wird (oder nicht)?
Stellen wir die gleichen Fragen noch einmal in anders abgewandelter Form. Wie ist es mit unserer Natur als soziale Wesen bestellt? Haben jene Denker – von Plato und Aristoteles bis Marx oder Durkheim – recht, die den Menschen von Naturanlage her als soziales Wesen betrachten und die in der Folge die Erscheinungen seines Gesellschaftslebens als nicht völlig auf die freien Verhaltensentscheidungen des einzelnen zurückführbar betrachten, sondern als gleichsam in der Menschennatur begründete Phänomene *sui generis* (und daher auch eigenständige Werte) ansehen? Oder ist die Meinung jener zutreffend, die mit Hobbes, Locke, Rousseau, Adam Smith (und den meisten liberalen Soziologen und Ökonomen) der Ansicht sind, daß der Mensch von Natur aus seine individuellen Vorteile sucht und nur zu deren Absicherung zu sozialer Übereinkunft und gesellschaftlicher Organisation findet? Oder haben jene Soziobiologen recht, die beide Ansichten insofern miteinander zu verbinden scheinen, als sie annehmen, daß der Mensch zwar angeborenermaßen sozialfähig, sozialbedürftig und sozialwillig ist, daß sich sein kooperatives Verhalten jedoch recht sorgfältig auf jenen Kreis von Mitmenschen konzentriert (vor allem seine Blutsverwandten), deren Förderung auch seinen eigenen (genetischen) Zielen zugute kommt (siehe dazu Wilson 1978; Alexander 1979; Lumsden und Wilson 1981; Masters 1982)?
Es lohnt, zwei extreme Standpunkte zu dieser Frage näher zu betrach-

ten, da sie bis heute nichts von ihrer Brisanz in den Köpfen und im Handeln derer, die ihnen anhängen, verloren haben. Wie ist der Mensch von Natur aus? In dem berühmten ersten Teil des »Leviathan« von Thomas Hobbes (1651) lesen wir: »Zuvörderst wird also angenommen, daß alle Menschen ihr ganzes Leben hindurch beständig und unausgesetzt eine Macht nach der anderen sich zu verschaffen bemüht sind ... weil sie ihre gegenwärtige Macht und die Mittel, glücklich zu leben, zu verlieren fürchten, wenn sie sie nicht vermehren.« Macht ist dabei der »Inbegriff aller der Mittel«, um »sich ein ... Gut zu eigen zu machen«. (Man beachte die erstaunliche Übereinstimmung mit dem Fitness-Begriff des frühen Darwinismus!) »Der Wunsch nach ... jeder Art von Macht stimmt den Menschen zum Streit, zur Feindschaft und zum Kriege; denn dadurch, daß man seinen Mitbewerber tötet, überwindet und auf jede mögliche Art schwächt, bahnt sich der andere Mitbewerber den Weg zur Erreichung seiner eigenen Wünsche.« »Die Furcht, von einem anderen Schaden zu erleiden, spornt uns an, dem zuvorzukommen oder sich Anhang zu verschaffen; denn ein anderes Mittel, sich Leben und Freiheit zu sichern, gibt es nicht.« Wer dächte da nicht an die Realität des Wettrüstens unserer Tage! Hobbes sieht die Heftigkeit dieser Konkurrenz nicht etwa, wie viele Leute meinen, in den Spannungen, die aus selbstverschuldeter sozialer Ungleichheit herrühren, sondern gerade darin begründet, daß »die Natur ... die Menschen sowohl hinsichtlich der Körperkräfte wie der Geistesfähigkeiten untereinander gleichmäßig begabt« hat, die Gleichheit also als Ursprung menschlicher Unbrüderlichkeit! »Bei dieser großen Furcht, welche die Menschen allgemein gegeneinander hegen, können sie sich nicht besser sichern als dadurch, daß einer dem anderen zuvorkommt oder so lange fortfährt, durch List und Gewalt sich alle anderen zu unterwerfen, als noch andere da sind, vor denen er sich zu fürchten hat.« »Hieraus ergibt sich, daß ohne eine einschränkende Macht der Zustand der Menschen ... ein Krieg aller gegen alle« ist. Im Naturzustand herrscht daher aus dieser Sicht »ein tausendfaches Elend; Furcht, gemordet zu werden, stündliche Gefahr, ein einsames, kümmerliches, rohes und kurz dauerndes Leben«. Er stellt fest, »daß die Natur die Menschen so ungesellig gemacht und sogar einen zu des anderen Mörder bestimmt habe«; »dies ergibt sich offenbar aus der Beschaffenheit ihrer Leidenschaften und wird durch die Erfahrung bekräftigt«. Für jene Kritiker, die dies für übertrieben halten, hat er eine Antwort, die uns angesichts dessen, was wir heute über das organisierte Verbrechen wissen, in der Tat höchst modern vorkommen muß, selbst wenn sich Hobbes dabei auf die Meinungen seiner Zeit über die Ureinwohner der Neuen Welt bezieht: »Wird nicht selbst zu unseren Zeiten noch an vielen Orten ein solches Leben geführt? Die Amerikaner leben zum Teil so, bloß, daß sie sich in kleinen Familien gewissen väterlichen Gesetzen unterworfen haben, und die Eintracht dieser Familien dauert nur so lange, als sie von gleichen Absichten beseelt werden.«

Abschließend, und dies zur Begründung der Staatsgewalt, des Leviathan: »Die Leidenschaften, die die Menschen zum Frieden unter sich geneigt machen können, sind die Furcht überhaupt und insbesondere die Furcht vor einem gewaltsamen Tod; ferner das Verlangen nach den zu einem glücklichen Leben erforderlichen Dingen und endlich die Hoffnung, sich diese durch Anstrengung wirklich zu verschaffen.«

Wer spürte in diesen Sätzen nicht mit erschütternder Eindringlichkeit den von erfahrenen und befürchteten Schrecken durch und durch getränkten Pessimismus, der in machtstaatlich garantierter Ordnung nicht nur erste Bürgerpflicht, sondern die sich aus der Natur des Menschen selbst ergebende erste Voraussetzung jedes lebenswerten Lebens überhaupt sieht?

Setzen wir fairerweise aber auch das andere Extrem dagegen: die sich ebenfalls auf angeblich evidente Lebenserfahrung berufende Überzeugung, daß der Mensch von Natur aus gut, das heißt, aus wohlverstandenem Eigeninteresse friedlich und vertragsfähig, der Wilde gar nicht so wild, sondern vielmehr durchaus edel, und alle Unvollkommenheit im Zusammenleben der Menschen nicht *aus* ihrer Natur, sondern *gegen* ihre Natur, also durch fehlgeleitete Kultur zustande gekommen ist. Kein anderer Herkunftsmythos, kein anderes Menschenbild hat in den vergangenen 200 Jahren revolutionäres Feuer stärker geschürt, kein anderes aber wohl auch den Drang nach Freiheit und Gleichheit vor dem Recht mehr gefördert.

Diese Sicht des Zusammenhangs zwischen Natur und Geschichte

findet im »Gesellschaftsvertrag« (1762) von Jean-Jacques Rousseau besonders beredten Ausdruck:
»Die älteste aller Gesellschaften und die einzig natürliche ist die der Familie. Und selbst dort bleiben die Kinder nicht länger an den Vater gebunden, als sie seiner zu ihrer Erhaltung bedürfen. Sobald diese Bedürftigkeit aufhört, löst sich das natürliche Band. Die Kinder, befreit vom Gehorsam, den sie dem Vater schuldeten, und der Vater, befreit von der Sorge, die er den Kindern schuldete, beide kehren gleichermaßen in die Unabhängigkeit zurück.« »Die allen gemeinsame Freiheit ist eine Folge der Natur des Menschen. Dessen oberstes Gesetz ist es, über seine Selbsterhaltung zu wachen, seine erste Sorge ist diejenige, die er sich selber schuldet, und sobald der Mensch erwachsen ist, wird er so sein eigener Herr ... Da alle gleich und frei geboren sind, veräußern sie ihre Freiheit einzig zu ihrem Nutzen ... Die Menschen sind schon deswegen von Natur aus keine Feinde, weil sie, solange sie in ihrer ursprünglichen Unabhängigkeit leben, untereinander keinerlei Beziehungen haben, die dauerhaft genug sind, um einen Friedens- oder Kriegszustand zu begründen. Es sind die Verhältnisse und nicht die Menschen, die den Krieg begründen.«
Und daraus nun, bei Rousseau nicht anders als bei vielen späteren Revolutionären, der atemraubende Sprung von dem aus der Natur des Menschen begründeten Postulat völliger ursprünglicher Freiheit in die egalitäre Tyrannei einer Vertragsgemeinschaft, der der einzelne – wie alle gleichberechtigt rechtlos – wie das Glied dem Körper zu dienen hat: »Diese Bestimmungen lassen sich sämtlich auf eine einzige zurückführen, nämlich die völlige Entäußerung jedes Mitglieds mit allen seinen Rechten an das Gemeinwesen als Ganzes ...«. »Schließlich gibt sich jeder, da er sich allen gibt, niemandem, und da kein Mitglied existiert, über das man nicht das gleiche Recht erwirbt, das man ihm über sich einräumt, gewinnt man an Gegenwert für alles, was man aufgibt, und mehr Kraft, um zu bewahren, was man hat.« Für naturgegebene Unterschiede zwischen den Menschen – in ihren Bedürfnissen, in ihren Fähigkeiten – ist da kein Platz.
Daß diese verführerische Konzeption gleichermaßen dazu taugt, um – begründet in der postulierten natürlichen Freiheit und Gleichheit aller Menschen – ein Zwangsdasein in einem totalitären System zu rechtfer-

tigen, in dem der Wille des einzelnen im Gemeinschaftswillen aufgehoben und seine totale Unfreiheit geradezu höchster Ausdruck des Gebrauchs seiner Freiheit wird, wie dazu, ein Zusammenleben in einem freiheitlich-demokratischen Rechtsstaat zu begründen, erhöht den verführerisch schillernden Reiz dieses Bildes der Menschennatur.

Man kann es sich allerdings nicht versagen, den Apostel des Egalitarismus noch mit einem besonders pikanten Beitrag zum Thema »Natur und Geschichte« vorzuführen. Im »Gesellschaftsvertrag« äußert er sich so über den Zusammenhang zwischen ökologischen Rahmenbedingungen und menschlichen Gesellschaftsstrukturen: »Wir haben also in jedem Klima natürliche Voraussetzungen, nach denen man die Regierung bestimmen kann, zu der es durch das Klima notwendig kommen muß; man kann sogar angeben, von welcher Art die Einwohner sein müssen. Karge und unfruchtbare Plätze ... dürfen nur von Wilden bewohnt werden ... Plätze, wo der Überschuß des Ertrags über die Arbeit mittelmäßig ist, sind für freie Völker geeignet; Plätze, wo das im Überfluß fruchtbare Land bei wenig Arbeit viel trägt, wollen monarchisch regiert werden, damit durch den Luxus des Fürsten der zu große Überfluß der Untertanen aufgezehrt wird; denn es ist besser, daß dieses Übermaß von der Regierung aufgesogen als von den einzelnen vergeudet werde. Es gibt Ausnahmen, ich weiß; aber selbst diese Ausnahmen bestätigen die Regel, weil sie früher oder später Revolutionen hervorrufen, die die Dinge wieder in die natürliche Ordnung bringen.«

Diese Auswahl mag deutlich machen, daß es schwer, wenn nicht unmöglich ist, Aussagen über Ursachen und Zwecke menschlichen Handelns zu machen, und das heißt auch, seine Geschichte zu verstehen, ohne dabei zugleich Annahmen über die natürlichen Anlagen und Bedürfnisse des einzelnen Menschen und über seine Natur als soziales Wesen zu machen. Sie hat zugleich gezeigt, zu welch konträren Schlußfolgerungen die philosophische Reflexion über diese Natur des Menschen kommt und welche Konsequenzen sich daraus ergeben. Kein Wunder daher, daß sich heute manche von der Biologie sicherere Antwort auf die Frage nach der Natur des Menschen erhoffen: Sollte nicht die Wissenschaft, die sich den Naturwesen widmet, den besten Beitrag zur Aufklärung menschlicher Wesensnatur leisten können?

Eine genauere Prüfung der Methoden und Grenzen biologischer Erkenntnis zeigt allerdings, daß die Naturwissenschaft – manchen vollmundigen Ansprüchen zum Trotz – diese Hoffnung wohl auch nicht wesentlich besser zu erfüllen vermag, als dies der Philosophie gelingt. Doch könnte gerade diese skeptische Schlußfolgerung uns zur wichtigsten und hoffnungsvollsten Aussage über die Natur des Menschen führen.

Genetik und Epigenese der Menschennatur

Fragen wir uns also jetzt, was man aus der Sicht der Biologie nach heutigem Stand unseres Wissens dazu sagen kann: Wie ist der Mensch als Naturwesen? Vor allem: Wie unfrei ist der Mensch durch seine Natur? Wie schränkt sie die Möglichkeiten seines Handelns ein, und wie beeinflußt sie dadurch den Lauf seiner Geschichte? Diese Fragen aus naturwissenschaftlicher Perspektive anzugehen, heißt nach den Methoden zu fragen, die uns zu ihrer Beantwortung verfügbar sind. Um sie verständlich und um Gewicht wie Grenzen ihrer Aussagen einsichtig zu machen, müssen wir allerdings zuerst noch einmal die Fragestellung, die sie beantworten sollen, zuschärfen: Was meinen wir konkret im biologisch-naturwissenschaftlichen Sinn, wenn wir nach der »Natur des Menschen« fragen?
Für den ausreichend gut unterrichteten und ideologisch unvoreingenommenen Biologen ist es heute wissenschaftlich überzeugend belegt, daß der Mensch eine biologische Spezies ist, welche sich durch die gleichen Mechanismen der natürlichen Evolution, die auch andere Spezies hervorbrachten, aus Tier-Vorfahren entwickelt hat, nicht nur körperlich, sondern in allen seinen Funktionen, also auch denen seines Sinnes- und Nervensystems, die sein Verhalten und seine geistigen Leistungen ermöglichen (Bodmer und Cavalli-Sforza 1976; Reynolds 1981; Griffin 1982; Markl 1982; Passingham 1982).
Ist dann damit nicht zugleich ausgesagt, daß *alles* am Menschen natürlich, da eben Produkt seiner Naturgeschichte ist, vom zweibeinig-aufrechten Gang bis zur symbolischen Lautsprache, von seinen Nahrungsbedürfnissen bis zum abstrakten Denken, von seinen natürlichen Neigungen bis zu den widernatürlichen Monstrositäten? Wäre

daher auch alle Kultur (und Unkultur) Teil seiner Natur und so ganz biologischer Erklärung anheimgestellt, da sie doch gewiß nicht als unnatürlich, wenn Ergebnis seiner Natur nicht als wider seine Natur gelten kann? Ist also der Mensch mit den Worten Arnold Gehlens von Natur aus ein Kulturwesen? Oder wie J. G. Herder 1772 (lange vor Darwin also) seine berühmte Preisschrift begann: »Schon als Tier hat der Mensch Sprache«.

Wir sehen hier sofort, daß wir durch verschiedenartigen Gebrauch des Wortes »Natur« in eine semantische Falle geraten. So wie dem Reinen alles rein und Midas alles zu Gold, so muß einem monistisch argumentierenden Naturwissenschaftler selbstverständlich alles zu Natur werden, was er besieht, nicht weil das so wahr sein muß, sondern weil er es begrifflich so anpackt. Nach der »Natur des Menschen« fragen kann für den Biologen daher sinnvollerweise nicht heißen, zu solch tautologischen Definitionen vorzustoßen, sondern den Begriff »Natur« zum Unterschied von etwas anderem zu gebrauchen, wobei solcher Begriffsgebrauch diesen Gegensatz wohlgemerkt voraussetzt, also konstatiert, wenn nicht gar erst konstituiert!

Unsere Frage zielt also auf eine im Umgangssprachgebrauch zum Ausdruck kommende Erfahrungstatsache, daß das Verhalten des Menschen zweierlei Ursachenquellen haben kann. Er kann etwas von sich aus tun oder weil andere Menschen es ihm vorgemacht oder gesagt haben. Wird so Gelerntes von Individuum zu Individuum und vor allem auch über Generationen weitergegeben, indem es durch Vorbild oder Unterweisung gelehrt wird, so sprechen wir von Tradition. Wir wollen das, was der Mensch aus Tradition tut, seine Kultur nennen und weiter nach dem fragen, was am Verhalten des Menschen seine Ursache *nicht* in Kultureinflüssen hat.

Dafür scheint es drei Möglichkeiten zu geben. Eine Verhaltenseigentümlichkeit kann erstens zufälliger Natur sein, eine keiner Erklärung zugängliche Singularität, eine Marotte, die uns hier nicht weiter beschäftigen kann, da sie erst dann für unser Thema relevant würde, wenn sie in eine Kulturtradition Eingang fände. Zweitens – und nicht ganz unähnlich der ersten Möglichkeit: Sie kann das Resultat der freien Entscheidung eines Individuums sein, Resultat ureigenen Überlegens und autonomen Handelns. Diese Möglichkeit ist selbstverständlich von größter Bedeutung für unser Thema, aber eher unter dem Stichwort »Geschichte« als unter dem Stichwort »Natur«, es sei denn, man möchte es hier als eine ganz fundamentale Eigenschaft der Natur des Menschen festhalten, daß sie ihn zu autonomen Entscheidungen befähigt. Bleibt die dritte Möglichkeit: Das Verhalten kann Ausdruck und Folge einer Struktur- und Funktionseigentümlichkeit des Menschen aufgrund seiner evoluierten Beschaffenheit als biologisches Wesen sein; diese dritte Form der Verhaltensursachen sei als die »Natur des Menschen« verstanden. Wir können es auch sein »angeborenes Wesen« nennen, wenn wir damit bezeichnen, was ihm von Geburt aus an Verhaltensmöglichkeiten und Möglichkeiten der Verhaltensentwicklung gegeben ist, ohne zusätzlicher spezifischer Lernerfahrungen bedürftig zu sein.

Natur wäre dann also kurz das, »was man kann, ohne es gelernt zu haben«. Dies könnte darauf hindeuten, daß es sich dabei immer um nützliches Können, also um angeborene Anpassungen handelt. Dies kann so sein, muß es aber nicht. Was der Mensch angeborenermaßen kann, mag Resultat natürlicher Selektion in Anpassung an früher gegebene oder noch fortdauernde Umweltbedingungen sein; es kann andererseits aber durchaus auch ein neutrales Merkmal ohne Paßwert, ein pleiotropes Epiphänomen, ein unvermeidliches Nebenergebnis zu anderen Zwecken selektierter genetischer Anlagen, oder eine ehemalige Anpassung, die heute obsolet ist, sein. Nicht die angeborene Angepaßtheit macht die »Natur des Menschen« aus, sondern die Befähigung zu spezifischen Leistungen unabhängig von nachgeburtlichen Lernvorgängen, denen diese Leistungen ihre Herkunft verdanken.

Von diesen Leistungen können wir sagen, daß sie Resultat eines Entwicklungsprozesses sind, der von drei Einflußkomponenten bestimmt ist:

1. von den im Zellkern der Zygote (der befruchteten Eizelle) enthaltenen Genen;
2. von den außerhalb der Gene in der Zygote enthaltenen entwicklungsbeeinflussenden Faktoren;
3. von der Wechselwirkung zwischen den beiden ersten Komponenten und den Entwicklungsbedingungen im Uterus.

Häufig wird so getan, als seien nur die Gene angeboren. Wir wissen jedoch, daß dies nicht richtig ist und daß alle drei Faktorenbündel Einfluß auf die Ausgestaltung in der Reifung, der Epigenese, des Embryos und des Föten nehmen. Embryotransplantationen zwischen genetisch identischen Mäusestämmen haben zum Beispiel gezeigt, daß selbst bei Säugetieren mit völlig gleichem Genbestand Merkmale in Abhängigkeit von den uterinen Entwicklungsbedingungen drastisch variieren können (Gärtner und Baunack 1981). Diese Befunde sind für die Interpretation der Ergebnisse der Zwillingsforschung am Menschen wichtig, desgleichen für die Anwendbarkeit des Heritabilitätsbegriffs (siehe unten).

Da sich Gene, Zygotenplasmafaktoren und Uterinumwelt allerdings auf die Entwicklung eines Menschen alle insofern gleich auswirken, als sie sich vorgeburtlich der Modifikation durch eigene Erfahrung und gerichtete Verhaltensbeeinflussung durch Erziehung entziehen, können ihre verbundenen verhaltensbestimmenden Einflüsse insgesamt als die »angeborene Natur« des Menschen bezeichnet werden. Vorläufig besitzen wir für den Menschen allerdings fast nur im Hinblick auf die Wirkung der nukleären Erbfaktoren gewisse Zugangsmöglichkeiten zur Aufklärung der Frage nach der Natur des Menschen.

Dies wird daher in der öffentlichen Diskussion meist sehr schnell, aber nicht zutreffend, auf die eingeengte Version gebracht: Wie bestimmen Gene die Verhaltensmöglichkeiten des Menschen? Noch weniger richtig ist die meist angetroffene Formulierung: Wie bestimmen die Gene *das Verhalten* des Menschen, denn Gene können nie ein Merkmal, zum Beispiel ein Verhalten bestimmen, sie können lediglich seine Ausprägmöglichkeiten in Abhängigkeit von Umweltbedingungen vorgeben, wobei, strenggenommen, die Umwelt eines Gens bereits beim Zusammensein mit anderen Genen auf einem Chromosom und im gesamten Genom sowie bei seiner intrazygotischen Umgebung beginnt (was man jedoch üblicherweise meist noch als Teil der genetischen »Anlage« betrachtet). Jedenfalls ist aber zum Beispiel schon der eigene Körper des Föten im Körper der Mutter eine auf das sich entwickelnde Gehirn spezifisch wirkende Umwelt, wie wir etwa von Hormonwirkungen wissen: Die Puppe in der Puppe ist das passende Modell der Umweltbeziehungen des Säugetierembryos.

Die Gene programmieren also nicht die Merkmale, sie bestimmen die Reaktionsnorm, den Modifikationsbereich, innerhalb dessen und wann innerhalb dessen durch Umweltbedingungen unterschiedliche Merkmalsausprägungen möglich werden. Sie stellen gleichsam raumzeitlich mehrdimensionale Landkarten von Merkmalsverwirklichungs-Wahrscheinlichkeiten dar. Merkmale sind nicht Projektionen von Genen in ein anderes Ausdrucksmedium. Gene sind Rahmenvorschriften für interaktive komplexe Gestaltungsprozesse. Für manche Merkmale sind diese Vorschriften eng und streng, der Spielraum für Umweltmodifikation kann zum Alles-oder-nichts-Befehl schrumpfen, die genetische Merkmalsdetermination ist dann perfekt. Für andere ist der Verwirklichungsrahmen weit und im Hinblick auf den Einzelfall durch die genetische Konstitution völlig unzureichend bestimmt, die spezifische Gestaltung also fast nur aus der Kenntnis der äußeren Entwicklungsbedingungen herleitbar. In beiden Fällen spielen sowohl Gene als auch Umweltfaktoren eine Rolle bei der Merkmalsausprägung, unterschiedlich ist nur die Vorhersagbarkeit der spezifischen Merkmalsform aus der Kenntnis der genetischen Konstitution des betreffenden Lebewesens.

Haben wir diese Zusammenhänge verstanden, so kann es nicht verwundern, daß die Verhaltensgenetik an Tieren wie an Menschen kaum Merkmale findet, für die sich nicht Einflüsse genetischer Faktoren nachweisen ließen, und genauso kaum solche, die ganz umweltunabhängig wären; kaum normale Verhaltensweisen, die nur von Einzelgenen abhängig sind (wohl aber Verhaltensstörungen, da ein komplexes Ursachennetzwerk an vielen Einzelstellen einfach zerschnitten werden kann); kaum ein Einzelgen, von dem sich bei sehr genauer Analyse nicht zeigen ließe, daß es in irgendeiner Weise auch Verhaltensmerkmale des Trägers beeinflußt.

Ich bin damit schon bei der Besprechung der Methoden, mittels derer die Humanbiologie den Einfluß von Genen auf Verhalten zu verstehen trachtet. Diese Methoden lassen sich in fünf Gruppen gliedern. Nur die erste davon kann wirklich ganz harte, im streng naturwissenschaftlichen Sinne beweiskräftige Aussagen machen. Alle anderen Methoden sind – allerdings unterschiedlich – »weich«, das heißt, sie gründen zum Teil auf plausiblen Schlußfolgerungen aus oft durchaus harten, aber für sich selbst nichtgenetischen Daten auf zugrunde liegende genetische Mechanismen, und auf Modellanalogien, vor allem auch aus dem Tier-Mensch-Vergleich (zur Einführung dazu siehe Vogel und Propping 1981; zur gründlichen Darstellung Vogel und Motulsky 1979).

a. Die Wirkung definierter Gene

Wirklich »richtige« Genetik – das gilt für Verhaltensmerkmale nicht anders als für Strukturmerkmale – ist Mendel-Genetik: die Analyse des Erbgangs von Erbanlagen in definierten Verwandtschaftslinien, die man bei Tieren durch willkürliche Kreuzung, bei Menschen in glücklichen Fällen und mit größerem Arbeitsaufwand nicht weniger genau durch Untersuchung des Merkmalauftretens in Familienstammbäumen durchführt. Die Humangenetik hat auf diese Weise bereits Tausende meist Defekte bewirkender Mendel-Allele erkennbar gemacht und mit modernsten gentechnologischen Methoden viele davon auch schon auf einzelnen Chromosomen lokalisiert. Darunter sind eine ganze Reihe von Genen, die definierte Verhaltenseffekte haben, so daß heute kein Zweifel mehr daran bestehen kann, daß auch beim Menschen definierte Mendel-Gene an der Ausprägung von normalen Verhaltensmerkmalen beteiligt sind. Wären sie es nicht, so könnte deren Mutation das Merkmal nicht ändern. In manchen Fällen kann man den Defekt auf den mutationsbedingten Ausfall der Funktionsfähigkeit eines einzelnen Enzyms zurückführen. Beim Lesch-Nyhan-Syndrom leiden die Kranken an schrecklicher Bewegungsunruhe mit Selbstbeschädigungszwang (verbunden mit geistigen Störungen), weil sie aufgrund des Ausfalls der Hypoxanthin-Guanin-Phosphoribosyltransferase zuviel Harnsäure bilden. Bei der Phenylketonurie mangelt es an Phenylalaninhydroxylase, die das Phenylalanin der Nahrung in Tyrosin umsetzt. Dieser Mangel führt beim homozygoten Träger des mutierten Allels unaufhaltsam zu Schwachsinn: ein klassischer Fall absoluter genetischer Determination, so möchte man meinen. Indes, der Heidelberger Kinderkliniker Horst Bickel entwickelte eine an Phenylalanin arme Diät, und plötzlich war aus unausweichlicher genetischer Determination eines Verhalten und Geist aufs schwerste betreffenden Merkmals eine Mutante mit extrem weitem Modifikationsbereich geworden. Man muß es noch einmal betonen: Nicht Gene erzeugen ein Merkmal, sondern Gene in bestimmter Umwelt ermöglichen bestimmte Merkmale. Der angeborenermaßen Fehlsichtige ist in der einen Umwelt bis zur Lebensuntüchtigkeit behindert; in einer anderen, die ihm eine Korrekturbrille verfügbar macht, wird sein Erbdefekt fast nur noch zum Anlaß kosmetischer Überlegung.

Leider ist die Einzelgen-Analyse der allermeisten Verhaltensmerkmale bisher noch in den Anfängen. Da sie in der Regel die Voraussetzung einer wirklich ursächlichen Therapie von Defekten wäre, kommt ihr große medizinische Bedeutung zu. Ohne Zweifel werden wir in nächster Zeit dank der großen Fortschritte der Molekulargenetik die Aufklärung vieler solcher Einzelgen-Wirkungen auch auf das Verhalten erleben. Es zeichnet sich ab, daß an einigen der wichtigsten psychischen Leiden – etwa der Schizophrenie, endogenen Affektpsychosen oder Suchtkrankheiten – genetische Dispositionen maßgeblich mitbeteiligt sind, und es erscheint durchaus denkbar, daß die biochemische Aufklärung dieser Zusammenhänge therapeutische Möglichkeiten eröffnet. Andererseits scheinen manche Menschen schon deshalb weniger anfällig für Alkoholismus, da sie aufgrund angeborener Stoffwechseleigentümlichkeiten schon nach geringem Alkoholgenuß unangenehme Folgen verspüren. Betrifft dies ganze Völker, so verwundert es nicht, daß zwischen Erbanlagen und kulturtypischem Verhalten enge Beziehungen auftreten können. Man spricht dann von Erbgut-Kultur-Koevolution. Einige Beispiele mögen dies näher erläutern.

Ob ein Neugeborenes Hans oder Grete genannt und dann im Laufe der Erziehung durch Vorbild und gezielte Belehrung dem kulturüblichen Standard männlichen oder weiblichen Verhaltens gemäß geformt wird, das entscheidet die Hebamme nach dem Aussehen der Geschlechtsorgane des kleinen Wurms. Ob diese männlich oder weiblich geformt sind, das hängt wiederum davon ab, ob in einem frühen Entwicklungsstadium des Fötus ein paar ganz bestimmte vermännlichende Genprodukte erzeugt werden, für die programmierende Gene auf dem Y-Chromosom liegen. Fehlen sie oder können sie vom fötalen Gewebe wegen eines genetischen Defekts nicht »erkannt« werden, so entwickelt sich ein weiblicher Körper. Kein Zweifel also: Ganz wenige Gene entscheiden wie mit einem Kippschalter, ob sich der Organismus weiblich oder männlich entwickelt (woran dann natürlich *viele* Gene beteiligt sind). Es müßte einer also schon arg wenig Biologie zur Kenntnis nehmen wollen, wenn er bestreiten möchte, daß Gene am Unterschied der Geschlechter maßgeblich beteiligt sind. Die Angelegenheit ist dennoch sehr verwickelt. Was den Körper angeht, so ist damit zwar Wesentliches gesagt. Was jedoch die Mehrzahl der geschlechtstypischen Verhaltenseigenschaften angeht, so überträgt die Natur beim Menschen die Ausprägungsverantwortung verblüffenderweise weitgehend auf ihren »Widerpart«, die Kultur. Hoden und Penis hin oder Ovar und Vagina her: Ob das Kind sich als Junge oder Mädchen fühlt und aufführt und was dabei als »typisch« männlich oder weiblich in einer gegebenen Kultur gilt, das wird in hohem Maße durch die Erziehung und die Sozialisationsbedingungen bestimmt. Prägen diese – aus Absicht der Eltern oder Versehen der Hebamme – gegen das genetisch-somatische Geschlecht, so verhält und fühlt sich das Kind nichtsdestoweniger ganz überwiegend dem zugeteilten Erziehungsgeschlecht und nicht dem angeborenen Geschlecht gemäß (Money und Ehrhardt 1975; Sullerot 1979). Gewiß, auch hier spielen gewisse genetisch vorgegebene geschlechtsgebundene Verhaltensdispositionen eine einschränkende Rolle, die sich nicht beliebig verändern lassen, dennoch gilt, daß der Kultureinfluß auf das Geschlechtsrollenverhalten des Menschen weit größer ist, als der Biologe bei einem biologisch so wichtigen, da maßgeblich fitneßbestimmenden Merkmal je vermutet hätte.

Wir lernen daraus eine weitere verhaltensgenetische Regel: Ob eine Funktion biologisch fundamental oder randständig erscheint, läßt keinerlei Schluß darauf zu, ob sie stärker genetisch oder kulturell programmiert wird. Und ein Zweites können wir gleich anschließen: Je weiter gefaßt ein Merkmal definiert wird – zum Beispiel Geschlechtsverhalten, Aggressionsverhalten, Nachkommenfürsorge, Intelligenz –, um so schwieriger werden wirklich wissenschaftlich korrekte Aussagen über genetische Einflüsse möglich sein. An solchen großen Funktionskomplexen sind offenkundig immer viele Gene und viele äußere Entwicklungseinflüsse zusammen gestaltend am Werk.

Betraf dieses Beispiel einen Merkmalskomplex – Geschlechtsrollenunterschiede –, der für alle menschlichen Kulturen und Völker von Bedeutung ist (denn wie immer sich diese Rollen auch kulturabhängig unterscheiden, es gibt keine Kultur, die ganz und gar auf solche Rollenunterschiede – die weit über die trivial-biologischen, sexuellen Zusammenhänge hinausreichen – verzichtete), so bedeutet das nicht, daß Auswirkungen genetisch-kultureller Koevolution nicht auch auf bestimmte menschliche Populationen beschränkt auftreten. So können zum Beispiel die Angehörigen mancher »Rassen« (z. B. Mongolide, Negride, Teil der Europiden) aufgrund ihrer genetischen Veranlagung als Erwachsene das Enzym Lactase nicht oder nicht in ausreichender Menge erzeugen, daher den Milchzucker Lactose nicht verdauen und deshalb unbehandelte Milch als Nahrungsmittel weder verwenden noch überhaupt vertragen. Es ist leicht einsichtig, daß die einfache genetische Tatsache dieses Vermögens oder Unvermögens insbesondere bei Viehzüchtern das gesamte Verhalten im Hinblick auf Tiernutzung und Nahrungszubereitung bis in bemerkenswerte Details beeinflussen muß.

Die biochemische Humangenetik hat in neuerer Zeit noch in weiterer Weise Licht auf alte Fragen über die angeborene Natur des Menschen geworfen. Wie variabel ist der Mensch genetisch? Wie groß sind die genetischen Unterschiede zwischen verschiedenen Menschenpopulationen (die man früher Rassen nannte)? Die eben ausgeführten Beispiele bezogen sich ja bereits auch auf diese Frage. Im Extrem könnte die Evolution – sehen wir von unvermeidlichen, aber seltenen Neumutationen ab – einen genetisch weitgehend homogenen Menschentyp gezüchtet haben – in der Fachsprache: mit fast allen Genorten fixierten Allelen –, wenn man einmal von oberflächlichen Populationsunterschieden absieht, die eher zweitrangige Dinge wie Hautfarbe oder Haarform betreffen. Die Wirklichkeit ist ganz anders. Offenbar gibt es für einen großen Teil der einigen Zehntausende menschlicher Genorte mehr als einen Gentyp (Allel). Der genetische Polymorphismus der Menschen ist also riesengroß (Lewontin 1974; Neel 1982). Erinnern wir uns an genetisches Schulwissen: In der Mendel-Kreuzung mit zwei Allelen eines Genorts erhält man in der zweiten Tochtergeneration drei Genotypen; bei je zwei Allelen von zwei Genorten schon $9 = 3^2$; bei je zwei Allelen von n Genorten 3^n Genotypen, für 10 000 Gene also $3^{10\,000}$ – mehr, als je Menschen gelebt haben oder je leben werden. Sieht man von monozygoten Zwillingen ab, so gleicht kein Mensch genetisch völlig dem anderen. Das verdanken wir der sexuellen Fortpflanzung, die die Gene ständig neu mischt und die dadurch, zusammen mit den nie völlig identischen Entwicklungsbedingungen, dafür sorgt, daß jeder Mensch genetisch-biologisch wirklich ein einzigartiges Individuum, ein Original ist, unersetzbar, unaustauschbar, einmalig, ungleich allen anderen, wenn gleich identisch heißen soll, gleich allen anderen, wenn gleich gleichwertig (nämlich als lauter einmalige Wesen) heißen soll. Weit entfernt davon, den Menschen zur genetischen Marionette zu machen, ist die Erbforschung vielmehr ganz besonders geeignet, die Einzigartigkeit menschlicher Individualität auch biologisch zu untermauern. Vielleicht die allerwichtigste Aussage über die Natur des Menschen, die die Biologie überhaupt beitragen kann! Der generative Reichtum auf der Ebene der Natur ist ebenso unerschöpflich wie auf der Ebene der Kultur der kreative Reichtum des Denkens, der Sprache, des Traums, des Spiels, der Kunst.

Wie ist das nun mit den Unterschieden zwischen den Populationen? Nach dem soeben Gesagten sollte es nicht verwundern: Sie sind klein im Vergleich zur genetischen Variabilität zwischen Menschen der gleichen Population. Man fand nur wenige Prozent der Variation zwischen Menschen durch ihre Zugehörigkeit zu unterschiedlichen »Rassen« erklärbar, der überwiegende Variationsanteil liegt *innerhalb* der einzelnen Populationen vor. Genetisch verschieden sind wir in der Tat genug – aber die Rassenunterschiede wiegen gering gegenüber dem Variantenreichtum, den jede gesunde, nicht krankhaft auf Reinrassigkeit gezüchtete Bevölkerung in sich birgt. Für die moderne Evolutionsbiologie ergibt das guten Sinn: Sie weiß, daß der genetische Variantenreichtum einer Population ihre wichtigste Anpassungsreserve, die Wunderwaffe der Evolution gegen die langfristig unvorhersagbaren Veränderungen der meisten Umweltbedingungen ist. Reinrassigkeitsmythen waren immer schon schlechte Anthropologie und Humangenetik. Heute wissen wir, daß sie noch miserablere Evolutionsbiologie sind. Perfekte Reinrassigkeit ist biologisch für höher entwickelte Lebewesen eine perfekte Sackgasse. Reinrassig wäre der Mensch ein so armer Hund wie die armen, zu selbständigem Leben unfähigen Hunde, die wir durch Züchterzwang zur Reinrassigkeit verdammen.

b. Polygen bestimmte Merkmale

Damit haben wir fast schon die »harten«, mendelgenetischen Methoden der Analyse der Effekte definierter Einzelgene auf das Verhalten verlassen. Wie steht es nun bei hochgradig polygenen Verhaltensmerkmalen, an deren Ausprägung also zahlreiche Gene beteiligt sind? Wie können wir bei ihnen angeborene Einflüsse von solchen der Kultureinwirkung unterscheiden? Dies ist deshalb besonders wichtig, weil die meisten normalen Verhaltenseigenschaften des Menschen ihr Entstehen dem Zusammenwirken sehr vieler Gene mit sehr vielen Umwelteinflüssen verdanken, was seltsamerweise manche allzu umweltfixierten Leute veranlaßt, so zu tun, als seien sie deshalb *gar nicht* von Genen beeinflußt, was natürlich barer Unsinn ist. Die Methoden der Untersuchung polygener Merkmale gehen auf Darwins Vetter Francis Galton zurück, es sind Methoden biometrischer Populationsstatistik. Den genetischen Bezug stellt man her, indem man die Merkmalsvariation in Abhängigkeit vom Verwandtschaftsgrad verglichener Menschen untersucht, da die Methoden der Züchtungsgenetik, die gerade für polygen bestimmte Merkmale hochentwickelt sind, sich beim Menschen ja nicht anwenden lassen.

Es leuchtet ein: Wenn Merkmale keinem genetischen Einfluß unterliegen, so sollten sie ganz unabhängig vom Verwandtschaftsgrad verglichener Merkmalsträger variieren. Variieren sie hingegen nachweislich in Abhängigkeit davon, so sollte sich an der Straffheit dieser Korrelation der genetische Einfluß messen lassen. Besonders eindrucksvoll sollte – wie schon Galton erkannte – der Vergleich von Menschenpaaren sein, die sich nur im Grad ihrer genetischen Übereinstimmung unterscheiden, während alle anderen Unterscheidungsfaktoren entfallen oder zufällig variieren. Ideal sollte daher der Vergleich von monozygoten, genetisch identischen Zwillingspaaren mit dizygoten sein, deren durchschnittliche genetische Übereinstimmung wie bei normalen Vollgeschwistern nur 50 Prozent beträgt. Aus solchen Vergleichen ist es möglich, für ein interessierendes Merkmal den Anteil der genetisch bedingten Variabilität an der Gesamtvariabilität einer untersuchten Population unter gegebenen Umweltbedingungen zu bestimmen, die sogenannte *Heritabilität* (Falconer 1982; von Schilcher 1978).

Das Heritabilitätsmaß ist für die landwirtschaftliche Züchtungsgenetik operationell klar definiert und überaus nützlich (Pirchner 1964), hängt doch der Züchtungserfolg (also die Wirkung der Selektion auf die Merkmalsveränderung über die Zuchtgenerationen) entscheidend davon ab, daß für das betreffende Merkmal (etwa die Milchleistung einer Rinderrasse) genetische Unterschiede in der Zuchtpopulation vorliegen, also ein möglichst hoher Anteil an genetischer Varianz an der Gesamtvarianz, eine hohe Heritabilität.

Was Heritabilität bedeutet, wird jedoch leider gerade in bezug auf die Genetik menschlicher Merkmale oft schrecklich mißverstanden. Das Heritabilitätsmaß mißt nicht etwa den Anteil der Gene an der Ausprägung eines Merkmals in einem Individuum, also auch keineswegs die genetische Determination eines Merkmals! Trügen alle Menschen einer Population am betreffenden Genort nur das Allel für Phenylketonurie, so wäre die Heritabilität dieses Merkmals trotzdem gleich Null, weil es trotz (ohne spezielle Ernährung) totaler Erbdetermination keine genetische Varianz in der Population gäbe. Auch für etwas so Umweltabhängiges wie den Aussprachedialekt einer Sprache würde hingegen die Heritabilität gleich 1, wenn die Lernumwelt für dieses Merkmal in einer Population völlig identisch wäre, da sich dann nur noch genetische Unterschiede auswirken könnten. Die Heritabilität ist immer ein relatives statistisches Varianzmaß in einer definierten Population unter definierten Bedingungen: Ändere ich die Umweltbedingungen, so kann sie sich drastisch und völlig unvorhersehbar ändern. Vor allem: Das Heritabilitätsmaß für ein Merkmal sagt grundsätzlich in bezug auf ein Einzelindividuum überhaupt nichts aus, vor allem aber nichts darüber, ob eine bei ihm gefundene Merkmalsvariante überhaupt genetisch oder wie stark sie genetisch verursacht ist.

Dies sind jedoch nur die einfacheren Probleme mit dem Heritabilitätsmaß, soweit es die uns hier interessierenden polygenen Verhaltensmerkmale des Menschen betrifft. Das wird besonders deutlich im Hinblick auf die von manchen Wissenschaftlern ebenso emphatisch vertretenen wie von anderen ebenso emphatisch angezweifelten Schätzungen der Heritabilität des Intelligenzquotienten (IQ), weil dafür ein großes Datenmaterial vorliegt (Vergleichbares gilt jedoch auch für die Heritabilität anderer skalierbarer Charakterzüge des Menschen; siehe dazu Feldmann und Lewontin 1975; Loehlin, Lindzey und Spuhler

1975; Eysenck 1979; Vogel und Motulsky 1979; Plomin, DeFries und McClearn 1980; Weiss und Mehlhorn 1980, 1982; Bouchard und McGue 1981; Gould 1981; Dörner und Kreuzig 1983; Hassenstein 1982).

Kein Zweifel: Der IQ mißt irgend etwas, das mit geistiger Leistungsfähigkeit zu tun hat. Es scheint allerdings, daß sich der IQ zur Intelligenz etwa so verhält wie das Bruttosozialprodukt zum Wohlstand eines Volkes: Der Meßwert zeigt zwar etwas Hergehöriges an, man weiß nur nicht recht, wie der wirkliche Zusammenhang zwischen beiden Größen ist. Jedenfalls scheint es klar, daß der IQ keineswegs Intelligenz in allen ihren Aspekten getreu erfaßt. Der IQ läßt zwar im Durchschnitt den Schulerfolg einigermaßen vorhersagen, allerdings wohl auch nicht sehr viel besser, als erfahrene Lehrer das einem Schüler nach einiger Zeit auch prophezeien können. Er korreliert folgerichtig auch mäßig gut mit späteren Berufserfolgen, vor allem, wenn es sich um Berufe handelt, auf die man im eigentlichen Sinne *geschult* werden kann; er mißt Denkgeschicklichkeit und Kombinationsvermögen, weshalb auch die behauptete Korrelation mit der Geschwindigkeit neuraler Verarbeitungsprozesse des Vorderhirns nicht allzusehr verwundert.

Andererseits sagt der IQ offenbar wenig oder gar nichts über die Fähigkeit, angemessene Entscheidungen in komplexen Problemlösungsaufgaben zu treffen, nichts über Kreativität im Problemlösen, nichts über motivationale Leistungsaspekte wie Durchhaltevermögen, Einsatzbereitschaft, Streßresistenz (Dörner und Kreuzig 1983). Das heißt, er sagt uns offenbar herzlich wenig gerade darüber, was die wirkliche intellektuelle Einsatzfähigkeit eines Menschen ausmacht. Wohl wahr: Wer einen weit unterdurchschnittlichen IQ hat, hat wohl weniger Chancen, es weit zu bringen. Wer einen sehr hohen IQ hat, für den sieht das im Durchschnitt sehr viel besser aus. Aber für das breite Mittelfeld sagt der IQ doch nicht sehr viel über geistige Leistungsmöglichkeiten und prospektive Erfolge. Und selbst wenn befriedigende Durchschnittsaussagen möglich wären – für den Einzelfall kann der IQ zwar gewisse Erwartungswahrscheinlichkeiten für künftige Leistungen liefern, wirkliche Vorhersagen erlaubt er nicht.

Dies ist vor allem im Hinblick darauf wichtig, daß für die Entwicklung der menschlichen Gesellschaft – und damit ihre Geschichte – gerade die Leistungen einzelner hervorragender Individuen gewiß nicht vernachlässigt werden können. Es ist ja eine der vorzüglichsten Leistungen der Kulturtradition, daß die Leistungsbeiträge einzelner Individuen ungeheuer rasch verstärkt, vervielfältigt und über den gesamten Kulturkreis verbreitet werden können. Deshalb kann wohl auch jedes Erziehungssystem vernünftigerweise nur so angelegt sein, alle Individuen ihre Begabungen möglichst gut entfalten zu lassen, da es sich eine Gesellschaft schlicht nicht leisten sollte, Talente dadurch zu verlieren, daß diese mittels Methoden zweifelhafter Aussagekraft zu früh falsch klassifiziert worden sind. Überdies sorgt die Schüttelmühle der sexuellen Rekombination mit ebenso schöner Regelmäßigkeit dafür, daß die Kinder Hochbegabter schon rein genetisch gesehen ganz anders, vor allem nicht immer gleich gut ausgestattet sind wie ihre Eltern (für Minderbegabte gilt *vice versa* das gleiche), ganz abgesehen davon, daß gerade bei der Intelligenzentfaltung der Einfluß der Erziehungsbedingungen unbestreitbar zusätzlich von großer Bedeutung ist. Unsere Prognosefähigkeit für das, was das einzelne Kind, der einzelne Student oder Lehrling wohl später einmal leisten könnte, ist ganz gewiß höchst unvollkommen. Der erfahrene Lehrer – gleich auf welcher Entwicklungsstufe er tätig ist – weiß nur zu gut, daß er Talente immer nur in Grenzen »erzieht« (wie der Gärtner die Rose). Viel eher ist er doch oft ein Fischer, der Köder tanzen läßt, in die sich der Angelockte dann schon selbst kräftig verbeißen muß, um seine Fähigkeiten entfalten zu können.

Was nun die Heritabilität des IQ angeht, so sei noch einmal daran erinnert: Kennten wir sie, sie mäße nicht den »genetischen Anteil« – der ja seinerseits wieder keineswegs »genetische Determination« bedeuten würde! – an der Intelligenzentfaltung der Einzelperson, sie mäße den durch Unterschiede in den Erbanlagen bedingten Anteil an der IQ-Variabilität einer Bevölkerung. Zwillingsforschung und Verwandtenkorrelationsstudien haben über jeden vernünftigen Zweifel hinaus klargestellt, daß es diesen genetischen Varianzanteil gibt und daß er keineswegs unbedeutend ist, will sagen, daß er sicher größer als Null, aber ebenso sicher kleiner als Eins ist. Wie man es aber auch drehen will, die vorliegende Literatur überzeugt nicht davon, daß die wirkliche Heritabilität sehr viel genauer – etwa gar, wie manche das tun, auf Prozente genau – abgeschätzt werden kann. Warum? Weil gerade für Verhaltens- und Persönlichkeitsmerkmale des Menschen die Varianzkomponenten, die auf Genotyp-Umwelt-Interaktionen und Genotyp-Umwelt-Korrelationen beruhen, erstens sicher bedeutend und zweitens nicht unabhängig meßbar sind, so daß der ausgefeilte statistische Apparat zur Schätzung der Heritabilität einfach nicht greift (Feldman und Lewontin 1975).

Das läßt folgenden ernüchternden Schluß zu: Die Anstrengungen ganzer Generationen von Psychologen haben zur Frage der Heritabilität des IQ das nicht eben überwältigende Ergebnis erbracht, daß zwar die Intelligenz einer Person ganz sicher nicht unabhängig von genetischen Einflüssen, von angeborenen Talentvorgaben ist, die bei verschiedenen Menschen nicht alle gleich sind und sich daher auch nicht beliebig durch Erziehungsmaßnahmen steigern (durch besonders schlechte Bedingungen aber sehr wohl kräftig senken) lassen, daß aber andererseits wohl selbst der konservativste Nativist auf der Grundlage der vorliegenden Daten und seiner noch so voreingenommenen Überzeugung nicht auf die Idee verfiele, sich nicht um eine gute Erziehung für seine Kinder zu kümmern. Das heißt, daß offenbar auch jene, die die Erbbestimmheit des IQ sehr hoch ansetzen, nicht im Traum daran denken, darauf zu verzichten, für ihre Kinder optimale Ausbildungsbedingungen zu fordern. Es kann ja immer wieder verwundern, wie gerade manche Leute, die sich völlig überzeugt davon geben, daß Intelligenz weitgehend angeboren ist, zugleich oft die größten Befürchtungen hegen, bestimmte Schulverhältnisse könnten die genetisch höher Begabten (wozu selbstverständlich meist ihre Kinder zählen) nicht genug fördern. Man wird ihnen in letzterem zustimmen können, aber nur, wenn man ihnen in ersterem nicht folgt. Erstens, weil alle Heritabilitätsmessungen – und die allgemeine Erfahrung – erhebliche Umwelteinflüsse auf die gesamte Intelligenzentfaltung nahelegen (für die eher einfachen Denksportoperationen, die der IQ mißt, allerdings wohl weniger als für andere Intelligenzaspekte); zweitens, weil auch eine hohe Heritabilität nichts über die Modifikabilität der Intelligenz durch geändertes Erziehungsverhalten sagen würde; drittens, weil mein Kind wie jedes Kind aller Eltern ein Einzelfall ist, bei dem ich lieber zur sicheren Seite hin irren will, als mich in meinen Entscheidungen allzusehr von statistischen Durchschnittserwartungen leiten zu lassen.

c. Analyse der Verhaltensentwicklung

Wenn wir andererseits wirklich etwas über Art, Zeitpunkt und Stärke genetischer Einflüsse auf die Verhaltensentwicklung in Erfahrung bringen möchten, so helfen uns weder der Weg durch Gregor Mendels Kreuzgang noch die schmerzlichen Übungen auf Francis Galtons biometrischem Nagelbrett. Dazu hilft nur eines: Man muß sich die individuelle Entwicklung unter definierten und experimentell gezielt variierten Aufzuchtbedingungen ansehen. Verhaltensbiologen haben es in dieser schwierigen Kunst weit gebracht – ich brauche nur an die Aufzucht von Singvögeln unter definiertem Erfahrungsentzug und definierter Erfahrungssubstitution zur Erforschung ihrer Gesangsentwicklung zu erinnern. Die Übertragung von Befunden an Tieren muß allerdings mit größter Vorsicht erfolgen. Zu groß erwiesen sich oft die Unterschiede in der Merkmalsepigenese selbst nahe verwandter Arten schon bei Tieren. Gezielte Versuche dieser Art sind beim Menschen ethisch unvertretbar. Unbeabsichtigte Naturexperimente – zum Beispiel geschlechtlicher Fehlentwicklungen oder von Mutationseffekten auf die Merkmalsentwicklung, etwa Studien an angeboren Taubblinden – können uns sicher immer wieder sehr viel lehren. Piagets Schule und die Erforschung der Entfaltung kindlichen Sprachvermögens haben uns viel über die postnatalen stadienspezifischen Interaktionen zwischen strukturellen, angeborenen Bereitschaften unseres Geistes und spezifischen Erfahrungen gelehrt (siehe Hassenstein 1973; Brown 1973; Eibl-Eibesfeldt 1979; Piattelli-Palmarini 1980; Markl 1983). Nie erscheint aus diesen Untersuchungen der Mensch als die *tabula rasa* der Empiristen, als der Spielball beliebiger dressierender Manipulationen extremer Behavioristen. Allerdings erscheint er dabei auch nie als ein Wesen genetischer Präformation und Determination. Er erscheint immer als ein Wesen, das von Natur aus recht spezifische Erwartungen an die Erfahrungswelt hat, ausgeprägte Bereitschaften und Kompetenzen, Erfahrung aufzunehmen und nach teils autonomen, teils erlernten Regeln zu verarbeiten, ein Wesen mit machtvollen angeborenen Bedürfnissen nach bestimmten, vor allem sozialen, Erlebnissen und Entwicklungsbedingungen, besonders nach personalen Bindungen und zugleich auch nach exploratorischen Freiheiten. Als ein Wesen mit der vorgegebenen Bereitschaft, seine Identität geschlechtlich differenziert zu entwickeln und die in seiner Kultur vorgefundenen Geschlechtsrollen aktiv und passiv zu erlernen; genauso mit der angeborenen wie zwanghaften Bereitschaft, Menschensprache zu sprechen und zu verstehen.

Aus inneren Verarbeitungsregeln und gemachten Erfahrungen baut so der Mensch sein inneres Weltmodell, die Vorstellungswelt seines Geistes auf, in der er agiert, indem er denkt und fühlt. Weder völlig beliebig von außen formbar noch völlig unzugänglich für Anpassung an Erfahrungen, so erscheint uns die menschliche Natur aus diesen Entwicklungsstudien. Gerade dadurch autonom, da nicht ein leeres Gefäß, in das erst die Umwelt einen Wesensinhalt gießt. Gerade dadurch anpassungsfähig, da nicht durch ein geschlossenes genetisches Programm präfabriziert, ebendadurch aber bedürftig der und abhängig von Erfahrung. Allerdings will es scheinen, daß die prägende Kraft besonders der frühen Erfahrungen von manchen Humanethologen und Tiefenpsychologen gleichermaßen nicht unerheblich überschätzt werden könnte. Die kasuistisch advokatenhafte Begründung solcher Annahmen vom theoriebestätigenden Einzelfall aus wird dabei allzu selten mit den notwendigen Kontrollfällen gleicher Erfahrungseinwirkung und nicht aufgetretenen Symptomen verglichen, um immer ganz überzeugend zu wirken. Daß den Menschen nicht anders seiner personalen Würde beraubt – die in seiner moralischen Autonomie gründet –, wer ihn als Marionette der Gene ausgeben möchte, wie wer ihn zum lebenslangen Lastträger früher, verdrängter Seelentraumata erklärt, kann gar nicht oft genug betont werden.

Ein Problem solcher Entwicklungsstudien ist die immer präsente Möglichkeit der Phänokopie, also des Entstehens eines gleichen Merkmals durch ursächlich ganz unterschiedliche Entwicklungsprozesse. Menschliches Verhalten ist immer das Ergebnis einer ganzen Stufenfolge von einschränkenden Selektionsvorgängen, bei denen eine Reihe von Verhaltensmöglichkeiten situationsgerecht bewertet und nach einem Optimierungsverfahren – also angepaßt – ausgewählt wird.

Das erste Selektions- und Anpassungsfilter ist natürlich das der natürlichen genetischen Selektion des Genvorrats einer Population, die die genetischen Varianten einer Generation nach Maßgabe ihres Vermehrungserfolgs zum Aufbau der nächsten Generation beitragen läßt. Jede Zygote repräsentiert mit den in ihr enthaltenen Entwicklungsvorschriften wiederum nur einen Ausschnitt aus den Möglichkeiten des genetischen Bestandes der Population. Ein nächstes Selektionsfilter stellen die Entwicklungsbedingungen im Mutterleib dar, die von dem insgesamt dem Genotyp Verwirklichbaren nur einen Teil in der Epigenese des Embryos abrufen. Nach der Geburt wird das Kind einer nächsten Stufe der Modifikation unterworfen, die sich aus den kulturtypischen Prozessen sozialen und nichtsozialen Lernens ergeben.

So reichert sich die angeborene Innenwelt seiner Vorstellungen, Gefühle, Bereitschaften mit weiteren wichtigen Einzelheiten an. Auf dieser Ebene werden aber auch unzählige Auswahlregeln für künftige Verhaltensentscheidungen eingefügt und verfestigt, die zusammen die Übernahme der Kulturtradition durch das Kind bedeuten, wobei jede Kultur aus der Fülle des einem Kinde theoretisch Möglichen wieder nur einen winzigen Ausschnitt tatsächlichen Verhaltens programmiert, ein eminent freiheitsbeschränkender und eminent anpassungsfördernder Vorgang (siehe dazu Lumsden und Wilson 1981; Markl 1982). Je unbestimmter die biogenetischen Passungsvorgaben der Naturanlagen, um so bedürftiger ist das Kind der tradigenetischen Programmierung nach der Geburt. Das Resultat: Ein lebenserhaltend und fitnessfördernd angepaßtes Verhalten kann exakt gleich aussehen, die Mechanismen, die dazu führen, aber können grundverschieden sein: darwinische Selektion biogenetischer Kompetenzen auf der einen, lamarckische Selektion tradigenetischer Potenzen auf der anderen Seite. Das Ergebnis des einen Prozesses kann das des anderen exakt phänokopieren. Ob etwa ausgeprägte Aggressionsbereitschaft biogenetisch, tradigenetisch oder aus individuellen Einzelerfahrungen im Individuum wirksam wird: dem geäußerten Verhalten läßt sich das in der Regel nicht ansehen. In jedem Fall kann es beim Erwachsenen gleich reaktionsstarr und erfahrungsresistent in Erscheinung treten. Erst die Ontogenese-Analyse kann die Unterschiede zeigen.

Dabei sind dies noch keineswegs alle Stufen verhaltensselektierender

Programmierung. Ureigene Individualerfahrungen des einzelnen spielen genauso eine steuernde Rolle wie seine ganz persönlichen kognitiven und emotionalen Verarbeitungsprozesse in einer gegebenen Entscheidungssituation. Auf jeder dieser Ebenen bestehen diverse Verfahrensmöglichkeiten, finden Bewertungen und Auswahlprozesse statt – allerdings unter Umständen nach ganz unterschiedlichen Bewertungskriterien –, werden Freiheitsgrade verloren und Anpassungsgrade gewonnen. Auf jeder dieser Stufen interagieren die angeborenen Vorgaben der Natur und die Einwirkungen von Erfahrungen.

d. Universaliensuche

Eine vierte Methode zur Erforschung der Verhaltensnatur des Menschen versucht allen diesen Schwierigkeiten dadurch zu entgehen, daß sie danach fragt, ob nicht das im Vergleich über viele verschiedene Kulturen hinweg universal Konstante am menschlichen Verhalten den harten Kern unserer angeborenen Menschennatur erfassen könne. Die vergleichenden Linguisten haben sich immer wieder auf die Suche nach diesen universalen Grundstrukturen aller Sprachen begeben. In ähnlicher Weise haben Humanethologen dies auch für nichtsprachliches Verhalten, vor allem für Kommunikationsrituale getan. Beeindruckende Erfolge dieser Methode sind unbestreitbar (Eibl-Eibesfeldt 1979). Dennoch schwebt über manchem auch hier die Ungewißheit der Phänokopie. Wie schon gesagt: Traditionen können sicher nicht weniger determinierend wirken, manchmal wohl eher noch mehr als genetische Anlagen. Wo ähnliche Funktionen in allen Kulturen zu erfüllen sind, können Traditionen – homolog wie analog – wohl auch nicht weniger universal sein als genetische Dispositionen. Besonders dann werden sich überdies biogenetische und tradigenetische Programmierung leicht bekräftigend überlagern können. Andererseits müssen keineswegs alle genetischen Dispositionen universal sein.
Dies alles sind keine ernsthaften Einwände gegen die hochinteressanten Befunde der vergleichenden Kulturforschung, die ja ihren Wert an sich haben. Gravierender können solche Einwände erst werden, wenn es um die Schlußfolgerungen aus solchen Befunden geht. Es ist ein erheblicher Unterschied, ob man zum Beispiel in der bei Menschen so vieler Kulturen ausgeprägt hervorstechenden Bereitschaft zu kriegeri-

schem Verhalten den Ausdruck einer spezifisch angeborenen Bereitschaft unserer Art sieht, die sich, gleich wie die Lebensbedingungen einer Kultur sind, hervordrängt, oder ob man – was nach meiner Ansicht ebensogut zu den bekannten Befunden paßt – auf eine genetisch vorgegebene Aggressionskompetenz des Menschen schließt, die durch spezifische Erziehungstradition und Individualerfahrung zur offenen Bereitschaft geschürt (oder in anderem Falle nicht oder nur geringfügig geweckt) wird. Man kann nicht behaupten, daß dieser Punkt heute abschließend beurteilt werden kann, aber einen Unterschied macht es schon, ob ein Lebewesen durch genetische Programmierung instinktblind mit Raketen hantiert oder ob es traditionsblind einer Erfahrung vertraut, die in den jüngsten Jahrtausenden einem hohen kriegerischen Bereitschaftspotential allemal bessere Durchsetzungschancen gab. Der Unterschied liegt eben genau im Vorteil der Kulturevolution gegenüber der Naturevolution, dem unsere Spezies schließlich ihren stupenden Erfolg verdankt: daß Traditionsanpassungen wenigstens *etwas* leichter und schneller zu ändern (umzulernen) sind als biologische Anpassungen. Allerdings sei nicht verschwiegen: Traditionsfehlanpassungen (Traditionsblindheit) kann, wenn die Zeit sehr drängt, nicht weniger fatal sein als genetische Fehlanpassung (Instinktblindheit).

Das heißt nun wiederum nicht, daß der Mensch dann also von Natur ein Friedensengel sein müßte. Was wir heute zu dieser Frage über menschliches Verhalten wissen, spricht wohl so wenig für Rousseau wie für Hobbes. Andererseits heißt es sehr wohl, daß der Mensch nicht durch eine Erziehungsdiktatur beliebig formbar ist. In ihm ist allemal genug genetisch fundierte Individualität und angeborener Durchsetzungswille eigener Interessen, um sich gegen jene immer wieder aufzulehnen. Der Mensch ist zwar tatsächlich nur Mensch durch und mit seiner Kulturtradition, zugleich aber auch von Natur aus ein Wesen vielfältig angelegter Dispositionen und Bereitschaften. Darunter vor allem einer: diese Anlagen mit Erfahrung auszufüllen und im Spannungsfeld zwischen Tradition und Autonomie den wenig klar bestimmten Naturtendenzen konkrete Inhalte und Handlungsbegründungen im eigenen Interesse zu geben, so wie sich dies in der eigenen Vorstellungswelt darstellt. Wenn Angehörige urtümlicher Steinzeit-

Sammler- und Jägerkulturen in kleinen Gruppen ohne ausgeprägte exklusive territoriale Besitzansprüche umherwandern, wenn für sie Kriegsführung nicht, dafür aber aktive Geburtenbeschränkung sehr wohl charakteristisch ist, und wenn sie ihr Gemeinschaftsleben hochgradig egalitär gestalten, so heißt dies nicht, daß dies alles einen »Naturzustand« (geschweige denn den »Idealzustand«) des Menschen kennzeichnet. Jeder einzelne der genannten Punkte ist nachweislich ein ganz spezifisches Produkt der Interaktion von Menschennatur, Traditionen und gegebenen Daseinsbedingungen. Dies anders sehen, hieße solche Menschen auf Steinzeitwildbeuterstufe wegen ihrer materiellen Primitivkultur *als Menschen* zu primitiven Vorläuferwesen degradieren. Nichts spricht dafür, daß dies gerechtfertigt wäre: Sie sind als Menschen, das heißt *von ihrer Natur aus* nicht anders – weder natürlicher noch uriger, noch minderwertiger – als wir Angehörige der fortgeschrittenen industriell-agrarischen Zivilisation. So gesehen sind ausgeprägte Territorialität, kriegerische Eroberung und Verteidigung von Landbesitz, Förderung der Vermehrungsrate, arbeitsteilige Tätigkeitsdifferenzierung unter Entstehung rangmäßig gegliederter Herrschaftsverhältnisse seit dem Beginn der Agrikultur im Neolithikum *genauso* kulturbedingt *und* natürlich für den Menschen. Die Frage nach dem Verhältnis von Menschennatur und Kultur muß nicht deshalb eine dichotome Antwort haben, weil wir sie falsch so stellen. Es ist uns *natürlich*, unser Dasein durch eine *Kultur*tradition zu bewältigen, die ganz wesentlich auf sprachlich vermittelten Vorstellungen über die Welt, unsere Möglichkeiten in ihr und über die Zwecke unseres Daseins beruht. Jede funktionierende Kultur ist eine vollwertige und gleichwertige Manifestation unserer Natur. Natur ist nicht das Erdgeschoß oder gar der Keller für das Gebäude der Kultur: sie ist das Haus, das Kultur mit Menschenleben bereichert und ständig weiter ausbaut. Wenn wir die Erscheinungsformen der Kulturen bewerten zu müssen meinen, so mag dies nach ihrem Lebenserfolg oder nach unabhängig davon gesetzten und begründeten ethischen Maßstäben geschehen (was allerdings kaum lösbare Probleme aufwirft). Einen »Grad der Naturgemäßheit« dazu heranzuziehen, wäre jedenfalls nicht begründbar.

e. Soziobiologische Modelle

Gegen eine solche relativistische Betrachtung der menschlichen Natur und der koevolutiven Natur-Kultur-Beziehungen wurden in jüngster Zeit von einem Zweig der Evolutionsbiologie Einwände erhoben, der Soziobiologie, die ihre Aufgabe darin sieht, die Phänomene, Funktionen und Evolutionsbedingungen sozialen Verhaltens von Tieren und – soweit biologischer Analyse zugänglich – auch des Menschen aufzuklären (siehe Wilson 1975; Alexander 1979; Markl 1980). Ausgangspunkt ist die in der darwinischen Evolutionsbiologie fest verankerte Tatsache, daß die natürliche Selektion auf reproduktive Fitness züchtet und daß es aufgrund dieser Tatsache allgemeingültige Regeln für selektierbare genetisch bedingte Dispositionen zur Ausgestaltung sozialen Verhaltens geben sollte. Ihnen allen liegt also die Annahme zugrunde, daß alle Lebewesen durch die natürliche Selektion genetisch daraufhin disponiert werden, ihr soziales Verhalten – betreffe dies nun Kooperation oder Auseinandersetzung mit Artgenossen oder Artfremden – so zu gestalten, daß ihr Fortpflanzungserfolg dadurch optimiert wird, oder – wenn man es korrekter in genselektionistischer Weise ausdrückt – daß die Gesamtfitness (der gesamte Vermehrungserfolg) der an der Ausprägung dieser Verhaltensmerkmale beteiligten Gene dadurch maximiert wird (Wickler und Seibt 1977; Dawkins 1982).

Wohlgemerkt, »darwinisch«, das heißt durch natürliche Selektion selektierbar ist nur solches Verhalten, das von genetischen Anlagen her beeinflußt wird. Diese Voraussetzung ist jedoch zumindest bei Tieren allein deshalb fast immer erfüllt, da sich ja kaum ein Merkmal, also auch kaum ein Verhaltensmerkmal finden läßt, an dessen Ausgestaltung genetische Einflüsse ganz und gar unbeteiligt wären. Darüber hinaus müßte gänzlich »genfrei« gestaltetes Verhalten nach dieser Vorstellung zu genetischem Widerstand, zu darwinischer Gegenselektion führen, wenn es die Gesamtfitness der Ausführenden langfristig erheblich senkt. Danach wäre ein Lebewesen – vor allem auch der Mensch – sehr wohl frei darin, gegen die »Fitnessinteressen« seiner Gene zu handeln; allerdings folgte die evolutive Strafe dann auf dem Fuße: Gerade jene Erbanlagen, die ihn auch zu dieser Verhaltensfreiheit befähigen, müßten im Laufe der Generationen

herausselektiert werden, sein Verhalten würde von den Genen wieder schärfer unter Kontrolle genommen.
Die meist gezogene Schlußfolgerung aus solchen Erwägungen: Die Freiheit endet im Durchschnitt und auf die Dauer, wenn auch nicht im Einzelfall und sofort, an den Grenzen evolutiver Notwendigkeit. Die – angeborene – Natur des Menschen mag ihm große, fast völlige Verhaltensfreiheit geben, die gleiche Natur entfernt aber mit der Zeit regelmäßig jene Genotypen, die von dieser Freiheit einen Gebrauch machen, der dem Vermehrungserfolg ihrer Gene allzu nachteilig ist. Die Freiheit der Verhaltensentfaltung endete somit aufgrund der natürlich-evolutiven Ordnung der Dinge dort, wo der Fortbestand der Bedingungen dieser Verhaltensfreiheit, und dies heißt zuallererst: der Träger dieser Freiheit gefährdet wäre. Dieser Ordnungsrahmen wäre nicht so streng gezogen, wenn es keine Konkurrenten um begrenzte Naturgüter gäbe; aber in der Natur gibt es praktisch immer und um alles Konkurrenten, und je schärfer deren Druck, um so schärfer wird die Kontrolle der Naturanlagen gegenüber fitness-schädlichem Gebrauch der Verhaltensmöglichkeiten einer Art sein.
Aus solchen Grundüberlegungen lassen sich nun recht präzise, auch mathematisch klar formulierbare Modelle für evolutionsfähige, das heißt positiv selektionierbare, und evolutionsstabile Verhaltensstrategien von Lebewesen ableiten: etwa in bezug auf verwandtschaftsabhängige Kooperation, auf das Zusammenwirken der Geschlechter bei Fortpflanzung und Brutpflege, auf Formen aggressiver Konkurrenz usw., die, zumindest bei Tieren, in manchen Fällen durch empirische Befunde gut bestätigt wurden. Da auch der Mensch als biologische Art evoluierte, schließen Humansoziobiologen daraus, daß wohl auch er angeborenermaßen, von seiner Natur aus – aber durchaus mit den vielfältigsten kulturellen Mitteln – im Leben vor allem *einen* Endzweck verfolgt: die Gesamtfitness, den Vermehrungserfolg seiner Gene zu maximieren. Wohl nicht zwanghaft und unter allen Umständen, und schon gar nicht immer bewußt, aber doch unter dem fühlbaren Druck genetisch programmierter natürlicher Antriebe.
Zwar kann man zweifeln, ob dies die ganze Wahrheit ist. Aber ganz falsch kann diese Annahme wohl auch kaum sein. Man könnte sich ja etwa schwerlich eine Lebensgemeinschaft als auf die Dauer erhal-

tungsfähig vorstellen, deren Mitglieder auf Vermehrung keinen Wert legen (es sei denn in Symbiose mit Menschen, die bereit sind oder gezwungen werden, den benötigten Nachwuchs zu liefern, wofür es ja Beispiele gibt). Außerdem hat wohl zuallerletzt ausgerechnet der Mensch das Recht, an der fundamentalen Rolle der Vermehrungsbereitschaft zu zweifeln, nachdem er den Globus in 10 000 Jahren von 10 Millionen auf bald 10 Milliarden anwachsend mit seinesgleichen überschwemmte. Auch in der nachweislichen Jahresrhythmik, zum Beispiel der Geburtenhäufigkeit des Menschen, drücken sich nicht nur kulturelle Einflüsse, sondern auch solche der menschlichen Natur aus (Aschoff 1981).

Der entscheidende Einwand dagegen, daß dieser Naturdrang unser Verhalten auch im Detail programmiert, daß es daher eine gleichsam evolutionsnatürliche Zwangsläufigkeit menschlicher Geschichte gibt, die Ausdruck mangelnder Freiheit ist, Geschichte anders zu gestalten als von den natürlichen Imperativen genetischer Fitnessmaximierung vorgegeben, der entscheidende Einwand gegen eine solche Sicht ist wohl darin zu sehen, daß sie die Unterscheidung von Zweck und Mitteln nicht ernst genug nimmt.

Mit der Evolution eines denkenden, seine Handlungen aufgrund vorgestellter Erfahrungen, Bedürfnisse, Befürchtungen und Erwartungen planenden, mit einer diese Vorstellungen ausdrückenden Symbolsprache immer auch gemeinschaftlich überlegenden und von Generation zu Generation Erfahrungen und Vorstellungen tradierenden Wesens wurden der betreffenden Art, dem Menschen, zur Verfolgung auch der alten biologischen Lebenszwecke nämlich Mittel in die Hand gegeben, die eine detaillierte genetische Programmierung bestimmter Verhaltensstrategien als gänzlich obsolet, ja als einen Widerspruch in sich selbst erscheinen lassen müssen. Darauf eben beruht ja der überragende evolutive Erfolg unserer Art, daß ihre Mitglieder in der Kulturevolution *auch* ihre biologische Fitness viel wirkungsvoller dadurch fördern konnten, daß sie nicht einfach genetisch vorbestimmten Fitnessoptimierungsstrategien folgten, sondern ihre relativ grob durch die ihnen innewohnenden Sehnsüchte, Gefühle, Begierden vorgegebenen biologischen Bedürfnisse – der Selbsterhaltung und der Vermehrung – durch Verfolgung weitgehend kulturell bestimmter

Vorstellungsziele befriedigten, also auch »genetische Interessen« besser verfolgten, indem sie ihren vorgestellten, wahrgenommenen, bedachten Eigeninteressen nachgingen.
Man kann aber nicht gleichzeitig den immensen Vorteil, den die Freiheit der Mittel schenkt – also der Möglichkeiten unseres kognitiven und sprachlichen Apparats, unseres auf vergangene Erfahrung weit zurückgreifenden und weit in die Zukunft vorausplanenden Denkens und Wissens –, als selbstverständlich abbuchen und dann so tun, als sei diese Option, auf die unsere Art als die wesentlichste ihrer *biologischen* Anpassungen setzte, in Übereinstimmung mit altevolutionär-animalisch-genetischer Detailsteuerung unseres Verhaltens denkbar. Detailsteuerung ist immer Zwangswirtschaft. Zwangswirtschaften sind, wie wir wissen, schrecklich ineffizient in der Anwendung der kreativen Möglichkeiten menschlichen Geistes und menschlicher Kultur. Der Mensch ist aber auf kreativen Einsatz seines gemeinschaftlichen Denkens hin selektiert, fast *nur* daraufhin im Vergleich zu seinen Tierverwandten. Und daher scheint es sehr viel wahrscheinlicher, daß er einer genetischen Globalsteuerung unterliegt, während die Details seines Verhaltens, der Allokation seiner Ressourcen, der Produktion und der Verteilung des Erwirtschafteten, den dezentralen Entscheidungsverfahren seines vorstellungsgesteuerten Denk- und Bewertungsapparats obliegen.
Natürlich hat uns die Natur mit dem ausgestattet, was englisch so drastisch »good feelings« heißt (was nach der Entdeckung der neurohormonalen Darm-Gehirn-Achse heute physiologisch ganz neue Bedeutung erhält!). Mit Lust erstrebenden Antrieben, mit Unlust vermeidenden Aversionen, besonders solchen, die den Grundbetrieb unserer Körpermaschine in homöostatisch kontrollierter Einsatzbereitschaft halten, aber natürlich auch solchen, die uns in der Gemeinschaft durchsetzungswillig und durchsetzungsfähig machen, vermehrungswillig und vermehrungsfähig, auch willig und fähig, schier alles für das Wohl der »unseren« zu tun und zu opfern, von den eigenen Kindern über Verwandte und andere Glieder der Gemeinschaft, der wir uns zugehörig fühlen, bis letztlich hin zur »Family of Man«. Aber wie wir dies tun, was wir uns unter unseren Interessen vorstellen – den sogenannten wirklichen (die immer andere Leute besser zu kennen

meinen!) und den sogenannten eingebildeten (was wir doch wohl immer noch selber am besten beurteilen können!) – und wie wir sie verfolgen, das schreibt uns offenkundig Mutter Natur mit etwa dem gleichen Erfolg vor, wie Eltern zu allen Zeiten dazu fähig waren, dies ihren Kindern vorzuschreiben: nachdrücklich mahnend und werbend, aber doch mit unübersehbar begrenztem Wirkungsgrad.

Es mag auch durchaus sein, daß wir uns mitunter Selbsttäuschungen über die Wahrheit unserer Ziele hingeben, während unsere Gefühle uns dazu drängen (aber nicht zwingen!), Dinge zu tun, weil sie unseren unbewußten biologischen Zwecken dienlich sind.

Gewiß, wenn sich aus soziobiologischen Modellen ergibt, daß etwa Verwandtenbegünstigung, Bevorzugung von Eigengruppenangehörigen und Diskriminierung von Gruppenfremden, ausgefeilte Fitnesskonkurrenz und Strategiegleichgewicht zwischen den Geschlechtern bei der Nachkommenfürsorge, Inzestvermeidung, Rangkonkurrenz um Fortpflanzungsmöglichkeiten und anderes mehr auch für menschliches Sozialverhalten charakteristisch sein sollten, und wenn man solche Verhaltenscharakteristika dann in der Tat in den meisten Kulturen recht gut nachweisen kann, so sieht das auf den ersten Blick ziemlich bestätigend für die genetisch begründeten Modelle aus.

Vergessen wir aber wiederum nicht die Phänokopiemöglichkeit: Auch durch Kulturtradition angepaßtes oder durch Entscheidung nach wahrgenommenen Eigeninteressen bestimmtes Verhalten wird oft zu sehr ähnlichen Problemlösungen kommen müssen und kann gerade, wenn sie dies tut, den Selektionsdruck auf genetische Programmierung solcher Strategien mindern. Es ist durchaus möglich, daß bei vielen Aspekten menschlichen Verhaltens eine soziobiologisch-genetische Erklärung in diese Phänokopiefalle läuft und etwas, weil es auch biologisch angepaßt wirkt, deshalb für genetisch angepaßt hält. Es mag Ausnahmen geben: Inzestvermeidung könnte zum Beispiel ein Verhaltensmerkmal sein, das genetisch-epigenetisch durch unsere Natur recht stabil abgesichert ist. Lumsden und Wilson (1981) haben jüngst versucht, den Gen-Kultur-Koevolutionsprozeß an diesem und anderen Beispielen genauer zu modellieren. Es bleibt abzuwarten, ob solche Modellvorstellungen über Spezial-

fälle hinaus wirklich insgesamt wesentlich zum besseren Verständnis menschlichen Verhaltens beitragen können.
Zwar spricht für sie, daß der Mensch im Antriebsbereich seines Wesens – also im Hinblick auf seine primären Motivationen – im Laufe der Kulturevolution sicher viel konservativer, gleichsam naturnäher geblieben ist als im Bereich der Mittel, die er zum Erreichen der immer alten Ziele – in der »pursuit of happiness« – einzusetzen gelernt hat. Wenn in der genetischen Endbilanz von Generation zu Generation nur das berücksichtigt wird, was pro Gen und Genotyp an relativer Fitness gewonnen oder verloren wurde, so liegt es nicht ganz fern, in diesen primären Antrieben und ihren neuroendokrinen Mechanismen die Garanten dafür zu sehen, daß das kulturelle Verhalten *im Durchschnitt* an der Leine biologischer Fitnessimperative bleibt (Hoebel 1983). Selbst wenn dies aber so sein sollte, so bleibt doch immer noch unverkennbar, daß diese Antriebsstruktur so manchen Menschen keineswegs daran hindert, ihr stracks zuwiderzuhandeln, für selbstgesetzte andere Ziele und Zwecke zu hungern, auf Selbsterhaltung oder Vermehrung zu verzichten, sich auch für Fremde selbstlos aufzuopfern usw. Zugegeben: das ist die Ausnahme, nicht die Regel, und mag daher im Populations*durchschnitt* genetisch kaum zu Buche schlagen. Was hätte dies aber für den Einzelfall zu besagen? Eine moralische Wertung muß doch immer vom konkreten Einzelfall ausgehen. Und gerade aufgrund unseres sprachlichen Kommunikations- und Traditionsvermögens kommt beim Menschen beispielhaften Einzelfällen oft genug kulturell nachhaltige Bedeutung zu, nicht weil der Heilige alle, die von ihm hören, zur Nachahmung seines Verhaltens veranlaßt, sondern weil er sie dazu bringt, sein Beispiel als Anstoß zum eigenen Nachdenken und für ihr weiteres Leben zu nehmen, was dann ihren Naturzwecken nicht zuwiderlaufen muß.
Der Grad an individueller Verhaltensfreiheit des Menschen scheint jedenfalls groß genug, um alle Evolutionsregeln und genetischen Imperative zu dem schrumpfen zu lassen, was sie wirklich bestenfalls sein können: statistische Durchschnittserwartungen, generelle Dispositionen, gebahnte Verhaltenspfade, die der einzelne durchaus verlassen kann. Es ist ja nicht so, als ob der Hungerstreikende das Nahrungsbedarfssignal nicht spürte, als ob der sich für andere Opfernde nicht

lieber leben möchte. Die biologische Natur des Menschen macht Vorschläge, nicht Vorschriften. Gewiß, der Mensch, der ihnen nicht folgt, geht das Risiko biologischen Fitnessverlustes ein, aber die Natur kann ihn nicht dazu zwingen, immer nach ihrem Bilanzierungsverfahren abzurechnen. Denen, die daraus allerdings allzu idealistische Schlußfolgerungen ziehen möchten, sei jedoch auch gesagt, daß selbst die am meisten altruistische Sittenregel dem Menschen nicht abfordert, den Nächsten mehr als sich selbst zu lieben. Wer daher ganz ohne Eigennutz sein möchte, mag am Ende auch für seinen Nächsten allzuwenig übrighaben!

Schlußbemerkung

So kehrt man mit mehr Skepsis als Gewißheit zur Ausgangsfrage zurück: Wie unfrei ist der Mensch durch seine Natur? Die naturwissenschaftlichen Methoden geben uns nur sibyllinische Auskünfte, sie befreien uns keineswegs von der Pflicht zur philosophischen Reflexion über ihre Ergebnisse und deren ethische Bewertung. Wie ist dieser Mensch also? Gewiß nicht beliebig durch Umweltmanipulation formbar, ebensowenig sklavischer Exekutor hintergründiger genetischer Fitnessmaximierungsprogramme. Je nach Individuum und je nachdem, worum es geht, je nach Kultur und je nach eigener Erfahrung, je nach freier Entscheidung und je nach der individuellen genetischen Begabung wohl durchaus verschieden. Was einer ist, was einer kann, das steht erst fest, nachdem er es war und nachdem er es getan hat. Daß es genetische Begrenzungen gibt, was bedeutet das, wenn wir sie erst dadurch erkennen können, daß wir uns nicht um sie kümmern und einfach herauszufinden versuchen, was uns möglich ist? Der Mensch scheint so unfrei, wie er sich dafür hält, und so frei, wie er sich macht.

Gewiß, da ist genug Natur in der Geschichte: Die Menschen müssen essen, trinken, schlafen, Kinder zeugen und aufziehen, für sich selbst und andere sorgen, Vorkehrungen gegen Krankheit und Not treffen. Das ist ebenso trivial wie wichtig: nur, diese Vorgaben sind so generell, daß sie die einzelnen Wege, auf denen ihnen Rechnung getragen wird, nur einhüllen, aber nicht vorbestimmen. Des Menschen Freiheit ist vorhersagbar – als Ungewißheit seines Handelns. Seine Unfreiheit ist hinterhersagbar an den Grenzen seiner Möglichkeiten, aus dem Scheitern mancher Bemühungen.

Und auch die Frage, warum wir nicht im Paradies leben, stellt sich so noch einmal anders. Das Paradies ist ja nicht nur die Erfüllung aller Wünsche, es ist dann auch das Ende aller Wünsche. Können wir daher das Paradies auf Erden wirklich ernsthaft wollen? Das sorgenfreie Dasein im Schlaraffenland, in dem jedem gleich und jedem überreichlich der klebrig-sättigende Brei bürokratischer Betreuung, von der Krankenkassengeburt bis zur zwangsversicherten Euthanasie, zuteil wird (was sich in der Abtreibung auf Krankenschein schauerlich zu einem Punkt verdichtet)? Ist dies das Paradies: das Ende aller Freiheit? Es wäre dann wohl auch das Ende allen Lebens; darum taten die transzendenten Religionen schon weise daran, es erst für die Zeit nach dem Tod zu verheißen. Es gibt in der gesamten Evolution des Lebens keinen Stillstand, keine dauerhafte Stabilisierung, kein Ende neuer Möglichkeiten, kein Ende aller Wünsche. Das Sich-Einrichten in Stabilität barg immer die Gefahr der Unfähigkeit, neuen Herausforderungen und neuen Herausforderern begegnen zu können. Die große Verabredung aller Lebewesen zum Evolutionsstillstand: sie hat es nie gegeben. Ich würde es nicht ganz so sagen wie Heinrich Erben (1981): »Leben heißt Sterben«. Leben heißt immer auch »Neues gebären«. Wir lehren unsere Studenten eigentlich biologischen Widersinn, wenn wir behaupten, das Wichtigste am Leben sei die identische Reduplikation. Das Wichtigste ist der gebändigte, aber unaufhörliche Wandel in der Vermehrung. Leben ist neuerungssüchtig, da es sich nur durch Wandel einer sich ständig wandelnden Welt anpassen kann. Zugleich jedoch gefährdet es sich dadurch. Aber es hätte sich wohl immer noch mehr durch Stagnation gefährdet (Markl 1983).

Doch auch diese Aussage kann nicht das letzte Wort sein: Wenn Leben Innovation ist, so können wir aus der Evolutionsvergangenheit nicht zwingend ableiten, wie die Zukunft sein wird, vor allem aber nicht, wie sie sein sollte! Der Blick empor zu den Sternen, auch der auf den blauen Planeten Erde, ersetzt nicht die Suche nach dem moralischen Gesetz. Der Mensch macht seine Kultur und seine Geschichte gewiß im Rahmen von Naturbedingungen, aber durch sie nur vorbereitet, nicht bestimmt. Die Naturbetrachtung liefert Hypothesen, keine Lehren. Auch unsere Natur sagt uns nicht, was wir tun sollen. Sie gibt uns jedoch den Drang, auf immer neuen Wegen danach zu suchen.

Wenn wir zum Beispiel sagen, daß der Mensch als biologisches Wesen sowohl als Person hochindividualisiert als auch – uneingestanden oder eingestanden – immer stark von Eigennutz angetrieben ist, so besagt das nicht, daß wir also von Natur aus nicht egalitär leben könnten. Sammler und Jäger verwenden eine Fülle komplizierter Erziehungs- und Beeinflussungsmethoden darauf, um gegen diese inegalitären Tendenzen aller Individuen eine Gesellschaft in schwierigen Lebensumständen zusammenhalten zu können. Sie sind nicht naturegalitär (und schon gar nicht urkommunistisch besitzlos): Sie sind aktiv kulturegalitär. Ihr Egalitarismus ist also wie jeder Egalitarismus Ergebnis starken gesellschaftlichen Zwanges. Sein Resultat ist eine beeindrukkende Immobilität ihrer Kultur, aufs äußerste geminderte Veränderungsfähigkeit, Stabilisierung im Rahmen der Tragekapazität der Umwelt, Sichducken im Ressourcenjoch. Dies ist aber nicht der Zwang der evoluierten Menschennatur, sondern eine aktive Kulturanpassung, eine kulturelle Lösung von Lebensproblemen unter gegebenen Produktionsbedingungen. Die Stagnation ist für diese Menschen ein gewollter Effekt, eine große Überlebensleistung der Sammler und Jäger. Sie haben von ihrer Freiheit Gebrauch gemacht, indem sie den individuellen Freiheitsdrang zur Inegalität unterdrückten.

Was kann uns dies lehren? Doch sicher nicht, was wir zu tun haben. Doch nur, daß der Mensch darin erstaunlich frei scheint zu wählen, wie er leben will. Wie unfrei ist also der Mensch heute vor den Problemen einer weltweiten ökologischen Krise? Doch sicher nicht unfreier als unser Steinzeitvorfahr. Was wir wollen könnten und wollen sollten und wie wir es bewerkstelligen können, das zu erreichen, was wir wollen: die Natur des Menschen sagt es uns nicht, sie läßt vieles, wenn auch nicht alles gleich leicht und mit gleichen Folgen zu, was wir entscheiden. Wir können uns daher aber auch nicht auf sie herausreden, wenn wir in unserem Handeln scheitern, und wir kennen unsere Möglichkeiten nicht, wenn wir sie nicht erproben.

Kapitel 3

Ökologie des Menschen in historischer Perspektive

Die ökologische Lage der Menschheit

Alles Leben ist ein Leben in Grenzen: Weltall und Weltzeit mögen sich unendlich erstrecken; Lebensraum und Lebenszeit jeder Organismenart sind grundsätzlich endlich und beschränkt. Irgendwelche lebensnotwendigen Ressourcen sind immer knappe Güter, wenn es auch zeitweise und an manchem Ort – also gleichsam aus zu großer Nähe und in zu kurzer Perspektive betrachtet – so aussehen mag, als stelle die Natur unerschöpfliche Hilfsquellen zur Verfügung. Dafür, daß lebensnotwendige Ressourcen letztlich für die Vermehrung jeder Organismenart durch Knappheit begrenzend wirken, sorgen zwei Gesetzmäßigkeiten der Natur. Wie der englische Nationalökonom Thomas R. Malthus in seinem 1798 erschienenen Buch »An Essay on the Principle of Population« zuerst für den Menschen klar aufzeigte und wie Charles R. Darwin und Alfred R. Wallace dann später als für die gesamte lebende Natur gültig erkannten, können alle Lebewesen mehr Nachkommen hervorbringen, als Eltern vorhanden sind: Jede lebende Art ist ein potentieller Sprengsatz, jede trägt in sich die Möglichkeit lawinenhafter – in Malthus' Worten: geometrischer, wir sagen heute: exponentieller – Populationsvermehrung. Deshalb wird sie nach dem Minimumgesetz von Justus Liebig zwangsläufig über kurz oder lang durch die am knappsten verfügbaren und nicht durch andere ersetzbare lebensnotwendige Umweltfaktoren in ihrer weiteren Entfaltung begrenzt. Zweitens, und ebendeshalb: Keine Art benötigt nur solche knappen Ressourcen, über deren Nutzung sie auf Dauer alleine verfügen kann, die ihr also konkurrenzlos zur Verfügung stehen. Es gehört zu den Umweltbedingungen aller Lebewesen, daß ihnen Konkurrenten die benötigten knappen Güter streitig machen und sie damit einem zusätzlichen Begrenzungsdruck aussetzen. Ist eine Art – wie die menschliche – eine besonders erfolgreiche Konkurrentin, so mag sie viele Mitnutzer ausschalten und deren Ressourcen zunehmend vereinnahmen, doch befreit sie dies bei allem Erfolg doch nicht von der am Ende wieder drohenden Begrenzung durch die Endlichkeit dieser Ressourcen. Wir betrachten heute diese Ressourcenbegrenzung sehr viel weniger statisch und konservativ, als dies noch Malthus getan hat. Aber auch wenn sich die Grenzen immer wieder etwas hinausschieben lassen, bleibt doch gelten, daß es sie gibt und daß ihr Druck immer kräftiger wirkt, je weiter der Mensch sie zu dehnen sucht. Denn leider gilt, daß viele Ressourcen, vor allem Nahrungsgrundlagen, von der Natur nicht nur in begrenzter Menge angeboten werden, sondern daß das Angebot auch keineswegs stabil – man denke nur an Klimaveränderungen – und darüber hinaus auch nicht unabhängig von seiner Beanspruchung durch die Nutzer ist. Lebewesen, und wieder ganz besonders der Mensch, vermögen ihre Lebensgrundlagen durch Übernutzung, Umweltbelastung und Umweltveränderungen zu zerstören, indem sie nicht nur deren Produktionszuwachs abschöpfen, sondern gleichsam auch das Produktionskapital aufbrauchen und dadurch die regenerative Ergänzung mindern.

All dies sind ganz allgemeine Existenzbedingungen der lebendigen Natur, wie sie sich unter den darwinischen Gesetzmäßigkeiten der Evolution entwickelt hat. All dies gilt daher genauso für die biologische Art Mensch, soweit sie als Naturwesen Glied dieser Lebensnatur ist und von begrenzten Gütern abhängt, die ihr diese Natur zur Verfügung stellt. Aber auch der Siegeszug des Menschen als Kulturwesen ist nach außen an nichts anderem beeindruckender abzulesen als an der überwältigenden quantitativen Entfaltung seiner Bevölkerungszahl. Wir werden die Einzelheiten dieser Entwicklung im folgenden noch näher betrachten. Es ist jedoch vom Ansatz her wichtig zu begreifen, daß ökologische Krisen, wie wir sie hier zu betrachten haben, im Grunde Dichtekrisen sind: Es tritt ein Mißverhältnis zwischen der Populationsgröße und der Ressourcenbasis ein, und dieses

Verhältnis hat die Dimension einer Dichte. Während es dafür bei Tieren und Pflanzen in der Regel reicht, die »Kopfzahlen« im Verhältnis zur Lebensraumfläche zu betrachten, da die benötigten Ressourcen im groben Durchschnitt flächig verteilt sind, jedes Individuum etwa gleich viel braucht und daher deren Inanspruchnahme annähernd linear mit der Populationsgröße steigt, reicht dieses Vorgehen beim Menschen nicht aus, um die Güternachfrage richtig zu erfassen. Menschen decken in der Regel keineswegs nur ihre biologischen Grundbedürfnisse. Sie nehmen weit mehr Rohstoffe, Energie, Landfläche in Anspruch und belasten dabei ihre Umwelt zusätzlich in erheblichem Maße. Menschen zählen nicht nur als biologische Individuen, sie sind mehr, sie sind Verbraucher. Überdies ist dieser Ressourcenverbrauch auch noch von Mensch zu Mensch, von sozialer Schicht zu sozialer Schicht und von Staat zu Staat sehr verschieden. Für den Menschen muß man also die Bevölkerungskopfzahl mit einem jeweils spezifischen Lastfaktor multiplizieren – in dem Rohstoff- und Energieverbrauch, Umweltbelastungen und alle sofort und künftig entstehenden Nebenkosten dieses Wirtschaftens erfaßt werden müssen – und das Produkt auf die verfügbare Umweltgüterbasis beziehen, um das wirkliche ökologische Gewicht der menschlichen Bevölkerung richtig zu erfassen. Ein in Wohlstand schwelgender Deutscher wiegt nach solcher Berechnung noch immer eine ganze Armengroßfamilie eines unterentwickelten Landes auf: Ein US-Amerikaner verbraucht etwa sechzigmal, ein Deutscher immer noch etwa dreißigmal soviel an Kohle, Erdöl, Erdgas und anderen nicht erneuerbaren Energiequellen wie ein Inder.

Will man sich die heutige ökologische Lage der Menschheit, die dadurch gekennzeichnet ist, daß die menschliche Verbraucherpopulation nun an ihre ökologischen Grenzen stößt oder bereits über sie hinausgeschossen ist, realistisch vor Augen führen, so muß man die Produktionsleistungen der Natur mit deren Inanspruchnahme durch die Menschheit quantitativ vergleichen. Dazu ist es nützlich, die Gesamtgröße der Menschenbevölkerung in evolutionshistorischer Perspektive – also seit der Entstehung von Menschenwesen vor etwa 4 Millionen Jahren (früheste *Australopithecus*-Funde: *A. afarensis*, Äthiopien) beziehungsweise knapp über 2 Millionen Jahren (früheste

Homo-Funde: *Homo habilis*, Ostafrika) – zu betrachten. Die besten verfügbaren Schätzungen der altsteinzeitlichen Gesamtbevölkerung kommen zu dem Ergebnis, daß diese vor Erreichen der Stufe des *Homo sapiens*, also vor 300 000 bis höchstens 400 000 Jahren, in der Größenordnung von einer Million Menschen lag. Diese Schätzungen sind selbstverständlich nur höchst ungenau und ergeben sich im wesentlichen aus Annahmen über die damalige Verbreitung der Menschen über die Erde, die für sie dort bewohnbaren Habitate und über Bevölkerungsdichten, die auf damaliger Kulturstufe ihr Auskommen finden konnten (siehe dazu Lee und DeVore 1968, die eine maximal mögliche Dichte von etwa vier Menschen auf 10 Quadratkilometern annehmen). Gegen Ende des Paläolithikums am Übergang zum Mesolithikum vor einigen Zehntausend Jahren (die Stufe ist nicht scharf abgegrenzt) dürfte die Gesamtbevölkerung auf 3 bis 5 Millionen Menschen angestiegen gewesen sein, was einer durchschnittlichen Bevölkerungsdichte von etwa einem Menschen auf 25 Quadratkilometer bewohnter Landfläche entspricht. Am Ende des Pleistozän und am Übergang zum Neolithikum – und damit an der Schwelle zur Ernährung durch Ackerbau und Viehzucht –, also vor 8000 bis 10 000 Jahren, beträgt die Erdbevölkerung nach Schätzungen verschiedener Autoren 5 bis höchstens 15 Millionen Menschen, womit die Erde für Sammler- und Jägerverhältnisse voll mit Menschen »angefüllt« gewesen sein dürfte (siehe dazu Cohen 1977). Bereits am Ende des Neolithikum, vor 3500 Jahren, ist eine Bevölkerung von 40 bis 50 Millionen Menschen wahrscheinlich, für die Zeitenwende werden 200 bis 300 Millionen geschätzt. Um 1650 war die 500-Millionen-Grenze, um 1850 die Ein-Milliarden-Grenze erreicht oder überschritten, 1930 lebten 2 Milliarden, heute sind es 4,5 Milliarden Menschen auf der Erde. »Global 2000«, der Zustandsbericht über die ökologische Lage der Menschheit für den Präsidenten der USA (1980), berechnet für das Jahr 2000 die Bevölkerungszahl günstigstenfalls auf 5,9 und schlimmstenfalls auf 6,8 Milliarden Menschen, die sich, hoffnungsvoll geschätzt, mit 1,3 Prozent, schlechtestenfalls aber sogar mit 2,0 Prozent Zuwachsrate pro Jahr weitervermehren. Man kann diese Angaben auch daraufhin auswerten, wie viele Menschen überhaupt je auf der Erde gelebt haben. Nach Arthur H. Westing (1981) sind dies – für

Homo sapiens seit etwa 300 000 Jahren – etwa 50 Milliarden. 9 Prozent davon leben heute gleichzeitig, während über 97 Prozent (290 000 Jahre) der Lebensdauer unserer Art, in der die Menschen ausschließlich als Wildbeuter existierten, zusammen nur 15 Prozent aller Menschen lebten, die es von unserer Art je gab. Man kann überdies abschätzen, daß für die etwa 3,7 Millionen Jahre vor Auftreten des *Homo sapiens*, also etwa 90 Prozent der Zeit, in der es überhaupt Menschenwesen auf dieser Erde gegeben hat, insgesamt auch nur höchstens so viele Menschen gelebt haben, wie in den restlichen 10 Prozent dieser Spanne bisher an *Homo sapiens*-Individuen hervorgebracht worden sind (vgl. dazu auch S. 134).
Diese Zahlen, so beeindruckend sie auch sein mögen, besagen für sich selbst jedoch noch nicht genug über die »Explosion« der Menschheit, die sich mit der Heraufkunft des *Homo sapiens* zunächst langsam abzeichnete und dann mit dessen Übergang zur agrarwirtschaftlichen Versorgung bis zum heutigen Tag immer schneller fortsetzte. Wir dürfen nämlich nicht nur die reine Menschenmasse – heute etwa 225 Millionen Tonnen – betrachten, die jetzt sogar noch Jahr für Jahr um etwa 4 Millionen Tonnen zunimmt. Wir müssen uns diese Menschen vielmehr als Verbraucher, als Nutzer der Ressourcen dieser Erde, ansehen und ihren Ressourcenanspruch mit dem vergleichen, was die Natur laufend neu zur Verfügung stellt. Diese Betrachtung muß sich in ökologischer Sicht zunächst auf das konzentrieren, was letztlich die Tragekapazität der Umwelt für jede biologische Population bestimmt: die Nahrungsbasis. Zwar lebt der Mensch gewiß nicht nur vom Brot allein. Aber es sind leider keineswegs nur ressourcenschonende geistige Ansprüche, die er zusätzlich ans Leben stellt. Je »zivilisierter« er ist, um so reichlicher wählt er sich Nahrung und Getränke so, daß deren Herstellung und Zubereitung ein Vielfaches dessen an pflanzlichen Primärprodukten erfordern, als zur Stillung des rein biologischen Grundbedarfs nötig wäre. Nicht genug damit, braucht der Mensch zusätzlich eine Fülle weiterer biologischer Produkte – vom Feuermaterial und Bauholz bis zur Textilfaser – und darüber hinaus auch noch zahllose mehr oder weniger knappe Rohmaterialien nichtbiologischen Ursprungs. Da – als Nahrungsspender – letztlich immer die pflanzliche Primärproduktion die entscheidende Bezugsgröße darstellt, bezieht

sich der Vergleich von natürlichem Angebot und menschlicher Nachfrage zunächst am besten auf diese. Das Biowesen Mensch braucht bei einer Tätigkeit, die nur der Deckung der biologischen Grundbedürfnisse dient und unter günstig warmen Klimabedingungen, pro Tag etwa 10 000 Kilojoule Nahrungsenergie (was in alter Meßweise 2390 Kilokalorien entspricht). Für 4,5 Milliarden Menschen summiert sich dies zwar auch bereits auf $1{,}6 \cdot 10^{16}$ kJ pro Jahr. Dies nimmt jedoch nur etwa 0,5 Prozent der *gesamten* Nettojahresproduktion *aller* photosynthetisch aktiven Pflanzen auf der Erde in Anspruch. Allerdings kommen jährlich etwa 85 Millionen neue Esser hinzu, so daß sich allein dieser rein biologische Nahrungsressourcenbedarf in wenigen Jahrzehnten noch einmal verdoppeln wird. Dennoch: 0,5 oder ein Prozent, das scheint zunächst nicht viel. Dabei bleibt es allerdings leider nicht. Durch Verluste, Verschwendung und zusätzliche Nutzung pflanzlicher Biomasse für andere Zwecke geht nämlich noch ein Mehrfaches davon auf Kosten des menschlichen Verbrauchs. Vor allem wird viel zusätzliche pflanzliche Biomasse zur »Veredelung« benötigt, indem sie durch Mikroorganismen vergoren wird, damit der Mensch genug Bier, Wein und Spirituosen genießen kann, oder indem sie an Nutztiere verfüttert wird, deren Fleisch, Milch, Eier usw. der Mensch dann als Nahrung verwendet. Dabei bleiben allerdings im Durchschnitt nur 10 Prozent der eingesetzten »Pflanzenkalorien« für den Menschen als »Tierkalorien«. Alles zusammen gerechnet kann man annehmen, daß die einzige Art Mensch heute bereits annähernd 5 Prozent, bald noch einmal soviel von der pflanzlichen Primärproduktion in Anspruch nimmt. Für mehrere Millionen Arten von Tieren bleibt der Rest. Bis vor wenigen tausend Jahren betrug der Anteil des Menschen noch weniger als $^1/_{1000}$ Prozent! Man muß sich bewußtmachen, daß dieser vertausendfachte Verbrauch natürlich auf Kosten der Nutzung durch andere Tierarten gehen mußte, deren Dahinschwinden unter diesem immensen Konkurrenzdruck damit geradezu zur zwangsläufigen Folge wird, mit allen Konsequenzen der rapiden Artenverarmung der Natur und der sich daraus ergebenden Zerstörung der natürlichen Ökosysteme, von deren bleibender Produktivität aber wiederum auch die Zukunft des Menschen abhängt.

Allein diese Betrachtung der Beanspruchung pflanzlicher Nahrungsgrundlagen der gesamten lebenden Natur zeigt, daß die Menschheit, die sich bei gleichbleibender Zuwachsrate in den nächsten 100 Jahren noch fast dreimal – auf 36 Milliarden! – verdoppeln würde, in den nächsten Jahrzehnten, also zur Lebenszeit der Mehrzahl der Leser dieses Buches, einen grundlegenden Verhaltenswandel herbeiführen muß, durch den die seit dem Neolithikum in Gang gesetzte und in den letzten Jahrhunderten gänzlich ausgeuferte Vermehrung der Verbraucher-Menschheit rasch – im Evolutionsmaßstab gleichsam in Sekundenschnelle – ihr Ende findet. Wir wissen, daß alle plötzlichen Trendänderungen in einem dynamischen System – und die globale Ökonomie der gesamten Menschheit ist das gewaltigste aller uns zugänglichen dynamischen Systeme – leicht zu dramatischen Instabilitäten führen. Deshalb ist dies sicher keine leichte Aufgabe. Aber will die Menschheit überleben, so muß sie diese Aufgabe lösen: Sie braucht einen Berstschutz.

Es genügt auch nicht, dabei nur die Beanspruchung der pflanzlichen Primärproduktion als Maßstab zu nehmen. Der Kulturmensch, soweit er die Stufe des einfachen Wildbeuterlebens verlassen hat, beansprucht ja darüber hinaus auch noch viele andere – zum Teil erneuerungsfähige, zum Teil nicht erneuerbare – Ressourcen: von Wasser, über den Boden und die aus der Erde gewonnenen mineralischen Rohstoffe bis hin zum zunehmend knapper und damit teurer werdenden Gut »Belastbarkeit der Umwelt durch Abfälle und Giftstoffe«. Ein besonders geeignetes Maß für das Anwachsen dieser Inanspruchnahme der Umweltressourcen ist der Energieverbrauch, da sowohl die Steigerung der Agrarproduktion als auch die Gewinnung, Verwertung und Wiederverwertung aller nichtbiologischen Rohstoffe als auch jede andere Steigerung des Lebensstandards der Bevölkerung – vom Wohnkomfort über die Konsumgüterverfügung bis zu Transport und Verkehr – immer mit einer Steigerung des Energieverbrauchs einhergeht, wobei Energie – anders als viele Rohstoffe – grundsätzlich nicht »rezyklisiert« werden kann und darüber hinaus bis heute ganz überwiegend aus sich nicht erneuernden, meist fossil-biologisch entstandenen Lagerstätten entnommen wird.

Schon auf primitivstem Unterentwicklungsniveau benötigt der Mensch auf Agrikulturstufe, um sein kärgliches Auskommen zu haben, mehr als das Fünfundzwanzigfache dessen, was wir seinen biologischen Grundbedarf an Nahrungsenergie genannt haben. Läßt er es sich so gut gehen wie der Durchschnittseuropäer heute, so steigt der Energiebedarf ganz gewaltig um nochmal das Hundertfache an. Auf dem Höhepunkt US-amerikanischen Zivilisationsstandards verdoppelt sich dieser Wert dann noch einmal. So summiert sich der Gesamtenergieverbrauch der Menschheit heute auf etwa $300 \cdot 10^{15}$ kJ und wächst pro Jahr um weitere $6 \cdot 10^{15}$ kJ an. Zwar liegen die vermutlich technisch gewinnbaren Weltreserven an fossiler Energie (Erdöl, Erdgas, Kohle) wohl mehr als tausendfach höher, doch reichten selbst diese gewaltigen Vorräte nur wenige hundert Jahre aus, wenn die ganze Menschheit in »westlich-zivilisierter« Weise prassen wollte.

Zudem wächst diese Menschheit noch, und mit jeder Verdoppelung, also alle paar Jahrzehnte, würde sich der Versorgungszeitraum mit Fossilenergie halbieren. Im Klartext bedeutet dies zwar wohl keine zur Panik veranlassende Zeitperspektive, aber doch eine, die »business as usual« in den nächsten Jahrzehnten des Erreichens der ökologischen Grenze der Menschheit zu einer ganz ungewöhnlich engstirnigen Strategie machen müßte. Auch wenn es rechtzeitig gelingt, was zu beweisen bleibt, die Energieversorgung der Menschheit – zum Beispiel durch Kernenergie – auf eine dauerhaft tragfähige sichere und umweltverträgliche Basis zu stellen, ergibt sich doch aus diesen Überlegungen zweifelsfrei, daß die Menschheit in den nächsten hundert Jahren von ihrem Vermehrungsverhalten und ihrer auf ständige globale Verbrauchsexpansion angelegten Wirtschaftsstrategie der letzten 10 000 Jahre im Angesicht der ökologischen Grenzen Abschied nehmen muß. Einen Gleichgewichtszustand auf befriedigendem Wohlstandsniveau für die ganze Menschheit zu erreichen kann dabei das einzige sinnvolle und vernünftige Ziel sein.

Was dies zur Folge hat, darauf wird zum Abschluß noch einmal zurückzukommen sein. Zunächst seien aber zwei andere Fragen gestellt:

1. Wie wirkt sich der ökologische Begrenzungsdruck eigentlich auf biologische Populationen aus – denn dies gibt uns gleichsam den biologischen Hintergrund für unsere Lage?

2. Wie hat der Mensch in der Vergangenheit seiner Kulturentwicklung auf solchen Begrenzungsdruck geantwortet?

Es läßt sich nämlich zeigen, daß die heutige Lage der Menschheit zwar wohl in ihrer Dimension, keineswegs jedoch in ihrer Art einmalig ist. Der Mensch mußte bereits früher, auf niederstem Kulturniveau, mit den harten Tatsachen ökologischer Begrenzung fertig werden. Zu verstehen, wie er dies vermochte, ist zugleich ein Lehrbeispiel für unsere Handlungsmöglichkeiten. Die Kulturgeschichte und insbesondere die ökonomische Geschichte der Menschheit ist immer auch eine Geschichte der Anpassung des Menschen an ökologische Grenzbedingungen und immer wieder auch eine der schöpferischen Erweiterung dieser Grenzen.

Biologische Organismen an Umweltgrenzen

Es wurde bereits erwähnt, daß im Prinzip jede Organismenart mehr Nachkommen erzeugen *kann,* als zur Bestandserhaltung nötig wäre. Dies heißt nun keineswegs, daß deswegen notwendigerweise alle Arten die Zahl der Eier, die sie legen, oder der Jungen, die sie gebären, so groß wie nur irgend möglich machen müssen. Das Prinzip der natürlichen Selektion züchtet vielmehr Organismen, die unter den jeweils für sie gegebenen Verhaltensmöglichkeiten und Umweltbedingungen möglichst viele selber wieder fortpflanzungsfähige Erwachsene zu Nachkommen haben. Das ist damit gemeint, wenn man von Selektion auf maximale Fitness im darwinischen Sinne spricht. Das Problem, das ein Organismus dabei zu lösen hat, entspricht dem klassischen ökonomischen Allokationsproblem: die begrenzten, teuren Produktionsmittel so einzusetzen, daß ein optimales Kosten/Nutzen-Verhältnis, also ein optimaler Ertrag daraus resultiert. Die Erzeugung der neugeborenen Nachkommen ist nur *ein* Anteil unter den zu berücksichtigenden Aufwandsinvestitionen eines solchen Organismus: Was in das eigene Wachstum, die eigene Erhaltung und den Schutz vor Feinden, die Konkurrenz um Lebensnotwendigkeiten, die Partnergewinnung und schließlich in die Brutpflege investiert wird, ist alles ebenfalls zu berücksichtigen. Ein Weniger an gelegten Eiern kann durchaus höhere resultierende Fitness erbringen, wie vor allem der englische Ornithologe David Lack (1954) in klassischen Untersuchungen gezeigt hat. So gibt es viele Organismenarten, deren Potential zur schnellen Populationsvergrößerung durchaus gering ist und die uns daher auf kurze Sicht den Eindruck vermitteln, sich stabil an ihre Umweltgrenzen angepaßt zu haben, ja, von ihnen gar nicht bedrückt zu sein. Viele Arten haben sich überdies in Konkurrenz mit anderen Ressourcennutzern und oft auch unter dem Kontrolldruck durch natürliche Feinde so speziell eingenischt, daß der Lebensraum, der ihren Bedürfnissen entspricht, nur klein ist und sie daher »von Natur aus« selten oder sogar sehr selten bleiben müssen. Da sie unter dem Zustand solcher Beschränkung keinen Vorteil darin hätten, große Nachkommenzahlen hervorzubringen (für die der Platz fehlt), ist ihr Vermehrungspotential häufig ebenfalls gering. Auch sie könnten für den oberflächlichen Betrachter den Eindruck bieten, daß es ihnen gelungen ist, sich auf Dauer stabil und sicher an den Grenzen der Tragekapazität ihrer Umwelt einzurichten. Dies täuscht jedoch: Solche Arten mögen einer Erweiterung ihrer Ausbreitungsmöglichkeiten nur langsam folgen können, sie können es jedoch immer. Das heißt, nach kürzerer oder längerer Zeit müssen sie durch ihre Vermehrungsfähigkeit doch an die Grenzen ihrer Tragekapazität stoßen. Verlieren sie – zum Beispiel durch Inzuchtdefekte – die Fähigkeit zur Expansion vollständig, so sind sie insbesondere im natürlichen Wettbewerb mit tüchtigeren Konkurrenten bald zum Verlöschen bestimmt. Viel augenfälliger ist das Expansionspotential von Organismen natürlich bei jenen Arten, die ständig hohe Nachkommenzahlen hervorbringen, den opportunistischen Kolonisatorarten – wie die ganze Phalanx unserer Schädlinge: Fliege, Schabe, Ratte oder Maus –, die jedes zusätzliche Ressourcenangebot rasch auffüllen können. Wodurch werden sie aber – die langsamen wie die schnellen Brüter – am Ende in Grenzen gehalten? Malthus hatte sich dazu für unsere eigene Art bereits seine Gedanken gemacht, und er fand vier Faktoren, die wir heute »dichteabhängige Kontrollfaktoren von Populationen« nennen: Hunger, Krieg, Krankheit sowie »moral restraint« – also bewußter Verzicht auf die Übervölkerung bis zur Grenze des von der Umwelt Tragbaren. Ob er damit für unsere Art recht hatte, darauf wird zurückzukommen sein. Was die nichtmenschlichen Lebewesen angeht, so entfällt natürlich die einsichtige Selbstbeschränkung. Die anderen Faktoren erfassen jedoch – entsprechend ergänzt – die Wirklichkeit natürlicher Populationsregulation sehr treffend.

Begrenzung durch *Nahrungsmangel* (»Hunger«) kann verschiedene Formen annehmen, denn nur eine ausreichende Nahrungsbasis gestattet den Nachkommen zu überleben: *Nahrungskonkurrenten* der eigenen oder anderen Arten schmälern das Angebot, ihnen gilt es zuvorzukommen, oder sie gilt es zu vertreiben, was in beiden Fällen Anstrengungen, das heißt Energieverbrauch, erfordert. Übersteigt dieser den dadurch erlangten Nahrungsgewinn, so sind die Nahrungsgrenzen erreicht. Andererseits kann die *Übernutzung* der Nahrungsbasis die Umwelt so verändern, daß die Nahrungsproduktion sinkt (Beispiel: Kahlfraß), oder als Folge der Lebensaktivitäten wird die Umwelt vergiftet (Beispiel: Sauerstoffauszehrung in Gewässern). Natürlich kann die Nahrungsbasis auch durch *nichtbiologische Einwirkungen* gemindert oder zerstört werden (Beispiele: Eiszeit, Überflutung, Vulkanausbruch), was allerdings unabhängig von der Populationsdichte eintrifft. Häufig schwankt das Nahrungsangebot lokal und zeitlich vorhersagbar oder unvorhersagbar, vor allem durch Witterungseinflüsse, was jede biologische Art, die elastisch mit steigendem Angebot mitgeht, bei Angebotsrückgang in die Hungerbegrenzung treibt.

Malthus' Begrenzung durch *Krieg* ist eine Form der innerartlichen Konkurrenz um Ressourcen, die in ihrer spezifisch kulturabhängigen Weise nur für den Menschen zutrifft. Als aggressive Auseinandersetzung um Ressourcen oder ressourcenträchtige Territorien ist jedoch auch dieser Faktor für viele Organismen – selbst für so unbewegliche wie Korallenstöcke oder Pflanzen – als dichteabhängiger Begrenzungsfaktor überaus wirksam und weit verbreitet. Wenn alle Reviere belegt und die benötigten Ressourcen dadurch verteilt und wirksam verteidigt sind, bleibt für die Habenichtse kaum eine Chance zur Vermehrung (es sei denn durch heimliches Paarungserschleichen: Kleptogamie). Woraus deutlich wird, daß auch Artgenossen, vor allem als Geschlechtspartner oder auch als Eltern oder als Kooperationsgehilfen im Lebenskampf, wichtige knappe Ressourcen darstel-

len, um die es zu konkurrieren und gegebenenfalls auch zu kämpfen gilt (unter diese Malthussche Kategorie fiele somit auch der Trojanische Krieg).
Was schließlich Malthus' dritten Faktor angeht, die »Krankheiten«, so besteht kein Zweifel, daß Parasiten und Krankheitserreger sich um so wirkungsvoller ausbreiten können, je dichter und eventuell auch durch Hunger und Kämpfe geschwächter eine Population wird. Für Tiere und Pflanzen tritt zu ihnen noch eine weitere Gruppe natürlicher Feinde (die beim Menschen keine Rolle mehr spielen): die Freßfeinde oder Raubtiere, die eine Beutepopulation mit zunehmender Dichte immer wirkungsvoller zehnten können. Diese letzte Gruppe von Begrenzungsfaktoren zeichnet sich im Gegensatz zu den erstgenannten dadurch aus, daß zwischen Räuber und Beute oder Wirt und Parasit ein etwas einseitiges Abhängigkeitsverhältnis besteht, das zu einem in der Regel freilich instabilen Gleichgewicht führen kann, da ein zu wirkungsvoller Räuber oder Parasit sich selbst die Nahrungsgrundlage zerstört. Stehen aber Ersatzwirte oder Ausweichbeute zur Verfügung, so kann auch diese Form der Begrenzung eine betroffene Art durchaus in den Untergang treiben, wie der Jäger Mensch mehr als einmal bewies!
Zu dieser Begrenzung durch knappe Ressourcen kommen selbstverständlich noch solche, die man innere Konstruktionsgrenzen einer Organismenart nennen könnte: Jede Art ist nach ihrem Körperbau und durch ihre spezifischen physiologischen Fähigkeiten auf bestimmte Außenbedingungen (Temperatur, Feuchtigkeit usw.) angewiesen und kann auf Grund dieser spezifischen Bau- und Leistungsanpassungen auch nur eine beschränkte Auswahl an Verhaltensstrategien zum Überleben und Sichvermehren anwenden. Es würde ihr nichts helfen, wenn es reichlich Raum in Nischen gäbe, an die sie nicht angepaßt ist, sie könnte ihn nicht nutzen und müßte darauf warten, bis das Zufallssuchspiel genetischer Variantenerzeugung und natürlicher Auslese sie in diese Nischen eindringen ließe. Je enger eine Art aber bereits spezialisiert ist – was ihr den Vorteil intensiver Nutzung ihrer Nische gibt –, desto unwahrscheinlicher ist es, daß dieser Sprung ins Neuland ihr rasch gelingt, während die weniger spezialisierte konkurrierende Generalistenart – zwar weniger effizient als die Spezialisten, aber

dafür um so vielseitiger und umstellungsfähiger – solche Gelegenheiten eher wahrnehmen kann.

Dies ist der evolutionsbiologische Hintergrund, auf dem sich die Organismenart Mensch aus tierischen Primatenvorfahren entwickelt hat, als kulturfähiger Sammler- und Jäger-Primat, dessen Geschicklichkeit in der Erzeugung und im Einsatz von Werkzeugen und dessen Befähigung zu sozialer Kooperation, zu sozialem Lernen und zu einsichtigem Denken seinem Verhalten eine Flexibilität und Anpassungsfähigkeit verlieh, welche ihm als dem vielseitigsten aller Generalisten im Laufe der Kulturevolution nahezu alle Lebensräume und Anpassungsnischen erschlossen, die es für das Leben auf dieser Erde gibt. Was hat sein Verhältnis zur ihn tragenden und begrenzenden »Natur« bestimmt? Wie unterscheidet sich dieses Verhältnis von dem eben dargestellten der »nur« biologischen Arten?

Der Mensch und die Natur

»Natürlich« ist der Mensch ein biologisches Wesen, das heißt von Natur aus. Aber er ist es – im Gegensatz zu Tieren und Pflanzen – *nicht ausschließlich*, er ist es *auch*. Um es mit einem bekannten Wort- und Sinnspiel auszudrücken: Im Menschen ist seine biologische Natur auf mehrfache Weise »aufgehoben«. »Aufgehoben« als aufbewahrt, da sie als eine wesentliche Grundbefindlichkeit seines Seins erhalten bleibt; »aufgehoben« als emporgehoben, da sie in dem Kulturwesen Mensch eine neue Verwirklichungsform des Lebendigen hervorgebracht hat, die zur vorhandenen Welt des physischen Seins die neue des Denkens über das Sein erschloß; »aufgehoben« als überwunden, da die physische Natur, wiewohl Voraussetzung allen Fühlens, Wollens und Denkens des Menschen, die Inhalte dieser geistigen Welt zwar beeinflußt, aber keineswegs zwingend bestimmen kann, da sie, aus der *Zwangsläufigkeit* natürlicher Ursache-Wirkung-Beziehungen die *Möglichkeit* der Freiheit des Denkens, Erfindens, Entscheidens hervorbrachte und damit diese Zwangsläufigkeit überwunden hat.

Wir können die ökologische Lage der Spezies Mensch, ihr Leben und Handeln in den durch die eigene und die umgebende Natur gesetzten

Grenzen von ihren frühesten Anfängen an nicht verstehen, oder wir verstehen des Menschen Beziehung zur Natur verkürzt oder gar falsch, wenn wir nicht berücksichtigen, daß der Mensch psychische Fähigkeiten und sprachliche Ausdrucksfähigkeiten für die Inhalte seines Fühlens, Wollens und Denkens entwickelt hat, die weit über alles hinausgehen, was wir von Tieren kennen, und die für seine spezifische Weise, sich an die Natur und die Natur an sich anzupassen, bestimmend wurden.

Zwar kann kein Zweifel daran bestehen, daß auch der Lebenserfolg unserer Sammler- und Jäger-Vorfahren letzten Endes am gleichen Maßstab gemessen wurde, der auch für alle Mitlebewesen gilt: an dem ihrer biologischen Fitness. Eine Kultur, die es nicht zuwege brächte, daß ihre Mitglieder sich erfolgreich, das heißt bestanderhaltend fortpflanzen, wäre zum Untergang verurteilt, was immer sie sonst zu leisten vermöchte. Entscheidend ist jedoch, *wie* der Mensch, im Unterschied zu »nur« biologischen Organismen, diese Leistung zustande bringt. Der wichtigste und gar nicht nachdrücklich genug zu betonende Unterschied ist, daß der Mensch eine Gabe perfektonierte, die zwar auch Tiere in gewissen Grundstufen besitzen (siehe Griffin 1982), die jedoch – soweit wir wissen – erst bei unserer Spezies zu voller Leistungsfähigkeit entfaltet wurde: die Fähigkeit, sich ein inneres Abbild, eine geistige Repräsentation der Welt zu schaffen und damit »im Kopfe« zu handeln. Der wichtige Unterschied zwischen einem Wahrnehmen von und Reagieren auf Umweltreize – wozu Tiere selbstverständlich imstande sind – und höheren kognitiven Leistungen, die wir Denken nennen, besteht ja darin, daß die Inhalte des Denkens, die Konzepte oder Begriffe, Gegenstände der physischen Außenwelt und Beziehungen zwischen diesen Gegenständen in der inneren Anschauung so klar und dauerhaft repräsentieren, daß das denkfähige Wesen in der Vorstellung mit ihnen umgehen, sie zueinander in beliebige andere Beziehung setzen, also mit ihnen spielen, erkunden, operieren kann. Zwar reagiert auch ein Tier natürlich nicht auf die »wirkliche« Außenwelt, sondern darauf, wie sie sich in seinem Sinnesnervensystem abbildet – was eine eher triviale Feststellung ist –, doch ist die Fähigkeit selbst der höchstentwickelten Tiere äußerst begrenzt, solche inneren Repräsentationen zu benützen, um »einsichtig« mehr über die wahrgenommene Wirklichkeit und die in ihr für sein Handeln gegebenen Möglichkeiten zu erkennen und diese Vorstellung dann an der Wirklichkeit zu erproben. Für des Menschen Geist gibt es dagegen anscheinend keine erkennbaren Grenzen. In seiner inneren Repräsentationswelt spielen verschiedene Aspekte eine besonders wichtige Rolle:

– das Bewußtsein der eigenen Existenz, des »Selbst« im Gegensatz zu allen anderen, der Außenwelt zugeschriebenen Erfahrungen;

– die räumlichen und zeitlichen Beziehungen der in der Außenwelt wahrgenommenen Phänomene zueinander und zum eigenen Selbst;

– die Übertragung gemachter Erfahrungen auf als ähnlich beurteilte Zusammenhänge;

– begriffliche Abstraktionen von Kategorien und Klassen solcher Erfahrungen, die – losgelöst von den aktuell erfahrenen Phänomenen – selbst wieder zum Gegenstand neuer Gedankenverbindungen und damit zu Realitäten neuer Art »reifiziert« werden – und sei ihr Wesen auch nur durch »Namen« definiert. So entstehen begriffliche Realitäten wie Verwandtschaft, Verpflichtung, Anrecht, oder von Rollen, Verhaltenserwartungen, denen bestimmte erfahrene oder geglaubte Realitäten der Außenwelt – der Freund, das Kind, ein übersinnliches Wesen – zu entsprechen haben;

– damit auf das engste verbunden: die Vorstellung kausaler Abhängigkeit zwischen Phänomenen, die »Ursachen«, und solchen, die »Wirkungen« sind. Die Zuschreibung der »Ursachenfähigkeit«, also der Fähigkeit, von sich aus Handlungen zu initiieren, an bestimmte Erfahrungsobjekte.

– In dieser selben Innenwelt der Vorstellungen existieren zugleich die Repräsentationen der eigenen Gefühle, Wünsche und Werturteile, die sich mit der vorgestellten Wirklichkeit in unterschiedlicher Weise verknüpfen können, wobei die vorgestellten Folgen unterschiedlicher Kausalbeziehungen zwischen den Objekten der wirklichen Welt und dem Selbst rückwirkend wieder Einfluß auf weiteres Denken und Wollen nehmen. Auf dieser Eigenerfahrung gründend kann dann durch »Einfühlung« diesen Objekten der Außenwelt – wenngleich in unterschiedlichem Maße – ähnliches Denken, Fühlen und vorstellungsgeleitetes Handeln unterstellt werden.

– Besonders wichtig ist bei alledem die Tatsache, daß alle echten oder vorgestellten Ereignisse nur in einem Zeitablauf vorgestellt oder erfahren werden können, so daß sich die vorgestellte Wirklichkeit von der erfahrenen und berichteten Vergangenheit über die wahrgenommene Gegenwart bis in die erwartete, erhoffte, befürchtete Zukunft erstreckt. Bis hin zur Einsicht in die eigene Endlichkeit, in die Gewißheit des eigenen Todes und dessen aller Menschen, mit denen man lebt.
Die Inhalte dieser Innenwelt kommen aus verschiedenen Quellen. Aus dem angeborenen Gut an Kategorien und Inhalten des Fühlens, Wünschens, Denkens, der inneren Evidenz, den »angeborenen Formen möglicher Erfahrung«, wie Konrad Lorenz das in der geistigen Nachfolge von Immanuel Kant genannt hat; aus den über die (altmodischen) Sinnespforten oder (neumodischen) Sinneskanäle aufgenommenen eigenen Lebenserfahrungen mit der wirklichen Welt, schließlich aus den Resultaten des »inneren Handelns« mit vorgegebenen Zustandsbedingungen und den Repräsentationen gemachter Erfahrung.
Bei alledem ist vielleicht für den Menschen am wichtigsten, daß er imstande ist, seiner inneren Vorstellungs- und Gefühlswelt durch die begrifflich-symbolische Sprache und auch nichtsprachlich, zum Beispiel durch Kunst, Ausdruck zu verleihen und sich demnach mitzuteilen. Eröffnet sich doch dadurch die Möglichkeit, die Erfahrungen und Gedanken anderer Menschen aufzunehmen und zum Gegenstand eigenen weiteren Denkens und Handelns zu machen, die Möglichkeit, aus privatem Denken, Wollen und Fühlen gemeinschaftliches Denken, Wollen und Fühlen zu machen, aus einem privaten Weltmodell ein gemeinsames Weltmodell einer Kulturgemeinschaft. Dies ist die psychologische *conditio humana*, die wir berücksichtigen müssen, wenn wir die ökologische *conditio humana* richtig begreifen wollen. Der Mensch kann zwar sein Leben – wie andere Organismen auch – nur auf der Grundlage und in den Grenzen dessen entfalten, was ihm die Umwelt zur Verfügung stellt und ermöglicht. Er leitet sein Handeln jedoch nicht nur nach einem ererbten oder durch Erfahrung bestimmten Programm in Reaktion auf augenblicklich wahrgenommene Umweltbedingungen, wie das für Tiere charakteristisch ist. Vielmehr ist sein Handeln von seinem Weltmodell bestimmt, von seiner Vorstel-

lung über die Umwelt und seine Beziehungen zu ihr, von den Zielen seines Handelns, den erstrebten Befriedigungen, den gefürchteten und gemiedenen Enttäuschungen und Leiden. Gewiß könnte es auf die Dauer nicht gut gehen, wenn dieses Weltmodell sich von der objektiven Realität und den durch sie gegebenen Möglichkeiten allzusehr unterschiede (was wir dann als Wahn bezeichnen). Gewiß kann der Mensch auch nicht beliebig frei darüber verfügen, welcher Antrieb ihn drängt, welches Tun ihm Lust und welches ihm Schmerz bereitet, was er erhofft und fürchtet: Soviel »Natur« muß allemal im Menschen wirksam bleiben, um sicherzustellen, daß dieses Begehren und Meiden in einem solchen Zusammenhang zur äußeren Wirklichkeit bleibt, damit am Ende zumindest im Durchschnitt der Angehörigen einer Kultur das Ziel des Überlebenserfolgs, der ausreichenden biologischen Fitness nicht verfehlt wird. Dennoch ist es ein riesiger Unterschied, ob Verhalten von *Vorstellungen* über die Umweltwirklichkeit bestimmt wird oder nur von deren augenblicklicher Wahrnehmung, und ob es von *Vorstellungen* begehrter Ziele und Zwecke bestimmt ist oder nur von augenblicklich empfundenen Motivationen. Der maßgebliche Unterschied ist darin zu sehen, daß sich der Mensch auf diese Weise auch die Folgen verschiedener Verhaltensstrategien bis weit in die Zukunft vorstellen und abschätzen kann und daß er durch das Teilhaben an den sprachlich übermittelten Erfahrungen und Vorstellungen seiner Mitmenschen diese handlungsbestimmenden Überlegungen – zu denen in gewissem Umfange wohl auch Tiere fähig sein dürften – nicht nur auf der Grundlage seines eigenen, beschränkten Wissens und Denkens anzustellen braucht, sondern daß sich diese Überlegungen in einem überindividuellen Raum gemeinsamen sozialen Vorstellens, Denkens, Erfahrens und Wissens vollziehen und fortentwickeln können. Letzteres macht die Kulturfähigkeit des Menschen aus.

Dies alles hat Vor- und Nachteile zugleich. An die Stelle der unmittelbaren Befriedigung der am direktesten mit der biologischen Fitness verbundenen Ziele der Nahrungsaufnahme, der Reviersicherung, der Fortpflanzung, der Jungenbetreuung usw. können in zunehmendem Maße in der Vorstellung »abgehobene« Ersatz- und Zwischenziele treten, die zwar – auf lange Sicht und im Durchschnitt – bei einer überlebensfähigen Kultur ausreichend eng mit den biologischen Fitnesszielen verbunden bleiben müssen, aber durchaus ihr Eigenleben entwickeln, zum Selbstzweck werden können, selbst wenn sie in einer veränderten Welt nicht mehr zweckdienlich, ja sogar schädlich sind. Die Strafe dafür folgt zwar, aber sie muß nicht auf dem Fuße folgen. Der Schaden kann erst auf längere Frist erkennbar, und seine Ursachen müssen nicht immer leicht einsichtig werden. Man denke nur zum Beispiel an die Bedeutung, die Macht, Besitz, Rang, Ansehen, Ehre als Ziele um ihrer selbst willen annehmen können. Der Soziologe Thorstein Veblen (1915) hat die treffenden Ausdrücke »conspicuous consumption« und »conspicuous waste« für ein überaus typisches Verhalten geprägt (für das es durchaus auch Beispiele bei Tieren gibt), bei dem Energie-, Besitz- und Ressourcenvergeudung zum demonstrativen Zeichen des eigenen hohen Ranges, der Verfügungsgewalt über üppige Reserven und damit zum Ausdrucksmittel in der Statuskonkurrenz wird. Offenbar nur beim Menschen kann nun der hohe Statusrang – der doch auf weitere Sicht nur erstrebenswert ist, indem er einem selbst und denen, die zu einem gehören, ein besonders gutes und gesichertes Auskommen ermöglicht – als ein reines Objekt der Vorstellung so sehr zum Selbstzweck werden, daß zu dessen Erlangung am Ende sogar das wirkliche Gut – Gesundheit, Besitz und sicherer Wohlstand – geopfert werden kann.

Dieses Beispiel lehrt besonders deutlich, welches Problem sich daraus ergeben kann, daß der Mensch sein Handeln aus einem kulturtypischen sozialen »Weltmodell« begründet, ohne notwendigermaßen darauf zu achten, ob es noch den ursprünglich zugrunde gelegten Anpassungsleistungen dieses kulturerprobten Weltmodells entspricht. Jedermann kennt die Beispiele für verselbständigte – und für den gesunden Menschenverstand geradezu irrsinnige – kulturelle Handlungsmodelle und Ziele, für die Menschen bereitwillig, ja sogar mit freudiger Genugtuung, alles opfern. Kulturelle Indoktrination und fanatische Identifikation mit den so im inneren Weltmodell verankerten Zielen waren und sind eindrucksvolle Belege für die Fähigkeit des Menschen, sein Handeln von den primären, »natürlichen« Motivationen abzukoppeln und ganz und gar auf die von Menschen geschaffene, neue vorgestellte Wirklichkeit zu gründen.

Menschliche Gemeinschaften haben in ganz anderem Sinne als die von

Tieren *Geschichte*: nicht als Geschehenes nur, sondern als Gemachtes! In ihnen sammeln sich durch Kulturtradition die Erfahrungen und an der Realität erprobten Vorstellungen und modellhaften Interpretationen vieler Generationen an. Solange die Umweltbedingungen denen entsprechen, unter denen diese Erfahrungen gemacht und diese – wie das Überleben der Kultur bewies – vorteilhaften Folgerungen für die Organisation des Lebens dieser Gemeinschaft gezogen wurden, so lange besteht ein großer Vorteil darin, nicht leichtfertig von diesen Kulturtraditionen abzuweichen. Es gibt viele Belege dafür, daß der Mensch sehr dazu neigt, an tradierten Erklärungs- und Handlungsmodellen festzuhalten, da es sich vermutlich über unendlich lange Zeiten der menschlichen Kulturevolution bewährte, sich so zu verhalten. Zwar neigt er in der Jugend dazu, viele Traditionen in Frage zu stellen. Doch hält er oft um so nachdrücklicher an ihnen fest, nachdem er diese experimentierfreudige – und dementsprechend durch soziale Programmieranstrengungen besonders nachdrücklich konformistischem Druck ausgesetzte – Jugendphase überwunden hat. Es spricht viel dafür, daß manches, was wir als unangepaßtes, vernunftwidriges, uneinsichtiges Verhalten heutiger Menschen beklagen, nicht – wie von manchen Biologen angenommen – Ausdruck unserer unabänderlichen biologischen Natur, der »Instinktblindheit«, des durch seine Gene programmierten Urhordenmenschen in uns ist, sondern vielmehr Ausdruck einer »Traditionsblindheit«, eines starrsinnigen Anhängens an Kulturtraditionen ist, die deswegen so verfestigt und verbreitet sind, weil sie sich in der Vergangenheit in der Konkurrenz mit anderen Alternativen als überlegen erwiesen haben. Wegen der Eigentümlichkeiten menschlichen Traditionslernens kann ihre Neuanpassung an eine sich wandelnde Welt oft nur in Generationenschritten erfolgen. Im Vergleich zur biologischen Evolution ist dies zwar rasch. Erfolgen die Umweltveränderungen aber zu schnell, so kann ihnen der Anpassungswandel der Kulturtraditionen nicht folgen, das kulturelle Erbe lastet nicht weniger lähmend auf den Menschen, wie biologisches Verhaltenserbe dies tun könnte. Diese Tradition mag dann in der Tat eine Eigentümlichkeit unserer sozialen »Natur« sein, die zwar nicht durch genetische Programme die Inhalte dieser Traditionen, wohl aber unsere Bereitschaft zur Anhänglichkeit an die durch soziales Lernen vermittelten Inhalte bestimmt. In einer Welt wie der unserer Sammler- und Jäger-Vorfahren, die sich über viele Tausende von Generationen nur wenig änderte, leuchtet die Vorteilhaftigkeit eines solchen Wesenszuges sehr ein. Wenn sich jedoch die Zeitkonstante des Umweltwandels so verkürzt, daß die Zeitkonstante des Traditionswandels im Generationenrhythmus nicht mehr hinreicht, um den Veränderungen der Lebensbedingungen folgen zu können, zumal sich in jüngster Zeit die Lebensdauer der Einzelgeneration noch erheblich ausgedehnt hat, so muß das Zusammenspiel von Kulturtradition und kultureller Neugestaltung aus den Fugen geraten. Das Leben aus der *Vorstellung* der Welt – wie sie sich in den Mythen, Regeln, Rollenerwartungen und Organisationsstrukturen der Kulturtradition abbildet – bringt den Menschen dann in Widerspruch zu der Erfahrung der veränderten, *wirklichen* Welt und macht es ihm schwer, ihren Herausforderungen zu begegnen. Dies kann dazu führen, daß die veränderte Wirklichkeit geleugnet, die Annahme der neuen Erfahrungen neurotisch verweigert wird, um das traditionsgewohnte Weltmodell zu retten. Ein Ausweg ist diese Trotzhaltung nicht. Der einzige Ausweg ist, die den neuen Realitäten gemäßen Handlungswege zu finden, zu erproben und unter Bewahrung des an der Tradition auch weiterhin Brauchbaren die obsolet gewordenen überkommenen Vorstellungen und Handlungsanweisungen durch besser entsprechende zu ersetzen.

Andererseits darf nicht verkannt werden, daß die Möglichkeit zur Abkoppelung zwischen Wirklichkeit und Vorstellung natürlich wiederum die unschätzbar vorteilhafte Chance eröffnet, sich andere Welten vorzustellen als jene, die man erlebt, andere Zukünfte zu erfinden, als die einfache Fortschreibung der Gegenwart ergäbe. Die Fähigkeit, variable gedankliche Weltmodelle zu bilden, verbunden mit der Fähigkeit, in diesen Modellen gedanklich Handlungsmöglichkeiten zu erproben und dadurch Folgen vorausschauend zu erfassen – was wir planen nennen –, gibt dem Menschen und allein ihm unter allen Lebewesen die Freiheit, einem als unbefriedigend empfundenen Istzustand einen als vorteilhafter vorgestellten Sollzustand gegenüberzustellen und jene Handlungspfade auszudenken, die vom einen zum anderen führen könnten. Das Tier erfährt seine Zukunft, der Mensch kann sie erfinden. Zwar gibt es für den Erfolg dieses Erfindens in einer grundsätzlich nie vollständig vorhersagbaren Welt – wäre sie es, so gäbe es in ihr keinen Raum für Handlungsfreiheit – keine Garantie, aber die Fähigkeit, das eigene Handeln im Vorstellungsmodell auf lange Sicht abwägend vorzubereiten, befreit den Menschen davon, sein Geschick nur erleiden zu müssen, und ermöglicht es ihm, es einflußnehmend zu gestalten. Der höchste Preis, den der Mensch für diese Fähigkeit, die Zukunft vorauszudenken, zu entrichten hat, ist das Wissen seiner Sterblichkeit. Es kommt dem Wissen der letztlichen Vergeblichkeit aller seiner Anstrengungen gleich. Alle Religionen haben versucht, dieser Einsicht (oder Vorstellung) eine mächtigere Vorstellung (oder Einsicht) entgegenzustellen, um die Lähmung durch den Schrecken dieser vorgestellten oder erkannten Nichtigkeit überwinden zu helfen. Der Trost, in seinen biologischen Nachkommen und kulturellen Erben fortzuleben, scheint dem Menschen als Mittel gegen die Last dieser Einsicht selten hingereicht zu haben.

Wir gingen davon aus, daß unter Tieren eine Generalistenart einem Umweltwandel und sich neu eröffnenden Umweltnischen besser zu folgen vermag, selbst wenn sie zu jedem Zeitpunkt den Fachkräften der Spezialistenarten an Effizienz in der Ressourcenaneignung und -umsetzung hoffnungslos unterlegen ist. Die Fähigkeit zur Handlungssteuerung über ein sozial koordiniertes Kausalmodell der Beziehung zur Umwelt macht nun den Menschen zum einzigartigen Generalspezialisten oder Spezialgeneralisten der Umweltnutzung. Kann er doch neuen Herausforderungen und Möglichkeiten durch Anpassung seines Handlungsmodells entsprechen (sofern, wie gesagt, genug Zeit bleibt, der Wandel also nicht viel rascher als in Generationenfolge abgefordert wird), indem er die für die – vorgestellten – neuen Bedingungen am besten geeignet erscheinenden Verhaltensstrategien wählt, erprobt und aus den gemachten Erfahrungen fortlaufend verbessert. Diese Anpassung durch Versuchen und Lernen beherrschen natürlich auch viele Tiere, wenngleich der Erfindungsreichtum und die Lerngeschicklichkeit des Menschen bei ihnen nicht ihresgleichen finden. Vor allem aber kann der Mensch dann Gelerntes in vielfältiger Weise in seinem inneren Weltmodell denkend weitererproben, seine Erfahrungen und Gedanken mit seinesgleichen sprachlich austauschen und das gemeinsam Erfahrene und Erdachte der nächsten Generation weitergeben (während Tiere dazu überwiegend auf den langsameren Anpassungsprozeß durch natürliche Auslese genetischer Varianten angewiesen bleiben). So paßt zwar auch die Kulturevolution des Menschen – nicht anders als die biologische Evolution – das Verhalten so an die Umwelterfordernisse an, daß dadurch seine Fitness optimiert wird, sie kann dies aber sehr viel rascher, sehr viel präziser und zum Beispiel in verschiedenen Menschengruppen, die unter verschiedenen Bedingungen leben, sehr viel flexibler tun. Es sei noch einmal wiederholt: Diese diversifizierende Kulturanpassung und Kulturevolution der biologisch einheitlichen Art Mensch hat ihre Voraussetzung in der Fähigkeit, die Welt und seine Zwecke in ihr modellhaft vorzustellen und in diesem Modell Handlungsstrategien »auszudenken«, ihre möglichen Folgen abzuschätzen und schließlich diejenigen Strategien in die Tat umzusetzen, die am ehesten die Erfüllung seiner Wünsche und Bedürfnisse – wie sie sich ihm innerlich darstellen – zu gewährleisten scheinen. Nur wenn wir diese kognitiven Interaktionen zwischen Mensch und Umwelt in Rechnung stellen, können wir verstehen, wie er sein Leben unter der Begrenzung durch die Knappheit lebensnotwendiger Ressourcen meistern konnte. In diesem Sinne ist es auch richtig festzustellen, daß Tiere sich unter ihren ökologischen Bedingungen durch Erb- und Lernprogramme angepaßt *verhalten*, während der Mensch in ihnen ökonomisch planend *handelt*. Denn Ökonomie ist von vorgestellten Zwecken und vorgestellten Handlungsfolgen geleitete Gestaltung der Beziehungen zur Umwelt. Deshalb bedarf es auch einer ökonomischen Betrachtung der Mensch-Umwelt-Beziehungen im Laufe seiner Kulturentwicklung. Dies sei im folgenden schwerpunkthaft für die längste Periode dieser Kulturgeschichte, die des steinzeitlichen Sammler- und Jäger-Daseins, und für den Übergang zur landwirtschaftlichen Produktionsweise betrachtet, da die spezifischen Probleme und Handlungsmöglichkeiten des Menschen unter dem Druck der ökologischen Begrenzung sich hieran besonders klar darstellen lassen.

Wie immer man die Befunde zu einem evolutionslogischen Szenario verbindet (für verschiedene neuere Interpretationen siehe z. B. Tanner 1981; Johanson und Edey 1982; Leakey und Lewin 1978), im Hinblick auf das »Wirtschaften« des Frühmenschen in seiner natürlichen Umwelt scheinen folgende Annahmen wenig umstritten, wobei hochentwickeltes soziales Zusammenleben als wichtigstes tierisches Primatenerbe immer vorausgesetzt werden kann.

1. Es dürfte sich bereits sehr früh eine Arbeitsteilung der Geschlechter in der Nahrungsbeschaffung herausgebildet haben, die eine zeitweilige räumliche Trennung der Frauen und Kinder von den Männern zur Folge hatte: Die durch den Kleinkindertransport in ihrer Mobilität stärker eingeschränkten und belasteten Frauen dürften sich stärker dem Sammeln pflanzlicher Nahrung im Nahbereich der Lagerplätze gewidmet haben; die beweglicheren und körperlich kräftigeren Männer dürften ihre Sammelaktivitäten auf größere Bereiche ausgedehnt und dabei in zunehmendem Maße auch tierische Nahrung – von selbst Erbeutetem bis zu anderen Raubtieren Abgejagtem – beigebracht haben. Das weiträumige Nahrungsammeln und der Zwang, wieder zurückkehren (siehe unten) und sich die räumliche und zeitliche Verteilung wichtiger Nahrungsquellen merken zu müssen, mußten der Entwicklung detaillierter raum-zeitlicher kognitiver »Landkarten«, einer Grundvoraussetzung jedes Denkens, höchst förderlich sein.

2. Die mit zunehmender Gehirn- und damit Kopfvergrößerung einhergehende frühe »Nesthocker«-Phase des im Vergleich zu tierischen Primaten zunehmend hifloseren und sorgebedürftigeren Menschenkindes zwang Mütter zumindest in dieser Phase zum Aufenthalt an bestimmten Lagerplätzen. Diese räumliche Fokalisierung (*focus* = der Herd!) des sozialen Lebens wurde noch dadurch verstärkt, daß der getrennte Nahrungserwerb der Geschlechter einen verläßlichen Wiedertreffpunkt notwendig machte und daß kranke und altersschwache Menschen sowie Kleinkinder weniger oder gar nicht an weitschweifenden Sammelaktivitäten teilnehmen konnten.

3. Das Zurückbleiben versorgungsbedürftiger Mitglieder am Lagerplatz und das rollenverteilte Zusammenwirken der Geschlechter im Nahrungserwerb durch Nahrungsaustausch und in der Versorgung der gemeinsamen Nachkommen – wobei die Menschenmänner um Zugang zu dem ihre Fortpflanzungsmöglichkeiten begrenzenden knappen Gut »Frau« vielleicht am wirkungsvollsten dadurch konkurrierten, daß sie sich als besonders gute Versorger ihrer Familien erwiesen! – machten für diese umherschweifenden Sammler und Jäger den Transport zumindest eines Teils der gefundenen Nahrung zum Lagerplatz anstatt sofortigen Eigenkonsums notwendig. Dies hatte wieder wichtige psychologische Konsequenzen: Aufschub sofortiger Bedürfnisbefriedigung; Herausgestaltung von Tauscherwartungen und Tauschverpflichtungen, also verbindlicher Verhaltensregeln; Entwicklung von Vertrauen in die Verläßlichkeit sozialer Partner und von sozialen Sanktionen gegen die Verletzung dieses Vertrauens; Umgehen mit Vorräten und Überschüssen, und sei es nur für einige Stunden oder Tage (das vielen Raubtieren vertraut, für Primaten aber ganz ungewöhnlich ist). Vor allem bedarf es zum Herbeitragen gesammelter Nahrung, wenn dies nur einigermaßen wirkungsvoll geschehen soll, irgendwelcher Tragbehältnisse, seien dies Netze, Körbe, Taschen, Rindenwannen, Säcke oder Schlingen. Die Vermutung sei gewagt, daß diese Hilfsmittel für die frühe Entwicklung der ökonomischen Kultur des Menschen wichtiger gewesen sind als Grabstöcke oder Jagdwaffen: *die Geburt der Kultur aus Rucksack oder Handtasche!*

4. Doch darf zusätzlich als sehr wahrscheinlich gelten, daß der Nahrungserwerb durch Sammeln und Jagen dadurch erheblich wirkungsvoller gemacht wurde, daß mechanische Hilfsmittel – Werkzeuge – dazu benutzt wurden: Stöcke zum Ausgraben von unterirdischen Knollen; aus Holz, Knochen, Steinen, Tierhaut, Sehnen und Pflanzenfasern gefertigte und vermutlich bald auch mit natürlichen Giften wirkungsvoller gemachte Jagdwaffen und Fallen; dazu Geräte zum weiteren Bearbeiten von Nahrung und anderen Bedarfsgegenständen. Die relative Bedeutung des ökonomischen Beitrags der Geschlechter und damit der von ihnen jeweils bevorzugt benützten Werkzeuge mag nach den ökologischen Bedingungen verschiedener Regionen und

auch jahreszeitlich sehr verschieden gewesen sein. In Trockengebieten und Trockenzeiten kann der Grabstock der Frauen das überlebensentscheidende Werkzeug gewesen sein: Wir wissen zum Beispiel, daß Kalahari-Buschleute zum Teil die gleichen Pflanzenarten als wichtige Nahrungsquellen verwenden wie afrikanische Tierprimaten, daß sie aber noch in Gebieten leben können, die für letztere unbewohnbar sind, weil sie mit Stöcken Knollen und Wurzeln aus dem Boden holen und wichtige Nahrung durch Zerreiben und Kochen besser aufschließen können. Der Mahlstein oder Mörser mag neben der Tasche ein zweites Grundrequisit menschlicher Kultur sein, vielleicht noch vor allen Waffen. In anderen Regionen und Zeiten – wofür als extremes Beispiel Eisrandjäger dienen können – lag dagegen das Schwergewicht der Nahrungsversorgung wohl eher in den Händen der Männer, ihrem Geschick, die geeigneten Fallen und Waffen herzustellen und sie zum Beutefang einzusetzen. Welche Bedeutung der Ernährungsbeitrag durch bewaffnete Jagd in der frühen Menschheitsgeschichte gehabt hat, ist allerdings genauso umstritten wie die Rolle, die kriegerische Auseinandersetzungen zwischen frühen Menschen für die Entwicklung ihrer Lebensgestaltung gespielt haben (siehe dazu z. B. Brain 1981; Binford 1981).

Dies wäre also das ökonomisch-ökologische »Anpassungssyndrom« des frühen Menschen: nach Geschlechtern differenziertes Sammeln und Jagen unter Werkzeugeinsatz, Eintragen des »Er-trags« zum Lagerplatz, gemeinsame Nutzung durch Austausch der Güter in der sozial kooperierenden und gemeinsam Nachkommen aufziehenden Gruppe mit der »Kernfamilie« aus Frau, Mann und gemeinsamen Kindern als Ankerelement des sozialen Systems.
Suchen wir nun die eingangs gestellten Fragen nach den ökologischen Begrenzungsbedingungen solchen Lebens zu beantworten, so können wir die notwendigen Informationen im wesentlichen nur durch das Studium der Lebensverhältnisse noch bis heute als Sammler und Jäger überlebender Kulturen erlangen. Gewiß, die dahinschwindenden und ihre Lebensweise rasch grundlegend verändernden wenigen Sammler- und Jäger-Kulturen, sind, selbst wenn sie noch auf steinzeitlicher Stufe stehen, keineswegs primitiv im Sinne von »auf Frühmenschenstufe

stehengeblieben« – sie haben eine ebenso lange Kulturevolution hinter sich wie wir! –, und sie sind auch fast nur in ökologisch dürftigen Biotopen übriggeblieben, was gewiß Sonderanpassungen nötig machte, die wir nicht einfach als steinzeittypisch oder typisch für Jäger und Sammler klassifizieren dürfen. Aber selbst wenn man all dies berücksichtigt, bleibt es doch richtig, daß wir an solchen Restkulturen studieren können, wie sich ökologische Randbedingungen und kulturelle Eigentümlichkeiten von Jägern und Sammlern auf die Bevölkerungsentwicklung auswirken: auf Geburten-, Sterbe- und Wachstumsraten, auf die geschlechtsspezifische Altersverteilung und altersabhängige Lebenserwartung, den Gesundheits- und Ernährungszustand, die wichtigsten Todesursachen usw. Vor allem interessiert der Zusammenhang zwischen diesen *demographischen* Parametern, den *ökonomischen* Parametern des Arbeitsaufwands, der Arbeitsverteilung und des erwirtschafteten Ertrags und den *ökologischen* Parametern von Ressourcenangebot und Ressourcenbeanspruchung. Diese Daten von überlebenden Völkern dieser Kulturstufe lassen sich dann mit jenen ergänzen und vergleichen, die uns die Vor- und Urgeschichte über die Lebensverhältnisse der Vorzeit liefern. Aus beiden Quellen ergibt sich heute ein ziemlich zusammenhängendes Bild steinzeitlichen Sammler- und Jägerdaseins. Die folgende Übersicht stützt sich, was die ethnographischen Daten angeht, vor allem auf die Ergebnisse des über mehr als ein Jahrzehnt fortgeführten Kalahari-Projekts der Harvard University (Lee und DeVore 1976; Lee 1979) sowie auf zusammenfassende Darstellungen (Lee und DeVore 1968; Sahlins 1968, 1974; Coon 1971; Bicchieri 1972; Service 1979. Wesentliche archäologisch-bevölkerungsgeschichtliche Befunde sind in Spooner [1972], Zubrow [1976] und vor allem Cohen [1977] zu finden; zur historisch-demographischen Methodik siehe auch Imhof 1977).

Die meisten verbliebenen Sammler- und Jägervölker sind heute in ökologische »Armutsgebiete« – was menschliche Nahrungsbeschaffungsmöglichkeiten angeht – zurück- und abgedrängt, in Trockenwüsten, polare Eisrandgebiete oder tropischen Regenwald. Deshalb mochte es dem oberflächlichen Beobachter und selbst den Anthropologen bis in neuere Zeit so erscheinen, als müsse das Leben unter solchen Umständen »widerwärtig, brutal und kurz« sein. Die Wirk-

lichkeit entspricht dem jedoch keineswegs. Im Gegenteil: Die genaue ethnologische Feldforschung hat gezeigt, daß sich unter diesen Bedingungen fast so etwas wie eine ursprüngliche »Wohlstands- und Freizeitgesellschaft« entwickeln kann. Der tiefere Grund ist leicht einzusehen: Der Lebensstandard definiert sich ja aus der Sicht der Betroffenen nicht durch die absolute Menge verfügbarer Güter, sondern durch das Verhältnis empfundener Bedürfnisse und den für deren Befriedigung verfügbaren Mitteln und aufzubringenden Arbeitsleistungen. Nun *muß* die Sammler- und Jägergesellschaft eine im Hinblick auf dauerhaften Güterbesitz genügsame Gesellschaft sein, weil sie zur Beschaffung ihres Lebensunterhalts große Flächen ausnutzen und durchwandern und daher eine sehr mobile Gesellschaft sein muß. Wer aber in Ermangelung von Trag- oder Zugtieren all sein Hab und Gut auf eigenen Schultern zu tragen gezwungen ist, der wird kein großes Interesse an der Anhäufung gewichtiger materieller Güter haben. Im allgemeinen benötigt die typische Jäger- und Sammlergemeinschaft von 10 bis 40, im Mittel etwa 20 bis 25 Individuen – je nach der Produktivität des Biotops und nach den speziellen Nutzungsformen der jeweiligen Kultur – einen Lebensraum von mindestens 50 bis höchstens 1000 Quadratkilometern. Wer zum Beispiel überwiegend von Pflanzennahrung lebt, benötigt meist etwas kleinere Landflächen, wer sich mehr auf die Jagd von Wild konzentriert, größere. Eine Frau der in der Kalahari lebenden !Kung San legt pro Tag im Durchschnitt auf der Nahrungssuche 3 bis 20 Kilometer zurück, insgesamt im Jahr etwa 2400 Kilometer, wobei sie beim Lagerplatzwechsel 5 bis 15 Kilogramm Besitz – ihr ganzes Eigentum – bis zu 100 Kilometer weit zu tragen hat. Das macht gewiß besitzanspruchslos.
Sehen wir uns nun den notwendigen Arbeitsaufwand dieser Daseinsformen an. Wieder liegen die besten Daten von den !Kung San vor. Zunächst: Frauen sammeln überwiegend pflanzliche Nahrung, Männer sammeln und jagen (vom Ertrag wird gleich zu reden sein). Für den Nahrungserwerb sind nur die gesunden Erwachsenen tätig. Kinder bis zu etwa 15 Jahren und Greise über 60, die allerdings nur etwa 10 Prozent der Bevölkerung ausmachen, brauchen für ihren Lebensunterhalt nicht zu arbeiten, sie werden mitversorgt. Für die Nahrungsbeschaffung arbeiten die Erwachsenen nur zwei bis drei Tage in der

Woche, das reicht. Für Männer ergibt sich eine Wochenarbeitszeit zum Nahrungserwerb von etwa 22, für Frauen eine von etwa 13 Stunden. Eine Jahresarbeitszeit zum Nahrungserwerb in der Größenordnung von 800 Stunden (davon etwa die Hälfte für pflanzliche Nahrung) wird auch von einer Reihe anderer Wildbeuterkulturen berichtet. Berücksichtigt man auch die Arbeitszeiten für die Herstellung von Gebrauchsgegenständen (Männer 7 bis 8, Frauen 5 Stunden pro Woche) und für Hausarbeit (vor allem Nahrungszubereitung, Kinderbetreuung, Wasser- und Feuerholzholen: Männer 15, Frauen 22 Stunden pro Woche), so ergeben sich bei den !Kung San mittlere *Gesamt*wochenarbeitszeiten von etwa 45 Stunden für Männer und 40 Stunden für Frauen. Dieser geringfügige Unterschied wird dadurch mehr als ausgeglichen, daß die Frauen ihre Kinder bis zu deren viertem Lebensjahr bei ihren Sammeltouren die meiste Zeit mitzutragen haben: in vier Jahren etwa 7800 Kilometer oder im Durchschnitt für eine Frau zwischen 20 und 40 Jahren jeden Tag etwa 9 Kilogramm »Kinderlast« auf einer Wegstrecke von 5 Kilometern!

Eine 40–45-Stunden-Woche für *alle* zu erledigenden Arbeiten und nur für Erwachsene zwischen 15 und 60 Jahren, das scheint in der Tat kein widerwärtig überlastetes Leben. Fragen wir uns nun: Was bringt diese Arbeitsleistung ein? Dies muß sich vor allem auf die Nahrungsversorgung beziehen: Wird so wenig gearbeitet, weil unter den kärglichen Kalahari-Bedingungen mehr nicht zu holen wäre? Ist dies dann also ein Hungerleiderleben? Obwohl Frauen nur 13 Stunden pro Woche für die Nahrungssuche aufwenden, bringen sie in dieser Zeit fast 60 Prozent der Nahrungskalorien, während die Männer in ihren 22 Stunden den Rest herbeischaffen, das meiste als – allerdings viel mehr als Pflanzennahrung begehrtes – Fleisch (sie tragen nur etwa 20 Prozent der gesammelten Pflanzennahrung bei). Daß Frauen in der auf Pflanzensammeln konzentrierten Nahrungsbeschaffung in Kalorien gemessen produktiver sind als die überwiegend jagenden Männer, trifft für die meisten in warmen Zonen lebenden Sammler und Jäger zu. Ihr Beitrag zur Ernährung der Gruppe beträgt meist zwischen ½ bis ⅔, was ihre oft hohe, den Männern gleichrangige soziale Stellung erklären kann. Frauen sind also nicht nur als Mütter, sondern auch als unentbehrliche Mitversorger von Männern hochgeschätzt. Was nun

die in diesen Arbeitszeiten herbeigebrachten Nahrungsmengen angeht, so betrugen sie bei den !Kung San im Mittel pro Tag und Kopf 2355 Kalorien, davon 690 als Fleisch. Dies ist eine so ausreichende und bekömmliche Kost, daß den Buschleuten in der Tat – nach Überwinden der hohen Kindersterblichkeit (etwa 40 Prozent bis zum fünfzehnten, 20 Prozent allein im ersten Lebensjahr) – von Ärzten ein guter Gesundheitszustand bestätigt wird. Vor allem fehlen bei ihnen fast alle typischen Über- und Fehlernäherungsleiden – etwa Hochdruck, Herz- und Kreislaufkrankheiten –, wie sie bei ackerbauenden Primitiv- und Hochkulturen viel häufiger zu finden sind. Liegt wegen der hohen Kindersterblichkeit die durchschnittliche Lebenserwartung der Sammler und Jäger auch nur bei 20 bis 30 Jahren, so beträgt sie für 15jährige doch immer noch 20 bis 30 Jahre, so daß sie nicht geringer ist als jene der ackerbautreibenden Kulturen bis in die Neuzeit!
Diese Sammler und Jäger leben also recht gesund und auskömmlich bei beneidenswert niederer Arbeitsbelastung. Bedeutet das, daß sie damit ihre natürlichen Ressourcen ganz und gar ausschöpfen und durch deren Knappheit in ihrer Bevölkerungsdichte begrenzt werden? Erstaunlicherweise scheint dies nicht der Fall. Alle Beobachtungen deuten darauf hin, daß Sammler und Jäger keineswegs typischerweise am Existenzminimum dahinvegetieren, sondern daß sie ihre Bevölkerungsdichte in sicherem Abstand von der Tragfähigkeitsgrenze der Umwelt zu halten wissen. Man hat geschätzt, daß sie nur weniger als die Hälfte der in Jahren mit durchschnittlichem Nahrungsangebot möglichen Populationsdichte halten, womit sie selbst in gelegentlichen Mangelzeiten meist immer noch unter der Tragekapazität der Umwelt bleiben. Sie halten ihre Population also bei einer Dichte, bei der die grausameren Malthusschen Begrenzungsfaktoren (Hunger, Seuchen, Kriege) noch keineswegs zu greifen brauchen. Daß die Ernährungsbasis hinreichend ist, wurde schon erwähnt. Sammler und Jäger sind auch offenbar wenig durch schwere Seuchen gefährdet (wenn man sie nicht plötzlich von außen hereinträgt): Ihre niedrige Populationsdichte gestattet es Epidemien nicht leicht, sich auszubreiten. Der häufige Wechsel ihrer Lagerplätze fördert die Hygiene. Da sie außer mit Hunden nicht mit Haustieren zusammenleben, sind von Tieren übertragene Krankheiten selten. Zwar ist die krankheitsbedingte Kinder-

sterblichkeit, wie erwähnt, hoch, doch wird diese leicht durch eine ausreichende Geburtenrate ausgeglichen. Was schließlich territoriale Streitigkeiten und Kriege angeht, so sind sie insgesamt bei Sammlern und Jägern als organisierte Kämpfe um Lebensraum überaus selten. Im Gegenteil, zwischen den verstreuten Gruppen herrschen eher friedliche Formen gemeinsamer Landnutzung und flexibler Gruppenzugehörigkeit vor, die ein – in schlechten Jahren besonders wichtiges – Netzwerk durch Verwandtschaftsverhältnisse gestützter gegenseitiger Tauschbeziehungen und Unterstützungsverpflichtungen bilden. Das soll nicht heißen, daß diese Leute immer friedlich wären, keineswegs: Tödlicher Streit (z. B. um Frauen) kommt vor, genauso blutige Fehden. Die Häufigkeit von Mord und Totschlag liegt in einer ähnlichen Größenordnung, wie wir sie von schlimmeren Großstädten der »zivilisierten« Völker kennen. Rechnet man allerdings deren Kriegsverluste hinzu, so beeindrucken die Jäger und Sammler in der Tat als friedlichere Menschen! Aber diese Größenordnung – einige Hundertstel Prozent pro Jahr, also etwa eine aufs ganze Leben hochgerechnete Ein-Prozent-Chance, durch Menschengewalt ums Leben zu kommen – ist für die Kontrolle der Bevölkerungsdichte im Sinne von Malthus ebenso unmaßgeblich wie Raubfeinddruck: Die Gefahr, durch Löwen, Leoparden oder Hyänen ums Leben zu kommen, ist in der Kalaharisavanne mit etwa 5 Promille wohl geringer als die Gefahr, vom Blitz erschlagen zu werden.

Wenn also Malthus unrecht hatte und diese in primitivem Kulturzustand lebende Bevölkerung *nicht* durch Hungersnöte, Seuchen und mörderische Kämpfe um Ressourcen in Schranken gehalten wird – was hindert sie dann daran, zu wachsen? Ist ihre Vermehrungsfähigkeit vielleicht zu gering? Dieser Frage ist man besonders an den Kalahari-Buschleuten sehr genau nachgegangen. Die Antwort darauf ist ja und nein. Dabei mußte man zunächst einmal von einer klassischen Annahme demographischer Forschung abrücken, daß nämlich der Mensch im einfachsten Kulturzustand durch hohe (»so hoch wie möglich«) Geburtenrate und – bei annähernder Stabilität der Population – entsprechend hohe Sterberate gekennzeichnet sei. Die maximale, bei bester Ernährung unter voller Ausnützung aller Befruchtungschancen, unter natürlichen Umständen erreichbare durchschnittliche

Kinderzahl pro Frau, die maximale »natürliche Fruchtbarkeit« (siehe dazu Leridon und Menken 1979) wird mit etwa 10 bis 11 angegeben, als Beispiel dafür wird meist die in den USA lebende Hutterer-Sekte genannt. Ein typischerer Wert dürfte eher bei 8 liegen. Hätten die Jäger und Sammler jedoch im Durchschnitt so viele lebende Nachkommen, dann würde dies bei ihrer durchaus mäßigen Mortalität (Buschleute über 7 Jahre im Mittel 16 pro 1000) zu einer dramatischen Populationsexplosion führen. In Wirklichkeit beträgt bei den !Kung San die durchschnittliche Geburtenzahl pro Frau jedoch nur 5. Entsprechende Befunde gibt es auch von anderen Sammler- und Jägervölkern: Ihre Mortalität ist für eine nicht mit hochgezüchteter Medizintechnik betreute Bevölkerung mäßig. Ihr Populationswachstum liegt dennoch höchstens in der Größenordnung von 0,1 Prozent pro Jahr. Erinnern wir uns: Die Weltbevölkerung wächst zur Zeit mit fast zwanzigfacher Geschwindigkeit! Für die paläolithischen Menschen hat man die Zuwachsrate sogar nur auf größenordnungsmäßig 0,001 Prozent geschätzt. Die Verdoppelungszeit betrug also Zehntausende von Jahren. Das heißt jedoch nicht, daß die Menschheit damals etwa biologisch nicht fähig gewesen wäre, sich viel lebhafter zu vermehren. Dies belegt nicht nur die heutige Zuwachsrate in unterentwickelten Ländern, die 3 bis 4 Prozent pro Jahr erreichen kann, sondern zum Beispiel auch die Tatsache, daß der amerikanische Kontinent, nachdem ihn die ersten Menschen vor einigen zehntausend Jahren erreicht hatten, geradezu in Windeseile – je nach Schätzung in wenigen hundert bis tausend Jahren – bis zur Feuerlandspitze vollständig besiedelt wurde, wozu Zuwachsraten zwischen 1 und 3 Prozent pro Jahr nötig waren! Was hinderte und hindert also dann die Menschen auf Sammler- und Jäger-Kulturstufe unter normalen Umständen – wenn es keinen neuen Kontinent zu besiedeln gab, nachdem sie also nach Entstehung der Art *Homo sapiens* die ihnen erreich- und bewohnbare Erde wohl ähnlich rasch erobert und besiedelt hatten –, was hinderte sie daran, sich ebenso rasch weiterzuvermehren? Die Gründe dafür scheinen bei verschiedenen Sammlern und Jägern nicht dieselben, die Konsequenzen sind jedoch offenbar stets die gleichen: Sie haben nicht – wie Malthus von den wilden Heiden annahm – gewartet, bis die Sterberate unter dem Druck der Umweltbegrenzung anstieg, sondern haben die

Nachwuchsrate so beschränkt, daß der Gesamtzuwachs sich in minimalen und für sie wohl nicht wahrnehmbaren Grenzen hielt. Die Mechanismen und Mittel, die dies bewirkten, sind von verschiedener Art und haben auf den ersten Blick mit Malthus' »moral restraint« wenig zu tun, wenngleich sie im Effekt doch eine selbstverantwortliche Vermehrungskontrolle bewirken, die man durchaus moralisch nennen darf. Der Fall der !Kung San ist besonders interessant und aufschlußreich. Die !Kungfrau gebiert im Durchschnitt nur alle vier Jahre ein überlebendes Kind, und das ist gut so, denn über diese vier Jahre hinweg – unter Umständen sogar noch länger – stillt sie das Kind nicht nur, für das über die ersten drei Jahre hinweg die Muttermilch praktisch die einzige Nahrung ist, sie trägt es bei ihren Sammeltouren auch nahezu dauernd mit sich herum. Die Belastung durch beide Beanspruchungen ist so groß, daß ein Neugeborenes in dieser Zeit nicht mitversorgt werden könnte. So weit, so gut; aber wie kommt es zu diesem großen Geburtenabstand? (Bei heutiger Bevölkerung beträgt er bei natürlicher Fertilität nur 27 bis 28 Monate.) Zunächst herrscht für etwa ein Jahr nach der Geburt ein Tabu gegen Geschlechtsverkehr. Was aber dann? Es gibt zwei rivalisierende und sich gegenseitig nicht ausschließende Theorien, um die länger dauernde Unfruchtbarkeit trotz sexuellen Verkehrs zu erklären. Rose Frisch hat darauf hingewiesen, daß das Stillen (bis zu 1000 Kalorien pro Tag!) und Kindertragen bei der knappen, stärke- und fettarmen Ernährung der Sammler und Jäger die Mutter so unter Nahrungsmangel, vor allem Fettmangel bringen, daß dadurch Ovulationen blockiert werden. Dies wird allerdings von anderen Autoren als wenig wahrscheinlich angesehen. Man muß jedoch sehen, daß ein zweiter Faktor hinzukommt, den vor allem Robert Lee betont hat: In den ersten drei Jahren stammt nicht nur nahezu die gesamte Kindernahrung aus der Mutterbrust, das Kind holt sich seinen Bedarf vor allem auch nach Belieben in außerordentlich häufigen Saugportionen. Man weiß, daß der lebhafte und häufige Saugreiz hormonell zum einen die weitere Milchproduktion fördert, zum andern aber über das gleiche Hormon Prolaktin die Entwicklung befruchtungsfähiger Eier und daher die Ovulation blockiert. Vollstillen kann die Unfruchtbarkeit nach der Geburt – nach den ersten an sich schon unfruchtbaren sechs Wochen –

um bis zu 25 bis 28 Monate ausdehnen. Was immer hierfür entscheidend sein mag, das Ergebnis ist, daß das »Reproduktionsverhalten« der !Kung-Frauen ihrem »Produktionsverhalten« als zu weiten Wanderungen gezwungenen Nahrungssammlerinnen genau entspricht. Zusätzlicher geburtenregelnder Eingriffe bedarf es bei ihnen nicht. Die seltene (weniger als 2 Prozent) Tötung des Neugeborenen, über die allein die Mutter entscheidet, kommt nur in Frage, wenn das Kind Geburtsfehler hat, wenn Zwillinge geboren werden, wenn das Kind ausnahmsweise in zu kurzem Abstand zum letzten kommt, oder wenn sich die Mutter zu alt oder krank fühlt, um ein Kind aufzuziehen.

Bei anderen Sammler- und Jägervölkern findet sich zwar ebenfalls eine Zuwachskontrolle, doch können dort die Methoden und Mechanismen durchaus andere sein. Auch bei den Ureinwohnern Australiens spielt zum Beispiel die »Tragekapazität« der Mutter – eher als die der Umwelt – eine entscheidend begrenzende Rolle. Bei ihnen wie bei anderen Jägern und Sammlern kann jedoch zusätzlich die Kindestötungsrate erheblich sein, in manchen Fällen bis zu 50 Prozent betragen, um einen ausreichenden Geburtenabstand zu erreichen. Bei einigen Stämmen sind es bevorzugt Mädchen, die getötet werden, deren Anzahl ja das Vermehrungsvermögen der Bevölkerung bestimmt. Bei manchen Eskimos fand man eine Senkung der durchschnittlichen Geburtenrate, da die jagenden Männer lange Zeiten des Jahres abwesend waren und da das harte, entbehrungsreiche Nomadenleben zu mehr Tot- und Fehlgeburten und zu niederer Befruchtungswahrscheinlichkeit führte. Auch künstlicher Schwangerschaftsabbruch ist von einigen Völkern bekannt. Manche dieser Methoden mögen grausam wirken. Sie sind jedoch sicher weniger grausam als die Auslieferung der ganzen Bevölkerung an die Gefahr des Verhungerns. Zusammengefaßt kann man also sagen: Die Jäger und Sammler auf Steinzeitkulturstufe haben es erreicht, die Nachwuchsrate so klein zu halten, daß die Bevölkerung über längere Zeit stabil und in sicherem Abstand von der harten Begrenzung durch die ökologische Tragekapazität blieb. Was dabei »natürliche« und »kulturelle« Geburtenregelung ist, läßt sich im einzelnen gar nicht trennen: Ist es ein Natur- oder ein Kulturmerkmal, daß die !Kungmütter ihre Kinder jahrelang dauerstillen und nicht über längere Zeit absetzen? Ist es ein Natur- oder ein

Kulturmerkmal, wenn sie Kinder mit Geburtsfehlern töten – wie so viele Tiere auch? Entscheidend und menschlich daran ist, daß sich diese Mütter nach bestimmten »richtigen« Verhaltensregeln und -erwartungen richten, die in ihrer Gemeinschaft als richtige Handlungsmodelle gelten. Und so zu handeln ist sicher ein kulturelles Merkmal.

Dies zeigt sich auch daran, daß sich dieses den Umweltbedingungen so überaus wohlangepaßte Reproduktionsverhalten beim Übergang zu einer anderen Lebensweise – der Ernährung durch Landbau und Viehzucht – sehr rasch und dramatisch änderte. Unter dem Gesichtspunkt der Bevölkerungsdynamik und Umweltbegrenzung müssen wir noch eine weitere Frage stellen. Wie kommt es, daß die Steinzeitmenschen es nicht geschafft haben, eine *völlig* konstante Bevölkerungsdichte, also Nullwachstum, einzuhalten und sich damit zu bescheiden? Dies ist in einer Welt wechselnden Ressourcenangebots und ständiger Fortentwicklung der Technologie der Ressourcennutzung weder möglich noch überhaupt sinnvoll. Dazu gehörte eine über viele Jahrzehnte – denn einmal geborene Menschen können ja lange leben – reichende Vorhersicht der Entwicklung der Ressourcenlage, die der Steinzeitmensch sicher sowenig beherrschte, wie wir es heute tun. Wer aber eine allzu geringe oder gar eine negative Zuwachsrate hat, der wird in Konkurrenz mit anderen Kulturen, die weniger zurückhaltend sind, allzu leicht abgedrängt. Hinzu kommt, daß die Steinzeit nur bei ungenauer und kurzfristiger Betrachtung eine Zeit völliger technologischer Gleichförmigkeit war. Über die gesamten 300 000 Jahre der Geschichte unserer Art werden die Arbeitsmittel, Werkzeuge und Waffen – wie wir aus Funden wissen – ständig verändert, verbessert, verfeinert, zunächst langsam, dann immer rascher bis hin zum Übergang ins Neolithikum. Unter den gewaltigen Veränderungsdruckwellen der Eis- und Zwischeneiszeiten muß es immer wieder dazu gekommen sein, daß auch der relativ stabil angepaßte Steinzeitmensch Übervölkerungskrisen durchzustehen hatte, aus denen immer wieder jene Kulturen gestärkt hervorgingen, die im technologischen Wandel in der Ressourcenerschließung führend und reproduktiv ausreichend expansionsfähig waren. Was auf lange Sicht wie ein ruhiges, langsames Anwachsen beschrieben wird, bestand in kürzeren Zeiträumen sicher aus vielen gegen die ökologischen Grenzen anbrandenden steinzeitmenschlichen Bevölkerungswellen, die die Gesamtpopulation vorantrieben und dabei durch den kulturellen und vor allem technologischen Wandel die Grenzen der Tragekapazität langsam aber ständig weiter hinausschoben. Jede neue, verbesserte Waffen- und Jagdtechnik erschloß ja denen, die sie erfunden hatten, zusätzliche Nahrungsquellen und erlaubte ihnen nach der Innovation die Expansion, die Diversifikation und neue Stabilisierung in sicherem Abstand zu den neuen Grenzen (Markl 1980). Man muß sich bewußtmachen: Auch eine Bevölkerungszuwachsrate von weniger als einem Tausendstel Prozent pro Jahr und eine Verdoppelungszeit von einigen Zehntausenden von Jahren führen dazu, daß sich die Population des *Homo sapiens* von etwa 2 Millionen vor 100 000 Jahren bis vor 10 000 Jahren auf das annähernd Zehnfache vermehrte. Selbst das steinzeitliche Fastnullwachstum führt also, wenn diese Steinzeit nur lange genug dauert, unweigerlich zu einem Bevölkerungsdruck, der sich den ökologischen Tragfähigkeitsgrenzen nähern und diese zu spüren bekommen muß.

Der neolithische Weltmodell-Wechsel

Nach neueren Anschauungen, die vor allem von Ester Boserup (1965), Kent Flannery (1973), S. R. und L. R. Binford (1968) und Mark Cohen (1977) (siehe auch Reed 1977) entwickelt wurden, war es der ständig stärker werdende Populationsdruck am Ende des Mesolithikums, der die Menschen regional immer mehr zu seßhaftem Leben und zu der Ausbeutung stabilerer, wenn auch zunächst weniger begehrter und nur mit größeren Mühen zu nutzender Nahrungsquellen zwang. Dabei führten Seßhaftigkeit, Nahrungsumstellung, vor allem schon für die Kleinkinder, sowie andere Arbeitsweisen, die anderen Umgang mit den Kindern bewirkten, möglicherweise dazu, daß hergekommene Populationsbegrenzungsmechanismen der Jäger- und Sammler-Frau unwirksam wurden. Zugleich kann mit Beginn der Landbauwirtschaft ansteigender Arbeitskräftebedarf auch der Anlaß gewesen sein, daß die neolithischen Menschen ihre Zuwachsbeschränkung aufgaben oder den Zuwachs doch weniger scharf kontrollierten. Im Ergebnis führte das im Neolithikum mit 0,1 Prozent Zuwachsrate pro Jahr in wenigen tausend Jahren zu einem Gesamtbevölkerungsanstieg auf etwa 50 Millionen. Nach Boserup war es ebendieser zunehmende Bevölkerungsdruck, der die ständige Verbesserung, Verbreitung und Intensivierung der Ackerbau- und Viehzuchtwirtschaft vorantrieb und natürlich in positiver Rückwirkung von den steigenden Nahrungserträgen seinerseits wieder angetrieben wurde. Dieser Prozeß ist aus folgenden Gründen von Gordon Childe ganz zu Recht eine »Revolution« genannt worden.

Der technologische Fortschritt in der Altsteinzeit kam offenkundig so langsam voran, daß sich der Mensch – soweit er nicht mehr in Neuland expandieren konnte – über die Lebzeiten der Einzelindividuen praktisch einer gleichbleibenden natürlichen Umwelt mit fest vorgegebenen Grenzen der Ressourcennutzbarkeit gegenübersah. Die Menschen mußten daher gleichsam mit einem stabilen Weltmodell operieren, an das sie sich kulturell so anzupassen suchten, daß sie von allzu großen Nöten und Leiden verschont ihr Fortkommen fanden (siehe dazu Dumond 1972). Man könnte dies so darstellen: Die altsteinzeitlichen Menschen wurden von der Vorstellung gefürchteter Nachteile bei zu großer Bevölkerungszunahme dazu veranlaßt, ihre Kultur in *negativer Rückwirkung* so zu gestalten, daß dieser Zuwachs klein genug gehalten wurde, um in der Lebenszeit des einzelnen, ja in »Menschengedenken« unmerklich zu bleiben. Am Übergang zur neusteinzeitlichen Agrikultur muß sich jedoch ein anderes Weltmodell durchgesetzt haben, und zwar unter dem dennoch unvermeidlich im Lauf der Jahrtausende aufgestauten Bevölkerungsdruck und den sich daraus ergebenden Zwängen zu anderen Methoden des Nahrungserwerbs (z. B. Schalentieresammeln, Fischfang, Wildgräserernte), vielleicht auch aus den Erfahrungen der Eiszeitjäger, die sich mit getötetem Großwild Dauerfleischvorräte für die langen Wintermonate anzulegen hatten, und im Vertrauen auf die eigenen fortgeschrittenen kulturellen Fähigkeiten. Es war ein Weltmodell, in dem erwarteter und befürchteter Mangel die Menschen nicht zu vorsichtiger Beschränkung, sondern dazu veranlaßte, unter Einsatz aller Kräfte *mehr* Nahrung zu produzieren, was – wo erfolgreich – die ökologische Tragekapazität vergrößerte und somit in *positiver Rückwirkung* einen noch stärkeren Bevölkerungszuwachs möglich machte. Dieser stärkte zwar das Arbeitskräftepotential und erlaubte damit eine weiter verstärkte Produktion an Nahrung, zugleich machte er aber auch wieder verstärkte Anstrengungen in der Innovation, Intensivierung und Diversifizierung der Produktion erforderlich, um den ja nun wieder stärker gewordenen Bevölkerungsdruck auffangen zu können. Dieser neolithische Revolutionsprozeß ist uns bis heute nur allzu vertraut: Sein Weltmodell ist das großer Teile der Menschheit bis zum heutigen Tage. Der dynamische Teufelskreis produktiver Innovation, daraus resultierendem Bevölkerungszuwachs und davon erneut angetriebenem Eifer zu erneuten Verbesserungen der Produktivität ist das Schwungrad, das die Geschichte der letzten zehntausend Jahre angetrieben hat und auf das auch die heutige Menschheit auf Gedeih und Verderb geflochten scheint. Die Leistungen dieses Innovations- und Expansionskreislaufs – von dem die industrielle Revolution gleichsam ein Ableger ist, der in noch rascheren und wirkungsvolleren Zyklen schwingt als der agrikulturelle Fortschritt – sind, wie wir ständig deutlicher merken, im doppelten Sinne des Wortes atemraubend. Die menschliche Bevölkerung hat sich, seit sie dieses dynamische Weltbild übernahm, in dem sich die Tragekapazität der Umwelt durch eigene Erfindungskraft und eigenen Arbeitseinsatz scheinbar unbegrenzt erweitern läßt, von lächerlichen 50 Steinzeitmillionen auf – die Biosphäre wie ein Geschwür bedrückende – nahezu 5 Zivilisationsmilliarden emporgeschwungen. Es ist richtig: Nur unter dem Druck der Bevölkerung und unter dem vorgestellten Druck drohender Not konnte der Mensch den Sprung tun, die Produktionsgrundlagen seines Daseins selber zu gestalten, sich nicht mehr nur der unbeeinflußten Produktivität der Natur zu überlassen. Mit jedem Schritt produktiver Innovation, der Intensivierung und Expansion folgten jedoch dem erhöhten Angebot der dadurch noch stärker geweckte Bedarf und die noch stärker geweckten Befürchtungen, daß dieser angestiegene Bedarf (genauer: die vorgestellten Bedürfnisse) nicht gedeckt werden könnte, daß bittere Not drohe, wenn es nicht durch erneute Produktivitätssteigerung gelänge, das Angebot noch einmal zu steigern, koste es, was es wolle an Einsatz von Ressourcen, Einfallsreichtum und Arbeit. Ein System, in dem positive Rückwirkung die Dynamik treibt, schaukelt sich zwangsläufig zu immer schnelleren und immer wilderen Zyklen der Aktivität auf: Es ist ein System von grandios sich steigernder Leistungsfähigkeit – wenn es denn Leistung ist, was diese Aktivität darstellt. Nur eines kann es nicht, aufgrund des Konstruktionsprinzips, dem es seine Aktions- und Expansionsfähigkeit verdankt, solange es nach diesem Prinzip betrieben wird: Es kann sich nicht beruhigen, es kann sich nicht stabilisieren, es kann eigentlich nur eines mit einiger Sicherheit: Es kann, sich selbst zerstörend, bersten.

Einsicht, Besinnung, Verantwortung

Dies scheint jedoch nur unausweichlich, solange wir davon ausgehen, daß dieses neue neolithisch-agrikulturell-industrielle Weltmodell und diese neue Methode, in ihm zielgerichtete Handlungsstrategien zur ständigen Produktionssteigerung zu entwickeln, ein unausweichlich zwanghafter Wahn ist, der sich an der Erfahrung der Wirklichkeit nicht korrigieren läßt. Warum sollte dies aber so sein? Wir haben ja gesehen, daß es der entscheidende Vorteil des menschlichen kognitiven Systems ist, Weltmodelle entwerfen zu können und Handlungspfade in ihnen zu suchen, die zu gewünschten Zielen führen. Warum sollte es aber ein gewünschtes oder gar wünschbares Ziel des Menschen sein, das Kultur-Natur-System, oder anders ausgedrückt: das ökonomisch-ökologische System, das ihn trägt und erhält, bis zum Bersten zu treiben und sich mit ihm zu zerstören? Was zwingt den Menschen dazu, sich gegen die Natur totzusiegen? Was könnte den Menschen, der auf den Bevölkerungsdruck am Ende des Mesolithikums adaptiv dadurch reagierte, daß er sein Weltmodell und seine Handlungsstrategien umstellte, um dadurch der Natur eine höhere Tragekapazität abzuringen, was könnte ihn, 10 000 Jahre später und wohl doch auch nicht viel dümmer als damals, davon abhalten, sich aus Einsicht in die – wie früher bereits einmal seinen Altsteinzeitvorfahren – klar erkennbar werdenden Grenzen sinnvoller Produktivitätssteigerung, neu in seinem Weltmodell zu orientieren, neue Strategiepfade zu suchen, um zu den immer alten Zielen zu gelangen: zu Lebensglück, zur Befriedigung der ihm wesentlich erscheinenden Bedürfnisse, zur Vermeidung heilloser Katastrophen?

Diese Frage fordert natürlich zuerst die andere heraus: Stimmt es denn tatsächlich, daß die Grenzen der Expansion und Produktivitätssteigerung für das globale ökologisch-ökonomische System der Menschheit und ihres Hauses, der Erde, erkennbar werden? Zunächst: Erkennbar werden heißt nicht, daß sie erreicht sind! Es wäre aber aberwitzig, verantwortungslos und vorausdenkender Menschen unwürdig, die Weltwirtschaftsmaschine tatsächlich bis zu dem Punkt weiterzutreiben, an dem, für jeden an katastrophalen Folgen spürbar, die Grenze des Tragbaren, die endgültige Tragekapazität der Biosphäre überschritten wäre. Der frühe Steinzeitjäger war nicht so uneinsichtig, dies mit den Grenzen seiner Umwelt zu versuchen: Er hat, vermutlich durch bittere Erfahrungen belehrt, seine Kultur so eingerichtet, daß ein ausreichender Sicherheitsabstand zu Malthus' apokalyptischen Kontrollinstanzen gewährleistet war. Er tat es überdies geschickt genug, indem er dieses Wissen in der Traditionsstruktur seiner gesellschaftlichen und ökonomischen Organisation verankerte, so daß die Einhaltung der notwendigen Verhaltensregeln nicht abhängig war von der in jeder Generation neuen individuellen Einsicht und Selbstkontrolle jedes einzelnen, sonst möglicherweise allzuleicht seinen egoistischen Interessen verfallenden Mitglieds dieser Kulturgemeinschaft.

Was läßt uns annehmen, daß wir uns ganz rasch – das heißt in kulturevolutionären Zeitmaßstäben, in den nächsten zwei bis drei Generationen, also fünf bis zehn Jahrzehnten – den Belastbarkeits- und Produktivitätsgrenzen unserer Erde nähern? Zunächst: In den vergangenen fünf Jahrhunderten hat die agrikulturell-industrielle Hochleistungsökonomie die gesamte überhaupt nutzbare Erde vollends erobert, oder sie ist dabei, dies in den nächsten Jahrzehnten bis in die letzten Winkel der Antarktis oder des Tiefseebodens zu tun. Was mit der Aufteilung der Bodenbesitzrechte der ersten neolithischen Bauern seinen Anfang nahm – und wohl die kulturelle Wurzel des Krieges zwischen ressourcenhungrigen Völkern war –, ist nun fast vollendet: Die Erde ist endgültig erschlossen und territorial verteilt. Die letzten weißen Flecken, von denen die Älteren unter uns noch in der Schule hörten, beginnen in der Palette des Fortschritts zu leuchten:

in schillernden Ölfarben, rußgrau und im Farbspiel des Säureregens. Was am 7. Juni 1494 im Vertrag von Tordesillas von Papst Alexander VI. wie in Vorahnung dessen, was für die Erde nun herangekommen war, veranlaßt wurde: die Aufteilung der Kontinente zwischen der spanischen und portugiesischen Krone, das findet in diesen Tagen in Antarktisverträgen, Funkfrequenz- und Seerechtskonferenzen und Satellitenstellplatzabmachungen seinen endgültigen Abschluß: Der Raum und die Ressourcen sind verteilt, die Expansion kann nicht mehr nach außen, sie könnte nur noch nach innen gehen. Doch warum sollte sie dies nicht? Wir haben die Eckdaten bereits eingangs erwähnt: Mit über 6 Milliarden Verbrauchern beansprucht die Menschheit um die Jahrtausendwende einen so hohen Anteil der natürlichen Bioproduktion, daß jede weitere Erhöhung dieser Beanspruchung – und sei es nur mit winzigen 1 bis 2 Prozent im Jahr, als Lohnzuwachs die reine Provokation, als Inflationsrate der Stabilitätstraum jedes Finanz- und Wirtschaftsministers! – in wenigen Generationen die globale Nahrungsnot herbeiführen müßte. Gewiß, der Lebensstandard eines großen Teils der Weltbevölkerung ist erbärmlich und muß in den kommenden Dekaden durch Produktionssteigerung und wirtschaftliche Entwicklung dringend verbessert werden. Dies kann aber nur geschehen, wenn der Menschheitszuwachs in den gleichen kommenden Dekaden auf Null zurückgeführt wird und wenn der gut bis üppig versorgte kleinere Teil der Menschheit sich damit zufriedengibt, seinen Wohlstandsstandard zu halten und ihn nicht noch – wie in der Vergangenheit – weit überproportional zu erhöhen. Vor allem: Die globale Wirtschaftlichkeitsrechnung muß stimmen. Der Nutzen des menschlichen Wirtschaftens muß in jedem vernünftigen Welt- und Wirtschaftsmodell die Kosten decken, wenn die Menschheit bei aller Leistungssteigerung nicht ständig mehr draufzahlen soll. Diese Gesamtrechnung kann aber nur stimmen, wenn sie *alle* anfallenden Kosten einbezieht, die internen für Kapital, Rohstoffe und Arbeitskraft wie die externen, die in Form von Überausbeutung nicht erneuerbarer »freier« Ressourcen, durch Zerstörung sozialer und technischer Infrastruktur sowie durch Umweltbelastung verursacht werden und von allen gemeinsam zu tragen sind. Die Rechnung stimmt auch dann nicht, wenn man versuchte, diese externen Kosten dadurch zu ver-

schleiern, daß man sie in ferne Länder exportiert – und deren Bevölkerungen auferlegt – oder daß man sie in kommende Generationen zu exportieren sucht, die dann die Folgen unserer Mißwirtschaft als Erbschulden abzutragen hätten.
Diese Einsicht in die sich nähernden Grenzen der im Neolithikum eingeleiteten Expansion und die sich daraus notwendig ergebenden Folgerungen für vernunftgeleitetes Handeln bedeuten nun jedoch keineswegs ein Plädoyer für kulturelle und technologische Stagnation oder eine Absage an jedes Wirtschaftswachstum. Sie bedeutet nur dies: Die Menschheit – von den Zentren der Populationsvermehrung in der dritten Welt bis zu den Zentren der Produktionsvermehrung in der ersten – muß in den nächsten Dekaden lernen, die Weltbevölkerung zu stabilisieren und die Produktion an Nahrung und allen anderen benötigten und erwünschten Gütern so zu gestalten, daß dafür nur praktisch unerschöpfliche oder sich im Umfang der Abschöpfung selbst regenerativ erneuernde Ressourcen in Anspruch genommen werden – was alle Umweltressourcen, einschließlich der Belastbarkeit durch Abfallstoffe, umfassen muß – und daß diese Güter zu reellen Preisen angeboten werden. Dazu sind *alle* Kosten, also auch alle externen, von der heutigen und künftigen Menschengemeinschaft gemeinsam zu tragenden Kosten, in Anschlag zu bringen. Dies bedeutet, daß jede Produktion, die die Umwelt in einem Ausmaß belastet, das längerfristig mit dem Überleben des Menschen unter menschenwürdigen Umständen in einer überlebensfähigen Biosphäre nicht vereinbar ist und deshalb untragbar hohe Kosten verursacht, so unbezahlbar teuer gemacht werden muß, daß sie aus dem Marktangebot zu verschwinden hat. Ein Weltwirtschaftssystem, das unter diesen Rahmenbedingungen zu funktionieren hat, braucht ganz und gar nicht zu stagnieren oder gar in seiner Produktivität zu schrumpfen, im Gegenteil, es darf sogar weder stagnieren noch schrumpfen: Solange ein erheblicher Teil der Menschheit in jammervoller Armut vegetiert und solange ein erheblicher Teil der Weltwirtschaft auf Produktionstechnologien, Preiskalkulationen und Verbrauchergewohnheiten beruht, die diese Rahmenbedingungen ständig verletzen, solange kann kein Zweifel daran sein, daß auch in einem ökologisch verantwortbaren Weltmodell durch technische Innovation und wirtschaftliche Intensivierung

ständig neue Handlungs-, Produktions- und Wirtschaftsstrategien zu erfinden sind, die die notwendige innere Expansion ermöglichen, das heißt das wirtschaftliche Wachstum unter Einhaltung der Rahmenbedingungen eines langfristig zur Stabilität fähigen Weltmodells und einer langfristig lebens- und menschenfreundlichen Weltwirklichkeit. Nicht weniger, sondern mehr Erfindungskraft und Innovationsfreude sind nötig, wenn die Menschheit ohne katastrophenträchtige Turbulenzen aus der neolithisch-industriellen äußeren Expansion in die langfristige Stabilität einer vernunftgemäß gestalteten Weltzivilisation geführt werden soll. Es zeichnet sich ab, daß die Menschheit in den nächsten hundert Jahren an einen Wendepunkt ihrer Geschichte gelangt, der jenem am neolithischen Durchbruch an Bedeutung nicht nachsteht. Die Menschheit hat – mit beschränkteren Mitteln und Kenntnissen – schon früher einen solchen Umbruch gemeistert. Unser rückständiger paläolithischer Vorfahr hat es vermocht, mit seinen armseligen kulturellen Möglichkeiten die Menschheit über mehrere Millionen Jahre und durch die Schrecknisse mehrerer Eiszeiten annähernd stabil hindurchzubringen: Wie sollte es uns – mit unserer überlegenen Einsicht in das Wirken der Natur und mit unserer Fähigkeit, über deren Ressourcen und Kräfte zu verfügen – nicht möglich sein, auch diese Herausforderung zu bestehen; es wäre zutiefst unmoralisch, wollten wir daran zweifeln und verzweifeln.

Kapitel 4

Untergang oder Übergang: Natur als Kulturaufgabe

Vorbemerkungen

Es ist absurd: Die Wissenschaft kennt wohl kaum ein Drittel der auf der Erde lebenden Organismenarten, aber es ist so gut wie sicher, daß diese in den nächsten Jahrzehnten schneller dahinschwinden werden, als man sie selbst mit besten Kräften erforschen könnte. Alle diese dem Untergang geweihten biologischen Spezies sind in ihrer Art einmalig und unwiederbringlich, ein Verlust, den also weder wir noch unsere Nachfahren selbst mit größten Anstrengungen je wieder rückgängig machen können. Dabei ist absolut sicher, daß unter diesen dem Fortschritt geopferten Hekatomben ungezählte sind, die uns und kommenden Menschengenerationen in mannigfacher, jetzt noch ganz unvorstellbarer Weise nützlich sein könnten.

Während – glücklicherweise – das Bewußtsein der Erhaltungswürdigkeit von Kulturgütern, selbst wenn die Erhaltung erhebliche finanzielle Opfer erfordert, immer mehr zunimmt, also von Gütern, die der Mensch selbst gemacht hat und im Prinzip auch selbst wiederherstellen könnte, vernichten wir frohgemut und fast ohne schlechtes Gewissen, was wir weder selbst erzeugt haben, noch je wieder zu schaffen vermöchten.

Es ist grotesk: Wir meinen die Natur zu erhalten, wenn wir in Großaktionen spektakuläre Seltenheiten von hohem Symbol- und Publizitätswert – vom Seeadler bis zum Bambusbären – künstlich in Intensivpflege nehmen. Dabei verschließen wir die Augen vor der Notwendigkeit, in jedermanns nächster Umgebung, vom Rasen im

Vorgarten bis zur Hecke am Feldrain, vom Erholungswald bis zum Kiesweiher, der Natur eine lebensfähige Biotop-Infrastruktur zu gewähren. In ihr könnten Tausende von Arten überleben. Ohne sie wären am Ende auch alle in vorgeblicher Naturliebe teuer gehätschelten Raritäten und Star-Exoten doch nur erschütternde, lebensuntauglich im Gefängnis unserer Fürsorge dahinvegetierende Zeugen unseres Versagens. Sie könnten uns kaum mehr erfreuen. Sie müßten uns in der Unnatürlichkeit ihres musealen Schaudaseins und Scheindaseins vielmehr ständig anklagen.

Es ist pervers: Zur Verteidigung eines Lebensstils, zu dessen hehren Freiheiten es unter anderem gehört, uns von innen mit Rauschdrogen und von außen mit Umweltgiften zu zerstören, sind wir in Ost wie West in bornierter Einigkeit bereit, Milliardensummen aufzubringen, während wir uns gleichzeitig die Erhaltung der natürlichen Voraussetzungen eines Überlebens der Menschheit unter auch nur annähernd menschenwürdigen Bedingungen, die Erhaltung des kostbarsten Erbes der Menschheit also, nicht leisten zu können glauben. Wer könnte noch Vernunft darin erkennen, wenn es uns zu kostspielig erscheint, das zu erhalten, was die Natur uns beständig *kostenfrei* ins Haus liefern würde, nämlich eine lebensfreundliche, bekömmliche Umwelt, während wir zugleich wissen und täglich nachdrücklicher erfahren, daß es uns unendlich viel *teurer* kommt, ja schier unerschwinglich wird, zerstörte Umwelt mit technischen Mitteln wiederherzustellen, so daß sie für uns nutzbar bleibt.

Unser Bild der »Natur«, die Vorstellung, die wir von dem haben, was um uns ist, ohne von uns geschaffen zu sein, ist zugleich zwiespältig und überholt. Zwiespältig, weil uns die Natur einerseits unentbehrliche Nährmutter scheint, die sich unerschöpflich immer wieder von selbst ergänzt, was immer wir auch von ihr fordern. Zugleich ist sie andererseits eine Welt selbsttätiger Gewalten, die den Menschen unvorhersehbar und unbeeinflußbar mit Katastrophen bedroht, mit der Dürre, die die Ernte vernichtet, der Überschwemmung, die alles mit sich reißt, mit Erdbeben, Vereisung oder tödlichen Seuchen. Aus diesen Erfahrungen hat der Mensch im Lauf seiner Geschichte zweierlei Folgerungen für sein Handeln gezogen: Natur muß man, Natur kann man ausbeuten, sie ergänzt immer wieder, was man ihr nimmt.

Naturgewalten muß man aber auch bändigen, man kann sie überwältigen und beherrschen. Beides schließt sich zum Gedankenkreis: Natur zu beherrschen wird für den Menschen der »natürliche« Auftrag, die »natürliche« Herausforderung seines Daseins. Da sie sich unerschöpflich regeneriert, wird ihre Bewältigung gar zum reinen Segen: Erst durch Kultur wird die Natur vollendet, ihre Überwindung öffnet die Tür zu einem neuen Paradies, das ja schon immer als ein Garten, nie als eine Wildnis, gedacht wurde.

Diese Vorstellung hat sich in der Erfahrung vieler Jahrtausende geformt und gefestigt, sie prägt unsere Kultur und unser Verhalten von Grund auf. Aber wie viele andere Erfahrungen ist auch diese wohl zutreffend für die Zeit, in der sie gemacht wurde, aber ein schlechter Ratgeber für eine Welt, die sich geändert hat. Unser Doppelbild der Natur ist obsolet, und daher gefährdet es nun uns selbst *und* die Natur. Zwar hat sich weder an unserer Abhängigkeit von der Natur etwas geändert, noch daran, daß ihre Gewalten uns bedrohen können. Dagegen wird immer deutlicher, daß die Gaben der Natur für uns weder unerschöpflich sind, noch sich unbegrenzt wieder erneuern. Vor allem aber lernen wir fast täglich, daß die Natur keineswegs jeden Eingriff des Menschen zu ertragen vermag und daß sie nicht imstande ist, alle ihr zugefügten Wunden zu heilen. Unter dem Druck der Menschenmassen, der durch die heute verfügbaren technischen Möglichkeiten vervielfacht wird, zeigt die Natur uns, wie sie wirklich ist: ein durchaus fragiles Netzwerk von Lebensbeziehungen, das nur in Grenzen belastbar und regenerationsfähig ist und das wenigstens einigermaßen intakt sein muß, um auch unsere Art »ertragen« zu können.

Wir müssen begreifen: Die lebendige Natur ist kein gegen jeglichen Angriff immunes, stabiles System, dem der Mensch nichts anzuhaben vermag. Natur ist viel empfindlicher, als wir glaubten, das Leben viel verletzlicher, als wir dachten. Wo ehedem Naturgewalten den Menschen bedrohten, da bedroht heute Menschengewalt die Natur. Aber vergessen wir nicht: Der Mensch ist nicht *außer* der Natur, er kann nur *in ihr* existieren! Daher gilt die Drohung und Herausforderung: *Was wir heute und in den nächsten Jahrzehnten für oder gegen die Natur dieser Erde tun, wird das Schicksal eines großen Teils lebender Orga-*

nismenarten – die unsere eingeschlossen – für alle kommenden Generationen vorausbestimmen.

Der Umbruch ins Anthropozoikum

Als erstes müssen wir uns klarmachen, daß die Natur schon ohne jeden menschlichen Eingriff keineswegs gleichmäßig stabil und selbstregenerierend ist. Das Leben ist vielmehr schon immer bedroht und gefährdet, vor allem auch aus sich selbst heraus. Die »Beständigkeit« der Natur ist weitgehend eine Illusion aus zu kurzer zeitlicher Perspektive. Naturkatastrophen markieren die Epochen der Erdgeschichte. Was Geologen als Erdzeitalter beschreiben, wird in der Schichtenfolge der Fossilablagerungen durch die Reste jeweils charakteristischer Lebensentfaltungen gekennzeichnet. Am Übergang von Zeitalter zu Zeitalter verschwindet eine Fülle vordem beherrschender Tier- und Pflanzenformen und wird durch einen Schwarm neuer Lebenstypen abgelöst.
Die Ursachen dieser Umwälzungen, die wie Wellen des Lebens durch die Geschichte unserer Erde brandeten, kennen wir nur in wenigen Fällen genau. Von der Lebensentwicklung selbst herbeigeführte Umweltveränderungen – etwa die Entstehung der Sauerstoffhülle unseres Planeten – haben sicher immer wieder zum Umkippen von alten Lebenszuständen und zum Aufblühen neuer geführt. Genauso haben offenbar oft neu entstandene und in der Konkurrenz um begrenzte Ressourcen überlegene Lebensformen eine existierende Pflanzen- oder Tierwelt mehr oder weniger vollständig verdrängt, das heißt deren Repräsentanten so wirkungsvoll an der Vermehrung gehindert, daß ihre Arten erloschen.
Andererseits scheinen zu manchen Zeiten Umformungen der Erdkruste – vor allem, wenn sie auch mit Klimaveränderungen und starken Schwankungen des Meeresspiegels einhergingen – tiefgreifende Folgen für das Leben auf der Erde gehabt zu haben. Schließlich werden gerade neuerdings – vor allem für den Faunenschnitt am Ende der Kreidezeit, dem außer den meisten großen Sauriern auch zahlreiche andere Land- und Meeresorganismen, so zum Beispiel alle Belemniten und Ammoniten zum Opfer fielen – auch kosmische Katastrophenur-

sachen diskutiert, etwa der Einschlag eines Riesenmeteors, der weltweit so viel Staub aufwirbelte, daß massive, miteinander verbundene Lebens- und Klimaänderungen die Folge waren.
Die Hypothese ist zwar umstritten, doch muß man sich bewußtmachen, auf welch unerwartete Weise selbst scheinbar geringfügige Klimaänderungen sich auswirken können. So scheint zum Beispiel bei den meisten Reptilien die Geschlechtsbestimmung stark temperaturabhängig zu sein. Bei einer untersuchten Schildkrötenart entstehen aus Eiern, die unter 28 Grad Celsius erbrütet werden, fast keine Weibchen, aus solchen über 29,5 Grad Celsius dagegen fast nur Weibchen. Geringfügige Temperaturunterschiede der Umwelt können also die Vermehrung solcher Tiere tiefgreifend treffen.
Die Lebenshistoriker haben die Abfolge der Organismenwellen mit der Aufeinanderfolge von Herrschergeschlechtern verglichen. Daran ist jedenfalls so viel richtig, daß diese Stufen der Lebensentfaltung auf dem Lande wie im Wasser jeweils durch bestimmte Verwandtschaftsgruppen gekennzeichnet waren, die Produktion und Nutzung von Nahrung maßgeblich beherrschten. So folgten in den Meeren an der Katastrophengrenze zwischen Perm und Trias den vorher vorherrschenden Trilobiten und Brachiopoden des Erdaltertums die Cephalopoden und denen – wieder in mehreren Wellen – die Fische. So wechselten auf dem Lande Amphibien, Reptilien sowie Säuger und Vögel als herrschende Ausbeuter der sich ebenfalls wellenartig erneuernden Nahrungsproduzenten. Zwar verschwanden nur selten alle Angehörigen einer »veralteten« Gruppe und schon gar nicht alle gleichzeitig, aber dennoch entwickelte sich das Leben nicht in gleichmäßigem Wandel fort, sondern in einer Folge von vorhandene Lebensformen vernichtenden und zu neuen Formen aufblühenden Schüben.
Den Paläontologen sind heute mindestens fünf solcher »Lebenswechsel« (Faunenschnitte) als Massenartensterben und in der Folge massenhafte Neubesiedelungen bekannt: am Übergang vom Präkambrium zum Kambrium – wo die Vernichtungswelle vor allem mikroskopisch kleine Planktonorganismen betraf –, am Ende des Ordoviz, des Devon, des Perm, der Trias und der Kreidezeit. Man sieht, die alten Geologen richteten sich bei der Einteilung der Erdzeitalter bevorzugt nach solchen »raschen« Massenvernichtungen an Arten, da sich an

den damit verbundenen Veränderungen des Fossilienbestands deutliche Abgrenzungen festlegen ließen. Es ist im Blick auf das Folgende nützlich, zur Kenntnis zu nehmen, wie groß die Abnahme an Vielfalt der Lebensformen bei diesen Faunenschnitten war: meist wenig über 10 Prozent, nur an der Perm-Trias-Grenze 50 Prozent. So entstanden und vergingen im Laufe der Erdzeit einige hundert Millionen Arten, und nur ein Bruchteil davon – wohl weniger als ein Prozent – existiert bis in unsere Zeit.

Um uns das Geschehen in solchen Zeiten des Umbruchs vorstellen zu können, müssen wir allerdings gar nicht unbedingt den kriminalistischen Puzzlespielen der Fossilienjäger folgen. Wir brauchen uns nur umzusehen, denn wir befinden uns zur Zeit mitten in einem solchen dynastischen Wechsel, dazu in einem, der nach Ausmaß, Geschwindigkeit und Tragweite offenkundig nie seinesgleichen in der Erdgeschichte hatte.

Während man für die Zeit vor dem Auftreten des Menschen pro Jahr im Schnitt mit dem Aussterben und Neuentstehen von höchstens einer Art von Lebewesen – als gleichsam natürlicher Umsatzrate – rechnet, hat sich die Extinktionsrate unter dem Druck der sich entfaltenden Menschheit seit einigen hundert Jahren verzehnfacht, und sie steigt in unserer Zeit annähernd mit der gleichen explosionshaften Steilheit weiter an, mit der die menschliche Erdbevölkerung wächst.

Man schätzt, daß zur Zeit bereits mindestens eine Art, vielleicht schon zehn Arten *pro Tag* dahinschwinden. Dies entspricht größenordnungsmäßig *bereits jetzt* den vermutlich höchsten Aussterberaten während der dramatischsten Faunenschnitte der Erdgeschichte! Von 1600 bis 1975 wurden etwa 130 Vogel- und Säugetierarten ausgerottet, etwa ein Prozent des Artenbestandes dieser Gruppen, zehn- bis hundertfach mehr, als ohne Mencheneinwirkung »natürlicherweise« verschwunden wären. Dieser Prozeß begann nicht erst in unseren Jahrhunderten. Es gibt gute Hinweise darauf, daß schon unsere jagenden Eiszeitvorfahren erheblich dazu beitrugen, daß in den letzten Jahrzehntausenden zahlreiche Arten von Großsäugetieren ausstarben: Mammut und Wollnashorn mögen die bekanntesten dieser ersten Jagdopfer gewesen sein.

Da die Ausrottungsrate nun aber aus zwingenden Gründen noch rasch

weiter ansteigt – vermutlich bis zum Jahrtausendende bis auf *mehr als einen Artentod/Stunde!* –, steht zu befürchten, daß von dem auf 5 bis 10 Millionen Arten geschätzten Inventar der Erde an Pflanzen, Tieren und Mikroben in den nächsten Jahrzehnten mindestens 10 Prozent, vielleicht sogar bis zur Hälfte dem Menschendruck zum Opfer fallen.
Wir können dies auch anders ausdrücken: Die bisher in vielen Millionen von Lebensformen entfaltete Biomasse wird zunehmend durch die der einen Spezies Mensch sowie der kleinen Zahl von Nutzpflanzen und Nutztieren, von denen sein Leben abhängt (und deren Krankheitserregern und Schädlingen!), ersetzt werden.
Man muß sich dies im Zahlenbeispiel vor Augen führen. Die 4,5 Milliarden Menschenindividuen bringen heute etwa 225 Millionen Tonnen Biomasse auf die Waage (die auf 10^{18} Individuen geschätzten, mehreren Millionen Insektenarten wiegen nur etwa zehnmal soviel!). Jahr für Jahr kommen weitere 4 Millionen Tonnen Menschenmasse hinzu. Zur reinen Ernährung dieser Menschenflut würden – bei einem Bedarf von 10 000 Kilo-Joule pro Tag – theoretisch pro Jahr $1{,}6 \cdot 10^{16}$ KJ ausreichen, was etwa 0,5 Prozent der gesamten pflanzlichen Nettoproduktion der Erde entspräche. Durch Verluste, Verschwendung und zusätzliche Nutzung pflanzlicher Biomasse für andere Zwecke beträgt dieser Anteil jedoch heute schon eher 5 Prozent. Die Großverbraucherart Mensch nimmt also, da sich auch nicht die gesamte Pflanzenproduktion für tierischen Konsum eignet, bereits heute annähernd ein Zehntel dessen in Anspruch, was die gesamte irdische Pflanzenwelt für mehrere Millionen Tierarten an Nahrung bereitstellen kann.
Dieser Zustand ist brandneu! Die Natur hatte keine Chance, sich daran anzupassen. Bis vor ein paar tausend Jahren lebten auf der Erde nur wenige Millionen Menschen, die weniger als $\frac{1}{1000}$ Prozent der gesamten Pflanzenproduktion benötigten. Daß allein durch diesen vieltausendfach angewachsenen Nahrungskonkurrenzdruck unzählige Tierarten bedroht sind, ist unausweichlich. Hinzu kommt, daß der Mensch sich nicht darauf beschränkt, sich zu ernähren, sondern der übrigen Natur große Flächen zu vielfältiger anderer Eigennutzung entzieht. Das beste Maß dafür ist der Energieumsatz des Menschen, da er dem Ausmaß von dessen Tätigkeitsentfaltung parallel geht. Schon

auf bescheidenstem Unterentwicklungsniveau setzt der Mensch etwa fünfundzwanzigmal soviel Energie um, wie er allein als Nahrungsenergie benötigte. Läßt er es sich so gutgehen wie wir, so muß es noch einmal das Hundertfache dessen sein (das meiste davon aus fossilgelagerter Pflanzenproduktion, die sich nicht wieder ergänzt). Und all dieser mit unserem Leben und Wirtschaften einhergehende Energieumsatz braucht Raum, um sich zu entfalten. Daher vervielfältigt sich der räumliche Verengungsdruck auf die Natur noch über den der reinen Nahrungskonkurrenz hinaus. Bereits mehr als 10 Prozent der Landfläche der Bundesrepublik sind für Siedlungen, Industriebedarf und als Verkehrsraum in Anspruch genommen.

Die Konsequenz ist eindeutig: Wir erleben – und die Natur, die uns hervorgebracht und getragen hat, erleidet – einen gigantischen Lebensumbruch, eine dynastische Ablösung gewaltigen Ausmaßes. Anstelle der Millionen an Pflanzen- und Tierarten erfüllt die bewohnbare Erde in Milliardenzahl die eine Art Mensch, zusammen mit einer immer kleineren Schar hochspezialisiert gezüchteter Hilfsspezies, die ihm Nahrung, Genußmittel und andere Rohstoffe liefern. Von den einigen Hunderttausend Pflanzenarten der Erde hat der Mensch im Laufe seiner Geschichte wohl kaum mehr als ein Prozent je für seine Zwecke genutzt. Etwa 150 Arten wurden oder werden kommerziell angebaut. Aber nur weniger als 20 Arten liefern fast die gesamte Nahrung für Mensch und Nutztier, davon auch wieder nur 3 bis 4 Arten die überwiegende Masse: Weizen, Reis, Mais und Kartoffel. Wie es die Nationalakademie der Vereinigten Staaten ausgedrückt hat: ein schmales Bollwerk zwischen der Menschheit und der Hungersnot. Was Nutztiere angeht, so ist die Basis noch dünner: Nur einige Dutzend wurden je domestiziert. Praktisch 100 Prozent des Fleischs von Nutztieren liefern weniger als 10 Arten.

Am Tische dieses neuen Herrschers der Natur sammeln sich natürlich auch zahlreiche sich immer bedrohlicher vermehrende Schmarotzer, denen seine Monokulturen ein unerschöpfliches Schlaraffenland öffnen, sowie manche großzügig geduldete Mitesser, die seiner Unterhaltung dienen. Hinzu kommen die für die Entsorgung unentbehrlichen Mikroben, die seine Kloaken beleben, während der Rest der lebendigen Welt günstigstenfalls in musealen Naturreservaten zusammengepreßt in Schutzhaft zu verkümmern droht. Dem Paläo-, Meso- und Neozoikum folgt somit ein Metazoikum, genauer ein *Anthropozoikum*, denn der Mensch allein ist dafür verantwortlich, daß dies alles geschieht. Ob er es beherrscht oder an dieser Aufgabe scheitert, er wird die Verantwortung dafür tragen müssen. Datierungsschwierigkeiten für diesen neuesten Faunenschnitt wird es nicht geben: er geschieht hier und jetzt.

Naturdämmerung

Diese verkürzenden Schlußfolgerungen sind kraß und tragen – wie alle Prophezeiungen, die gegenwärtige Entwicklungen in die Zukunft verlängern – glücklicherweise auch genügend Möglichkeiten für Prognoseirrtümer in sich, um zum Widerspruch herauszufordern. Widerspruch kann zweierlei bedeuten. Zweifel an der grundsätzlichen Richtigkeit des Dargelegten: Das wäre ein Widerspruch, der das nötige Umdenken und Umlenken lähmen und gerade dadurch in der Folge alle Zweifel beseitigen und die finstere Vorhersage eintreffen lassen müßte. Widerspruch kann aber auch Herausforderung zum Handeln bedeuten mit dem Ziel, das Vorhergesagte *nicht* Wirklichkeit werden zu lassen und die Prognose zu widerlegen.

Zwischen diesen Polen schwankt zur Zeit die öffentliche Bewertung der globalen ökologischen Prognose. So richtig es ist, daß man der morbiden Begeisterung an Untergangsgemälden widerstehen soll, so wichtig ist es allerdings auch, klar zu sehen: Die gegebene Vorausschau beruht leider auf einer Reihe so gut gesicherter Annahmen, daß ein gerüttelt Maß dessen, was im schlimmsten Falle zu befürchten wäre, bereits jetzt fast zwangsläufig programmiert ist. Nach den Erkenntnissen der Populationsbiologie ist das Aussterben der Arten ein Prozeß, der längst im Gang sein kann, während der oberflächliche Beobachter durchaus den Eindruck haben mag, daß die gefährdeten Lebensformen immer noch anzutreffen seien und daher wohl doch nicht so sehr bedroht sein können.

Nur selten fällt eine Art einem direkten Vernichtungsfeldzug zum Opfer – obwohl es auch dafür genügend Beispiele gibt, vom Vogel Dronte über die amerikanische Wandertaube bis zu Blau- und Pottwal, denen das gleiche Schicksal droht. In aller Regel aber schwinden Arten dahin, ohne daß einer dies so wollte und ohne daß man oft im einzelnen konkrete Handlungen bestimmter Menschen dafür gleichsam rechtsverantwortlich machen könnte. Sie schwinden, weil ihre Lebensvoraussetzungen immer mehr abgeschnürt werden. Und so folgt aus vielem, was wir tun, ohne es zu müssen – und sicher auch aus manchem, was wir sogar unbezweifelbar tun müssen, um zu überleben und um die zahllosen hungernden Menschen zu ernähren –, daß viele Organismenarten dies nicht überstehen können, selbst wenn wir subjektiv besten Willens wären, auf sie Rücksicht zu nehmen.

Das macht sich mancher nicht klar, der redlich bemüht ist, den berechtigten Ansprüchen von Mensch *und* Natur Rechnung zu tragen. Wer meint, die Erhaltung der meisten natürlichen Arten eines Landes sei dadurch gewährleistet, daß einige Prozent der Landesfläche – in Form einiger Tausend Quadratkilometer ausgedrückt nimmt sich das stattlich aus! – als Naturschutzgebiete ausgewiesen sind, die ja selbst meist keineswegs intakte Natur darstellen, der gibt sich einer frommen Täuschung hin. Bei diesem Stand der Dinge ist so manche Art bereits zum Untergang verurteilt, selbst wenn sie heute durchaus noch regelmäßig anzutreffen ist.

Um das begreiflich zu machen, muß man sich die wesentlichen Ursachen des Aussterbens von Biospezies verdeutlichen. Gefährlich werden kann einer Art ein Nahrungskonkurrent, ein Freßfeind, ein Parasit oder ein Krankheitserreger. Gefährlich ist die Isolation auf einer kleinen Habitatinsel. Gefährlich ist vor allem auch eine zu rasche Veränderung des Lebensraums, sei es durch gewaltsame Zerstörung, durch schleichende Vergiftung oder durch scheinbar harmlose Veränderung der Zusammensetzung einer Lebensgemeinschaft.

Teils greifen diese Gefahren direkt an den Individuen einer bedrohten Population an, teils schädigen sie deren Fortpflanzungsmöglichkeiten, teils werden ihre lebensnotwendigen Ressourcen, vor allem die Nahrungsbasis betroffen. (Daß sich Arten auch durch Eigentümlichkeiten des sexuellen Selektionsprozesses selbst dadurch in Gefahr bringen können, daß im Wettstreit um Geschlechtspartner Eigenschaften »angezüchtet« werden, die ihre Träger dann anderen Selektionsdrucken – etwa von Freßfeinden – leichter zum Opfer fallen lassen, sei nur am

Rande erwähnt, da es in unserem Zusammenhang ohne Belang ist: Die Evolution optimiert eben leider nicht die Überlebensfähigkeit einer Art, sondern den Fortpflanzungserfolg ihrer Individuen!)
Das sind gar nicht so viele Möglichkeiten, Arten in Gefahr zu bringen, möchte man meinen, aber der Mensch setzt sie alle in Gang und, was schlimmer ist, oft genug mehrere zugleich in multiplizierter Wirkung, wenn er etwa ein Pelztier jagt, ihm seine Nahrungsbasis mindert, seinen Lebensraum zu winzigen Inseln schrumpfen läßt und diese dann noch durch Umweltgifte belastet. Nun gibt es Arten, die so variabel in ihren Ansprüchen an die Umwelt sind, daß sie bei Druck von einer oder anderer Seite auf andere Nahrung, in andere Habitate, in andere Schutzanpassungen und Verhaltensweisen ausweichen können. Diese ökologischen Tausendsassas kommen manchmal sogar unter dem Regime des Menschen besser zurecht als zuvor: An Fliegen und Schaben, an Spatzen und Ratten wird wohl auch in Zukunft sowenig Mangel herrschen wie an manchen Algen, Bakterien oder Pilzen. Doch sind dies durchaus die Ausnahmen von der Regel, die vielmehr darin besteht, daß die meisten Arten von Lebewesen ziemlich eng in eine bestimmte Umwelt eingenischt sind. Daher stellen sie meist sehr spezielle Ansprüche, die ihnen zwar dann auch oft nur von wenigen anderen Arten streitig gemacht werden, die es ihnen aber andererseits weder gestatten, unter Druck in neue Nischen und andere Lebensweisen auszuweichen, noch einem solchen Druck in ihren immer kleiner gewordenen ursprünglichen Lebensräumen zu widerstehen. Sind ihre Individuenbestände dann oft genug schon wegen ihres Spezialistendaseins von Natur aus klein, so unterschreiten sie unter Einschränkungsdruck schnell und oft allzu schnell unwiderruflich den Wert, der zu einer beständigen Erhaltung einer Art nötig ist. Dies sind die *aussterbeanfälligen Arten*, und das sind leider die allermeisten Arten.
Handelt es sich dabei um auffällige, schöne, große, bekannte Arten, so erregt ihr Schicksal noch am ehesten öffentliches Aufsehen, das heißt, es läßt sich am ehesten publizistisch vermarkten. Dieses Aufsehen steht mitunter in keinem Verhältnis zur Bedeutung dieser Arten im Naturhaushalt. Konzentrieren sich Schutzmaßnahmen dann noch dazu einseitig auf deren Erhaltung als *Einzelarten* ohne Beachtung ihrer Einbindung in eine Lebensgemeinschaft, so kann die Erreichung dieses

Ziels gerade dadurch gefährdet werden, daß man es mit Eifer verfolgt. Wenn sich die Anstrengungen nämlich nicht darauf richten, jenes Netzwerk organismischer Infrastrukturen in natürlichen Biotopen zu erhalten, von dem zusammen mit vielen anderen eben auch diese spektakulären Arten mit hohem Schau- und Symbolwert erhalten werden, so würde auch der engagierteste Artenschutz zwangsläufig eine Jahrmarkts-Natur zur Befriedigung menschlicher Sensationslust kultivieren. In dieser würden gerade die so erhaltenen Arten zu halbdomestizierten und vom Menschen ausgehaltenen Zerrbildern ihres natürlichen Zustandes: Naturschutz als Safaripark-Wirtschaft.
Ohne die Bewahrung langfristig lebensfähiger Biotope kann es daher keinen Artenschutz geben, der diesen Namen verdient.
Dies heißt vor allem zweierlei:

1. Das primäre Augenmerk aller Schutzmaßnahmen muß sich auf die Erhaltung der natürlichen vielfältigen Pflanzenwelt eines Biotops richten, denn pauschal gerechnet gibt es etwa zehnmal weniger Pflanzen- als Tierarten, so daß ganz grob mit hundert ausgerotteten Pflanzenarten an die tausend auf deren Nutzung in der Nahrungskette spezialisierte Tierarten ins Verderben gerissen werden.
Die Notwendigkeit der Vielfalt dieser pflanzlichen Lebensgrundlage kann dabei gar nicht überbewertet werden. Vielfalt nicht nur in der Zahl verschiedener Arten, Vielfalt genauso innerhalb der Populationen der einzelnen Arten, da es sich oft genug gezeigt hat, daß die Überlebensfähigkeit, Anpassungsfähigkeit und Widerstandskraft gegen Feinde und Krankheitserreger, die wir in ungestörten Beständen finden, ihren Grund im Reichtum an genetischen Varianten hat, die eine gesunde Population enthält. Bei manchen Pflanzen fand man zum Beispiel, daß ihre chemische Abwehr gegen Pflanzenfresser dadurch besonders wirkungsvoll ist, daß bei der gleichen Art vielerlei Varianten von Abwehrsubstanzen vorkommen, so daß es dem Freßfeind fast unmöglich wird, seinerseits Widerstandsmethoden gegen alle zu entwickeln. Die landwirtschaftlichen Monokulturen sind nicht zum mindesten gerade dadurch besonders durch Schädlings- und Krankheitsbefall gefährdet, daß die wenigen Nutzpflanzenarten auch noch in ganz wenigen, hochgradig auf Ertragsleistung getrimmten, genetisch

reinen oder variantenarmen Sorten auf riesigen Anbauflächen der Anpassungsselektion ihrer natürlichen Feinde feilgeboten werden, die ihrerseits wieder wenige hochselektierte Spezialisten darstellen: Armut an Varianten kann hier nur immer weitere Artenarmut zur Folge haben.

2. Nicht weniger wichtig ist die räumliche Ausdehnung der geschützten Biotope. Die biogeographische Forschung hat immer wieder eine Faustregel bestätigt gefunden, nach der bei Verkleinerung der Fläche eines Ökosystems – eines Waldes, eines Moores, eines Flußufersaumes – auf ein Zehntel der Ausgangsgröße die Zahl der dort *langfristig* überlebensfähigen Arten auf etwa die Hälfte des Ausgangsbestands absinkt. Diese Regel gilt nur grob. Im Einzelfall kann die Artenzahl stärker oder schwächer sinken. Das hängt vor allem auch von zusätzlichen Eingriffen in den Restbestand und von der Homogenität oder dem Nischenreichtum eines Lebensraums ab. Doch immer gilt ohne Ausnahme: Verkleinert man den Lebensraum einer natürlichen Lebensgemeinschaft, so werden nicht einfach die gleichen Arten mit eben weniger Individuen in diesem Mikrokosmos fortleben, sondern es treten *zwangsläufig Artenverluste* ein. Was als *quantitative* Veränderung begann, führt unaufhaltsam zum *qualitativen* Wandel!

Besonders betroffen sind davon wegen ihres großen Lebensraumbedarfs die großen Beutegreifer unter den Reptilien, Vögeln und Säugetieren. Der einzeln lebende Puma braucht zum Beispiel etwa 26 Quadratkilometer pro Individuum. Ein überlebensfähiger Bestand von 500 Tieren benötigte daher ein Reservat von 13 000 Quadratkilometern. Aber auf der ganzen Erde sind nur 3,5 Prozent aller Naturreservate größer als 10 000 Quadratkilometer. Man hat geschätzt, daß die großen afrikanischen Tierreservate in 100 Jahren ein Zehntel, in 500 Jahren ein Drittel und in 5000 Jahren drei Viertel ihrer Arten verloren haben werden!
Läßt man daher, global betrachtet, für ungestörte Lebensgemeinschaften infolge der Inanspruchnahme und Nutzung von zunehmend mehr Raum durch den Menschen – und niemand wird vernünftigerweise bestreiten wollen, daß dies zwangsläufig notwendig sein wird – immer

weniger Platz, so können in dem verbleibenden Naturraum nicht alle Arten überleben, die die Erde bisher erfüllten. Man kann auch recht gut vorhersehen (und laufend verfolgen), welche Arten diesem Druck des Habitatschwundes am leichtesten zum Opfer fallen. Es sind die Großraubtiere auf den obersten Sprossen der Nahrungsleiter, da sie besonders große Jagdreviere benötigen. Es sind die auf bestimmte Nahrung oder andere Ressourcen hochspezialisierten Arten, deren Lebensgrundlagen knapp sind und die daher von Natur aus selten sein müssen. Es sind die Arten, die aus erdgeschichtlichen Zufälligkeiten auf kleine Vorkommensbereiche – Biotopinseln – beschränkt sind und keine Ausweichräume haben, desgleichen solche, die, wie manche Seevögel, nur in dichten Kolonien auf kleinstem Raum brüten (und bei deren Zerstörung mitgerissen werden). Es sind Wanderarten, deren Wanderwege blockiert, deren Zwischenstationen zum Nahrungstanken – wie unsere Feuchtgebiete für viele nordische Zugvögel – oder deren Überwinterungsgebiete vernichtet werden. Es sind viele Arten, die seit langer Zeit an hochgesättigte stabile Lebensgemeinschaften angepaßt sind und daher – wie viele Tropenwaldbewohner – kaum ein Ausbreitungs- und Kolonisationsvermögen besitzen. *Vor allem aber: Es sind die meisten Arten.* Wie dramatisch und unaufhaltsam diese Prozesse fortschreiten, wird aus quantitativen Betrachtungen klar, für die zwei Beispiele genügen sollen.

1. Im Bereich der Bundesrepublik (zirka 250 000 Quadratkilometer) lebten im Naturzustand wohl etwa 50 000 bis 100 000 Organismenarten. Von dieser Fläche stehen einigermaßen ungestörter Natur vielleicht nur ein Prozent, bestimmt nicht mehr als 5 Prozent zur Verfügung, während etwa 85 Prozent land- und forstwirtschaftlich genutzt werden, was für etwa die Hälfte unseres Landes bedeutet, daß auf ihr knapp zwei Dutzend Nutzpflanzenarten Biomasse für Mensch und Nutztiere erzeugen.
Diese ohnehin wenigen Prozente Naturlandschaft sind überdies noch in zahlreiche, zum Teil winzige Parzellen zerstückelt, die oft von weiten Kulturflächen völlig abgeriegelt sind, so daß viele Arten in ihnen effektiv auf ausweglose Inseln geraten. Die Rote Liste der gefährdeten einheimischen Arten weist zur Zeit etwa 1800 Tierarten

(darunter mehr als 50 Prozent aller Wirbeltierarten) und etwa 800, also fast ein Drittel, aller einheimischen Farn- und Blütenpflanzen als schon ausgestorben oder vom Aussterben bedroht aus. Hier erleben wir erstens die Spätfolgen der über Jahrhunderte abgelaufenen Landnahme durch die Menschen. Zweitens kann es keine Frage sein, daß dies nur die Spitze eines Eisbergs drohender Artenvernichtung in unserem Land ist, zumal ja viele Tier- und Pflanzengruppen noch gar nicht angemessen auf ihre Überlebenslage geprüft und aufgelistet wurden.
Realistisch geschätzt droht allein durch die Habitatreduktion längerfristig mindestens der Hälfte der einheimischen Fauna und Flora das Verlöschen (ohne daß die *zusätzlichen* Wirkungen der *Verschlechterung* des Habitats, vor allem dessen Vergiftung, dabei in Rechnung gestellt wären!). Wohlgemerkt: Damit dies eintritt, brauchen wir keinen Quadratkilometer zusätzlichen Naturraumes zu zerstören! Die Saat für diese tödliche Ernte ist längst gelegt. Dieser Artenschwund wird sich zwar wahrscheinlich durchaus über längere Zeit, vielleicht sogar über viele Generationen erstrecken, so daß man ihn von Wahlperiode zu Wahlperiode nicht so leicht nachweisen kann. Das macht sein unaufhaltsames Fortschreiten um nichts weniger erschreckend.

2. Blicken wir aus der Enge unserer übervölkerten Heimat hinaus in die anscheinend unerschöpfliche Weite der Naturreservate ferner Länder. Die immergrünen Feuchtwälder tropischer Tiefländer nehmen immer noch etwa 10 Millionen Quadratkilometer ein. Allerdings sind auch diese schon nur noch zwei Drittel ihrer Ursprungsgröße! Davon liegen vier Fünftel in neun Entwicklungsländern: Bolivien, Brasilien, Kolumbien, Peru, Venezuela, Indonesien, Malaysia, Gabun und Zaire. In ihrem Bereich leben jedoch rund eine Milliarde Menschen. Etwa 150 000 000 davon ernähren sich von einem primitiven Brandrodungs-Wanderackerbau, der sie wegen der nährstoffarmen Tropenwaldböden, aus Mangel an Kunstdünger, geeigneten Zuchtsorten, geeigneten Landbearbeitungsmaschinen – also aus Mangel an Kapital – und aus Mangel an tropenagrarwissenschaftlichen Kenntnissen und Ausbildungshilfen – also aus Mangel an Wissen – dazu zwingt, pro Familie und Jahr etwa einen Hektar Wald neu zu roden.

Hinzu kommen zusätzliche Belastung und Zerstörung der Tropenwälder durch Anlage von Großplantagen und Großfarmen für landwirtschaftliche Exporte, durch Nutz- und Feuerholzgewinnung, durch Holzexport in die Industrienationen, durch Wasserbaumaßnahmen und andere Eingriffe, so daß nach sorgfältigen weltweiten Erhebungen zur Zeit pro Jahr nicht weniger als 100 000 Quadratkilometer (also 20 Hektar pro Minute!), vielleicht sogar bis zum Doppelten davon, an tropischen Feuchtwäldern zerstört werden. Das heißt, daß zur Zeit – mit ansteigender Tendenz – pro Jahr 1 bis 2 Prozent dieses für Klima, Bodenbeschaffenheit und Wasserkreislauf großer Teile dieser Erde maßgeblichen Großlebensraums degradiert oder gar völlig vernichtet werden.

Daß diesem Vernichtungsfeldzug in Kürze Einhalt geboten werden könnte – und auf längere Frist wäre es dazu ja sicher zu spät –, muß allein deshalb bezweifelt werden, weil sich ausgerechnet in der gleichen Region die menschliche Bevölkerung im entscheidenden Zeitraum der nächsten 20 bis 30 Jahre noch einmal verdoppeln wird. 85 Prozent der zusätzlichen 2 Milliarden Menschen, die bis zum Jahre 2000 zur Erdbevölkerung hinzukommen, fallen im wahrsten Sinne des Wortes auf die tropischen Entwicklungsländer, und das heißt vor allem: Sie brechen über deren verbliebene Naturräume wie eine Flut herein.

Selbst bei konservativster Abschätzung der Folgen dieses Geschehens muß man zu dem Schluß kommen, daß von den etwa 3 Millionen Organismenarten (bis zu zwei Drittel des Weltbestandes!), die in diesen tropischen Feuchtwäldern auf nur 6 Prozent der Landfläche der Erde leben, mindestens ein Drittel, wahrscheinlicher die Hälfte, verloren sein wird, wenn diese Waldvernichtung ihr Ende gefunden hat, darunter zahllose Arten, die nicht nur der Wissenschaft, sondern auch hinsichtlich möglicher wirtschaftlicher Nutzung unbekannt sind und leider auch bleiben werden.

Wer daran zweifelt, daß solche Tropenarten für uns je von wirtschaftlichem Wert sein könnten, der sei daran erinnert, daß die Entwicklung wirksamer Impfmethoden gegen so gräßliche Menschheitsgeißeln wie Lepra und Hepatitis davon abhängen könnte, daß gänzlich unnütz erscheinende Tropentiere wie Gürteltiere oder Krallenäffchen als geeignete nichtmenschliche Lebewesen existieren, in denen sich die menschlichen Krankheitserreger züchten lassen, wie erst in neuerer Zeit entdeckt wurde. Ähnliches gilt für unersetzliche tropische Drogenpflanzen.

Und dieser Biospezies-Holocaust geschieht in den Tropen, wo die Natur, wenn man der Touristenwerbefolklore Glauben schenkte, noch unerschöpfliche Refugien hat. Man muß sich den Reichtum, der hier vernichtet wird, einmal deutlich machen: Auf einer 15 Quadratkilometer großen Tropeninsel wurden 1360 Arten höherer Pflanzen gefunden. (In der ganzen Bundesrepublik leben auf 248 469 Quadratkilometern nur 2352!) Aber die gleiche Tropeninsel Barro Colorado, die 1914 beim Fluten des Panamakanals entstand, verlor seither von ihren 208 Brutvogelarten volle 48 – soweit bekannt, allein durch Habitatreduktion, denn die Insel stand ständig unter Naturschutz!

Was an alledem besonders fatal ist: Die Generation, welche die Naturräume dezimiert, merkt die Folgen des Artenschwunds selber in der Regel gar nicht, sie kann sich darüber hinwegtäuschen, wenn sie in Reservaten den Reichtum an verbliebenen Tieren und Pflanzen bestaunt. Die Begleichung der tödlichen Abrechnung wird den kommenden Generationen auferlegt. Schäbig genug, die eigenen Nachfahren um ihr Erbe zu bringen. Geradezu empörend, sie auch noch für das, was unsere Generation an Naturschätzen verpraßt, die Zeche zahlen zu lassen.

Was bisher betrachtet wurde, ist jedoch nur *ein* Aspekt der Auswirkungen der künftigen Weltherrschaft der Spezies Mensch. Leider beschleunigt eine Reihe weiterer Faktoren die Naturdämmerung noch. Am wichtigsten darunter ist die regionale bis globale Belastung und Degradation auch jener Habitate, die der Mensch großmütig als naturgeschützt deklariert.

Das beginnt bei der Verschiebung von ökologischen Gleichgewichten, zum Beispiel durch die Wegnahme von Großraubtieren, wodurch die davon »entlasteten« Pflanzenfresser durch Überbesatz und Überweidung eine selbstzerstörerische Spirale in Gang setzen können, die wieder den menschlichen Eingriff herausfordert. Dabei gestattet der Mangel an Kenntnissen der ökologischen Zusammenhänge eines Lebensraums oft nicht mehr als grobschlächtige Hilfslösungen anstelle eines wohldurchdachten und fundierten Naturmanagements, das es etwa mit den Bestandserhaltungsleistungen ungestört natürlicher Ökosysteme aufnehmen könnte.

Was die Natur kostenlos und verläßlich besorgt, das erfordert von uns hohen Einsatz an Kapital und Personal – und dennoch ist das Resultat meist kläglich. Hinzu kommen dann andererseits die Belastungen verbleibender Lebensräume durch naturgierig-schaulustige Besucherscharen, deren Zahl ebenso rasch anschwillt, wie der Umfang gut erhaltener Naturflächen abnimmt: Eine zweite Spirale bedrohlicher Übernutzung der Biotope setzt an. Gar nicht zu reden vom Schaden durch Wilderei, von der bettelarme und hungernde Anrainer der Wildparks auf die Dauer kaum wirkungsvoll abzuhalten sind. Solange Rhinozeros-Hörner ein Viertel ihres Gewichts in Gold wert sind, weil impotente reiche Asiaten, dem Aussehen vertrauend, ungeahnte phallische Kräfte von ihnen erwarten, solange wird auch der größte Nationalpark auf Dauer kein sicherer Hort für diese letzten urweltlichen Giganten sein.

Am tiefgreifendsten und langfristig folgenschwersten ist jedoch die Belastung auch sonst unberührt gebliebener, geschweige denn zusätzlich anderen Lasten unterworfener Naturgebiete durch Umweltgifte, vom schwefel- und salpetersauren Regen bis zu der Überlastung mit Schwermetallsalzen oder Pestiziden. Diese Kette von Beschwernissen für die Natur – und natürlich für uns selbst und unsere Kulturorganismen nicht anders – kulminiert in der Bedrohung, die von Veränderungen der chemischen Zusammensetzung unserer Atmosphäre ausgehen könnte, wie sie vom CO_2-überwärmten Treibhaus bis zur kanzerogenen UV-Strahlenlast nach Zerstörung des Ozonschirms der Hochatmosphäre prognostiziert werden. Über alle diese, teils mehr, teils weniger realistischen Gefahrenquellen wurde in jüngster Zeit sehr ausführlich berichtet. Hier sei nur betont: Sie alle bewirken, daß auch die Restrefugien an Natur keine Inseln der Lebensseligkeit bleiben können, was ihren Artenschwund noch weiter steigern wird.

Das heißt:

Da die Menschheit in den nächsten zwei Generationen *mit Sicherheit* – wenn sie sich nicht im Wahnsinn eines globalen Krieges selbst auslöscht – nicht ab-, sondern weiter zunimmt, ehe es vielleicht bei 8 bis 10 Milliarden Menschen zu einem Zuwachsstillstand kommt,

da diese Menschen *mit Sicherheit* immer verzweifeltere Anstrengungen unternehmen werden und unternehmen *müssen*, um sich mit Nahrung, Energie und Rohstoffen zu versorgen,

da sie dafür *mit Sicherheit* alle verfügbaren natürlichen Ressourcen – und zuvörderst die nicht vermehrbare Ressource Raum – in weiter zunehmendem Maße in Anspruch nehmen *müssen*,

da all dies *mit Sicherheit* unvermeidlich zu unserer Lebzeit und der unserer Kinder eintreffen wird, steht der Übergang in das anthropozoische Zeitalter des Menschen und seiner globalen Wirtschaftskultur, steht der Abschied vom neozoischen Zeitalter der »Natur«, wie wir sie (schon kaum noch) kennen, unabänderlich bevor. Ungewiß ist lediglich, wie rasch, wie tief eingreifend und wie gefährlich auch für das Fortbestehen der Menschheit diese zwangsläufig eintretenden Entwicklungen ablaufen werden.

Die Frage, ob die Verluste nicht durch Neuentstehung von Arten in dieser neuen »Kultur-Natur« ausgeglichen werden können, ist eindeutig zu verneinen: In den nächsten Jahrzehnten, in denen wir mit dem Aussterben von einer Million Arten rechnen müssen, entstehen auf natürlichem Wege, wenn es hochkommt, einige Dutzend neue Arten!

Ein Natur- und Umweltschutz, der die Illusion aufrechterhalten wollte, dieses Rad könne angehalten oder gar zurückgedreht werden, verschlösse die Augen vor den bereits existierenden Tatsachen und ihren zwingenden Folgen. Was bevorsteht, ist ebenso klar erkennbar wie unsäglich bitter, jedenfalls für den, dem der Egoismus Herz und Augen nicht ganz vor der Tragik dieses Naturschicksals verschlossen hat.

Pflicht zum Handeln

Ist Natur- und Umweltschutz daher sinnlos und als Folge davon sogar unnötig geworden? Sinnlos, da der Untergang der Natur ja unausweichlich scheint? Unnötig, da wir diese alte Natur in ihrer überschäumenden Artenvielfalt gar nicht mehr benötigen? Bei der Beantwortung

dieser Fragen muß das Nachdenken ansetzen, und davon muß das politische Handeln ausgehen.
Wozu also benötigen wir zum Beispiel die bisherige Artenfülle? Sind sie denn alle gleich unentbehrlich, vom Kodiakbären bis hinunter zur Holunderblattlaus? Sind einige nicht doch wichtiger, daher schützenswerter als andere, und wenn so, welche? Wer wäre befugt, nach welchen Maßstäben über ihre Existenzberechtigung zu entscheiden? Sind solche Entscheidungen denn überhaupt moralisch vertretbar? Oder sind sie sowieso unausweichlich, und ist somit der Disput über ihre Vertretbarkeit akademische Dünnluft?
Und wenn wir sie denn brauchen, in wie vielen Ausfertigungen brauchen wir jede benötigte Art? Genügt ein Pärchen im Tierpark, oder genügen gar Dauerembryonen in der Tiefkühl-Arche-Noah, um sie über die menschliche Sintflut in bessere Zeit zu retten? Kann man sie in botanischen und zoologischen Gärten in kleiner Zahl unbegrenzt fortzüchten (und gegen Eintritt bestaunen lassen), in lebenden Naturmuseen als Prunkstücke einer vergangenen Epoche? Lohnt es überhaupt, Arten, herausgerissen aus der natürlichen Umwelt, in die allein sie »passen«, in Einzelhaft zu unserer Belustigung zu erhalten? Ist *das* moralisch vertretbar?
Fragen über Fragen. Wir haben das Haus angezündet, und nun wissen wir nicht, was wir zuerst retten sollen (außer unserer eigenen Haut). Noch weniger wissen wir, wie. Denn die scheinbar einfache, klare Lösung: Ganze Menschheit halt, kehrt marsch! Die Natur bleibt fürderhin unbehelligt, alle Arten sind uns gleich heilig, aus Ehrfurcht vor dem Leben – sie ist ja gar keine Lösung. Dies ist nur ein Bekenntnis edler Gesinnung und keine praktikable Alternative. Und nicht-praktikable Alternativen sind keine Alternativen, sie können sogar die Kräfte von der Suche nach und der Durchsetzung von praktikablen Handlungsmöglichkeiten ablenken. »Gut gemeint« kann auch hier das Gegenteil von »gut getan« bedeuten.
Da es eilt, kommt es allerdings auch nicht auf Finessen und auf Stellen hinter dem Komma an. Die Biologie weiß durchaus auf eine Reihe dieser Tatsachenfragen eine annähernd verläßliche Antwort. Natürlich steht es ihr nicht zu zu behaupten, sie könne moralische Wertungsfragen beantworten. Doch kann sie selbst auf diese *konditionale*

Antworten geben: Wenn wir dies tun und jenes lassen, wird es voraussichtlich jene Folgen haben. Wenn wir aus moralischen Gründen Arten erhalten wollen, dann geht das nur unter Beachtung bestimmter Voraussetzungen.

So wissen wir zum Beispiel ganz sicher, daß es nicht ausreicht, eine Art nur in wenigen Archivexemplaren fortzuzüchten. Täten wir dies, dann wäre es sehr bald die Art nicht mehr, die wir erhalten wollten, sondern ein hochselektiertes Kunstprodukt: *unsere* Schöpfung. Wenige Individuen enthalten fast immer nur einen kleinen und zum Überleben auf Dauer unzureichenden Ausschnitt aus dem Genbestand einer Art. Inzuchtdepression liefert den Zuchtstamm häufig sehr schnell dem genetisch bedingten Tod aus. Man kann auf Grund gut bekannter populationsgenetischer Gesetzmäßigkeiten abschätzen, daß eine Art meist nicht erhaltungsfähig, geschweige denn weiterentwicklungsfähig ist, wenn sie nicht in wenigstens einigen hundert bis tausend Individuen in zusammenhängender Fortpflanzungsgemeinschaft erhalten bleibt.

Mehrere getrennte Kleingruppen – zum Beispiel in Zoos – reichen also nicht hin, solange sie genetisch isoliert bleiben, selbst wenn die Gesamtindividuenzahl ausreichend erscheinen mag. Dabei ist es besonders wichtig, wie lange und wie häufig sich eine Art im »Flaschenhals« einer Kleinstpopulation aufhalten muß. Zwar ist es gelegentlich – unter oft ungeheuren Anstrengungen – gelungen, eine fast schon vernichtete Art mit wenigen Exemplaren vom Abgrund zurückzuholen (Beispiele wären der europäische Wisent, die Hawaii-Gans oder der Davidshirsch), doch gelang das gleiche in anderen Fällen nicht, und selbst in den genannten Glücksfällen bleibt die langfristige Überlebensfähigkeit dieser »wiedergeborenen« Arten noch bange abzuwarten.

Zudem sind die meisten Arten in künstlichen Lebensbedingungen gar nicht oder nur unter enormem Aufwand zur Fortpflanzung zu bringen. Wollen wir sie also wirklich erhalten, so brauchen sie einen natürlichen Lebensraum, der groß genug und ungestört genug ist, um der für eine Bestandserhaltung notwendigen Populationsgröße dauerhaftes Auskommen zu gestatten. Dafür kann *sehr* viel Raum nötig sein. Für 500 Tiger oder Wölfe brauchte man an die 50 000 Quadratkilometer

Lebensraum. Der Yellowstone-Nationalpark, einer der größten der Welt, ist ganze 9000 Quadratkilometer groß. Wie schon gesagt: nur 3,5 Prozent der insgesamt noch 1,6 Millionen Quadratkilometer »Natur« (nur etwa ein Prozent der gesamten Landfläche der Erde!) umfassen Parks über 10 000 Quadratkilometer.

Der Standpunkt, daß alles Leben heilig und schützenswert sei und daß jede Art auf ihre Weise zum Bestand und zur Schönheit der Natur beitrage, ist sicher ehrenwert. Nur leider braucht auf dem Generalverbandsplatz der Menschen-Opfer über die Rettung *aller* vom Tode Bedrohten gar nicht mehr diskutiert zu werden. Die richtigen Fragen heißen: Wer hat die besten Chancen durchzukommen? Wer ist der Hilfe – so sie noch nützt – am bedürftigsten? Auf welche Arten möchten wir unter keinen Umständen verzichten? Welche Maßnahmen – unter den möglichen – bringen den größten Arterhaltungsnutzen?

Hier sollte man klar sehen: Auch Mitleid ist mehr oder weniger gut vermarktbar. Es ist leichter, für die Erhaltung auffälliger oder märchenvertrauter Symboltiere die nötigen Mittel aufzutreiben, als für Hunderte unscheinbarer Pflanzenarten, deren Fortbestand sehr viel mehr »Natur« retten würde, da das Zehnfache an Tieren von ihnen abhängt. Auch im Artenschutz zahlt es sich leider aus, groß und schön und berühmt zu sein! Es sei aber auch nicht verkannt, daß die Werbung für die Rettung von Star-Arten die Öffentlichkeit besonders wirkungsvoll für den Naturschutz mobilisiert und dadurch die Bedrohung vieler nicht so prominenter Arten deutlich werden läßt, so daß im Schlepptau der Superstars – da diese oft besonders große Lebensräume benötigen – auch viele unscheinbarere und weniger publikumswirksame Arten mit überleben können.

Auf die Frage, welche der vielen Arten wir denn – einmal abgesehen von moralischen und ästhetischen Erwägungen – künftig überhaupt oder am dringlichsten benötigen, da sie uns später potentiell nützen können, ist die am wenigsten präzise die beste Antwort: so viele wie nur irgend möglich. Der Grund ist einfach der, daß alle Arten Gen-Banken sind, die sich auf die für uns billigste Weise selbst erhalten, also gleichsam riesige Bibliotheken von Synthesevorschriften für unzählbare organische Moleküle. Arten sind zahllose Heinzelmännchen, die uns als Geschenk der Natur preiswert und verläßlich reine Naturstoffe liefern – in der Regel reiner, immer aber billiger, als dies die chemische Totalsynthese vermag, soweit uns diese überhaupt gelingt – als Nahrung, als Genußmittel, als Arzneidrogen, als Baustoffe, als Material für das Papier, auf dem dies hier gedruckt ist.

Dies gilt natürlich vor allem für die chemischen Urproduzenten, die Hunderttausende von Pflanzenarten. Die wenigsten wurden bisher erschöpfend auf die Verwendbarkeit ihrer Synthese-Fähigkeiten geprüft. Daher muß aus schierem Nützlichkeitsdenken *die Erhaltung möglichst vieler Pflanzenarten unsere erste und größte Sorge* sein. Die List der Vernunft rettet mit ihnen zugleich ein Vielfaches an Tier- und Mikrobenarten, die ihrerseits auch wieder nötig sind, um für die meisten Pflanzen günstige Lebensbedingungen zu erhalten. Da viele Pflanzengemeinschaften von ihrer Evolution her darauf »programmiert« sind, von bestimmten pflanzenfressenden Tieren genutzt zu werden, so sehr, daß sich ohne diese »Beweidung« die Lebensgemeinschaften grundlegend verändern, erfordert wohlverstandener Pflanzenschutz oft genug auch den gezielten Schutz bestimmter Tierarten. Im nächsten Schritt müssen ihrerseits diese Pflanzenfresser wieder von beutegreifenden Tieren kontrolliert werden, wenn ihr Bestand in gesunden Schranken bleiben soll, so daß aus der ernstgemeinten Forderung nach Pflanzenschutz in der Folge immer eine nach Schutz zusammenhängender Lebensgemeinschaften wird.

Es genügt aus anderem Grunde auch nicht, einige Pflanzen einer Art, einige wenige Sorten in Samenbanken für späteren Gebrauch zu speichern. In der Vielfalt natürlicher Populationen stecken Schätze an genetischer Anpassungsinformation – gegen Witterungseinflüsse, gegen Gifte, gegen Schädlinge, für günstigen Ertrag –, die wir zumeist weder kennen noch erschöpfend erprobt haben, und die unsere Nachfahren mit Sicherheit einmal nützlich oder nötig finden können, weshalb wir sie ihnen erhalten sollten.

Schließlich sind Arten – und hierin könnte man den wichtigsten Grund für die Erhaltung einer möglichst großen Artenvielfalt sehen – die empfindlichsten Anzeigeinstrumente für den Zustand des Lebensraums Erde, auf den auch wir Menschen immer angewiesen bleiben werden. Gerade hochspezialisierte, auf den ersten Blick überflüssig erscheinende Arten reagieren oft ungemein empfindlich auf Veränderungen unserer Umwelt. Wer würde schon eine schäbige Flechte oder ein winziges Moos vermissen? Das beantwortet sich anders, wenn man erkennt, daß ihr Verschwinden Giftbelastungen von Atmosphäre, Niederschlägen oder Boden anzeigt, die auf die Dauer auch uns und unsere Nutzorganismen schädigen können. Die Erhaltung einer reichhaltigen Pflanzen- und Tierwelt gerade auch inmitten unserer Kulturlandschaften ist nicht nur ästhetisch erfreulich, sie kann das preiswerteste und sicherste Kontrollinstrument einer auch für uns bekömmlichen Umwelt sein!

Niemand kann voraussagen, welche nachteiligen Folgen der Ausfall der einen oder anderen Art haben könnte. Aber wenn es das höchste moralische Gut ist, danach zu streben, daß die Menschheit so lange wie möglich unter lebenswerten Bedingungen auf der Erde überleben kann, dann wäre das unabsehbare Risiko, das sich ergäbe, wenn wir die Restnatur bis an den Rand völliger Vernichtung dezimierten, moralisch unvertretbar. Es mag im Einzelfall moralisch oder wirtschaftlich schwer zu begründen scheinen, warum ausgerechnet die eine oder andere Art erhalten bleiben muß. Zwingend geboten ist mit Sicherheit die Erhaltung einer *möglichst reichen und überlebensfähigen Restnatur*. Sie gilt es planvoll zu schützen.

Zwar wird die Herrschaft des Menschen über die biologische Produktion der Erde in Kürze fast unbeschränkt sein. Zwar benötigt die anschwellende Menschheit, ehe sie ihr Wachstum bändigen kann, den allergrößten Teil der biologischen Ressourcen für sich. Pures Selbsterhaltungsinteresse über den Tag und über unsere Generation und die unserer Kinder hinaus erlegt zugleich mit dieser Macht jedoch auch die Verpflichtung und Verantwortung auf, die langfristige Erhaltungsfähigkeit der Menschheit zu gewährleisten. Diese ist aber nur in einer erhaltungsfähigen Biosphäre zu garantieren. Daher ist es ein hohes moralisches Gut und ein fundamentaler ethischer Auftrag, diese nicht leichtfertig in Gefahr zu bringen. Die erste Voraussetzung dafür ist es, einen Mindestbestand an natürlicher Artenvielfalt zu bewahren. Dies wiederum setzt voraus, daß ein Minimalanteil unzerstörter, ungenutzter und möglichst unbelasteter natürlicher Lebensräume erhalten bleibt, denn nur ein Bruchteil der leben-

den Arten kann in unserer künstlichen »Kultur-Natur« mit überleben.
Es kann nicht ohne Widerspruch bleiben, wenn man es wagt, diesen unverzichtbaren Minimalanteil abzuschätzen. Aber wenn es annähernd zutrifft – wie theoretische Modelle und empirische Befunde der sogenannten »Insel-Biogeographie« übereinstimmend nahelegen –, daß eine Verkleinerung eines Lebensraums auf 10 Prozent der Ausgangsgröße nur etwa 50 Prozent der in ihm lebenden Arten überdauern läßt, so kann es nicht zu weit vom Richtigen und Machbaren entfernt liegen, wenn man fordert, daß, weltweit gesehen, eine Reduktion der noch verbliebenen natürlichen Lebensräume (Biome) auf weniger als ein Zehntel ihrer ursprünglichen Größe mit allen vertretbaren Mitteln und selbst mit hohem Kostenaufwand und unter Hintanstellung aller wirtschaftlichen Interessen verhindert werden sollte. Für einige dichtbesiedelte Länder – wie die Bundesrepublik – ist diese Grenze leider schon längst unterschritten. Es wird gewiß auch nicht sinnvoll sein, eine solche Regel schematisch auf jede beliebige kleine Teilfläche anzuwenden oder gar in bisher noch weniger in Anspruch genommenen Räumen so schnell wie möglich auf sie hinzuarbeiten. Für die großen Landschaftsräume und Ökosysteme der Erde könnte sie aber wohl global gesehen als die *unterste Grenze* des eben noch Verantwortbaren gelten, wobei es viele gibt, die die Hinnahme des langfristigen Verlusts von 50 Prozent der Biospezies aus durchaus guten Gründen für moralisch wie praktisch keineswegs vertretbar halten.
So gesehen findet nun zugleich auch die andere Frage eine wenn auch gewiß nicht voll befriedigende Antwort: Ist Natur- und Umweltschutz nicht schon sinnlos, der Untergang unausweichlich? Bleibt uns vor dem apokalyptischen Abgang der Menschheit nur noch, das Vermögen von Mutter Natur möglichst fröhlich zu verprassen, da es für die Erben sowieso nichts zu erben oder für das Erbe sowieso keine Erben mehr geben wird?
Ohne die Größe der Gefährdung für unsere Art in diesem Zeitenumbruch im geringsten verniedlichen zu wollen, muß doch auch festgehalten werden, daß selbst ein Artenschwund um 50 Prozent, wenn er bei dieser Marke zum Einhalt gebracht werden kann (was freilich

durchaus nicht sicher ist), wohl nicht unausweichlich den Zusammenbruch der Lebensfähigkeit der Biosphäre bedeuten müßte. Niemand wird verkennen, daß die Zerstörung von 90 Prozent der Tropenwälder, die in vielen Ländern bis zum Jahr 2000 droht, schwerwiegende Folgen für Klima, Boden, Wasserhaushalt, also auch für die Tragekapazität dieser Regionen für unsere Art haben kann und wohl auch haben wird. Dennoch muß dies nicht unbedingt bedeuten, daß der Mensch auf längere Frist die mit diesen Folgen verbundenen Probleme nicht lösen könnte.

Da es unmöglich erscheint, die Menschenwoge so rechtzeitig einzudämmen und die Ressourcenbeanspruchung so rechtzeitig zu begrenzen, daß die durch die Vernichtung des größten Teils der Natur zu befürchtenden Folgen vermieden werden können, ist es das nächstbeste Ziel und ein auch nicht von vornherein zum Scheitern verurteiltes Unterfangen, jedenfalls sicherzustellen, daß die Zerstörung nicht allumfassend und damit auch für uns selbst vernichtend wird; daß eine Mindestgröße an Naturraum nicht unterschritten wird, die sicher lieber größer als 10 Prozent zu bemessen wäre, die aber doch jedenfalls nicht unter 10 Prozent der Biomflächen sinken darf.

Immanuel Kant hat in der Vorrede seiner »Grundlegung zur Metaphysik der Sitten« bemerkt, daß »die menschliche Vernunft im Moralischen, selbst beym gemeinsten Verstande, leicht zu großer Richtigkeit und Ausführlichkeit gebracht werden kann«. Er hat auch klar erkannt, warum das so ist, denn »die vernünftige Natur existiert als Zweck an sich selbst«. (Wie allerdings diese Vernunft in die Natur kommt, dies blieb Kant verborgen und konnte erst durch die Darwinsche Evolutionstheorie beantwortet werden.) So wird die »Menschheit, als Zweck an sich selbst« zur Richtschnur aller innerweltlich begründbaren Sittlichkeit und ihre Erhaltung zum nicht weiter zu hinterfragenden *summum bonum.* In der »Kritik der Urteilskraft« formuliert er, daß »ohne den Menschen die ganze Schöpfung umsonst und ohne Endzweck seyn würde«, daß aber »der Mensch nur als moralisches Wesen ein Endzweck der Schöpfung seyn könne«.

Wenngleich mancher dem so nicht genau wird zustimmen wollen, eines sollte daran für jeden zustimmungsfähig sein: daß der Mensch als moralisches Wesen auch Verantwortung für die Erhaltung der Schöpfung tragen muß. Sowenig das Überleben eines Individuums – da ohnehin natürlich begrenzt – oberstes Ziel moralischen Handelns sein könnte, sowenig könnte eine Moral, die, um einem anderen Zweck zu dienen, das Auslöschen der eigenen Spezies in Kauf nähme, als Richtschnur vernünftigen Handelns dienen, da sie ja ihre Begründung selbst aufhöbe.

Das langfristige Überleben der Menschheit unter menschenwürdigen Umständen ist in der Tat wohl ein auch dem »gemeinsten Verstande« leicht einleuchtendes Oberziel. Deshalb muß unausweichlich zum Wissen über die mögliche Selbstzerstörung unserer Art und zur technischen Macht, diese herbeizuführen, die moralische Pflicht kommen, dieses Wissen so anzuwenden, daß das Überleben der Menschheit nicht gefährdet wird, und dies mit menschenwürdigen Mitteln zu bewirken.

In der Vergangenheit der Menschheit waren die Machtmittel des Menschen zu gering, um die Natur zu gefährden. Sie sorgte gut für sich selbst. Für den Menschen genügte es, sein Handeln darauf auszurichten, daß sein Verwandtschaftskreis, sein Stamm, sein Volk überlebte, sich mehrte und prosperierte. Heute und künftig ist dies nicht mehr genug. Die Natur, von Menschenmacht gefährdet, bedarf menschlicher Obhut, gerade um des Menschen als Selbstzweck willen. Das Wohlergehen der kommenden Generation wird vom *globalen* Tun und Lassen der Menschen heute bestimmt. Deshalb bedarf es einer *globalen* Orientierung der Moral am Überleben der Menschheit insgesamt und nicht nur von Teilen, denn das Raumschiff Erde ist unteilbar.

Daß dabei die Notwendigkeit der Erhaltung der Vielfältigkeit in der Natur so sehr betont wurde, findet seine Entsprechung wieder im Bereich der menschlichen Völker und Kulturen. Der Kundige kann nur mit Schrecken wahrnehmen, wie rasend die kulturelle Mannigfaltigkeit der Menschheit dahinschwindet. An die Stelle gewachsener kultureller Leistungen treten immer mehr weltweite Einheitsmoden, die wie Flutwellen über die Völker jagen. Allein die Tatsache, daß von den 5000 bis 8000 Sprachen der Erde – davon viele nie wissenschaftlich erfaßt oder auch nur zureichend aufgezeichnet – in den nächsten Generationen immer mehr immer rascher auszusterben drohen, kann einen – als Zeichen des Todes ebenso vieler Kulturen – kaum weniger schaudern lassen als das Dahinschwinden der biologischen Arten.

Wege zum Handeln

So einfach die Grundlage sittlicher Menschenpflicht einzusehen ist, so schwierig ist es im einzelnen Entscheidungsfall zu erkennen, welche der Handlungsalternativen dem Oberziel mehr oder weniger entspricht oder zuwiderläuft. So folgt aus der Tatsache der Macht des Menschen über sein Geschick zuerst die moralische Pflicht, sich das Wissen über die Folgen der Anwendung dieser Machtmittel möglichst vollständig zu verschaffen, um danach Handlungen zu beurteilen und zu lenken. Wissen und vor allem Naturerkenntnis als Einsicht in die Folgen technischen und wirtschaftlichen Verfügens über die Natur wird somit zur ersten Voraussetzung, um in der Zeit der Menschenherrschaft über die Natur überhaupt zu moralischer Autonomie und vernünftigem Handeln fähig zu sein.
Ganz anders als manchmal vermeint, sind also nicht *weniger* naturwissenschaftliche, technische und ökonomische Kenntnisse der Schlüssel zum verlorenen Naturparadies. Im Gegenteil, Erkenntnisverweigerung wäre der sicherste Weg zum blinden Untergang. Nur *mehr, besseres, vollständigeres Wissen* über die Folgen menschlichen Tuns und die Zusammenhänge der Natur verheißt Überlebenschancen und – was wichtiger ist – befähigt zu moralisch richtigem Handeln, nämlich einem Handeln, das das Überleben der Menschheit begünstigt und nicht aufs Spiel setzt.
Diese Aussage wäre allerdings ebenso richtig wie leer, wenn sie nicht konkret expliziert werden könnte. Dies sei in Kreisen zunehmender Detailnähe versucht.

1. Zunächst ist leicht einzusehen, daß es moralisch unvertretbar wäre, zur Rettung minderer Güter – wie Wohlstand oder gar dessen Mehrung, individueller Verwirklichungsansprüche (häufig mit Freiheit verwechselt) oder bestimmter beliebter Organisationsformen des Gemeinschaftslebens – Handlungsalternativen zu verfolgen, die den

Untergang unserer Art als *dolus eventualis* ins Kalkül nähmen. Dies heißt nicht, daß es nicht Handlungsalternativen zur Bewahrung der minderen Güter geben kann, die solche Risiken nicht in Kauf nehmen. Sie gilt es aber im Einzelfall zu suchen und zu verwirklichen! Keinesfalls könnte es allerdings angehen, ein höheres Risiko für das Überleben der Menschheit etwa mit Kostenersparnissen begründen zu wollen. Man wird an vieles denken, wenn man dies erwägt: von Entscheidungen über militärische Rüstung bis zu jenen über verschiedene Methoden der Energiegewinnung oder der kurzfristigen Förderung des Lebensstandards. Einen höheren Lebensstandard der jetzigen Generation auf Kosten eines sicher niedrigen Lebensstandards künftiger Generationen zu schaffen, also die »vertikale« Ausbeutung derer, die sich nicht wehren können, weil sie noch gar nicht existieren, sollte als nicht weniger verwerflich gelten als eine »horizontale« Sklavereiwirtschaft zur Hebung des eigenen Wohlergehens. Vergessen wir nicht: Den niedrigsten Lebensstandard haben immer noch die Toten! Wem wir die Chancen zum Leben rauben, den haben wir *aller* Chancen beraubt.

2. Das Ziel der Arterhaltung muß aber auch alle Handlungsanweisungen moralisch verwerflich erscheinen lassen, die unmittelbar oder mittelbar zur Folge oder gar zum Ziel haben, daß die menschliche Gesamtpopulation weiter anwächst. Dagegen ist es moralisch geboten, alles zu versuchen, mit vertretbaren Mitteln das weitere Anwachsen so schnell wie möglich einzudämmen und den Völkern, die am meisten zu diesem Problem beitragen, dabei zu helfen, Verhältnisse zu schaffen, die zu stabiler Bevölkerung führen. Wer daran spart, weiß nicht, wie schnell verzinste Schulden wachsen.

3. Die wichtigsten Einwirkungen auf die Umwelt, deren überregionale Gefährlichkeit bereits jetzt ohne Zweifel erkennbar ist (im Gegensatz zu noch weniger gewissen Gefahren wie jener des CO_2-Anstiegs), sind vielleicht die sauren Niederschläge in den hochindustrialisierten Ländern gemäßigter Breiten und die fortschreitende Zerstörung der tropischen Feuchtwälder. Erstere sind – wenn wir bereit sind, die Mehrkosten bei der Energiegewinnung und Energieumsetzung zu tragen, und

wir müssen aus den genannten moralischen Gründen dazu bereit sein – durch technische Maßnahmen am Ort der Schadstoffentstehung wirkungsvoll zu bekämpfen. Dagegen wird es noch größerer Anstrengungen bedürfen, um die wilde Landnahme und Landzerstörung in den Tropen zu bremsen, zu steuern und endlich zu begrenzen.

Diese Anstrengungen können schwerlich allein den meist mit großen wirtschaftlichen Schwierigkeiten kämpfenden Heimatländern dieser Wälder zugemutet werden, da es fast unmöglich erscheint, das Streben nach schnellem, wenn auch kurzfristigem Gewinn durch Inaussichtstellung langfristiger, aber später eintretender Vorteile in Schranken zu halten. Die tropischen Entwicklungsländer bedürfen dazu übernationaler, internationaler Unterstützung, also ökologisch orientierter Entwicklungshilfe, die allerdings bei den hochentwickelten Ländern unter die Haut, bis aufs Portemonnaie, gehen wird, da sie von ihnen Kostenaufwand, also Verzichte, verlangt. Dies ist den betroffenen Bevölkerungen nur zuzumuten, wenn sie verstehen, warum darin – auf lange Frist betrachtet – auch *ihr* Vorteil liegt. Dies erfordert weniger Besteuerungszwang, Mitleidswerbung oder Hinterslichtführen als vielmehr Aufklärung, Erziehung, Vermittlung von Einsicht und Verantwortungsgefühl.
Entwicklungshilfe solcher Art kann darin bestehen, daß man den Tropenlandwirten Preise zugesteht, die es ihnen ermöglichen, ihr Land und ihre natürlichen Ressourcen so intensiv zu bewirtschaften, daß die Erträge langfristig gehalten werden können, ohne ständig vermehrt Raubbau an unverbrauchtem Land (und dessen Waldflächen) zu begehen. Die »Tragödie der Allmende« wie dieser Wälder oder der Güter des Meeres ist es, daß der, der sie mit geringstem Kostenaufwand am rücksichtslosesten ausbeutet, zwar sich und anderen die Basis künftig wiederholter Ernten raubt, daß der schnelle Profit, wenn er auf andere Weise gewinnbringend angelegt wird, ein solches Handeln dennoch auch längerfristig wirtschaftlich lohnend erscheinen lassen kann.
Die »Tragödie der Allmende« erweist sich somit als typisches Gefangenendilemma, als Rationalitätenfalle, gegen die es nur einen Ausweg gibt: gemeinsame Absprachen kontrollierten Vorgehens zu allseitigem

Nutzen. Die Konsequenz ist klar. Natur, die wirtschaftlich genutzt werden soll, darf nicht mehr kostenloses Freigut sein, sie muß so planvoll bewirtschaftet werden, daß dem Nutzer die Kosten für die Bestandserhaltung und -regeneration mit auferlegt werden. Die Preise für die so erwirtschafteten Güter müssen diesen Aufwand gewinnbringend decken, sonst muß eher von der Ausbeutung der Ressourcen Abstand genommen werden. Auch dies erfordert jedoch Hilfe bei der Erschließung alternativer Einkommensquellen.

Seit Adam Smith kennen wir das Phänomen der externen Auswirkungen eigensüchtigen Gewinnstrebens des einzelnen. Daß von »unsichtbarer Hand« aus dem »privaten Laster« der Gewinnsucht auch für die ganze Gemeinschaft *Gewinne* mitverteilt werden, ist dabei die gängig wiederholte erfreuliche und überzeugende Begründung einer freien Wirtschaft. Nur darf dabei nicht vergessen werden, daß das private Streben nach Gewinn (oder, was dasselbe ist, nach der Vermeidung von Kosten) mit oft gar nicht so unsichtbarer Hand durchaus auch externe *Kosten* auf die Gemeinschaft der Mitmenschen abwälzen kann, die diese dann mit *Verzichten* zu bezahlen haben!

Daher ist es unumgänglich, daß darauf geachtet wird, dem Verbraucher in den entwickelten Ländern über einen gerechten Preis auch die externen Kosten aufzuerlegen, die bei der Produktion oder der Ausbeutung begehrter Güter in den Entwicklungsländern anfallen. Dem europäischen oder japanischen Käufer von Möbeln aus tropischen Edelhölzern darf nicht nur der Ramschpreis in Rechnung gestellt werden, der sich an den Kosten einer Holzbeschaffung orientiert, die ohne Rücksicht auf die Zerstörung der Wälder vorgeht. Er müßte soviel zahlen, daß auch die Pflege dieser Wälder und deren geordnete Bewirtschaftung auf Dauer rentabel werden.

Es geht auch nicht an, die Massenbilligspeisung mit Abfallnahrung in Hamburger-Kettenläden unserer Großstädte dadurch zu ermöglichen, daß in Tropenländern riesige Landflächen für die Schnellmassenzucht von Rindern umgewandelt werden, wenn es nicht sichergestellt ist, daß dies kein landzerstörerischer Rindfleisch-Goldrausch ist, in dem jeder nur versucht, in kürzester Frist das eingesetzte Kapital mit hohem Gewinn zu amortisieren, ohne Rücksicht auf die externen Kosten für die künftigen Generationen dieser Länder. Daß auch der internationa-

le Handel unter solchen Gesichtspunkten zu sehen ist, leuchtet ein. Wer ohne Rücksicht auf die eigenen Ressourcen Konkurrenten unterbietet, sorgt auf lange Sicht nur dafür, daß am Ende alle gemeinsam ärmer geworden sind. Dumping verarmt zunächst den Nachbarn, am Ende verelenden alle gemeinsam.
Die Natur trägt keine Preisschilder. Aber ihre Güter scheinen nur so lange »umsonst« erhältlich zu sein, wie immer wieder nachwächst, was ihr entnommen wird. Ist die Nachfrage größer, so muß der wirtschaftende Mensch sie in seine Obhut nehmen und den Preis ihrer Güter so festsetzen, daß der Bestand regenerationsfähig erhalten bleibt. Denn ihn abzubauen wäre nur scheinbar folgenlos. Die Kosten dieses Verlusts müßten künftige Generationen tragen, die um diese Ressourcen ärmer gemacht würden, die mit Verzicht bezahlen, damit wir billiger konsumieren konnten. Genieße heute, lasse die Rechnung für den Enkel liegen – die Unmoral einer solchen Maxime sollte wohl jedem zu verdeutlichen sein.
Nur eine internationale Wirtschaftsordnung, die auf dem Markt auch für Naturprodukte die wirklichen, vollständigen Kosten über die Preise zur Geltung kommen läßt, kann eine auch ökologisch vernünftige und moralisch gerechtfertigte Ordnung sein. Auch das Bewahren von nur 10 Prozent der natürlichen Biotope hat seinen Preis: den des Verzichtes auf ihre Ausbeutung und den des Aufwands für die Kontrolle, daß diese Ausbeutung unterbleibt. Die Menschheit muß *gemeinsam* bereit sein, diesen Preis für die Erhaltung ihres *gemeinsamen* natürlichen Erbes, für den *gemeinsamen* Gewinn und zugunsten der *gemeinsamen* Nachkommen zu entrichten. Es geht nicht darum, daß die Marktwirtschaft das ökologisch Notwendige nicht leisten könne. Es geht darum, daß auf dem Markt Güter unter Zugrundelegen der *wirklichen gesamten* Kosten für ihre Herstellung gehandelt werden und daß insbesondere mit der Illusion Schluß gemacht wird, die biologischen Güter der Natur seien »freie« Güter für die Menschheit.

4. Darüber hinaus ist es jedoch wesentlich, anzuerkennen und im politischen Handeln zu beachten, daß es Dinge und Bereiche der Natur geben muß, die die Menschheit als gemeinsamen Besitz so hoch schätzt, daß sie überhaupt für keinen Preis zu haben sein dürfen, die

unverkäuflich bleiben müssen, weil sie ganz unersetzbar sind. Eine Restnatur von einem Bruchteil der natürlichen Biomfläche muß der kommerziellen Bewertung, Anbietung und Ausbeutung vollständig entzogen bleiben, weil sie das für das Überleben eines unentbehrlichen Restartenbestandes notwendige Minimum ist.
Es geht dabei gar nicht zuerst um den – ästhetisch ja ebenfalls gar nicht hoch genug zu veranschlagenden – »Wert« der letzten Elefanten, Tiger oder Krokodile, die eigentlich schon deshalb unbezahlbar, das heißt unbegrenzt wertvoll sein müssen, weil sie unwiederbringlich sind. Ihre Erhaltung in der freien Natur ist uns vor allem auch Anzeige und Garant dafür, daß wir die natürliche Artengemeinschaft nicht über den Rand des Abgrunds, auf den auch wir uns dann zubewegen, getrieben haben. Da es kaum eine menschliche Gier gibt, die größer wäre als die Gier nach dem Seltenen, folgt daraus allerdings, daß die Restnatur nicht nur auf dem Papier, sondern auch durch Einsatz der notwendigen Überwachungs- und Verteidigungsmittel beschützt werden muß, sonst wird der illegale Markt für das Elfenbein der letzten Elefanten und für die phallomorphen Waffen der letzten Nashörner immer noch für deren Ausrottung sorgen.
Auch dieser Schutz verursacht also Kosten, die den Entwicklungsländern, in deren Bereich viele solche letzten Naturschätze verblieben sind, schwerlich allein auferlegt werden können. Hier können nur *internationale Fonds* zugunsten des natürlichen Erbes der Menschheit die Lasten gerecht verteilen. Wenn wir Menschen die Natur nun einmal zum Status eines Almosenempfängers degradiert haben, der nicht mehr für sich selber sorgen kann, dann sollte es eigentlich auch selbstverständlich sein, daß wir die sich daraus ergebenden Verpflichtungen übernehmen.

5. Wenn von externen Kosten die Rede ist, so braucht man Beispiele für die Folgerungen aus einer ökologisch verantworteten Moral nicht nur in tropischer Ferne zu suchen. Die externen Kosten unseres eigenen Wirtschaftens müssen auf dem Markt ebenfalls über den Preis zur Geltung gebracht und damit der wirksame Anreiz für ihre Minderung gegeben werden. Es ist ebenso schändlich, scheinbar billigere Alternativen zu bevorzugen, wenn deren wirkliche externe Kosten

Menschen anderer Länder oder späterer Zeiten zu tragen haben, ob es sich dabei um »Billig-Hölzer« aus Thailand, »Billig-Fleisch« aus Botswana oder »Billig-Zierfische« aus Brasilien handelt.

Das gleiche gilt für die *wirklichen* Kosten unserer Energie- und Rohstoffgewinnung und -umsetzung einschließlich der Abfallbeseitigung und diffuser Umweltbelastungsfolgen, die sich oft erst fern der Entstehung auswirken. Wenn die völlige Entfernung des Schwefeldioxids aus den Rauchgasen unserer Kohlekraftwerke die Kilowattstunde um soundsoviel Prozent verteuert, so sind dies nicht etwa künstlich zusätzlich auferlegte Kostenbelastungen für die Energieabnehmer, sondern es sind die *wirklichen* Kosten für die Bereitstellung der von ihnen verbrauchten Energie. Einen Teil dieser Kosten dadurch zu verbergen, daß man die Abgase in die Luft bläst und im ganzen Lande als Säure abregnen läßt, heißt nicht sparsamer wirtschaften, sondern die vom sauren Regen Geschädigten diesen Kostenanteil bezahlen lassen. Das ist nicht Ausdruck von Wirtschaftlichkeit, sondern von Schmarotzertum. Und nicht anders verhält es sich bei den *wirklichen* Kosten unseres Verkehrswesens oder den *wirklichen* Kosten unserer Erholungsindustrie.

Es geht nicht darum, aus der Industriegesellschaft in die Naturidylle zu flüchten, ein Fluchtweg, der nur in wirklichkeitsfernen Träumen existiert. Es geht darum, »daß die Rechnung stimmt«, daß Menschen, die Kosten verursachen, weil sie sich etwas leisten wollen, auch den vollen Preis dafür zu spüren bekommen und selbst zu entrichten haben.

In unserem überbesiedelten und überintensiv bewirtschafteten Land kommen wir auf die Dauer nicht daran vorbei, daß das Angebot von Gütern und Leistungen *teuer* genug sein muß, daß die Nachfrage nur unter langfristiger Bestandserhaltung der lebensnotwendigen natürlichen Umweltgrundlagen befriedigt werden kann. Dies schließt auch ein, daß manches *unbezahlbar*, das heißt undurchführbar werden muß, was die Belastung der natürlichen Umwelt noch weiter und unvertretbar erhöht.

Daß hier strenge Maßstäbe notwendig sind, wird deutlich, wenn wir die Ausgangsbedingungen betrachten. 97 Prozent der Fläche unseres Landes werden für Land- und Forstwirtschaft, Industrie, Verkehr,

Siedlung und Erholung genutzt. Annähernd naturnah geblieben sind die restlichen 3 Prozent, von denen etwa ein Drittel unter Naturschutz steht. Dieses Areal, das ja auch noch zunehmend diffus belastet wird, reicht auch zusammen mit den Einnischungsmöglichkeiten in den kultivierten Bereichen nicht aus, um mehr als einen Bruchteil ursprünglicher Artenvielfalt zu erhalten.
Selbst in voller Anerkennung der Tatsache, daß dies ein dichtbesiedeltes, hochindustrialisiertes Land ist und bleiben wird, mit einer Bevölkerung, die sich einen hohen materiellen Lebensstandard erarbeitet hat und die auch in Zukunft Anspruch darauf erheben wird, die jedenfalls nicht ohne unabsehbare wirtschaftliche, soziale und politische Folgen wesentlich von dieser Haltung abgebracht werden kann – selbst in Anerkennung aller dieser Tatsachen muß aus dem jetzt gegebenen Zustand der Natur in unserem Land die Schlußfolgerung gezogen werden, daß eine weitere Reduktion der natürlichen Lebensgrundlagen – wenn sie nicht absolut zwingend begründet *und* durch kompensatorische Verzichte ausgeglichen werden kann – *nicht mehr vertretbar* ist. Sie würde uns allen auf Dauer *zu* teuer kommen, um uns heute noch recht und billig erscheinen zu dürfen.
Dies sind einige der notwendigen Schlußfolgerungen daraus für unser Land:

1. Verbliebene unzerstörte oder noch wenig veränderte Naturbiotope sind unverzüglich unter *vollständigen Schutz* zu stellen, der jede weitere Einschränkung und Nutzung unterbindet. Dies muß dann auch für die Befriedigung der allzu menschlichen Sehnsucht nach dem Erlebnis unberührter Natur gelten, denn für viele empfindliche Spezies kann eine häufige *Störung* ihres Lebensraums so gravierend sein wie seine *Zerstörung*.
Diese hohe Forderung an die wirtschaftende Gemeinschaft schließt im Gegenzug die ebenso hohe Forderung an die Vertreter des Naturschutzes ein, den *Absolutschutz* nur für wirklich unersetzliche Naturgüter durchsetzen zu wollen. Je großzügiger auch für zwar schutzwürdige, aber dennoch bereits unter menschlichem Einfluß stärker veränderte, unter Umständen auch durch Tauschkompensationen ersetzbare Areale ein Vollschutz beansprucht wird, um so gefährdeter ist das

öffentliche Verständnis für die Belange des Naturschutzes und damit auch die Durchsetzung unverzichtbarer Schutzmaßnahmen. Naturschutz kann nicht immer und überall höchstrangiges Argument in Auseinandersetzungen um Nutzungsansprüche sein, seine berechtigten Ziele sind nur durchsetzbar, wenn es begründet beschränkte Forderungen sind (so bitter das manchmal ist).

2. 3 Prozent der Landesfläche könnten nicht hinreichen, um auch nur wenigstens 50 Prozent der natürlichen Artenvielfalt zu erhalten. Deshalb muß zum Totalschutz der Restnaturflächen eine die Erhaltung eines möglichst großen Artenreichtums zum wichtigsten Ziel erhebende *eingeschränkte* wirtschaftliche Nutzung und Beanspruchung zu Erholungszwecken von *wenigstens* 10 Prozent dafür geeigneter, naturnaher Fläche unseres Landes kommen. Diese Areale müssen jeweils groß genug sein, um den Raumansprüchen erhaltungsfähiger Populationen der jeweils in dieser Hinsicht anspruchsvollsten Arten – meist der größeren Beutegreifer – zu genügen. Diese *Stützpunktflächen* müssen durch geschützte »Korridore« und »Sprungsteine« so vernetzt werden, daß auch für wenig ausbreitungsfähige Arten keine Kleinisolate entstehen, die ihr Überleben in Frage stellen, da der genetische Austauschverbund der Art verlorenginge.

3. Selbst diese beiden Maßnahmen könnten noch nicht ausreichen, um dauerhafte Artenvielfalt zu sichern. Ein Drittes muß dazukommen: die *Versöhnung von Kulturanspruch und Naturbedarf* in den für Land- und Forstwirtschaft und zur Siedlung genutzten Dreivierteln unseres Landes. Sie müssen makro- und mikrostrukturell so gestaltet und genutzt werden, daß ohne unzumutbare Beeinträchtigung der wirtschaftlichen Primärzwecke *möglichst viele* Pflanzen und Tiere in ihnen eingebettet überleben können.
Hier liegt die wichtigste Aufgabe für den bürgernahen Basisnaturschutz und die Öffentlichkeitsarbeit: die Erziehung aller Bürger zum Verständnis für die Notwendigkeiten dieser Kultur-Natur-Symbiose, die Anregung zum Einsatz dafür und das Wecken des Stolzes auf erreichte Erfolge. Wenn vor allem unsere Agrar- und Forstkultur nicht so naturfreundlich wie möglich vorgeht – wie sie es ja seit langem

vielerorts durchaus versucht –, so sind alle sonstigen Naturschutzbemühungen auf Dauer brüchiges Stückwerk. Hier wurde und wird bei Flurbereinigung, Verkehrserschließung, Wasserbau, Agrochemie und durch diffuse Schadstoffbelastung leider weithin schwer gesündigt, doch wächst die Bereitschaft zu Einhalt und Umkehr ständig.
Verantwortlich sind auch nicht primär die Land- und Forstwirte, sondern ebenso die große Masse der Verbraucher, die bereit sein muß, unvermeidliche Mehrkosten ökologisch verantwortlichen Wirtschaftens zu bezahlen. Auch die besten Natur-, Biotop-, Artenschutz- und Umweltchemikaliengesetze und -verordnungen bedürfen immer der ergänzenden Bereitschaft, sie nicht nur zu respektieren und einzuhalten, sondern auch die externen Kosten dafür über gerechte Preise mitzutragen.
Zwar wird die »kulturverträgliche« Natur nur einen Ausschnitt ursprünglicher Naturzustände erhalten können, doch kann dies wohl am allerwenigsten ein Argument *gegen* ein gedeihliches Zusammenleben von Kultur und Natur sein. Wem das nicht hinreichte, der müßte ja den Menschen tatsächlich wieder in den Status einer frühsteinzeitlichen »Minoritätsspezies« zurückversetzen wollen, was wohl niemand bei klaren Sinnen für erstrebenswert halten kann.
In diesem Versuch einer *Kultur-Natur-Symbiose* spielt der Schutz der Naturpflanzen die wichtigste Rolle. Niemand, der auch noch die unscheinbarsten Kräuter und »Unkräuter« aus Obstgarten, Feldrain, Waldrand und Bachufer hinausjätet und wegvergiftet, soll sich seiner Liebe zu Schmetterlingen oder Käfern rühmen dürfen. Wer keine Fliege, Mücke, Blattlaus oder Spinne in seinem Lebensbereich dulden zu können meint, der müßte auch offen zugeben können, daß er nichts gegen das Verschwinden aller Singvögel einzuwenden hat. Der muß sich sagen lassen, daß er dies mit noch weniger Berechtigung bestreiten könnte als die zu Recht geschmähten Singvogeljäger unserer Nachbarländer (über die er sich vielleicht sogar pflichtgemäß entrüstet).

4. Schließlich mag die Erreichung aller dieser Ziele auf die Dauer vor allem von einem abhängen: Wenn es in Mitteleuropa nur mehr Natur von Menschengnaden gibt und geben kann, dann müssen wir die Folgerung zu tragen bereit sein, daß Naturpflege nicht weniger Einsatz

von Einrichtungen, Mitteln und von professionell geschultem Personal erfordert, als wir dies seit langem für die Pflege unserer Kulturgüter durch Museen, Bibliotheken, Theater, durch die Institutionen der Denkmalpflege und zu erheblichem Teil auch die der Bildung für selbstverständlich halten. Naturschutz muß aus dem Bettelstatus mildtätiger Armenfürsorge in den Rang einer normalen gesellschaftlich-staatlichen Aufgabe mit anerkanntem Leistungsanspruch erhoben werden. Naturschutz ist eine ökologisch-wissenschaftliche und in der Umsetzung dabei erarbeiteter Erkenntnis planerisch-exekutive Aufgabe. Insbesondere bedarf das Management selten gewordener und besonders erhaltungswürdiger Arten der genetischen, ökologischen, ethologischen und züchterischen Fachkenntnisse, für die die Begeisterung der Naturliebhaber auf Dauer kein Ersatz sein kann. Diese Richtung der angewandten Biologie bedarf ihrer professionellen Verankerung an unseren Forschungs- und Ausbildungsstätten genauso wie der notwendigen Breitenfortbildung und Öffentlichkeitsarbeit.
Wenn der Begriff Bildung überhaupt einen begründeten Sinn haben soll, so gehören die Grundkenntnisse von Natur- und Umweltschutz bestimmt nicht weniger zu ihrem Kanon wie jene der Geschichte, Politik, Wirtschaft, Literatur und Kunst. Die Nationen mit hochentwickelten wissenschaftlichen Einrichtungen, vor allem leistungsfähigen Universitäten, müssen auch die wesentliche Verantwortung dafür übernehmen, das zur Erhaltung der Naturressourcen unterentwickelter Länder nötige Fachwissen zu erarbeiten, die dafür benötigten Fachleute auszubilden und beides diesen Ländern zur Verfügung zu stellen.

Übergang statt Untergang

Unsere Generation und die unserer Kinder und Enkel werden zu tätigen Zeugen einer gewaltigen Umwälzung des Lebens auf unserer Erde. Vor unseren Augen, unter unseren Händen geht eine erdgeschichtliche Epoche zu Ende, die viele Jahrmillionen Bestand hatte. Nur blinder Stumpfsinn könnte sich der Tragik dieses Untergangs teilnahmslos verschließen.
Wer andererseits in Trauer und Angst vor dem unausweichlichen

Wandel erstarrt oder ihn hysterisch zu leugnen sucht, wird ihn weder aufhalten noch die Vergangenheit zurückholen, sondern riskiert nur, ihm um so schneller zum Opfer zu fallen. Erst indem wir die Unabänderlichkeit dieses historischen Prozesses erkennen und akzeptieren, gewinnen wir Kraft und Zutrauen, auf seinen Verlauf nach Maßgabe vernünftiger Ziele und zu vernünftigen Zwecken einzuwirken. Für die Übernahme dieser Verantwortung gibt es keine Alternative, es sei denn die, im Übergang unterzugehen. Eine Garantie für den Erfolg dieser Bemühungen kann es nicht geben, aber die Chance des Erfolgs ist besser als die Gewißheit, daß der tatenlos nostalgische Blick zurück oder chaotische Auflehnung ebenso zum Scheitern führen müßten wie das Treibenlassen auf dem Weg schrankenloser Vermehrung, Ausbeutung und Zerstörung.

Die Erde ist seit mehr als 3 Milliarden Jahren das Haus des Lebens. Einer der Bewohner – die Spezies Mensch – hat sich des Gebäudes nun zusammen mit seinen biologischen Sklavenarten bemächtigt und degradiert die anderen Mitbewohner zu Mitessern und Almosenempfängern, die ihr Recht auf Überleben eher ihrer möglichen künftigen Nützlichkeit als menschlichem Mitgefühl verdanken dürften. Der Erfolg des Menschen, die Macht, die ihm sein Wissen verleiht, scheinen grenzenlos. Dieser Erfolg ist jedoch – soll die Menschheit sich lange an ihm freuen können – nicht umsonst: Er verpflichtet uns dazu, die tätige Verantwortung dafür zu übernehmen, daß das Haus Erde bewohnbar bleibt.

Kapitel 5

Die Erde, doch hoffentlich ein Garten …

Wenn es um die Verantwortung für den Bestand des Lebens geht, darf man nicht ausweichen, selbst wenn Antworten immer unmöglicher scheinen, je bedrohlich klarer sich die Frage stellt. Wenn dies so ist – und ich werde eine solche Einschätzung der Lage begründen –, so wäre es allerdings ebensowenig zu vertreten, in chiliastischer Untergangssucht zu schwelgen (gleich ob sie sich in heulendem Elend oder zynischem Hedonismus äußert), wie es zu vertreten wäre, die Probleme psychotherapeutisch zu verniedlichen, um unserem von einer Evolutionskrise geschüttelten grünen Planeten wenigstens nicht auch noch den Glauben an eine Mirakelheilung zu rauben. Beides wäre nicht zu vertreten, weil es ebenso inhuman ist zu verzweifeln, wie es dumm ist, sich zu belügen.
Von einem Naturwissenschaftler sollte man auch nicht erwarten, daß er den mannigfach angepriesenen alternativen Naturheilverfahren für unseren Patienten viel Vertrauen entgegenbringt, obwohl deren palliativ-ablenkende Wirkung nicht in Abrede gestellt werden soll. Aber Placebo-Kuren helfen eben meist nur bei eingebildeten Krankheiten, und von solchen kann bei dem ökologischen Drama auf unserer Erde leider keine Rede sein. Vielmehr wird uns nichts übrigbleiben, als nüchtern Gegebenheiten, Handlungsmöglichkeiten und deren Folgen abzuwägen und Vernunft zu bewahren, wo Unvernunft nichts bessermachen kann. Angst, Wut, Mitleid und Liebe sind mächtige Antriebe für unser Tun und Lassen. Wären wir allerdings nur auf sie angewiesen, gerieten wir entweder in Panik oder wir verfielen in Stupor. Erst durch rationales, kritisches Prüfen von Zwecken, Zielen und Wegen

wird aus dem wilden Drang zum Dreinschlagen oder Fliehen verantwortbares und erfolgversprechendes Handeln. Und darum soll es gehen.

Ich will das Thema gliedern, indem ich zunächst die Stellung des Menschen zur und in der Natur beleuchte, dann von der Natürlichkeit des Todes in der Natur und der Tödlichkeit der Kultur für die Natur spreche und schließlich prüfe, was angesichts der Wirklichkeit verantwortlich handeln heißen kann und was es bedeutet, uns für den Bestand des Lebens verantwortlich zu fühlen.

Alles, was ich dazu sagen werde, steht allerdings unter einem Vorbehalt: daß es nicht zu einem schrankenlosen Atomkrieg kommt. Zwar bin ich überzeugt, daß damit nicht zu rechnen ist, doch wenn ich damit im Irrtum bin, ist alles, was ich hier zu betrachten habe, ohnehin nichtig.

Von der Natürlichkeit des Menschen

Der Weg der abendländischen Philosophie und der Naturwissenschaft, die sich aus ihr entwickelte, war ein beständiger Versuch zunehmender Objektivierung der Natur, der ihr die Menschlichkeit austrieb, indem sie als Gegen-Stand möglichst vollständig vom erkennenden Subjekt getrennt wurde. Zwar hat Kants Kritik dieses Streben als Trugbild entlarvt: Was da draußen in Wahrheit ist, das können wir nie wissen, da alle Wirklichkeit sich nur durch ein Subjekt erkennbar macht. Doch änderte dies nichts daran, daß doch zumindest in dieser Vorstellung der allein erkenntnisfähige Mensch ganz grundsätzlich von dem Rest der vorgestellten Welt geschieden blieb. Erst Darwins Einsicht in die Tatsächlichkeit der kontinuierlichen Evolution alles Lebens unter Einschluß des erkennenden Menschen selbst hat uns am Ende dieses langen Weges wieder auf den Ausgangspunkt zurückgeworfen: Hatte abendländische Philosophie und Wissenschaft uns aus der animistischen Einbettung in der Natureinheit des wilden Denkens herausgeführt, so führte evolutionistische Naturerkenntnis uns nun wieder mitten hinein in einen Naturbezug, wie er inniger nie war, den engsten, den es in der Natur überhaupt geben kann, den der Abstammungsgemeinschaft. Die Natur, die wir mit der Mistgabel und den feineren Instrumenten unserer Wissenschaft ausgetrieben glaubten, sie hat das aus dem gemeinsam bewohnten Garten Eden verstoßene Mitglied wieder heimgeholt. Unsere Naturgeschichte hat uns eingeholt.

Seitdem ist es mit der Natürlichkeit aber nicht mehr so einfach wie ehedem. Wenn wir nämlich Natur sind wie Vogel und Fisch, so ist alles, was wir tun, doch auch nur Äußerung unseres Natürlichseins. Wie kann es dann wider die Natur sein, wenn wir unsere Natur entfalten und dies Kultur nennen. *Naturalia non sunt turpia.* Denn wenn Kultur der Kern dessen ist, was in der Gemeinschaft von Menschen gedacht, geglaubt, gesagt, gelehrt und gelernt wird – wäre das dann nicht zugleich unsere ureigenste Natur, der Kern unseres Wesens, gleichberechtigt der Natur des Fisches, die das Schwimmen ist?

Diese philosophisch-ontologisch vertrackte Frage ist nicht so esoterisch, wie sie zunächst klingt. Sie geht an die Wurzel jeder Begründung und Rechtfertigung unseres Handelns in der Natur und auch gegen die Natur. Ist es nicht das erste Naturrecht jeder Art Lebens, ja die wahre Essenz jedes Lebens, sich zu entfalten und zu vermehren und dazu alle Ressourcen in Anspruch zu nehmen, die benötigt werden? Nichts setzt in der Natur den einzelnen Spezies vorgegebene Grenzen, an die sie sich zu halten hätten. Die »ökologische Nische« wäre mißverstanden, betrachteten wir sie als das Kämmerchen im Turmbau der Natur, das einer Spezies zugewiesen ist und in das sie sich zu schicken hat. Die ökologische Nische einer Art ist nicht, was ihr zugeteilt ist, sondern was sie beansprucht. Ob sie diesen Anspruch im Wettbewerb der Konkurrenten um die knappen Güter der Natur durchzusetzen vermag: darin erweist sich ihre Tauglichkeit, darin besteht ihr Lebensrecht.

Wenn unsere Spezies also so natürlich ist wie andere auch – im eben erläuterten Sinne –, so kann doch auch nichts Unnatürliches daran sein, daß sich von ihr heute 230 Millionen Tonnen in 4,6 Milliarden Individuen über den Planeten ergießen und daß es Jahr für Jahr noch 90 Millionen mehr werden. Dies ist doch dann nicht unnatürlicher als die Tatsache, daß es bis vor einigen zehntausend Jahren und hunderttausende von Jahren davor kaum eine Million Menschen gab. In unserer Natur lag es, vor zehntausend Jahren zu entdecken, wie sich die Natur durch Landkultur dazu zwingen läßt, uns zehn-, hundert- und tausendfach mehr Nahrung zu liefern, als sie uns bis dahin freiwillig bereitstellte, und daß sich in der Folge unsere Bevölkerung verzehn-, verhundert- und vertausendfachte. Wenn uns dieser grandiose ökologische Erfolg unserer Art nun zunehmend mehr Probleme bereitet und zugleich aller Natur um uns herum, so nicht, weil wir den Pfad natürlicher Tugend verlassen hätten, sondern weil wir ihn bisher geradezu besinnungslos konsequent verfolgten. Die Päpste haben völlig recht, in einem makabren Sinne mehr recht, als sie vielleicht haben möchten, wenn sie es wider die Natur nennen, unsere Vermehrung künstlich zu begrenzen: Wir vermehren uns so natürlich wie der Borkenkäfer, die Wanderheuschrecke und der Lemming, so lange, bis unseren Ausbreitungszug bricht, was den ihren bricht: Zerstörung, Mangel, Hunger, Krankheit, Massennot und Massentod. Wir müssen ihnen sogar noch darin zustimmen, was uns bleiben wird, wenn wir genauso weitermachen: Dann kann man nur noch beten! (Vgl. S. 125).

Wir sollten übrigens auch nicht meinen, wir Bundesdeutschen mit unserem stolzen Geburtendefizit seien doch nun wirklich der falsche Adressat solcher Mahnungen. Erstens haben wir unseren Dichtegipfel eben nur schon früher erreicht als die meisten anderen Völker. Lebten die Menschen auf der ganzen Erde mit bundesdeutscher Dichte, so hätte die Erdbevölkerung bereits die Zwanzig-Milliarden-Grenze weit überschritten, auch wenn man berücksichtigt, daß nicht die ganze Landfläche der Erde besiedelbar ist. Zweitens zählt beim Menschen als ökologischer Verbrauchsparameter nicht einfach die Menge der Köpfe. Man muß sie vielmehr mit ihrem Pro-Kopf-Anspruch an Ressourcen multiplizieren, um die wahre Last zu messen, die sie darstellen. Ein Bundesdeutscher lastet heute aber etwa genauso auf den lebensnotwendigen Gütern der Menschheit wie eine dreißigköpfige Großfamilie aus Indonesien, Nigeria oder Brasilien. Man kann dies auch so ausdrücken: Ökologisch gesehen wohnen in der Bundesrepublik einundeinhalb Milliarden Inder (unser bevölkerungspolitisches Lieblingsalibi) mit einer Bevölkerungsdichte von 6000 pro Quadratkilometer, während sich Indien mit 700 Millionen »begnügt«, knapp 200 pro

Quadratkilometer! Das ist natürlich drastisch überzeichnet, sollte uns aber den Hochmut nehmen, mit dem unsereiner allzuoft pharisäerhaft auf jene blickt, die nicht so sind wie wir. Damit kein falscher Eindruck aufkommt: Es ist gewiß verhängnisvoll, daß sich so viele Tropenvölker bis zum Überquellen vermehren. Dafür aber mästen wir uns bis zum Bersten an den Gütern dieser Erde.
Nun könnte ein Wendiger in dieser wendefreudigen Zeit das bisher Ausgeführte auch ganz anders wenden: Wenn bei der Spezies Mensch also alles mit natürlichen Dingen zugeht und die Natur seit bald vier Milliarden Jahren doch wirklich eines perfekt gelernt hat, nämlich zu überleben, wie können wir uns dann anmaßen, es besser wissen zu wollen? Vertrauen wir nicht am besten auf die vereinten Kräfte von Natur und Kultur, indem wir alles laufenlassen wie bisher? Schließlich war die Menschheitsaufführung im Welttheater doch bisher ein fulminanter Erfolg, nicht nur mit ständig steigender Teilnehmerzahl, sondern auch was die Qualität des Gebotenen betrifft. Daß über 70 Jahre Lebenserwartung kein Maß für Lebensqualität sein soll, wird jedenfalls denen schwer zu erklären sein, die heute von nichts *mehr* umgetrieben werden als von der Angst vor Vernichtung. Um zu erklären, warum solch liberal-konservativer Laissez-faire-Optimismus dennoch nicht tiefere Einsicht in die Weisheit von Evolution und Geschichte ist, sondern der recht engstirnige Versuch geradliniger Extrapolation der Zukunft aus der Vergangenheit – eine Intelligenzleistung, für die man auch einen Taschenrechner programmieren kann –, müssen wir uns nur die Mühe machen, den Gang des Geschehens in der Natur vor Auftreten der Kulturmenschheit mit dem zu vergleichen, was unsere Spezies in all ihrer Natürlichkeit zu etwas macht, das in dem gleichen Sinne ein Naturereignis ist, ein einmaliges Naturschauspiel, wie alle wirklich großen Naturkatastrophen.

Von der Natürlichkeit des Todes

Daß jedes Einzelwesen sterben muß, ist eine *conditio vivendi*, mit der sich jeder abzufinden hat. Die Biologen können heute auch beweisen, warum anders erhaltungsfähiges Leben gar nicht möglich wäre. Gegen die Trauer darüber steht der Trost, daß die Geschlechter überdauern, daß Arten potentiell unsterblich sein müßten. Daß die Natur zwar nicht für jedes Einzelgeschöpf, doch aber für die Gemeinschaften, denen diese angehören, in vollendeter Harmonie sorgt, indem sie sie im ökologischen Gleichgewicht wiegt, ist ein idyllischer Eindruck, der sich leicht einstellt, wenn man nur ausreichend wenig über sie weiß. Die Paläontologen und die Biologen haben heute allerdings genug über das Leben gelernt, um hinter dem oberflächlich stabil erscheinenden Augenblickszustand die Dynamik unaufhörlichen Kommens und Gehens von Spezies zu erkennen: Das Drama Leben wird *en suite* gespielt, aber die Besetzungen der Rollen wechseln unaufhörlich. Es ist hier nicht der Platz, um die Ursachen dieses Anbrandens immer neuer Lebenswellen an den Ufern der Gegenwart ausführlich darzustellen. Es sind die für das Evolutionsgeschehen verantwortlichen Mechanismen des Lebens selbst, die unter dem Druck von Knappheit und Zerstörung von Ressourcen, von Feinden, Krankheiten und den physischen Veränderungen unserer Erde unaufhörlich vorhandene Arten zerstören und neue Glieder in die Kette des Lebens fügen (vgl. Teil II, Kapitel 3, S. 195 ff.).

Geben wir uns also keiner Täuschung hin: Die Natur erhält keine Organismenarten, sie läßt sie entstehen und vergehen, sie verbraucht sie, indem sich das Leben erhält. Die Art, die einige Millionen Jahre durchhält, hat schon ein günstiges Los gezogen. So stellt sich also die Natürlichkeit von Tod und Leben dar, bevor der Mensch die Bühne betrat.

Kultur: der Bombenerfolg einer Neuinszenierung des Lebens

Es ist also durchaus nicht so, daß erst der Mensch andere Organismenarten vernichtet. Warum hören wir dann soviel davon, daß er wie nie zuvor das Überleben der Spezies, ja den Bestand des Lebens selbst gefährde? Nicht etwa nur, wenn er im Wahnsinn eines Selbstmordkrieges alles mit sich in den Abgrund reißt, nein, selbst wenn er als braver Durchschnittsbürger gar nichts Schlimmeres will, als ihm Regierung und Opposition unisono als sein Glück versprechen: ein gesundes Arbeitsleben lang an 250 Tagen im Jahr achtstündlich zu werken und das so ehrlich erarbeitete Einkommen friedlich konsumierend in den Kreis der Wirtschaft zurückzuspeisen. Welche Utopie könnte harmloser sein, was kann daran die Natur, gar das Leben selbst gefährden, wenn wir gelegentliche Ausrutscher an Umweltvergiftung, dies saure Aufstoßen unserer satten Behaglichkeit, nur energisch genug therapieren? Wer hat denn etwas gegen die Natur? Naturschutz hat ein Image wie das Rote Kreuz – warum soll denn der Mensch, dies Kind der Natur, zum Muttermörder werden?

Was ist denn heute anders, als es immer war? Daß gelegentlich die eine oder andere Art verschwindet, mag ja schade sein, doch diese Regeln galten immer für das Leben.

Leider trifft diese Einschätzung nicht zu: Das alte Bild der sich behutsam erneuernden, wenn schon nicht stabilen Natur wird so nie mehr stimmen. Es ist auch nicht der Mensch an sich, der als neue Spezies das ökologische Netzwerk sprengte – Jahrhunderttausende fügte er sich ohne Störung ein. Die neue Wirklichkeit begann vielmehr vor kaum zehntausend Jahren, als die Kulturmenschheit die Naturmenschheit abzulösen begann. Genauer: die Agrikulturmenschheit, denn seither leben wir alle von der Landwirtschaft (auch wenn die Zeitungen in der EG es manchmal so darstellen, als lebe sie von uns). Daß dieser Übergang vom Wildbeuterdasein zum Landbau und zur Viehzucht einen Phasensprung, einen fundamentalen Umbruch für das Dasein der Natur auf unserer Erde bedeutet, der in der Entwicklung des Lebens ohne Beispiel ist, dem muß man *in drei quantitativen Schritten* näher kommen: *einem der Menge, einem des Raumes und einem der Zeit.*

Von der Menge war schon wiederholt die Rede, von den 4,6 Milliarden Menschen, die heute alle Kontinente besiedeln. Erst 1850 war die erste, 1930 die zweite Milliarde erreicht. Die Zuwachsrate von annähernd 2 Prozent führt bis spätestens 2020 zur nächsten Verdoppelung; ein Ende des Anwachsens ist wohl nicht vor Mitte des nächsten Jahrhunderts zu erwarten. Gar nicht lange hin: Wir hoffen, daß unsere Kinder dies noch erleben. Aber weniger als 10 Milliarden Menschen werden es dann wohl nicht sein. Man kann dazu einen drastischen Vergleich anstellen: Annähernd ein Zehntel aller Menschen, die je gelebt haben, leben jetzt, in einer Zeitspanne, die nur ein paar Hunderttausendstel der Lebensdauer unserer Art ausmacht. So eindrucksvoll solche Zahlen sind, sie sagen für sich genommen immer noch zuwenig. Sie sind zu statisch, wir müssen sie in Aktion sehen. Da wir hier vom Menschen in der Natur handeln, sei der Kürze halber nur eine Kenngröße herangezogen: der Nahrungsenergieverbrauch, der, entkleidet aller Zusatzbedürfnisse, sozusagen die Grundlinie unseres Lebensbedarfs kennzeichnet, das, was das bloße Tier in uns braucht, 10 000 Kilojoule pro Tag (in Wirklichkeit verbraucht schon der unterentwickeltste Tropenhackbauer täglich mehr als das Zwanzigfache an Energie, ein Europäer noch einmal hundertfach mehr). Diese 10 000 Kilojoule pro Tag bezieht jeder von uns aus einer einzigen Nabelschnur, an der wir gemeinsam mit faktisch allen anderen Kostgängern der Natur hängen: der Photosynthese der grünen Pflanzen. Der Nährstoff-Fluß durch sie ist auf den ersten Blick gigantisch: mehr als $3 \cdot 10^{18}$ Kilojoule pro Jahr, das Zweihundertfache dessen, was die ganze Riesenmenschheit zum Essen bräuchte. Dennoch: Die gleiche Spezies Mensch beanspruchte davon noch bis vor ein paar tausend Jahren weniger als $^1/_{1000}$ Prozent! In Wirklichkeit ist dieses Mißverhältnis aber noch viel krasser, da wir durch Nahrungsverschwendung (die wir Veredelung nennen), durch unvermeidliche Verluste und anderen Verbrauch – wie etwa zur Energiegewinnung – schon heute mehrere Prozent der gesamten pflanzlichen Ausgangsproduktion an uns reißen. Tendenz steigend: weit mehr als 2 Prozent pro Jahr! Für den Ökologen ist es nun eine Selbstverständlichkeit, daß letztlich alle Arten von Tieren, Millionen außer unserer eigenen, in ihrer Häufigkeit durch das verfügbare Nahrungsangebot begrenzt werden. Banal genug: Es können nicht mehr leben, als sich ernähren können. Wenn nun – im Zeitmaßstab der Naturevolution – praktisch von heute auf morgen, in wenigen tausend Jahren also, eine einzige Spezies aufgrund ihrer Kulturfortschritte wie eine Bombe explodiert und auf einmal zehntausendmal mehr von dem gleichbleibenden Kalorienkuchen beansprucht als vorher, so haben eben alle anderen Mitesser zehntausendmal weniger als zuvor, so einfach ist das. Und das sollte für jene nicht bedrohlich sein? Wir sind ja gewohnt, die eigene Versorgungslage an den verfügbaren Geldmitteln einzuschätzen. Tun wir es hier zum

Beispiel auch: Wenn wir bis gestern pro Monat 5000 DM zur Verfügung gehabt hätten und ab morgen wären es bei gleichbleibenden Preisen noch 50 Pfennig, wäre denn das keine Katastrophe für uns? Das ist aber genau die Lage, in die unsere Kultur unsere tierischen Lebensgefährten gebracht hat, für deren Evolution tausend Jahre wie ein Tag sind (vgl. auch S. 322).
Nun gibt es hiergegen zwei gewichtige Einwände, und deshalb müssen wir den zweiten Schritt quantitativer Überlegung tun, den einer *räumlichen Betrachtung* der Lage. Der Ausbreitung menschlicher Landbaukultur muß zunächst immer eine Landrodung vorangehen: In großen Massen kann der Mensch nur in natürlichen oder künstlich erzeugten Grassavannen leben. Wir haben deshalb bisher etwa die Hälfte des Waldkleides der Erde zerstört: In den Feuchtwäldern der Tropen schreitet dieser Prozeß jetzt mit 20 Hektar pro Minute, 100 000 Quadratkilometer pro Jahr, fort. Jahr für Jahr schwinden 1 bis 2 Prozent der noch verbliebenen Fläche. In diesen Feuchtwäldern leben aber auf etwa 6 Prozent der Landfläche der Erde annähernd zwei Drittel des Weltbestands an Organismenarten! Die Ausbreitung der Kultur heißt also immer Ausrodung natürlicher Lebensräume und somit Ausrottung dort eingenischter Arten. Vergegenwärtigen wir uns das für die Bundesrepublik, in der sich der Landnahmeprozeß seinem Ende nähert: 97 Prozent ihrer Fläche sind heute wirtschaftlich genutzt. Allein über 100 Hektar überbauen wir pro Tag, in sechs Jahren ein Prozent unseres Landes. Auf den 55 Prozent, die agrarwirtschaftlich genutzt werden, leben außer uns noch etwa 20 Pflanzen- und 10 Tierarten in großen Massen, unsere Kalorienproduktions-Sklavenspezies, natürlich begleitet und gezehntet von einem wachsenden Heer von Schmarotzern. Auch unsere schönen kranken Wälder, immerhin stolze 29 Prozent der Landesfläche, gelten nur dem als natürlich, der nur wenig davon weiß. In Wirklichkeit sind sie meist artenverarmte Biorohstoffplantagen. Für die ursprünglich siebzig- bis achtzigtausend wildlebenden Arten unserer Heimat stehen daher an einigermaßen unberührtem Raum, darunter gerade die ödesten Triften, nur wenige Prozent zur Verfügung. Aber wir wissen: Der saure Regen und andere Schadstoffemissionen machen auch vor ihnen nicht halt. Ansonsten müssen sie sich in die Restbiotop-Flächen drücken, die unser Wirt-

schaften übrigläßt, oft nur noch Nutznießer schlampiger Landnutzung. Gepriesen sei das bißchen unaufgeräumte Landschaft und unbereinigte Flur, so könnte ihr Appell an die Landesplaner lauten.
Selbstverständlich gibt es auch viele Kulturfolger, die sich zusammen mit uns und unseren Schützlingsarten ausbreiten, Parasiten und Nahrungskonkurrenten des Menschen zumeist und daher oft eher erduldet als geduldet. Aber deren Artenzahl – wenn auch manchmal nicht Individuenzahl – ist immer winzig gegen die Heere der Verdrängten. Allein in den letzten hundert Jahren beträgt zum Beispiel das Verhältnis der abnehmenden/aussterbenden Vogelarten Mitteleuropas zur Zahl der zuwandernden/zunehmenden 2:1. Der Artenfehlbetrag in dieser kurzen Zeit beläuft sich schon auf 10 Prozent. Wie könnte es auch anders sein, wenn man die Raumrelationen betrachtet?
Aber warum eigentlich? Geht es denn nicht auch anders? Wenn vorher auf dem Gebiet der Bundesrepublik einige zehntausend Weißstörche gelebt haben sollten, so können es halt künftig nur mehr einige hundert sein. Das mag bedauerlich sein, aber der Mensch geht doch vor, und vielleicht beachtet man die Störche dann sogar mehr als früher. Und wenn man sie aufmerksam vor Verfolgung schützt und gelegentlich füttert, so können sie doch neben uns auf ewig als geliebte Raritäten existieren? Warum denn nicht so auf die Sache blicken? Dies ist ein oft gehörtes, aber leider verhängnisvoll irriges Argument.
Es besteht nämlich zwischen der verfügbaren Biotop-Fläche für eine natürliche Lebensgemeinschaft – eines Moores, Auwaldes oder Kalktrockenhanges – und der über viele Generationen in ihnen überdauerungsfähigen Artenzahl eine strenge Beziehung: Mindert man das Biotopareal auf etwa ein Zehntel, so fällt auf längere Frist die Zahl der in ihm lebenden Arten auf annähernd die Hälfte, ohne daß sie dabei jemand zu Tode verfolgen oder durch zusätzliche Umwelteingriffe belasten müßte. Die Ursachen dafür sind recht gut bekannt. Auch in der ungestörten Natur sind viele Arten selten, etwa weil sie besonders große Lebensräume benötigen oder weil ihnen zusagende Bedingungen selten anzutreffen sind. Besonders betroffen von jeder Biotopreduktion sind daher die großen Beutegreifer mit ihrem Bedarf an weiten Jagdgründen, genauso aber zahllose ökologisch hochspezialisierte Arten, die für alle Veränderungen besonders empfindlich sind. Vor

allem: Es sind eben die allermeisten Arten, die zu starke Lebensraumreduktion in Extinktionsgefahr bringt, da ihr Bestand rasch zu klein für dauerhafte Erhaltung wird. Da es außerdem mehr als zehnmal soviel Tier- als Pflanzenarten gibt und sehr viele Tiere von ihren ganz bestimmten Nahrungspflanzen abhängen, reißt die Vernichtung jeder Pflanzenart im Durchschnitt ein Vielfaches an Tierarten mit in die Zerstörung.
Dieser unaufhaltsame Erstickungstod der Arten durch Einschnürung ihres Lebensraums hat es nun fatalerweise auch noch an sich, daß er – für menschliches Auffassungsvermögen – anfangs kaum merklich und, wenn es dann zu spät ist, erschreckend schnell voranschreitet. Zunächst in Menschenerfahrungszeit nicht allzu alarmierend, werden aus häufigen Arten seltene, aus seltenen bedrohte, aus ihnen aussterbende und plötzlich ausgestorbene Arten. Vermutlich erleben wir heute in Mitteleuropa auch die Endphase eines Artenschwunds, der mit der Landnahme unserer Vorväter und zunehmender Intensivierung der Landwirtschaft schon vor langer Zeit in Gang gesetzt wurde und nun durch unsere vielfache Zusatzbelastung der Umwelt noch rapide beschleunigt wird. Wenn auch das Siechtum lange dauert, das Ende scheint dann immer plötzlich. 50 Prozent aller Wirbeltierarten, 45 Prozent aller Tagfalter, 30 Prozent aller Farn- und Blütenpflanzen unserer Heimat sind nun schon gefährdet. Zur Zeit dürfte die Bundesrepublik in zehn Jahren schon ein Prozent ihres Arteninventars verlieren. Und was hier für unser Land besprochen wurde, gilt *mutatis mutandis* weltweit schon jetzt oder in naher Zukunft für alle Kontinente. Die schwellende Expansionswoge der Menschenbevölkerung erzwingt es. Wir nähern uns schnell jener Marke, an der die Naturräume der Erde weniger als 10 Prozent der Landfläche ausmachen. Man schätzt, daß schon jetzt der Artenschwund pro Jahr dem der größten Extinktionskatastrophen der Erdvergangenheit entspricht und daß die Schwundrate bis zum Jahrtausendende einen Artentod pro Stunde erreicht. In zwei bis drei Generationen dürfte kaum mehr als die Hälfte der heute lebenden Spezies überlebt haben. Was dabei wichtig ist und leicht vergessen wird: Was übrigbleibt, wird nicht ein repräsentativer Querschnitt dessen sein, was uns vertraut ist. Die große Masse werden unscheinbare und eher unattraktive Geschöpfe sein: Würmer, Insek-

ten, Unkräuter – von vielen Nichtbiologen beinahe schon als Unarten der Natur angesehen. Fast alle großen, schönen, auffälligen Spezies, die wir in Naturparks, zoologischen und botanischen Gärten, Fernsehfilmen und Bilderbüchern bewundern und unseren Kindern zeigen – sie werden für immer gegangen sein. Man hat gesagt, daß der letzte freilebende Elefant, Gorilla, Jaguar schon geboren sein könnte. Zwar wird es um uns nicht an Leben mangeln: Da ist der Mais und die Kartoffel, da sind die Vorgartenexoten und der säurefeste Forst, da sind die Fliegen und die Schaben, die Gartenschnecken, Spatzen, Ratten, dazwischen auch das Einheitshegewild im Einheitshegewald. Aber ganz sicher wird dies eine andere Natur sein, wenn der Mensch erst mit ihr fertiggeworden ist.

Auch gegen diese Perspektive ist ein Einwand zu erwägen. Nehmen wir doch zum Beispiel den Höckerschwan oder den Rothirsch: Vor wenigen Jahrzehnten aussterbensselten, haben sie sich mit etwas Schonung und Winterfutter erneut so gut an weite Bereiche unserer kultivierten Natur angepaßt, daß es schon wieder schädlich viele von ihnen gibt. Da haben wir doch die zahlreichen Kulturfolger, die heute selbst in unseren Städten immer häufiger werden: die Türkentauben und die Amseln, die Lachmöwen und die Stockenten, die Eichhörnchen und sogar die Steinmarder. So könnte das doch bei anderen jetzt gefährdeten Arten auch gehen! Die Evolution schreitet fort: An die Stelle der anpassungsschwachen Wildformen treten die synanthropen Nachfolger, die sich an uns genauso angepaßt haben wie vordem an eine andere Umwelt. Das klingt beruhigend und trifft für manche Art, die die neue Nische unserer Kulturwelt gut zu nutzen weiß, auch sicher zu. Doch bleibt es dennoch Augenwischerei. Die harte Realität des insgesamt dramatischen Nahrungs- und Lebensraumentzugs für die allermeisten Arten bleibt dadurch völlig unberührt. Wo der Landwirt von morgen, des Ökonomen Ökonom, den maximalen Hektarertrag an Menschennahrung erwirtschaften muß – und für eine 6-, 8-, 10-Milliarden-Menschheit muß er das! –, da bleibt eben nur für ganz wenige Spezies die Chance der Randexistenz und für noch weniger die einer Massenexistenz in unserer Welt, die uns dann schnell noch lästig fallen. Beruhigen kann das alles nicht.

Und ein Zweites ist dabei zu beachten: Die Anpassungen der Natur schreiten im Evolutionstempo fort, das sich in vielen Generationen mißt, für große Pflanzen und Tiere also in Dutzenden bis Hunderten von Jahren. Für den zivilisatorischen Wandel der Menschheit, die Wellen technischer Innovation und ihrer belastenden Veränderungen der Umwelt läuft die Uhr um ein Vielfaches schneller. Da jagen sich die Neuerungen fast im Jahrestakt, und ihre Folgen multiplizieren sich mit der ständig ansteigenden Zahl an rohstoff- und energieumsetzenden, Rückstände in Erde, Luft und Wasser ausschüttenden Konsumenten. Dies ist die dritte, die *zeitliche Perspektive*, in der das Problem zu sehen ist. Unsere Kultur ist ein Bombenerfolg, der auf die Natur eine Bombenwirkung entfaltet. Wenn etwas explodiert, dann ist es schwer, sich daran anzupassen. Da rennt der Hase mit dem Igel um die Wette, im ernüchternden Doppelsinn dieses realistischen Märchens. Kann es doch sein, daß auch der hasenhaft hetzenden Zivilisation wie bei den Brüdern Grimm der Kollaps droht: »... Beim vierundsiebzigsten Male aber kam der Hase nicht mehr ans Ende. Mitten auf dem Acker stürzte er zur Erde, das Blut schoß ihm aus dem Halse, und er blieb tot auf dem Platze.« Der evolutionslangsame Igel Natur wird zwar auch dann immer schon da sein und den Hasen überdauern, es fragt sich allerdings, anders als im Märchen, in welchem Zustand er dann sein wird.

Es gibt zu alledem natürlich auch noch den zynischen Kommentar: Na wenn schon, wozu brauchen wir denn all die Arten? Wir wollen sie ja nicht absichtlich schlachten. Was hier geschieht, ist schlimmstenfalls fahrlässige Tötung der Überbleibsel einer obsoleten Welt, die dem unvermeidlichen Fortschreiten der Naturgeschichte zum Opfer fällt. Wo Menschen Hungers sterben, ist unser Vorgehen gegen die Natur vielleicht gar Putativnotwehr.

Man kann – und das ist oft geschehen – gegen solche Argumente natürlich gleich die große Schar uns nützlicher Spezies ins Felde führen, die Schädlingsvertilger, die Pharmakaproduzenten, die Bioindikatoren, die Touristenattraktionen, die vielen bekannten und die ungezählten unbekannten, die uns verlorengehen, wenn wir nicht pfleglicher mit der Natur umspringen. Man kann auch darauf hinweisen, daß eine Welt, in der zahllose Pflanzen und Tiere krepieren, der Menschenspezies bald auch nicht mehr bekömmlich sein könnte. Das alles ist sicher richtig.

Es gilt jedoch viel grundsätzlicher daran festzuhalten, daß wir den Arten-Holocaust aus genau den gleichen sittlichen Gründen ebensowenig rechtfertigen oder billigend in Kauf nehmen dürfen wie Völkermord, Behinderteneuthanasie oder Gesinnungspogrom.
Auch dem, der sich solchem Sittengesetz nicht aus metaphysischer Bindung verpflichtet weiß, muß schnell einleuchten, daß in einer Welt, die in bedenkenlosem Vorteilsdenken über Leichen geht, bald für alle nur noch ein Dasein in Furcht und Schrecken möglich ist, in dem der Mensch nicht nur den anderen Lebewesen, sondern sich wirklich selbst zum Wolfe würde. Gerade wenn im Lichte der Evolutionseinsicht die Grenze zwischen der Natur und dem Menschen verschwimmt, muß alles, was wir uns gegen die Natur erlauben, am Ende auch gegen uns selbst zurückschlagen. Wo die Ehrfurcht vor dem Leben erlischt, bleibt nur noch Furcht ums Leben.
So hat das hier gestellte Thema jedenfalls *eine Ausdeutung* erfahren: Der Bestand, das Inventar des Lebens ist in vielen seiner Glieder durch uns akut gefährdet. Die Verantwortung dafür trägt die Menschheit dank ihrem stupenden natürlich-kulturellen Evolutionserfolg.

Natur unter Kuratel

Bleibt trotzdem auch noch eine *andere Ausdeutung*: Wenn wir schon unvermeidbar verantwortlich für diesen katastrophalen Lebenswandel sind – den Faunenschnitt, bei dem wir selbst die Sense führen –, heißt Verantwortung für den Bestand des Lebens dann nicht mehr, als nur Verursacher sein? Verantwortung übernehmen: das kann doch nicht nur in demselben pervertierten Sinn gemeint sein, in dem auch Terroristen für ihre Bombenattentate Verantwortung zu übernehmen behaupten. Das muß doch heißen, nach Maßgabe dessen, was uns Menschen möglich ist, die Zukunft auf dieser Erde so zu gestalten, daß da mit uns ein Leben Fortbestand hat, das überhaupt noch von Natur zu reden lohnt, das mehr ist als der Bioproduktionsmaschinenpark, von dessen Leistungen die Menschheit vegetiert.
Wenn wir dies wirklich wollen, so gilt es zu sehen, was zu retten ist und wie dies in realistischer Einschätzung aller Gegebenheiten geschehen

kann. Das bedeutet: Was können wir künftig für welche Natur in einer Welt tun, in der der Mensch mit 6, mit 8, mit 10 Milliarden die Grenzen setzt?

Für Jahrhunderttausende war die Natur des Menschen Umwelt, künftig ist der Mensch die Umwelt der Natur. Der Lohn des Sieges ist Verantwortung für das Besatzungsregime, das wir der unterworfenen Natur auferlegen. Diese Verantwortlichkeit erschöpft sich nicht in den nun nachgerade trivialen Einsichten, daß der Populationszuwachs der Menschheit gebremst und bald zum Stillstand gebracht werden muß, daß das Weltwirtschaftssystem auf unerschöpfliche oder regenerierfähige Rohstoff- und Energiequellen gestellt werden muß und daß per Zeiteinheit nicht mehr an Abfällen, Rückständen und Giften in die Umwelt verbracht werden darf, als sich dort ohne Schaden für deren dauerhaften Bestand ablagern und abbauen läßt. Zwar wird sich niemand darüber täuschen können, daß zur Erreichung dieser drei globalen Ziele sicher zwei bis drei Generationen notwendig sind, doch bedarf es solcher langfristiger Zielperspektiven, wenn die Detailentscheidungen des politischen und wirtschaftlichen Alltags nicht zum hilflosen Herumprobieren werden sollen, zum *random walk*, der nirgends hinführt und der keinen Ausweg findet.

So wichtig die globalen Ziele sind, sie sind doch nicht genug. Wir müssen uns mehr vornehmen, wenn wir dem Leben eine Chance geben möchten, wenn wir den Wandel bändigen und nicht im Kollaps enden lassen wollen. Soll künftig Natur mehr sein als ein verkrüppelter Torso im Naturgeschichtsmuseum, dann braucht sie dafür vor allem eines: ein Minimum an Raum, der ihr gehört! Das heißt nun aber andererseits nichts anderes, als daß es Natur als Ort der Freiheit – und Natur war doch der Inbegriff der Freiheit, natürlich frei zu sein der Inhalt jedes Freiheitsdranges – nicht mehr geben wird. Sich selbst überlassen, zerstören die zusammengedrängten Kreaturen ihre letzte Lebensgrundlage, dafür gibt es aus vielen Naturreservaten erschreckende Beispiele. Natur wird künftig fast ohne Ausnahme gehegte, behütete, verwaltete, gestaltete Natur sein, sosehr dies auch wie ein Widerspruch in sich selbst klingen mag: Natur nur noch als Natur unter Kuratel. Naturvormund Mensch, der mündelsicher investieren soll – vielleicht kein schönes Bild und dennoch unvermeidlich unser natürli-

ches Erbe. Aber: Selbst wenn wir der verbleibenden Natur letzte Schutzräume als Reservate zuweisen, was könnte deutlicher machen als diese eingezäunten Spielwiesen der Evolutionsvergangenheit, in welchem Zustand die Natur hier überlebt: von beamteten, immer öfter bewaffneten Wärtern bewacht, hinter Gittern beaufsichtigt, versorgt, betreut und geschurigelt. Naturschutzgebiet: da müssen wir schon folgerichtig weiter assoziieren – Schutzhaft, Heil-, Pflege- und Verwahranstalt, beschützende Werkstätte, Altenpark und Sanatorium der Evolution. Natur: bedauernswertes Objekt der Biosozialfürsorge. Das alles macht zwar gar nicht froh, die Alternative wäre aber leider nicht die freie Wildnis, sondern die leergestorbene Öde. So sollten wir den traurigen Rest dem blanken Nichts vorziehen.
Zwei grundsätzliche Gedanken sollten uns bei der Übernahme dieser Pflegschaftsverantwortung anleiten:

1. Sosehr wir akzeptieren müssen, daß die Menschheit Raum braucht, viel Raum für ihre Ernährung und Versorgung, Raum für die Infrastruktur einer industriellen Zivilisation: Wenn das Gesagte gilt, darf solcher Anspruch sich nie auf die *ganze* nutzbare Erde erstrecken. Wenn der totale biologische Holocaust abgewendet werden soll, wenn es überhaupt in hundert, zweihundert und tausend Jahren noch Natur geben soll, die dieses Wort verdient, so müssen wenigstens 10 Prozent der wichtigsten Naturlandschaftsräume (Biome) und Ökosysteme der Natur verfügbar bleiben. Das heißt auf unser Land angewandt, daß die wenigen Prozent, die bei uns noch an »unberührter« Natur geblieben sind, so sakrosankt gegen weitere Eingriffe bleiben müssen, wie der Kölner Dom, die Kaiserpfalz in Goslar oder die Hohenzollernburg es gegen Abrißpläne sind. Darüber hinaus sind jene weiteren Gebiete, die zwar nicht urnatürlich, aber doch wenigstens weitgehend unbeeinflußt geblieben sind, jeder Art von Nutzung zu entziehen, die diesen Naturzustandscharakter verändern müßte. Wenn dieser Schutz dann etwa 10 Prozent unserer Landesfläche umfaßt, so werden in den nächsten Jahrzehnten und Jahrhunderten zwar immer noch allzu viele Arten von Lebewesen bei uns verlöschen, ein völliger Dammbruch aber sollte zu verhindern sein. Und wohlgemerkt: Beide Bereiche bedürfen unserer ständigen Aufsicht und tätigen Hilfe, damit Natur im

Kleinformat in der Kulturumwelt bestehen kann. Auch sorgfältig vorbereitete Maßnahmen zur Bestandskontrolle werden dabei nicht zu vermeiden sein, wenn die natürliche Kontrolle unter den beengten Verhältnissen nicht ausreicht. Diese Naturinseln brauchen künftig aber auch nicht nur Schutz vor Selbstzerstörung und vor Zerstörung durch wirtschaftliche Interessen oder übergreifende Schadstoffbelastungen. Sie werden zunehmend Schutz vor denen benötigen, die sich als ihre besten Freunde fühlen. Woran wir reich sind, das achten wir ja leider oft zu wenig wert. Solange es Natur in Fülle gab – was zwar schon lange nicht mehr wahr ist, viele aber jetzt erst wahrhaben –, solange war der Umgang mit ihr, wenn nicht Notwendigkeit, nur Spaß für die versponnenen Außenseiter. Was aber selten wird, darauf richtet sich unsere Gier, die Neugier wie die Habgier. 340 Millionen schaulustige Besucher fallen jetzt jährlich über die Nationalparks der Vereinigten Staaten her. Die Fahrzeugdichte im Yellowstone-Park erreicht an »guten« Tagen Großstadtniveau. Auf die immer kleiner werdenden Reste »echter« Natur, die letzten Birkhahnbalzplätze, Falkenhorste, Orchideenstandorte wandern in immer dichteren Schwärmen die Naturliebhaber zu. Aber Natur nur schauen wollen kann schon Natur verzehren heißen! Naturgenuß – im Doppelsinne als Freude und Verbrauch! – wird bald ein knappes Gut. So kann er bald kein freies Gut mehr sein: Steigende Preise oder knappe Bezugsscheine werden die Folge sein. Mit Preis und Knappheit steigt aber auch die Verlokkung kostenlosen Zugriffs, die naturästhetische Wilderei ist schon im Kommen. Es folgen die Alarmanlagen am Blütenstandort und im Brutrevier, die Dauerbewachung und als letzter Ausweg die Geheimhaltung der Kostbarkeiten. Am knappsten und wertvollsten von allen Naturgütern aber werden: Unberührtheit, Einsamkeit, Alleinbesitz des Erlebnisses. So widerlich uns ein Don Juan vorkommt, der sich rühmen möchte, nur Jungfrauen zu lieben, so widerlich könnte uns der Naturfreund werden müssen, der Anspruch auf Genuß der unberührten Natur erhebt. Jedes Buch, jeder Film über ein »letztes Paradies« wird zugleich Zeugnis einer Schändung.

Daß Reservatschutz, der Almosenzehnte, den wir der Schöpfung schulden, also nicht nur notwendig und gut für die Erhaltung natürlichen Lebens ist, sondern zahllose Probleme aufwirft, die vielen Ökologen, Verhaltensforschern, Botanikern und Zoologen, aber auch manchem Juristen Arbeit geben werden, sollte uns somit deutlich sein. Der Spezialisten für die Leiden der Natur werden wir nicht weniger bedürfen als jener für die der Zivilisation und für das Unbehagen an der Kultur. Doch ohne solchen Reservatschutz gäbe es keine Hoffnung für eine auch nur einigermaßen reichhaltig lebendige Natur.

2. Doch dies allein genügt noch immer nicht. Es wäre für Mensch und Natur zugleich fatal, sollten die 10 Prozent – hätten wir sie erst gesichert! – zum Alibi dafür werden, daß in den übrigen 90 Prozent wider alle Natur gewirtschaftet werden darf. Wenn wir es uns nicht zur Aufgabe machen und wenn es uns nicht gelingt, den gesamten bewirtschafteten Kulturraum dieser Erde mit einem fein geknüpften Netzwerk kleinerer und größerer Lebensräume für eine Vielfalt – wenn auch nicht die ursprüngliche Fülle – von Pflanzen und Tieren zu durchwirken, die es ertragen, mit uns zusammenzuleben, so wäre am Ende sicher auch der Reservatschutz vergebens gewesen. Am Gelingen dieser Natur-Kultur-Symbiose wird sich unsere Verantwortung für das Leben bewähren müssen. Das uns allen wohlvertraute Symbol und Beispiel solcher Symbiose ist der *Garten* als eine Form der Landnutzung, die mehr ist als ertragsmaximierende Biotechnologie. Wir brauchen *Garten-Denken* gegenüber der von uns genutzten Erde als human-verantwortliche Ergänzung zur berechnenden Rationalität ökonomischen Planens. *Garten-Denken heißt, aus dem Land mehr als nur das Letzte herauszuholen.*
Ein Garten ist ja alles andere als unproduktiv, Nutzpflanzen bestimmen und beherrschen ihn. Aber er ist doch nie *nur* Stätte produktiver Effizienz. Er ist immer *auch* Stätte organischer Schönheit und harmonischen Wohlbehagens, die zwar unaufhörlicher Pflege und Obhut bedürfen, sich aber doch nur vorbereiten, nicht erzeugen, geschweige denn erzwingen lassen. Ein schöner Garten lebt vom Reichtum seiner Selbstentfaltung, von seiner Ordnung wie von seinen Entgleisungen, vom Eingriff wie vom Eigenwillen, von Planung wie von Selbstgestaltung. Er ist *nicht nur* Ordnung und daher *mehr* als Plantage. Er ist *nicht nur* Wildnis und daher *auch* nutzbar. Ein richtiger Garten ist die Harmonie von Natur und Kultur. Wenn wir Verantwortung für den

Bestand des Lebens ernst nehmen, so müssen wir wollen, daß Garten-Denken, Garten-Handeln nicht an der Grundstücksgrenze der Reihenhaussiedlung enden, sondern das Grundprinzip jeder Landnutzung und Landesgestaltung sind. Das Land muß nützlich sein, wir brauchen seine Ernte. Aber sein Wert darf nie allein am Hektarertrag an Stärke, Eiweiß oder Brennstoff abgemessen werden – er muß uns mehr sein als sein Output. Wenn unsere Welt am Menschen nicht ersticken soll, so muß sie Gartenluft zum Atmen haben, das Land muß kultiviert, es darf nicht einfach ausgebeutet werden. Die sterile Monomanie reiner Landertragsmaximierung wäre wie ein ständiger Feldzug gegen das Leben, eine Orgie maschineller und chemischer Gewalttätigkeit, die mit Landkultur nichts mehr gemeinsam hätte. Der Naturarmut würde das Menschenelend folgen, erst wäre eine solche Welt trostlos, dann würde sie heillos.

Eden II: gewiß kein Paradies, doch hoffentlich ein Garten

Ich habe damit begonnen, wie der Mensch mit zunehmender Zivilisation immer mehr aus der Natur herauszutreten suchte, indem er sie in seinem Wissensdrang immer objektiver verfremdete – nur um am Ende als ihr Teil und Glied in sie zurückgeholt zu werden.
Dies Bild läßt sich auf anderer Ebene nun noch einmal deuten. Wir sind aus einem Garten Eden ausgewiesen worden, weil wir alles zu genau wissen wollten. Das hat uns freigesetzt, uns Land und Meere untertan zu machen. Wenn es uns nicht gelingt, die endlich unterworfene Erde als unseren Garten zu behandeln, als Chance für ein neues Eden, das wir selber schaffen müssen, so droht mit der Zerstörung der Natur uns dann auch noch die Ausweisung aus *ihr*. Es heißt, im ersten Garten Eden hätten alle Lebewesen in Frieden mit dem Menschen Platz gehabt. So wird ein zweites Eden niemals werden können. Darüber sollte man sich nicht belügen. Keine Heimkehr ins Paradies also, soviel ist ganz gewiß, aber vielleicht doch wenigstens in einen Garten, in dem unsere Kultur mit einer anderen Art Natur zu einem Ausgleich finden kann. Erst wenn wir dies im Ernst versuchen, wird »Verantwortung für das Leben« mehr sein als ein leeres Wort in Feierreden.

Anmerkungen und Literaturhinweise

Teil I Vom Wirken der Natur

Kapitel 2 · Ökonomie oder Harmonie: Goethe und Darwin

1 II,95. (Alle *Goethe*-Zitate sind der Goethe-Gedenkausgabe der Werke, Briefe und Gespräche zum 28. August 1949 entnommen, hrsg. von Ernst Beutler, Artemis-Verlag, Zürich und Stuttgart. Im folgenden gilt für diese Zitate: I = Naturwissenschaftliche Schriften, Erster Teil; II = Naturwissenschaftliche Schriften, Zweiter Teil. Der Bandangabe folgt jeweils die Seitenzahl.)
2 II,267.
3 II,90.
4 II,420.
5 Robert Spaemann und Reinhard Löw: Die Frage Wozu? Geschichte und Wiederentdeckung des teleologischen Denkens. München 1981.
6 II,226–228.
7 II,182.
8 II,239.
9 II,238.
10 II,205.
11 II,434.
12 II,431.
13 II,435.
14 II,410.
15 II,226.
16 II,448–450.
17 II,236.
18 II,14.
19 Vgl. S. 195 ff. in diesem Band.
20 Peter Böger: The O_2/CO_2 Cycle: Development and atmospheric consequen-

ces. In: A. San Pietro (Hrsg.): Biochemical and photosynthetic aspects of energy production. New York 1980, S. 175–190.

21 Ilya Prigogine und Isabelle Stengers: Dialog mit der Natur. München 1980; Manfred Eigen: Goethe und das Gestaltproblem in der modernen Biologie. In: Rückblick in die Zukunft, hrsg. von Hans Rössner. Berlin 1981, S. 209–255.

22 Carl von Linné: Nemesis Divina, hrsg. von Wolf Lepenies und Lars Gustafsson. München 1981.

23 II,708.

24 II,726.

25 II,269.

26 II,8.

27 II,238.

28 II,239.

29 II,241.

30 Charles Darwin: The Origin of Species by Means of Natural Selection. London [6]1875, S. 166: »Es ist allgemein anerkannt, daß alle Lebewesen gemäß zwei großen Gesetzen geformt wurden – dem der Bauplaneinheit und dem der Daseinsbedingungen. ... Nach meiner Theorie wird die Bauplaneinheit durch gemeinsame Abstammung erklärt. Die Wirkung der Daseinsbedingungen wird durch das Prinzip der natürlichen Selektion vollständig erfaßt. Denn die natürliche Selektion wirkt entweder, indem sie jetzt die verschiedenen Teile jedes Lebewesens an seine belebten und unbelebten Lebensbedingungen anpaßt; oder, indem sie diese während vergangener Zeitabschnitte daran angepaßt hat, wobei die Anpassungen in vielen Fällen durch verstärkten Gebrauch oder Nichtgebrauch von Teilen unterstützt und durch direkte Einwirkung der äußeren Lebensumstände betroffen werden sowie stets den verschiedenen Gesetzmäßigkeiten des Wachstums und der Variation unterworfen sind. Daher ist tatsächlich das Gesetz der Daseinsbedingungen das übergeordnete Gesetz, da es das Gesetz der Bauplaneinheit aufgrund der Vererblichkeit früherer Veränderungen und Anpassungen einschließt.«

31 II,182.

32 II,239–240.

33 II,229–230.

34 Zitiert nach Wolf Lepenies in: Linné: Nemesis Divina (siehe Anm. 22), S. 344.

35 II,8.

Kapitel 3 · Anpassung und Fortschritt: Evolution aus dem Widerspruch

1 I. Kant: Critic der Urtheilskraft. Frankfurt und Leipzig 1792, S. 334.

2 Zitiert nach D. Ospovat: The Development of Darwin's Theory. Cambridge

1981, S. 87: »Erforsche die Abstufung (der Formen), erforsche die Bauplaneinheit, erforsche die geographische Verbreitung, erforsche die Beziehung zwischen fossilen und lebenden (Formen). Der Schleier fällt!«

3 Zitiert nach D. Ospovat (siehe Anm. 2), S. 89: »... äußerst wenig im Vergleich zu der Einsicht, daß Arten von anderen Arten abstammen und nicht unveränderlich geschaffen wurden; denn für den, der dies als große Wahrheit nimmt, öffnet sich ein weites Feld für weitere Forschung«.

4 Dazu M. T. Ghiselin: The Triumph of the Darwinian Method. Berkeley 1969; R. Dawkins: The Extended Phenotype. Oxford 1982; M. Ruse: Darwinism Defended. London 1982; Kimbrough in: J. Soc. Biol. Struct. *3* (1980), S. 149; J. Tuomi in: Syst. Zool. *30* (1981), S. 22; R. H. Brady in: Biol. J. Linn. Soc. *17* (1982), S. 79.

5 J. Roughgarden: Theory of Population Genetics and Evolutionary Ecology: An Introduction. New York 1979.

6 E. Mayr: The Growth of Biological Thought. Cambridge 1982; E. Mayr und W. B. Provine (Hrsg.): The Evolutionary Synthesis. Cambridge 1980.

7 R. C. Lewontin: The Genetic Basis of Evolutionary Change. New York 1974; J. T. Bonner (Hrsg.): Evolution and Development. Berlin 1982.

8 Dazu R. C. Lewontin (siehe Anm. 7), Th. Dobzhansky, F. J. Ayala, G. L. Stebbins, J. W. Valentine: Evolution. San Francisco 1977.

9 W. F. Gutmann und K. Bonik: Kritische Evolutionstheorie. Hildesheim 1981.

10 K. E. von Baer: Entwicklungsgeschichte der Tiere: Beobachtung und Reflexion. Königsberg 1828; S. J. Gould: Ontogeny and Phylogeny. Cambridge 1977.

11 Ch. Darwin: On the Origin of Species. London 1859; On the Various Contrivances by which British and Foreign Orchids are Fertilised by Insects. London 1862; On the Movements and Habits of Climbing Plants. London 1865.

12 M. T. Ghiselin in: Behav. Brain Sci. *4* (1981), S. 269.

13 H. Markl in: Forschung – Mitteilungen der Deutschen Forschungsgemeinschaft *3* (1980), S. 1–8; Sitzungsberichte der Heidelberger Akademie der Wissenschaften.

14 H. K. Erben: Leben heißt Sterben. Hamburg 1981; P. Ehrlich und A. Ehrlich: Extinction. London 1982; N. Ch. Stenseth in: Oikos *33* (1979), S. 196; C. Emiliani in: J. Theoret. Biol. *97* (1982), S. 13.

15 W. F. Doolittle und C. Sapienza in: Nature *284* (1980), S. 601; L. E. Orgel und F. H. C. Crick in: Nature *284* (1980), S. 604; T. Cavalier-Smith in: Nature *285* (1980), S. 617; G. A. Dover und R. B. Flavell (Hrsg.): Genome Evolution. New York 1982; siehe auch R. Dawkins in Anm. 4.

16 M. T. Ghiselin: The Economy of Nature and the Evolution of Sex. Berkeley 1974; G. C. Williams: Sex and Evolution. Princeton 1975; J. Maynard Smith: The Evolution of Sex. Cambridge 1978; G. Bell: The Masterpiece of Nature. Berkeley 1982.

17 S. M. Stanley: Macroevolution. San Francisco 1979.
18 P. Cloud und M. F. Glaessner in: Science *217* (1982), S. 783; L. Margulis: Symbiosis in Cell Evolution. San Francisco 1981.
19 E. Mayr: Animal Species and Evolution. Cambridge 1963; R. C. Lewontin (siehe Anm. 7); M. J. D. White: Modes of Speciation. San Francisco 1978; S. Wright: Evolution and the Genetics of Populations. 1–4. Chicago, zuletzt 1978; V. Grant in: Biol. Zbl. *100* (1981), S. 473; A. R. Templeton in: Ann. Rev. Ecol. Syst. *12* (1981), S. 23; G. Dover in: Nature *299* (1982), S. 111.
20 N. Eldrege und S. J. Gould in: Paleobiology (Hrsg.: T. J. M. Schopf). San Francisco 1972; S. M. Stanley (siehe Anm. 17); P. G. Williamson in: Nature *293* (1981), S. 437; siehe auch Nature *296* (1982), S. 608; V. Grant in: Biol. Zbl. *101* (1982), S. 175.
21 R. M. May (Hrsg.): Theoretische Ökologie. Weinheim 1980; J. Roughgarden (siehe Anm. 5).
22 Ch. Darwin: The Decent of Man and Selection in Relation to Sex. London 1871; R. A. Fisher: The Genetical Theory of Natural Selection. Oxford 1930; P. O'Donald: Genetic Models of Sexual Selection. Cambridge 1980.

Kapitel 4 · Entfaltung und Begrenzung biologischer Populationen

1 »Laßt uns dies als Regel nehmen, wenn es auch weit davon entfernt ist, die Wahrheit zu sein.«
2 »Die Fähigkeit der Erde, Versorgungsgüter hervorzubringen, ist sicherlich nicht unbegrenzt, aber sie ist strenggenommen unbestimmt; das heißt, ihre Grenzen sind nicht definiert, und die Zeit wird wahrscheinlich nie kommen, in der wir sagen können, daß weitere Anstrengung oder weiterer Erfindungsreichtum des Menschen sie nicht noch mehren könnten.«
3 »Die Faktoren, die die Übermacht der Population begrenzen und ihre Auswirkungen mit der Versorgungslage in Übereinstimmung halten, lassen sich alle unter moralische Zurückhaltung, Lasterhaftigkeit und Not einordnen.«
4 »unanständigen Methoden, die Folgen ungehöriger Beziehungen zu verbergen«.
5 »Was immer du tust, überleg' es dir gut und denk' an die Folgen.«

Zitierte Literatur

Bateson, G.: Mind and Nature. Glasgow 1979, S. 188.
Becker, G. S.: A Treatise on the Family. Cambridge 1981.
Cohen, M. N., R. S. Malpass, H. G. Klein (Hrsg.): Biosocial Mechanisms of Population Regulation. New Haven 1980.
Colinvaux, P.: The Fates of Nations. A Biological Theory of History. New York 1980.

Crook, J. H.: The Evolution of Human Consciousness. Oxford 1980.
Darwin, Ch.: The Descent of Man, and Selection in Relation to Sex. Princeton 1871, Reprint 1981.
Diamond, J. M: Man the Exterminator. Nature *298* (1982), S. 787–789.
Ehrlich, P. und A. Ehrlich: Extinction. London 1982.
Eigen, M. und R. Winkler: Das Spiel. München 1975.
Erben, H. K.: Leben heißt Sterben. Hamburg 1981.
Goodman, D.: The Theory of Diversity-Stability Relationships in Ecology. Quart. Rev. Biol. *50* (1975) S. 237–266.
Haken, H.: Erfolgsgeheimnisse der Natur. Stuttgart 1981.
Hardin, G.: The Tragedy of the Commons. Science *162* (1968), S. 1243–1248.
Harris, M.: Cannibals and Kings. London 1978.
Harris, M.: Cultural Materialism. New York 1979.
Hassan, F. A.: Demographic Archaeology. New York 1981.
Hutchinson, G. E.: An Introduction to Population Ecology. New Haven 1978.
Kropotkin, P.: Mutual Aid. A Factor in Evolution. London 1902.
Lack, D.: Population Studies of Birds. Oxford 1966.
MacArthur, R. H. und E. O. Wilson: The Theory of Island Biogeography. Princeton 1967.
Malthus, Th. R.: An Essay on the Principle of Population. London 1798.
Markl, H. (Hrsg.): Evolution of Social Behavior. Hypotheses and Empirical Tests. Dahlem Konferenzen. Life Sciences Research Report *18*. Weinheim 1980.
May, R. M.: Theoretische Ökologie. Weinheim 1980.
Mittelstrass, J.: Das Wirken der Natur. In: F. Rapp (Hrsg.): Naturverständnis und Naturbeherrschung. München 1980, S. 36–69.
Paley, W.: Natural Theology. London 1802.
Prigogine, I. und I. Stengers: Dialog mit der Natur. München 1980.
Sahlins, M.: Stone Age Economics. Chicago 1972.
Schultz, M.: Umwelt und Krankheit des vor- und frühgeschichtlichen Menschen. In: Kindlers Enzyklopädie Der Mensch, Bd. II. München 1982.
Spooner, B. (Hrsg.): Population Growth: Anthropological Implications. Cambridge 1972.
Stanley, S. M.: Macroevolution. San Francisco 1979.
Stearns, S. C.: The Evolution of Life History Traits. Ann. Rev. Ecol. Syst. *8* (1977), S. 145–171.
Stent, G. S. (Hrsg.): Morality as a Biological Phenomenon. Dahlem Konferenzen. Life Sciences Research Report 9. Weinheim 1978.
Wickler, W. und U. Seibt: Das Prinzip Eigennutz. Hamburg 1977.
Wilson, E. O.: Sociobiology. The New Synthesis. Cambridge 1975.
Wittenberger, J. F.: Animal Social Behavior. Boston 1981.
Wynne-Edwards, V. C.: Animal Dispersion in Relation to Social Behavior. Edinburgh 1962.
Zubrow, E. B. W. (Hrsg.): Demographic Anthropology. Albuquerque 1976.

Teil II Wettbewerb und Zusammenarbeit in der Natur

Kapitel 1 · Konkurrenz und Anpassung

Zitierte Literatur

Daly, M. und M. Wilson: Sex, Evolution, and Behavior. Boston ²1983.

Dawkins, R.: Das egoistische Gen. Berlin/Heidelberg/New York 1978.

Emlen, S. T. und L. W. Oring: Ecology, sexual selection, and the evolution of mating systems. Science *197* (1977), S. 215–223.

Hamilton, W. T.: The genetical evolution of social behavior (I und II). J. Theoret. Biol. *7* (1964), S. 1–16; 17–32.

Hausfater, G. und S. B. Hrdy (Hrsg.): Infanticide. New York 1984.

Hoogland, J. L.: Infanticide in prairie dogs: lactating females kill offspring of close kin. Science *230* (1985), S. 1037–1040.

Johnson, R. N.: Aggression in man and animals. Philadelphia/London 1972.

Krebs, J. R. und N. B. Davies: Behavioural Ecology. Oxford ²1984.

Markl, H.: Vom Eigennutz des Uneigennützigen. Naturwiss. Rundsch. *24* (1971), S. 281–289.

Markl, H.: Die Evolution des Soziallebens der Tiere. In: K. Immelmann (Hrsg.): Grzimeks Tierleben. Ergänzungsband Verhaltensforschung. München 1974, S. 461–485.

Markl, H.: Aggression und Altruismus. Coevolution der Gegensätze im Sozialverhalten der Tiere. Konstanz 1976.

Markl, H.: Kommunikation bei Tieren und Evolution der Sprache. In: H. Sund und M. Timmermann (Hrsg.): Auf den Weg gebracht. Konstanz 1979, S. 173–183.

Markl, H. (Hrsg.): Evolution of Social Behavior: Hypotheses and Empirical Tests. Dahlem Konferenzen. Weinheim/Deerfield Beach/FL Basel 1980.

Markl, H.: Manipulation, modulation, information, cognition: some of the riddles of communication. Fortschritte der Zoologie *31* (1985), S. 163–194.

Marler, P.: On animal aggression. The roles of strangeness and familiarity. Am. Psychol., März 1976.

Maynard Smith, J. und G. R. Price: The logic of animal conflict. Nature *246* (1973), S. 15–18.

Maynard Smith, J.: The theory of games and the evolution of animal conflict. J. Theoret. Biol. *47* (1974), S. 209–221.

Maynard Smith, J. und G. A. Parker: The logic of asymmetric contests. Animal Behav. *24* (1976), S. 159–175.

Moyer, K. E.: The physiology of hostility. Chicago 1971.

Polis, G. A.: The evolution and dynamics of intraspecific predation. Ann. Rev. Syst. *12* (1981), S. 225–251.

Trivers, R. L.: Parental investment and sexual selection. In: B. Campbell (Hrsg.):

Sexual Selection and the Descent of Man, 1871–1971. Chicago 1972, S. 136–179.
Trivers, R. L.: Parent-offspring conflict. Am. Zool. *14* (1974), S. 249–264.
Wickler, W. und U. Seibt: Das Prinzip Eigennutz. Hamburg 1977.
Wilson, E. O.: Competitive and aggressive behavior. In: J. F. Eisenberg und W. Dillon (Hrsg.): Man and Beast: Comparative Social Behavior. Washington 1971, S. 183–217.
Wilson, E. O.: Sociobiology. The New Synthesis. Cambridge 1975.

Kapitel 2 · Soziale Systeme als kognitive Systeme: Zur Anpassungsleistung sozialer Organisation bei Tieren

Zitierte Literatur

Axelrod, R.: The Evolution of Cooperation. New York 1984.
Bateson, P. (Hrsg.): Mate Choice. Cambridge 1983.
Bell, G.: The Masterpiece of Nature. Berkeley 1982.
Bonner, J. T.: The Evolution of Culture in Animals. Princeton 1980.
Dawkins, R.: Das egoistische Gen. Berlin 1978.
Dawkins, R.: The Extended Phenotype. Oxford 1982.
Edelman, G. M.: Molecular recognition in the immune and nervous systems. In: F. G. Worden, J. P. Swazey, G. Adelman (Hrsg.): The Neurosciences: Paths of Discovery. Cambridge 1975, S. 65–74.
Fletcher, D. J. und Ch. D. Michener (Hrsg.): Kin Recognition in Animals. New York 1986.
Frisch, K. von: Tanzsprache und Orientierung der Bienen. Berlin 1965.
Ghiselin, M. T.: The Economy of Nature and the Evolution of Sex. Berkeley 1974.
Ghiselin, M. T.: Categories, Life and Thinking. Behav. Brain Sci. *4* (1981), S. 269–313.
Griffin, D. R.: The Question of Animal Awareness. New York 1981.
Griffin, D. R. (Hrsg.): Animal Mind – Human Mind. Dahlem Konferenz. Berlin 1982.
Hamilton, W. D.: The genetical evolution of social behavior. I, II, J. Theoret. Biol. 7 (1964), S. 1–16; 17–52.
Hayek, F. A. von: Die drei Quellen der menschlichen Werte. Tübingen 1979.
Hölldobler, B.: Foraging and spatiotemporal territories in the honey ant Myrmecocystus mimicus Wheeler (Hymenoptera: Formicidae). Behav. Ecol. Sociobiol. 9 (1981), S. 301–314.
Hölldobler, B. und M. Lindauer (Hrsg.): Experimental Behav. Ecol. and Sociobiol. Stuttgart 1985.
Huber, F. und H. Markl (Hrsg.): Neuroethology and Behavioral Physiology. Berlin 1983.
Kropotkin, P.: Mutual Aid. London 1904.

Lindauer, M.: Communication among Social Bees. Cambridge 1961.
Lumsden, C. J.: The social regulation of physical caste: the superorganism revived. J. Theoret. Biol. *95* (1982), S. 749–781.
Margulis, L.: Symbiosis in Cell Evolution. San Francisco 1981.
Markl, H. (Hrsg.): Evolution of Social Behavior: Hypotheses and Empirical Tests. Dahlem Konferenz. Weinheim 1980.
Markl, H.: Soziobiologie der Tiere. In: M. Svilar (Hrsg.): Mensch und Tier. Bern 1985, S. 211–243.
Markl, H.: Evolution, Genetik und menschliches Verhalten. München 1986.
Seeley, Th. D.: Honeybee Ecology. Princeton 1985.
Trivers, R.: Social Evolution. Menlo Park 1985.
Wickler, W. und U. Seibt: Das Prinzip Eigennutz. München 1981.
Williams, G. C.: Adaptation and Natural Selection. Princeton 1966.
Wilson, D. S.: The Natural Selection of Populations and Communities. Menlo Park 1980.
Wilson, E. C.: The Insect Societies. Cambridge 1971.
Wilson, E. C.: Sociobiology. The New Synthesis. Cambridge 1975.
Wittenberger, J. F.: Animal Social Behavior. Boston 1981.
Wynne-Edwards, V. C.: Animal Dispersion in Relation to Social Behaviour. Edinburgh 1962.

Kapitel 3 · Dasein in Grenzen: Die Herausforderung der Ressourcenknappheit für die Evolution des Lebens

Zitierte Literatur

Böger, P.: The O_2/CO_2 Cycle: Development and atmospheric consequences. In: A. San Pietro (Hrsg.): Biochemical and photosynthetic aspects of energy production. New York 1980, S. 175–190.
Cloud, P. und M. F. Glaessner: The ediacarian period and system: metazoa inherit the earth. Science *218* (1982), S. 783–792.
Cloud, P.: The Biosphere. Sci. Am. *249* (1983), S. 132–144.
Erben, H. K.: Die Entwicklung der Lebewesen. München 1975.
Follmann, H.: Chemie und Biochemie der Evolution. Heidelberg 1981.
Futuyma, D. J.: Evolutionary Biology. Sunderland 1979.
Kaplan, R. W.: Der Ursprung des Lebens. Stuttgart 1972.
Margulis, L.: Symbiosis in cell evolution. San Francisco 1981.
Markl, H. (Hrsg.): Natur und Geschichte. München 1983.
Reinbothe, H. und G. Krauß: Entstehung und molekulare Evolution des Lebens. Jena 1982.
Siewing, R. (Hrsg.): Evolution. Stuttgart 1978.
Unsöld, A.: Evolution kosmischer, biologischer und geistiger Strukturen. Stuttgart 1981.

Teil III Der Mensch in der Natur

Kapitel 2 · Wie unfrei ist der Mensch? Von der Natur in der Geschichte

Zitierte Literatur

Alexander, R. D.: Darwinism and Human Affairs. London 1979.

Aschoff, J.: Annual Rhythms in Man. In: Handbook of Behavioral Neurobiology, Bd. 4 (Hrsg. J. Aschoff). New York 1981, S. 475–487.

Bodmer, F. W. und L. L. Cavalli-Sforza: Genetics, Evolution and Man. San Francisco 1976.

Bouchard, Th. J. und M. McGue: Familial Studies of Intelligence: A Review. Science *212* (1981), S. 1055–1059.

Brown, R. W.: A First Language: The Early Stages. Cambridge 1973.

Chomsky, N.: Reflections on Language. New York 1975 (deutsch: Reflexionen über die Sprache. Frankfurt 1977).

Dawkins, R.: The Extended Phenotype. Oxford 1982.

Dörner, D. und H. W. Kreuzig: Über die Beziehung von Problemlösefähigkeiten und Maßen der Intelligenz. Psychol. Rundsch. 1983.

Durham, W. H.: Personal communication.

Eibl-Eibesfeldt, I.: Human ethology: concepts and implications for the sciences of man. Behav. Brain Sci. *2* (1979), S. 1–57.

Erben, H. K.: Leben heißt Sterben. Hamburg 1981.

Eysenck, H. J.: The Structure and Measurement of Intelligence. Berlin 1979.

Falconer, D. S.: Introduction to Quantitative Genetics. London 1982.

Feldman, M. W. und R. C. Lewontin: The herability hang-up. Science *190* (1975), S. 1163–1168.

Gärtner, K. und E. Baunack: Is the similarity of monozygotic twins due to genetic factors alone? Nature *292* (1981), S. 646–647.

Gehlen, A.: Anthropologische Forschung. Reinbek 1961.

Gehlen, A.: Urmensch und Spätkultur. Frankfurt [3]1975.

Gould, S. J.: The Mismeasure of Man. New York 1981.

Griffin, D. R.: Animal Mind – Human Mind. Dahlem Konferenzen Report *21*, Berlin 1982.

Hassenstein, B.: Verhaltensbiologie des Kindes. München 1973.

Hassenstein, B.: Erbgut, Umwelt, Intelligenzquotient und deren mathematisch-logische Beziehungen. Z. Psychol. *190* (1982), S. 345–366.

Herder, J. G.: Abhandlung über den Ursprung der Sprache. Berlin 1772 (Stuttgart 1966).

Hobbes, Th.: Leviathan. 1651 (deutsch: Leviathan. Stuttgart 1980).

Hoebel, B. G. in: M. Gruter, M. Rehbinder (Hrsg.): Der Beitrag der Biologie zu Fragen von Recht und Ethik. Berlin 1983.

Kant, I.: Critic der Urtheilskraft. Frankfurt 1792.

Kant, I.: Grundlegung zur Metaphysik der Sitten. Riga [4]1797.
Lepenies, W.: Das Ende der Naturgeschichte. München 1976.
Lewontin, R. C.: The Genetic Basis of Evolutionary Change. New York 1974.
Loehlin, J. C., G. Lindzey und J. N. Spuhler: Race Differences in Intelligence. San Francisco 1975.
Lorenz, K.: Die Rückseite des Spiegels. München 1973.
Lübbe, H.: Die Einheit von Naturgeschichte und Kulturgeschichte. Akad. Wiss. Lit. Mainz, Abhandl. Geistes- und Sozialwiss. Klasse. Wiesbaden 1981, S. 1–19.
Lumsden, C. H. und E. O. Wilson: Genes, Mind and Culture. Cambridge 1981.
Markl, H.: Evolution of Social Behavior: Hypotheses and Empirical Tests. Dahlem Konferenzen. Life Sciences Research Report *18*. Weinheim 1980.
Markl, H.: Ökologie des Menschen in geschichtlicher Perspektive. Kindlers Enzyklopädie: Der Mensch. Bd. II. München (1982), S. 627–663.
Markl, H.: The Power of Reduction and the Limits of Compressibility. Behav. Brain Sci. *5* (1982), S. 18–19.
Markl, H.: Dispositionen, Grenzen, Zwänge? Biologie und Verhalten des Menschen. In: M. Gruter, M. Rehbinder (Hrsg.): Der Beitrag der Biologie zu Fragen von Recht und Ethik. Berlin 1983.
Masters, R. D.: Is Sociobiology Reactionary? The Political Implication of Inclusive-Fitness Theory. Quart. Rev. Biol. *57* (1982), S. 275–292.
Mayr, E.: The Growth of Biological Thought. Diversity, Evolution and Inheritance. Cambridge 1982.
Mill, J. S.: Utilitarianism. 1871 (deutsch: Utilitarismus. Stuttgart 1976).
Mittelstraß, J.: Das Wirken der Natur. In F. Rapp (Hrsg.): Naturverständnis und Naturbeherrschung. München 1980, S. 36–69.
Mittelstraß, J.: Wissenschaft als Lebensform. Frankfurt 1982.
Money, J. und A. Ehrhardt: Männlich Weiblich. Reinbek 1975.
Neel, J. V.: The Wonder of our Presence Here: A Commentary on the Evolution and Maintenance of Human Diversity. Persp. in Biol. and Med. *25* (1982), S. 519–558.
Passingham, R. E.: The Human Primate. Oxford 1982.
Piaget, J. und B. Inhelder: Die Psychologie des Kindes. Olten 1973.
Piattelli-Palmarini, M.: Language and Learning. London 1980.
Pirchner, F.: Populationsgenetik in der Tierzucht. Hamburg 1964.
Plomin, R., J. C. DeFries und G. E. McClearn: Behavioral Genetics. San Francisco 1980.
Reynolds, P. C.: On the Evolution of Human Behavior. Berkeley 1981.
Riedl, R.: Biologie der Erkenntnis. Berlin 1980.
Rousseau, J.-J.: Du Contrat Social. 1762 (deutsch: Gesellschaftsvertrag. Stuttgart 1977).
Schilcher, F. von: Verhaltensgenetik: eine kritische Übersicht. Biol. Zbl. 97 (1978), S. 641–665.

Skinner, B. F.: Jenseits von Freiheit und Würde. Reinbek 1972.
Sullerot, E. (Hrsg.): Die Wirklichkeit der Frau. München 1979.
Unsöld, A.: Evolution kosmischer, biologischer und geistiger Strukturen. Stuttgart 1981.
Vogel, F. und A. G. Motulsky: Human Genetics. Berlin 1979.
Vogel, F. und P. Propping: Ist unser Schicksal mitgeboren? Berlin 1981.
Vollmer, G.: Evolutionäre Erkenntnistheorie. Stuttgart 1975.
Weiss, V. und H.-G. Mehlhorn: Der Hauptgenlocus der Allgemeinen Intelligenz. Biol. Zbl. *99* (1980), S. 297–310.
Weiss, V. und H.-G. Mehlhorn: Spearman's Generalfaktor der Intelligenz. Z. Psychol. *190* (1982), S. 78–93.
Wickler, W. und U. Seibt: Das Prinzip Eigennutz. Hamburg 1977.
Wilson, E. O.: Sociobiology. Cambridge 1975.
Wilson, E. O.: On Human Nature. Cambridge 1978.

Kapitel 3 · Ökologie des Menschen in historischer Perspektive

Zitierte Literatur

Bicchieri, M. G. (Hrsg.): Hunters and Gatherers Today. New York 1972.
Binford, L. R.: Bones: Ancient Men and Modern Myths. New York 1981.
Binford, S. R. und L. R. (Hrsg.): New Perspectives in Archaeology. Chicago 1968.
Boserup, E.: The Conditions of Agricultural Growth. Chicago 1965.
Brain, C. K.: The Hunters or the Hunted. Chicago 1981.
Cohen, M. N.: The Food Crisis in Prehistory. New Haven 1977.
Coon, C. S.: The Hunting Peoples. Boston 1971.
Dumond, D. E. in B. Spooner (Hrsg.): Population Growth: Anthropological Implications. Cambridge 1972.
Flannery, K. V.: The Origins of Agriculture. Ann. Rev. of Anthropol. *2* (1973), S. 271–310.
Global 2000. Der Bericht an den Präsidenten. Frankfurt 1980.
Griffin, D. R. (Hrsg.): Animal Mind – Human Mind. Berlin 1982.
Imhof, A. E.: Einführung in die Historische Demographie. München 1977.
Johanson, D. und M. Edey: Lucy. München 1982.
Lack, D.: The Natural Regulation of Animal Numbers. Oxford 1954.
Leakey, R. E. und R. Lewin: Wie der Mensch zum Menschen wurde. Hamburg 1978.
Lee, R. B.: The !Kung San. Cambridge 1979.
Lee, R. B. und I. DeVore (Hrsg.): Man the Hunter. Chicago 1968.
Lee, R. B. und I. DeVore (Hrsg.): Kalahari Hunter – Gatherers. Cambridge 1976.
Leridon, H. und J. Menken (Hrsg.): Natural Fertility, Liège 1979.
Markl, H.: Ökologische Grenzen und Evolutionsstrategie-Forschung. Forschung – Mitteilungen der Deutschen Forschungsgemeinschaft *3* (1980).

Reed, Ch. A. (Hrsg.): Origins of Agriculture. The Hague 1977.
Sahlins, M. D.: Tribesmen. Englewood Cliffs 1968.
Sahlins, M. D.: Stone Age Economics. London 1974.
Service, E. R.: The Hunters. Englewood Cliffs 1979.
Spooner, B. (Hrsg.): Population Growth: Anthropological Implications. Cambridge 1972.
Tanner, N.: On Becoming Human. London 1981.
Veblen, Th.: The Theory of the Leisure Class. New York 1915.
Westing, A. H.: A Note on How Many Humans That Have Ever Lived. BioScience *31* (1981), S. 523–524.
Zubrow, E. B. W. (Hrsg.): Demographic Anthropology. Albuquerque 1976.

Kapitel 4 · Untergang oder Übergang: Natur als Kulturaufgabe

Zitierte Literatur

Ehrlich, P. und A. Ehrlich: Extinction. London 1982.
Erben, H. K.: Leben heißt Sterben. Hamburg 1981.
Frankel, O. H. und M. E. Soule: Conservation and Evolution. Cambridge 1981.
Jahrbücher Naturschutz und Landschaftspflege, Greven. *30* (1980); *31* (1981).
Kurt, F.: Naturschutz – Illusion und Wirklichkeit. Hamburg 1982.
Myers, N.: The Sinking Ark. Oxford 1979.
Myers, N.: Conversion of Tropical Moist Forests. Washington 1980.

Nachweis der Erstveröffentlichungen

Evolution und Freiheit: Das schöpferische Leben
Veröffentlicht in »Zeugen des Wissens«, herausgegeben von H. Maier-Leibnitz. Mainz 1986, S. 433–466, erschienen im v. Hase & Koehler Verlag.

Ökonomie oder Harmonie? Goethe und Darwin
Veröffentlicht in »Jahrbuch des Freien Deutschen Hochstifts 1984«. Tübingen 1984, S. 88–112, erschienen im Max Niemeyer Verlag.

Anpassung und Fortschritt: Evolution aus dem Widerspruch
Veröffentlicht in »Fortschrittsberichte aus Naturwissenschaft und Medizin«, herausgegeben von H. A. Staab, W. Gerok, H. Markl, W. Martienssen und H. Gibian. Verhandlungen der Gesellschaft Deutscher Naturforscher und Ärzte, 112. Versammlung. Mannheim 1982, S. 41–58, erschienen bei der Wissenschaftlichen Verlagsgesellschaft, Stuttgart 1983.

Entfaltung und Begrenzung biologischer Populationen
Vortrag in der Carl Friedrich von Siemens Stiftung in München, 1982. Veröffentlicht in »Natur und Geschichte«, herausgegeben von H. Markl. München/Wien 1983, S. 71–100, Schriften der Carl Friedrich von Siemens Stiftung. Herausgegeben von Anton Peisl und Armin Mohler, Band 7, erschienen im R. Oldenbourg Verlag.

Konkurrenz und Anpassung
Veröffentlicht in »Aggression«, herausgegeben von R. Hilke und W. Kempf. Bern 1982, S. 21–43, erschienen im Hans Huber Verlag.

Soziale Systeme als kognitive Systeme: Zur Anpassungsleistung sozialer Organisation bei Tieren
Hier erstmals veröffentlicht.

Dasein in Grenzen: Die Herausforderung der Ressourcenknappheit für die Evolution des Lebens
Veröffentlicht in »Konstanzer Universitätsreden« Nr. 149, erschienen im Universitätsverlag Konstanz 1984.

Tradition und Rationalität in unserer Beziehung zur Natur
Stark veränderte und erweiterte Fassung des Beitrags »Naturwissenschaft und Traditionswandel« in »Wissenschaft und Tradition«, herausgegeben von P. Feyerabend und Ch. Thomas, Zürich 1983, S. 259–264, erschienen im Verlag der Fachvereine.

Wie unfrei ist der Mensch? Von der Natur in der Geschichte
Vortrag in der Carl Friedrich von Siemens Stiftung in München, 1982.
Veröffentlicht in »Natur und Geschichte«, herausgegeben von H. Markl. München/Wien 1983, S. 11–50, Schriften der Carl Friedrich von Siemens Stiftung. Herausgegeben von Anton Peisl und Armin Mohler, Band 7, erschienen im R. Oldenbourg Verlag.

Ökologie des Menschen in historischer Perspektive
Veröffentlicht in »Kindlers Enzyklopädie – Der Mensch«, Band II: Die Entfaltung der Menschheit ..., München 1982, S. 627–663, erschienen im Kindler Verlag.

Untergang oder Übergang: Natur als Kulturaufgabe
Veröffentlicht in »Mannheimer Forum 82/83«, herausgegeben von H. von Ditfurth. Boehringer, Mannheim 1982, S. 61–98.

Die Erde, doch hoffentlich ein Garten ...
Veröffentlicht in »Stadt« *31* (1) 1984, S. 12–18.

Register